Google AdWords

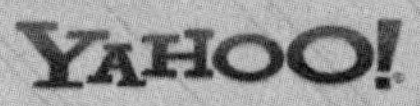

face book

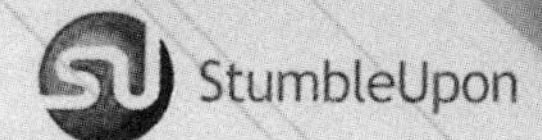

陈凡灵　编著

7天精通网站建设实录

中国铁道出版社
CHINA RAILWAY PUBLISHING HOUSE

内 容 简 介

本书以一个完整的电子商务网站建设流程为主线，以7天的建站周期为任务期限；然后分解为一天完成一项网站建设任务、一小时掌握一项网站建设技术的学习模式。以零基础讲解为宗旨，全面讲解了一个网站从立项、策划、制作、完善、优化、上传到维护、推广等环节的完整过程。同时结合众多案例引导读者深入学习网站建设的各种方法、技巧与策略及实战技能。

随书赠送与本书内容同步的21小时视频教学录像并提供书中的实例素材文件和最终效果文件。此外还奉送软件常用的快捷键、常见问题解答、精彩CSS+DIV布局赏析、精彩网站配色方案赏析和JavaScript实例等超值、实用的电子文件。

本书可作为企业构建网站、开展电子商务的参考资料，以及为相关专业人员掌握网站的开发及应用提供实用的参考资料，同时也可作为网站设计与网页制作初学者的入门教材，还可作为电脑培训班的培训教材。

图书在版编目（CIP）数据

7天精通网站建设实录/陈凡灵编著.--北京：中国铁道出版社，2012.11
ISBN 978-7-113-14933-8
Ⅰ.①7… Ⅱ.①陈… Ⅲ.①网站－建设 Ⅳ.①TP393.092

中国版本图书馆CIP数据核字（2012）第163098号

书　　名：7天精通网站建设实录
作　　者：陈凡灵　编著

策划编辑：刘　伟　　**读者服务热线**：010-63560056
责任编辑：张　丹　　**特邀编辑**：赵树刚
责任印制：赵星辰

出版发行：中国铁道出版社（北京市西城区右安门西街8号　　邮政编码：100054）
印　　刷：北京鑫正大印刷有限公司
版　　次：2012年11月第1版　　2012年11月第1次印刷
开　　本：787mm×1 092mm　1/16　　**印张**：26.25　　**字数**：614千
书　　号：ISBN 978-7-113-14933-8
定　　价：59.80元（附赠光盘）

前　言

本书专门为网站建设学习者和爱好者打造，旨在使读者学会和用好当前网站建设的各项技能。

为什么要写这样一本书

随着企业对网站越来越重视，其对实战型网站建设人才的需求也更加迫切。据招聘网站的数据统计，企业对网站建设人才的需求从日均 3 649 个到现在的日均 5 062 个。

当今随着电子商务行业整体井喷式的发展，网站建设与维护类人才的需求量，尤其是电子商务方面的人才需求将呈直线上升。加之市场上网站建设实战型“后备人才”缺乏，理论知识与实践经验的脱节，恰恰是现在网站建设人员的写照。从项目实战入手，结合理论知识的讲解，便成了本书的立足点，这也是对本书编者的要求。我们的目标就是让初学者、应届毕业生、网页设计人员快速成为网站建设方面的专业人员，拥有项目实战经验，在未来的职场中有一个高的起点。

“网站建设”学习最佳途径

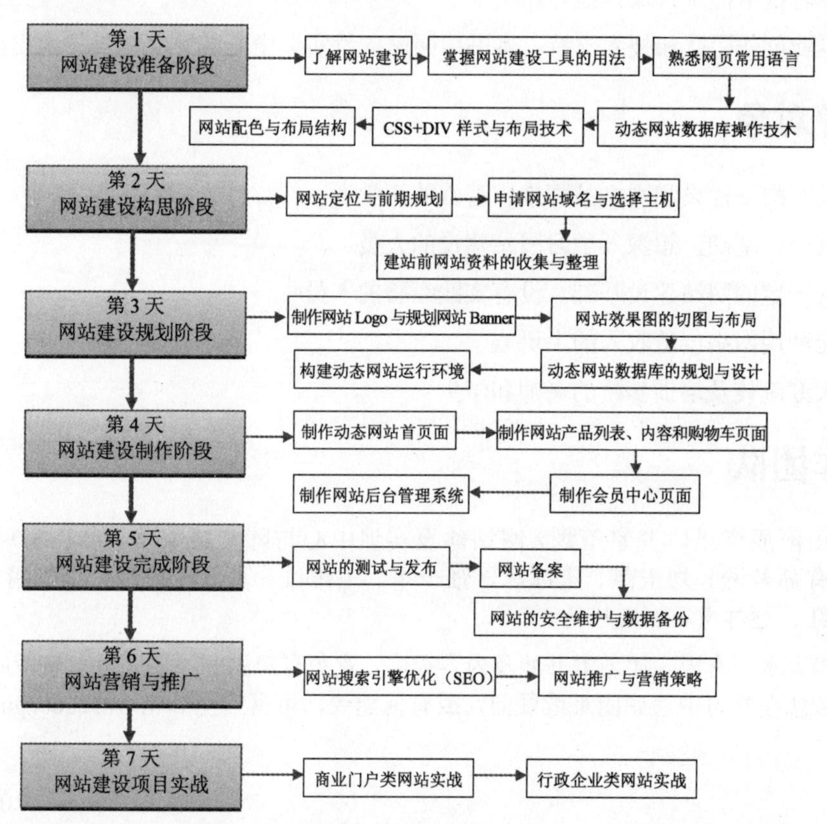

本书以学习“网站建设”的最佳制作流程来分配章节，从最初的网站建设准备阶段开始，然后讲解了网站的规划、网站的制作、网站的测试与上传、网站的营销与推广等

网站制作过程。同时，在最后的项目实战环节特意补充了商业门户类网站实战和行政企业类网站实战以便进一步提高读者的实战技能。

本书特色

- 零基础、入门级的讲解。无论您是否从事计算机相关行业，是否接触过网络、是否进行过网站建设相关工作，都能从本书中找到最佳起点。
- 超多实用、专业的范例和项目。本书在编排上紧密结合实际网站建设的先后过程，从准备阶段开始，逐步讲解网站建设的各种实战技巧，抛弃晦涩难懂的技术理论，除关键理论简明扼要的阐述之外，绝大多数内容是基于实际案例的分析与操作指导，让读者学习起来简明轻松，操作起来有章可循。
- 随时检测自己的学习成果。每章首页中均提供了学习目标，以指导读者重点学习及学后检查。每章最后的“本章小结与课后练习”板块，均根据本章内容精选而成，读者可以随时检测自己的学习成果，做到融会贯通。
- 细致入微、贴心提示。本书在讲解过程中，在各章中使用了“注意”、“提示”、“技巧”等小栏目，使读者在学习过程中更清楚地了解相关操作、理解相关概念，并轻松掌握各种操作技巧。
- 专业创作团队和技术支持。本书由网站建设实训中心编著并提供技术支持。

读者对象

- 具有网站建设和网络品牌推广基础的初学者
- 有一定基础，想深入学习网站建设的人员
- 有一定的网站建设基础，没有实践经验的人员
- 想利用网络创造收入的上班族
- 大专院校及培训学校的老师和学生

创作团队

本书由雨辰资讯研究室策划，网站建设实训中心与陈凡灵编著，参加编写和资料收集的人员有孙若淞、刘玉萍、宋冰冰、张少军、王维维、肖品、周慧、李坚明、徐明华、李欣、樊红、赵林勇、刘海松等。

由于编者水平有限，加之本书涉及内容很广，难免有疏漏和不妥之处，敬请广大读者不吝指正。若您在学习中遇到困难或疑问，或有何建议，可写信至邮箱 6v1206@gmail.com。

编者

2012 年 9 月

目　录

第 1 天　网站建设准备阶段

第2天 网站建设构思阶段

第3天 网站建设规划阶段

第 4 天 网站建设制作阶段

第 5 天　网站建设完成阶段

第6天 网站营销与推广

第7天　网站建设项目实战

第1天

网站建设准备阶段

在学习网站建设之前，首先要了解网站建设的一些基本知识。我们第一天安排读者学习网站建设的一些基本知识，如为什么建网站，目的是什么，从而有针对性地进行学习。

另外，还要了解建设网站常用的软件功能、网页语言，包括保护相关的网站数据、链接，以及后期的网站配色和布局知识。只有将这部分理顺后，才能留住用户，为实现自己的梦想提供坚实的基础。

➲

- □了解网站建设
- □掌握网站建设工具的用法
- □熟悉网页常用语言
- □动态网站数据库操作技术

第1小时　了解网站建设

在做出制作商务网站的决定后，要对商务网站进行深入了解，因为，只有对网站进行深入了解，才能更好地进行网站的前期规划与定位。例如，了解了商务网站的分类，可以确定将要制作的网站是偏向于宣传型好还是偏向于服务型好。

1.1　网站的用户基础

随着互联网的飞速发展，从现在的日常生活中可以看得出来，我们的生活越来越离不开互联网了。像80后、90后的年轻人使用手机通过互联网络进行QQ或与QQ相关的空间访问。在网吧里越来越多的年轻人在玩网游，公交车上常常能看到有人拿着手机在看电子书。

网络为什么如此受到广大网民的追捧呢？

1.1.1　商务应用快速发展

根据中国互联网络信息中心（CNNIC）统计，截至2011年12月底，中国的网站数，即域名注册者在中国境内的网站数量（包括境内接入和境外接入）已达到230万个，对比1998年的3700家网站，在13年中增长了621倍。而从2000年开始，中国网民数量以平均每年22%的速度增长，截至2011年12底，中国网民总数已经达到5亿，较 2010年年底增加5800万人，居世界首位。互联网普及率攀升至38.3%，与2010年年底相比提高了4个百分点，如图1.1所示。

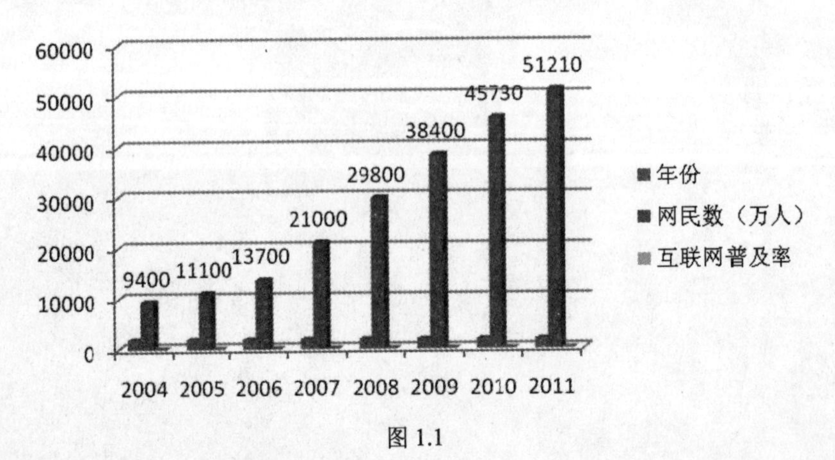

图1.1

另据APEC电子商务工商联盟主席、中国国际电子商务中心主任刘俊生介绍，2002年我国电子商务交易额为1 809亿元，自2006年突破万亿元大关以来，每年以高于70%的速度持续增长，预计2011年年底达6万亿元，同比增长33%，电子商务已经成为我国社会经

济的重要组成部分。同时，在应对全球性金融危机的过程中，电子商务突显了自身低成本、高效率、开放性的特点，不仅大大降低了交易成本，也为企业创造了更多的贸易机会。

CNNIC《报告》显示，2009 年以来，以网络购物、网上支付、旅行预订为代表的商务类应用持续快速增长，并引领其他互联网应用发展，成为中国互联网发展的突出特点。2011年这一态势依然延续，我国网络购物应用依然处于较快发展通道。其中，商务类应用表现尤其突出。截至 2011 年 12 月底，网络购物、网上支付和网上银行的年增长率分别为 20.8%、21.6%和 19. 2%，用户规模分别达到 1.94 亿、1.67 亿和 1.66 亿。

很多大企业已经开始利用这个宽阔而又拥有众多潜在客户的网络，做起了企业网站（如华为，网址：http://www.huawei.com，如图 1.2 所示）、商业网站（如苏宁易购，网址：http://www.suning.com，如图 1.3 所示）、网上书店（如当当，网址：http://www.dangdang.com）、游戏网站等来开发年轻的客户。

图 1.2

图 1.3

1.1.2 为什么网站建设会受欢迎

当我们在各类网站中浏览时，有时会奇怪为什么这些网站会蜂拥生起，网站的所有者又为什么会建设该网站？在目前以追逐利润为前提的经济社会中，建设网站又能给他们带来什么利益呢？带着这个问题，在这里进行简要的分析。

1．信息数量多

在网站中，不仅可以用文字、图片、动画等方式宣传自己的产品，同时也可以介绍自己的企业，发布企业新闻，公布企业业绩，提供售后服务，举办产品技术介绍等。

2．信息更新快

网站上的信息更新比任何传统媒介都快，在几分钟之内就很容易地做到商品内容的更新，从而使企业能够在最短的时间内发布最新的消息。

3．宣传效果好

网站除了能够每天 24 小时面向全世界宣传以外，更主要的是其宣传的效果好。网站宣传有“三全”：一是全方位，二是全天候，三是全世界。

Tips 知识链接

- 全方位是指企业或个人可以宣传自己的方方面面，而不必担心受时间及宣传版面的限制。
- 全天候是指每一个网站在每天 24 小时内不停地开放，任何时间、任何人都可以去访问。
- 全世界是指网站的宣传不受空间和区域的限制，无论是在国内，还是在外国，都可以看到自己的网站，网络中的每一个网站就相当于是全世界的电视台、广播站、报社、出版社。

4．独特的优势

网站的管理者可以通过网站在网上发布调查表，得到来自消费者的最新信息，同时也可以建立自己的留言板或 BBS，倾听消费者的呼声，请消费者为企业发展献计献策。除此之外，还可以将自己的网站向世界上有名的搜索引擎注册，这样任何一个需要购买商品的人都能够很快地检索到自己所需的产品。

5．提升个人或公司形象

利用网站进行推广和宣传，将会给人一种充满活力、能够迅速接受新鲜事物、不断领先时代潮流、一直向前发展的优秀形象。

6. 业务更方便

建立网站以后，可以利用网络优势，开展网络传真、网上电话等业务，充分享受网络给业务带来的迅速和便利。

7. 节省开支

一个网站的建设和维护费用，通常一年只需几千元左右，而在电视台做广告的话，可能只能做很短的一段时间，或在报纸上几次的版面广告。而架设了网站，就可以建立一个内容丰富、信息量大、快捷迅速、持续时间长的宣传阵地。

了解完以上这些，是不是有些心动呢？下面了解一下网站制作背景。

1.2　网站制作背景

随着互联网技术的不断发展和网络资源的极大丰富，同时，也由于网站建设的门槛越来越低，电子商务应用越来越广泛、成熟，使得更多的个人或企业钟爱建设自己的网站。

1.2.1　网站的基本要求

由于互联网技术逐渐走向普及，使得行业进入门槛越来越低。一个人或者企业花很少的钱就可以做一个网站，不同类型的网站也有不同的具体要求，那么建设一个网站的基本要求有哪些呢？

1. 网站的定位

如同企业和产品一样，网站定位就是确定网站的特征、特定的使用场合及其特殊的使用群体和其特征带来的利益，即网站在网络上的特殊位置，它的核心概念、目标用户群、核心作用等。

网站定位营销的实质是对用户、市场、产品、价格以及广告诉求的重新细分与定位，预设网站在用户心中的形象地位，如 Google 作为搜索引擎就以简单的首页告诉用户直接输入要搜索的内容即可，如图 1.4 所示。

2. 网站的客户

建设网站之初，要对现有客户和潜在客户的基本情况进行调查，它是企业实施市场策略的重要手段之一。通过开展客户调查，不仅可以迅速了解社会不同层次、不同行业的人员需求，客观地收集所需信息，而且可以根据所收集的信息将浏览者最关心的栏目做在首页或者显眼的位置，更加吻合客户的要求，吸引更多的长期浏览者。同时，也可以增加个人或企业的业务量。例如，搜狐作为门户网站就将新闻、体育等信息放置到最前面，方便用户浏览，如图 1.5 所示。

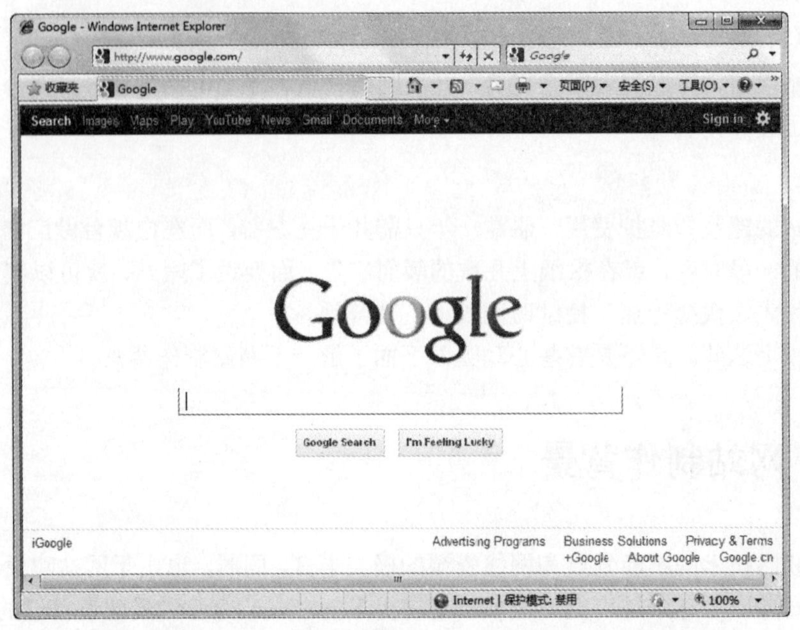

图 1.4

图 1.5

3. 网站的规划

合理的网站规划，可以让网站的内容很有条理地展现出来，给人一种清晰的感觉。网站在规划时必须要确定自己网站的性质、网站的内容及受众群体等，然后根据本身的软/硬件条件来设置范围。每个网站建设都是不同的，都应该有自己的特色。例如，华为作为信息与通信解决方案供应商就将最新的网络信息技术放置到最新的位置，如图 1.6 所示。

图 1.6

一个合理的网站规划，会在网站建设过程中，省掉很多不必要的部分，节省宝贵的时间。同时，制作的结构更加合理，在后期的维护中也更加方便。

4．网站的内容

网站内容的分类很重要，可以按主题分类、按性质分类、按机关组织分类，或按人类的直觉式思考分类等。一般而言，按人类的直觉式思考会比较亲切。但无论哪一种分类方法，都要让使用者可以很容易地找到目标。而且分类方法最好尽量保持一致，若要混用多种分类方法也要掌握避免使用者搞混的原则。此外，在每个分类选项的旁边或下一行，最好也加上这个选项内容的简要说明。淘宝网的首页效果如图 1.7 所示。

图 1.7

5．网站的导读

网站的首页就应该对这个网站的性质与所提供的内容做个扼要说明与导引，一眼就让浏览者知道企业是做什么的。不仅要有清楚的类别选项，而且还要尽量符合人性化，让浏览者可以很快地找到需要的主题。在设计风格上要保持简单和整洁，如开心网，如图 1.8 所示。

图 1.8

6．网站的美工

适当的网页设计可以正确地表达网站形象。应给浏览者良好的视觉感受，在设计中不要太夸张。适当地将一些有意义的图片进行处理，使它更具有醒目和传达信息的功能，好的图形应用可以为网站增色不少。IBM-中国就以沉稳的浅灰色作为底色，传达出商业气息和智慧，如图 1.9 所示。

图 1.9

以上 6 点就是网站建设的基本要求，在建站之初，每一点都需要建站者事先思考，明确浏览者、网站管理者以及网站主体之间的关系，然后才可开始动手设计。

> 注意：初接触网站建设的人往往只注重界面，而注意不到网站在用户体验与功能上，实践说明，只有华丽的界面而不实用的网站是走不长远的。

1.2.2　网络资源的扶持

网络资源是利用计算机系统通过通信设备传播和网络软件管理的信息资源。在制作网站时，没有网络资源的扶持将会很难进行。

1. 万维网的扶持

万维网（World Wide Web）简称 WWW 或 3W，它是无数个网络站点和网页的集合，也是 Internet 提供的最主要的服务，它是由多媒体链接而形成的集合，通常上网看到的就是万维网的内容。

2. 浏览器的扶持

浏览器是指将互联网上的文本文档（或其他类型的文件）“翻译”成网页，并让用户与这些文件交互的一种软件工具，主要用于查看网页的内容。目前常用的浏览器有两种：美国微软公司的 Internet Explorer 和美国网景公司的 Netscape Navigator。

3. 域名的扶持

域名类似于 Internet 上的门牌号，是用于识别和定位互联网上计算机的层次结构式字符标识，也是互联网上企业或机构间相互联络的网络地址，它与该计算机的因特网协议（IP）地址相对应。但相对于 IP 地址而言，更便于使用者理解和记忆。

如果一个网站没有域名的扶持，那么浏览者就无法通过浏览器找到它，因此说域名的扶持将是网站中最重要的。

4. FTP 的扶持

FTP（File Transfer Protocol）即文件传输协议，是一种快速、高效和可靠的信息传输方式，通过该协议可把文件从一个地方传输到另一个地方，从而真正实现资源共享。制作好的网站要上传到服务器上，就要用到 FTP。

1.2.3　电子商务发展趋势

电子商务作为现代服务业中的重要产业，有“朝阳产业、绿色产业”之称，具有“三高”、“三新”的特点。“三高”即高人力资本含量、高技术含量和高附加价值；“三新”是指新技术、新业态、新方式。人流、物流、资金流、信息流，“四流合一”是对电子商务核心价值链的概括。电子商务产业具有市场全球化、交易连续化、成本低廉化、资源集约化等优势。

自 2005 年以来，我国电子商务市场交易额稳定增长，2011 年我国电子商务市场规模突破 6 万亿元。未来几年，仍是我国电子商务投资规模持续增长和爆发的时期，我国电子商务投资市场将迎来新一轮的发展高潮。电子商务在企业的应用成效以及对经济、社会发展的推动作用日益明显。

1.3 商务网站的分类

因各个企业、组织或个人在网上进行商务的目的、业务功能不同，以及商务网站针对的主体不同等，可以将商务网站进行不同的分类。对企业来说，企业可以依据其业务职能、自身实力、战略目标和所处区域的商务环境等来制定自己的电子商务发展战略，从而建设适合自己发展的电子商务网站。

1.3.1 按业务职能分类

根据商务目的和业务功能进行划分，可以将商务网站分为基本型电子商务网站、宣传型电子商务网站、客户服务型电子商务网站和完全电子商务运作型网站4种。

1. 基本型电子商务网站

基本型电子商务网站主要是通过网络媒体和电子商务的基本手段进行公司宣传和客户服务，以适应于中小型企业。特点是网站的价格低廉，性能价格比高，具备最基本的商务网站功能。

2. 宣传型电子商务网站

宣传型电子商务网站主要是通过宣传产品和服务项目发布企业的动态信息，提升企业的形象，扩大品牌影响，同时，也可以拓展海内外市场。适用于各类企业，特别是已有外贸业务或准备开拓外贸业务的企业。

特点是具备基本的网站功能，着重突出企业宣传效果。一般是将网站构建在具有很高知名度和很强伸展性的网络基础平台上，以便在未来的商务运作中借助先进的开发工具和增加应用系统模块，升级为客户服务型或完全电子商务运作型网站。

3. 客户服务型电子商务网站

客户服务型电子商务网站主要是通过宣传公司形象与产品，达到与客户实时沟通及为产品或服务提供技术支持的效果，从而降低成本、提高工作效率，它同样适用于各类企业。特点是：以企业宣传和客户服务为主要的功能，可以将网站构建在具有很高知名度和很强伸展性的网络基础平台上。如果有条件，也可以自己构建网络平台和电子商务基础平台，该类网站通过简单的改造即可升级为完全电子商务运作型网站。

4. 完全电子商务运作型网站

完全电子商务运作型网站主要是通过网站为公司整体形象与产品推广和售后服务进行建设的，它能够实现网上客户服务和产品在线销售，从而直接为企业创造效益，提高企业的

竞争力，其主要适用于那些有条件的企业。特点是：具备完全的电子商务功能，并突出公司形象宣传、客户服务和电子商务功能。

1.3.2 按网站主体分类

根据网站建设的主体进行划分，可以将商务网站划分为行业电子商务网站、企业电子商务网站、政府电子商务网站和服务机构电子商务网站 4 种。

1. 行业电子商务网站

行业电子商务网站主要是以行业机构为主体所构建的一个大型电子商务网站，旨在为行业内的企业和部门进行电子化贸易提供信息发布、商品交易、客户交流等活动平台。

2. 企业电子商务网站

企业电子商务网站是指以企业为主体，并为企业的产品和服务提供商务平台。

3. 政府电子商务网站

政府电子商务网站是指以政府机构为主体来实现电子商务活动的，主要为政府面向企业、组织或个人的税收、公共服务提供网络化交互平台，该类型的电子商务网站在国际化商务交流中发挥着重要作用，为政府税收和政府公共服务提供网络化交流的平台。

4. 服务机构电子商务网站

服务机构电子商务网站是以服务机构为主体，主要包括商业服务机构、金融服务机构、邮政服务机构、家政服务机构和娱乐服务机构的电子商务网站等。

1.3.3 按网站所有者职能分类

根据网站所有者的职能进行划分，可以将商务网站分为生产型商务网站和流通型商务网站两种。

1. 生产型商务网站

生产型商务网站主要是由生产产品和提供服务的企业来提供的，它主要是对本企业的产品和服务进行推广和宣传，以此实现在线采购、在线产品销售和在线技术支持等商务功能。作为最简单的商务网站形式，企业可以在自己网站的产品页面上附上订单，浏览者如果对产品比较满意，可直接在页面上进行订单业务，然后汇款，企业送货，完成整个销售过程。

这种商务网站的特点是：网站页面比较实用，信息量大，并提供大额订单。同时，生产型企业要在网上实现在线销售，必须与传统的经营模式紧密结合，分析市场定位，调查客户需求，制定合适的电子商务发展战略，设计相应的电子商务应用系统架构等，然后在此基础上建设好企业的商务网站。

2. 流通型商务网站

由流通企业建立，旨在宣传和推广其销售的产品与服务，使顾客更好地了解产品的性能及用途，促使客户进行在线购买。

这种商务网站的特点是：着重于对产品和服务的全面介绍，较好地展示产品的外观与功能。同时，流通企业要在网络上实现在线销售，也必须与传统的商业模式紧密结合，在做好充分的研究、分析与电子商务构架设计的基础上，建设自己的商务网站，并充分利用网络的优越性，为客户提供丰富的商品、便利的操作流程和友好的交流平台。

1.3.4 按产品线的宽度和深度分类

根据产品线的宽度和深度，可以将 B2B 商务模式的网站划分为水平型电子商务网站、垂直型电子商务网站、专门型电子商务网站和公司电子商务网站 4 种类型。

1. 水平型电子商务网站

水平型电子商务网站主要是提供某一类产品的网上经营，这种类型的网站聚集了大量产品，类似于网上购物中心，主要为用户提供产品线宽、可比性强的商务服务。它的优势主要在于，顾客在这类网站上不仅可以买到自己满意的商品，同时，也可以与同类商品的价格进行对比。

2. 垂直型电子商务网站

垂直型电子商务网站主要提供了某一类产品及其相关产品的一系列服务，例如销售汽车、汽车零配件、汽车装饰品、汽车保险等产品商务的网站，从而为顾客提供一条龙式的服务。

3. 专门型电子商务网站

专门型电子商务网站能提供某类产品的最优服务，类似于专卖店，通常提供品牌知名度高、品质优良、价格合理的产品的销售。同时，这类网站除了直接面对消费者以外，也面对许多垂直型电子商务网站和水平型电子商务网站的供应商。

4. 公司电子商务网站

公司电子商务网站主要是指以本公司产品或服务为主的网站，相当于公司在网上开了一个店，主要以销售本公司产品或服务为主。从产品的形态看，金融服务、电子产品、旅游、传媒等行业在开展电子商务方面拥有较明显的优势。由于这些行业的一个共同特点是产品的无形化，不存在产品的流动，不需要相应的配送体系，因而特别适合在网上开展业务。

1.3.5 按网站主题分类

除了上述介绍的几种分类外，按网站主题分类进行分类应用更为广泛。在目前的网络中，网站主题非常广泛，各种主题百花齐放，都有做得比较成功的例子。

下面以 hao123 分类为基本标准，选择常见的网站主题以及一些有代表性的网站进行简单介绍。

1. 投资金融

投资金融主题可以细分为以下几类的网站：

- 财经资讯：中金在线、股吧、大智慧、同花顺、中财网、凤凰财经、金融界、搜狐财经、天天基金网、中国证券报、纸黄金、第一财经、华讯财经、网易财经、财新网等网站。
- 数据行情：新浪股市行情、东方财富网行情、新股申购/中签查询、上证指数、外汇牌价、今日黄金价格、基金净值查询、白银价格、商品期货报价中心、新股发行一览表等网站。
- 财经博客：郎咸平博客、中金博客、新浪财经博客、东方财富网博客、搜狐财经博客、和讯财经博客、中国证券网博客、徐小明博客、老沙博客、叶弘博客、叶荣添博客等网站。
- 证券机构：上海证券交易所、深圳证券交易所、国泰君安、广发证券、银河证券、招商证券、国信证券、华泰证券、光大证券、华西证券等网站。
- 股市周边：华尔街日报、21 世纪经济报道、天生我财、FT 中文网、巨潮资讯网、模拟炒股、股天下论坛、理想论坛、CCTV 经济台、证券时报等网站。

以金融投资类为主题的知名网站有东方财富网、中金在线等。东方财富网如图 1.10 所示。

图 1.10

2. 汽车

汽车类主题的网站因为定位的消费群体稍显高端，所以绝对人气相对娱乐类站点来说并不高，但是因为汽车已经日渐成为家庭必备的消费品，所以汽车主题的网站也越来越多，受到的关注也越来越高。

汽车类主题的网站可以细分成以下几类：

- ❑ 汽车资讯：汽车之家、新浪汽车、爱卡汽车网、搜狐汽车、汽车之家报价、太平洋汽车网、网上车市、中国汽车网、腾讯汽车、车 168、易车网、汽车之友、汽车探索等网站。
- ❑ 汽车报价：汽车之家报价、太平洋汽车报价、爱卡汽车报价、易车网汽车报价等网站。
- ❑ 用车/养车：驾校一点通、驾驶员考试网、驾驶技巧、百度知道-购车养车、驾驶员模拟考试、无敌改装、汽车口碑榜等网站。
- ❑ 汽车/摩托车论坛：越野 e 族、爱卡俱乐部、太平洋汽车网论坛、汽车之家社区、新浪汽车社区、摩托坊等网站。

以汽车为主题的知名网站有汽车之家、易车网等。汽车之家如图 1.11 所示。

图 1.11

3. 网络购物

网络购物是正在蓬勃发展的一类网站，这类网站的主题都非常明确，而且一般情况下都很精准，会瞄准某个用户群进行推广。下面是一些网络购物网站的细分主题：

- ❑ 购物综合：淘宝网、淘宝商城、京东商城、当当网、卓越网、拍拍网、凡客诚品、阿里巴巴等网站。
- ❑ 潮流服饰：麦考林、银泰网百货、V+名品折扣、唯品会、走秀网、玛萨玛索男装、时尚起义、逛街网、太平鸟购物网、梦芭莎购物等网站。
- ❑ 鞋靴箱包：乐淘、淘鞋网、好乐买、名鞋库、麦包包等网站。
- ❑ 数码家电：苏宁易购、国美电器、新蛋数码商城、易迅数码、库巴购物网等网站。
- ❑ 美容保健：乐蜂网、天天网、丝芙网、金象大药房、DHC 化妆品等网站。
- ❑ 母婴玩具：红孩子、丽家宝贝、乐友、母婴之家、爱婴室等网站。

- ❑ 日用百货：一号店、孔夫子旧书网、可得眼镜网、趣玩网、也买酒等网站。
- ❑ 导购折扣：折扣导航、55BBSQQ、返利网、美丽说、蘑菇街、易趣网、易购网、返利网等网站。
- ❑ 团购：拉手、美团、窝窝团、团宝网、糯米网、58 团购、满座等网站。
- ❑ 支付快递：支付宝、财付通、快钱、百付宝、银联支付、快递查询等网站。

网络购物是最近几年才流行起来的网站主题，知名的网络购物网站首推淘宝、京东商城。京东商城如图 1.12 所示。

图 1.12

4．在线音乐

在线影视音乐类网站是早几年开始兴起的网站主题，到今天仍然有非常好的用户忠实度，很多网民仍旧喜欢在网络上听音乐、看电影。

音乐主题的网站可以细分为几个小分类，各分类下典型的网站如下：

- ❑ 在线音乐：酷我音乐盒、搜狗音乐、九天音乐等网站。
- ❑ DJ 音乐：DJ 嗨嗨、DJ 音乐厅、水晶 dj 网、DJ 前卫音乐等网站。
- ❑ MV 欣赏：音悦台、高清 MV、优酷音乐、土豆音乐、酷 6 音乐等网站。
- ❑ 榜单专辑：千千音乐。
- ❑ 翻唱 K 歌：原创音乐基地、酷我 K 歌、wo99 伴奏网、A8 原创音乐等网站。
- ❑ 乐器曲艺：中国舞蹈网、虫虫吉他搜谱网、中华舞蹈网、吉他中国论坛、虫虫钢琴网等网站。
- ❑ 社区论坛：音乐掌门人、豆瓣音乐、Songtaste 音乐、楚天之声、捌零音乐论坛等网站。
- ❑ 电台其他：音乐之声、豆瓣电台、青檬音乐台、多米音乐等网站。

在线音乐主题的网站非常多，也大多具有很大的规模和访问量，知名的网站有九天音乐和千千音乐。九天音乐如图 1.13 所示。

图 1.13

除了这些专注音乐影视主题的站点外，国内各大知名网站基本都有自己的音乐分站、频道，比如 QQ 音乐。

5．视频

视频类主题网站由于近年的视频许可审批比较严格，现在提供视频服务的在国内基本是几家独大的格局，视频主题类网站分为以下几类：

- 视频：优酷网、土豆网、爱奇艺、搜狐视频、迅雷看看等网站。
- 电视剧：优酷电视剧、土豆电视剧、奇艺电视剧、迅雷看看电视剧、酷六电视剧等网站。
- 综艺：奇艺综艺、优酷综艺、土豆综艺、迅雷看看综艺、PPTV 综艺等网站。
- 影视资讯：MTime 时光网、豆瓣电影、M1905 电影网、中国电影网、新浪娱乐电影等网站。
- 动漫：土豆动漫、优酷动漫、奇艺动漫、搜狐视频动漫、百度视频动漫等网站。

比较知名的视频网站如优酷网、土豆网，都有成功的营运模式。优酷如图 1.14 所示。

图 1.14

需要注意的是，由于视频网站特别是在线点播类视频网站，需要大量的网络带宽和服务器支持，因此对创业类的网站来说可能成本非常高，不建议涉及。

6．游戏

游戏类站点其实也应该属于休闲类，但是随着游戏的日渐火热，很多网站开始专注于游戏主题。

游戏主题的网站分类很多，大致可分为以下几类：

- 综合游戏：17173、新浪游戏、太平洋游戏网、QQ 游戏、游侠网等网站。
- 休闲游戏：4399、新浪小游戏、游戏中国、QQ 迷你游戏等网站。
- 网络游戏：穿越火线、QQ 飞车、地下城与勇士、QQ 炫舞、鹿鼎记等网站。
- 掌上游戏：电玩巴士、玩家网、PSP 中文网、手游天下、街机中国等网站。
- 单机游戏：魔兽争霸、反恐精英 CS、星际争霸、暗黑破坏神 II、植物大战僵尸等网站。
- 游戏其他：浩方对战平台、VS 竞技游戏平台、QQ 对战平台、百度游戏大厅等网站。

国内知名的游戏主题站点有 17173，多玩游戏等网站，如图 1.15 和图 1.16 所示。

图 1.15

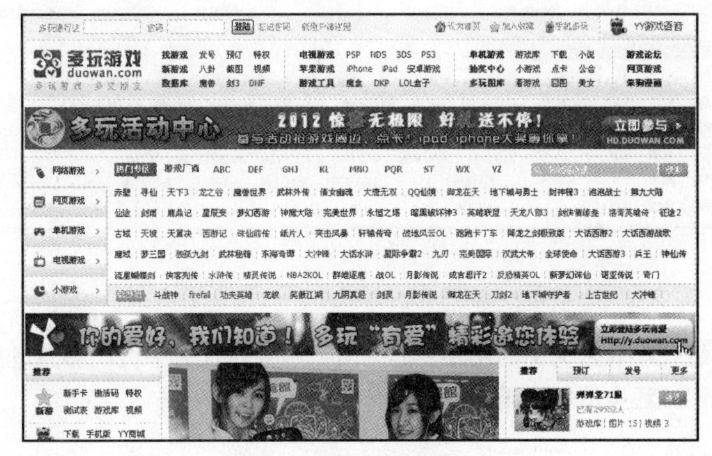

图 1.16

7. 网址导航

网址导航主题的站点，即常说的导航站。目前国内的网址导航站中百度旗下的 hao123 导航与 Google 旗下的 265 导航是最顶尖的，如图 1.17 和图 1.18 所示。

图 1.17

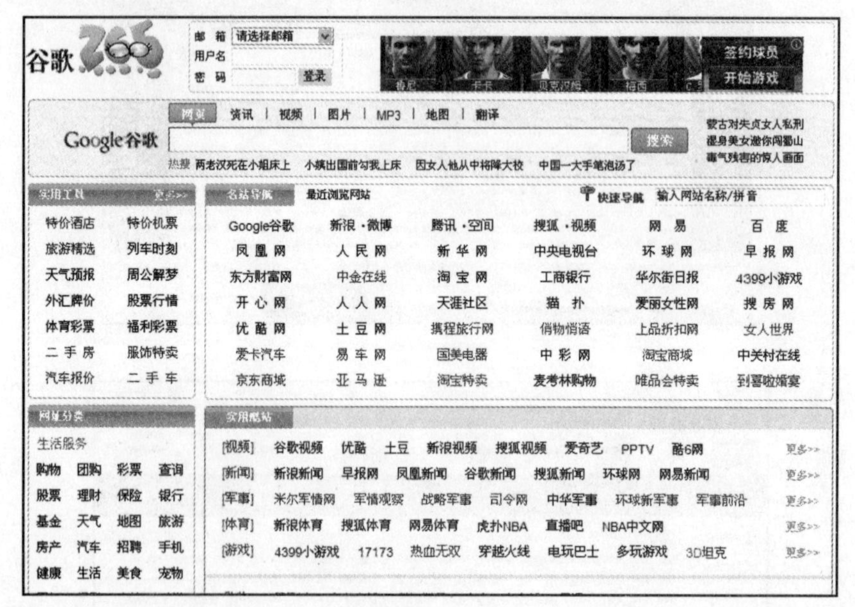

图 1.18

8. 移动互联网

手机资讯是近几年非常火暴的网站主题。出于当今时代对手机产品的追捧，可以预见的是，这样的主题网站还会流行很长时间。

手机主题做的比较好的独立网站有手机之家、友人网、手机中国、3533 手机世界、北斗手机网、泡泡手机等一批网站。手机之家和友人网如图 1.19 和图 1.20 所示。

图 1.19

图 1.20

9．小说

小说类主题的网站，也是当下比较热门的网站主题之一。此类网站往往拥有非常庞大的读者和作者群体，并且有比较完善的会员体制和赢利模式。

小说类主题网站可以细分为以下几类：

- ❑ 小说阅读：起点中文网、小说阅读网、红袖添香、潇湘书院、今日小说排行榜、晋江文学、言情小说吧、快眼看书、幻剑书盟、网络小说目录、新浪读书、榕树下等网站。

- ❑ 电子书：飞库、天下电子书、云轩阁、狗狗书籍、久久小说网、悠悠书盟、派派小说论坛、新鲜中文网等网站。
- ❑ 文化文学：腾讯读书、搜狐读书、百度国学、且听风吟、青年文摘、读者、诗歌库、好心情美文站、国家图书馆、天涯在线书库、百度文库等网站。

小说类主题的知名站点有起点中文网、小说阅读网等，如图1.21和图1.22所示。

图1.21

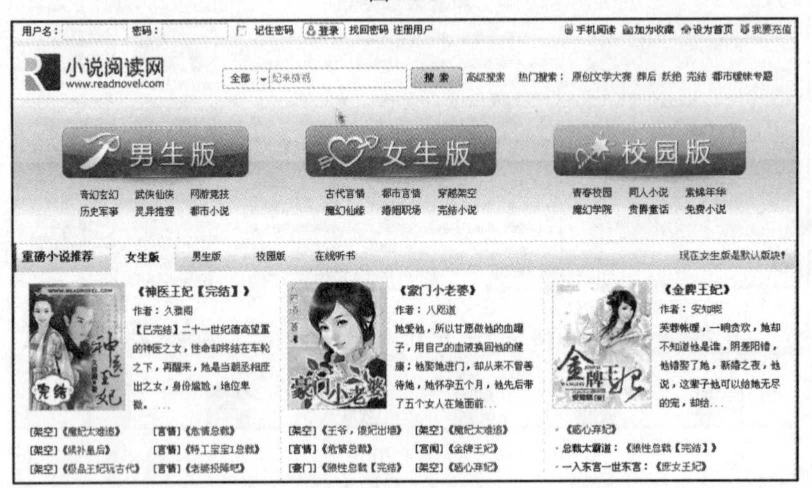

图1.22

10．女性时尚

现在女性主题的站点呈井喷之势，赢利方式大多是出售衣饰、美容产品。仅仅从搜索引擎优化的难易度来说，女性类主题的站点属于比较难优化的类别，如果搜索引擎优化人员想要做此类站点，需要细分市场、精准定位。

女性时尚类主题的网站比较火，可以分为以下几类：

- ❑ 女性：瑞丽女性网、空姐网等网站。

- 时装时尚：瑞丽女性网、服饰流行前线、YOKA 时尚网、新浪-服饰潮流、逛街网等网站。

女性时尚类网站，比较知名的有瑞丽女性网、新浪女性频道等。瑞丽女性网如图 1.23 所示。

图 1.23

11. 社交网络

社交网络和在线社区以往是最为吸引人的网络应用，比如各种各样的论坛。随着 Web 2.0 的出现，在线社区经过大浪淘沙，单纯以社区形式存在的网站已经极少。

社交网络和在线社区主要分为综合类社区和地方社区两类：

- 综合社区：百度贴吧、天涯社区、猫扑大杂烩等网站。
- 博客：QQ 空间、新浪博客、百度空间、人人网等网站。
- 社交：开心网、人人网、QQ 空间、腾讯朋友、ChinaRen 等。

现在主流的社交网络主题网站，比如天涯社区、猫扑大杂烩等。天涯社区如图 1.24 所示。

图 1.24

12. 生活服务

生活服务是近年才兴起的一种网站主题，因为随着网络的普及，越来越多的人开始借助网络来了解、获取日常生活中所需的信息，比如饮食、租房等方面的内容，这些内容的需求就导致生活服务类主题网站的出现。

生活服务主题网站可以分为以下几类：

- 分类信息：58 同城、百姓网、手递手、易登网等网站。
- 生活服务：大众点评网、饭统网、口碑网、爱帮网等网站。
- 生活经验：百度经验、阿邦网、优酷生活、土豆生活等网站。

知名的生活服务类网站不少，比如赶集网、口碑网等。赶集网如图 1.25 所示。

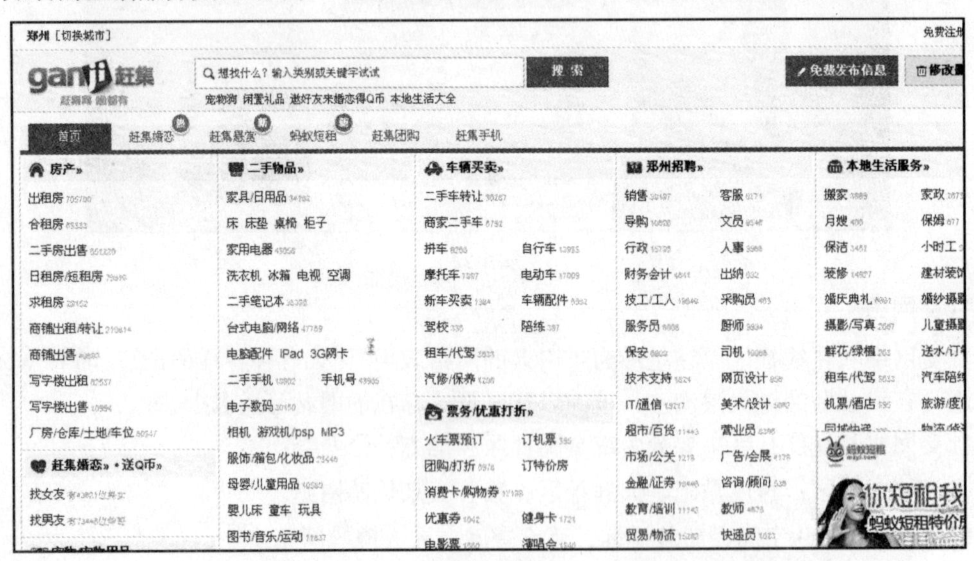

图 1.25

13. 旅游

旅游主题的网站可以分为咨询、酒店、机票、户外游、地图等几个和旅游相关的站点：

- 旅游资讯：携程旅行网、芒果网、艺龙旅行网等网站。
- 旅行社/酒店/机票：中旅总社、中国国旅、如家酒店、中青旅等网站。
- 自助户外游：绿野、中国户外资料网、磨房网、色影无忌行色、自行车旅行网等网站。
- 交通地图/天气：百度地图、图行天下、谷歌地图等网站。

旅游类网站中，大型知名的网站非常多，比如携程旅行网、绿野等。携程旅行网如图 1.26 所示。

图 1.26

14. 交友

交友网站也是近年才兴起的一种网站主题，交友主题网站可以分为以下几类：

- ❑ 交友：开心网、人人网等网站。
- ❑ 爱情：久久结婚网、知音、幸福婚嫁等网站。
- ❑ 婚恋：世纪佳缘交友、百合网、珍爱网等网站。

在交友类网站中大型知名的网站非常多，比如开心网、百合网等。开心网如图 1.27 所示。

图 1.27

15. 教育

教育主题的网站可以分为教育、各科学习、论文课件、培训等几类：

- ❑ 教育：中国教育在线、腾讯教育频道、中国留学网、K12 教育网、新浪教育等网站。

- 各科学习：中学学科网、中华语文网等网站。
- 论文课件：百度文库、豆丁网、中国知网等网站。
- 培训：中华会计网校、新东方学校、101 远程教育网等网站。

在教育类网站中比较知名的有中国教育在线、豆丁网等。豆丁网如图 1.28 所示。

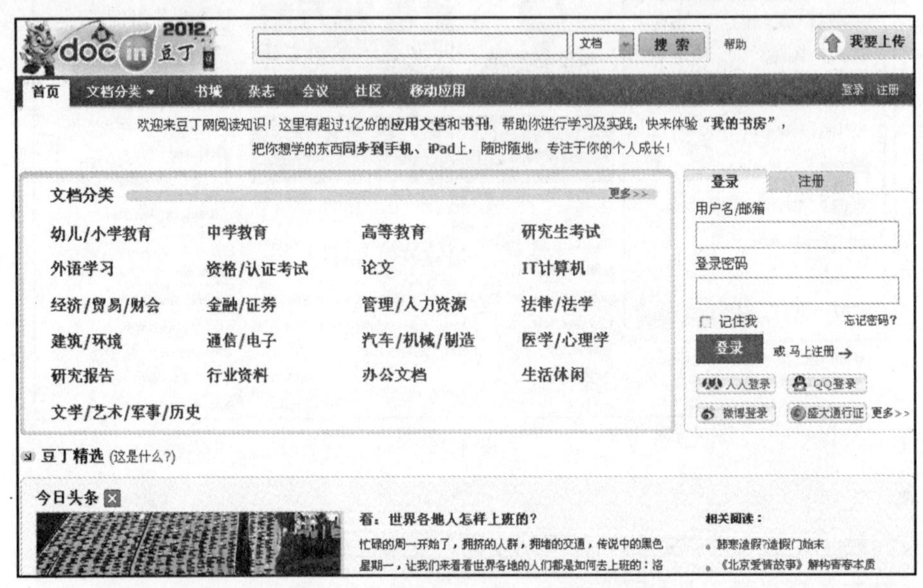

图 1.28

提示：上述各种网站主题示例，都是网络上比较成熟完善的，并且在搜索引擎优化、网站赢利、营销策略等方面都是值得借鉴的网站。如果站长想要建立某种主题的站点，不妨借鉴上面的成功网站。如果网站建设人员要对某类站点进行优化，不妨先仔细分析知名网站的成功要素，然后再根据自身情况选择性地利用，相信一定会获得很多的启迪。

1.4 制作网站需要的工具与知识

在对网站建设有了初步的了解之后，你是不是有了自己动手建设网站的冲动呢？先别急，在进行动手建设之前，我们要先学习一些基础技能，掌握建站工具和必需的建站知识。

在网站建设过程中，我们通常用到 3 个工具是代码集成工作环境（Dreamweaver）、图片处理工具（Photoshop）和动画特效处理工具（Adobe Flash）。当然还有其他可用的工具，这 3 个工具最为常用，如图 1.29~图 1.31 所示。

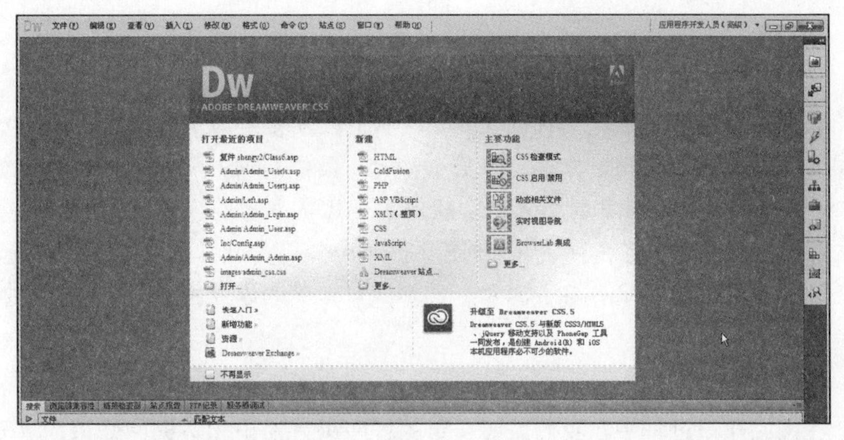

图 1.29

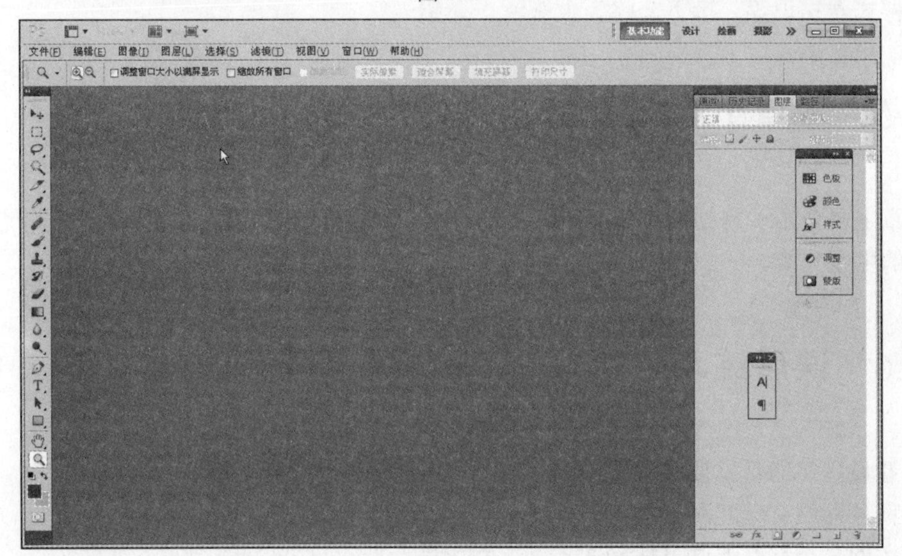

图 1.30

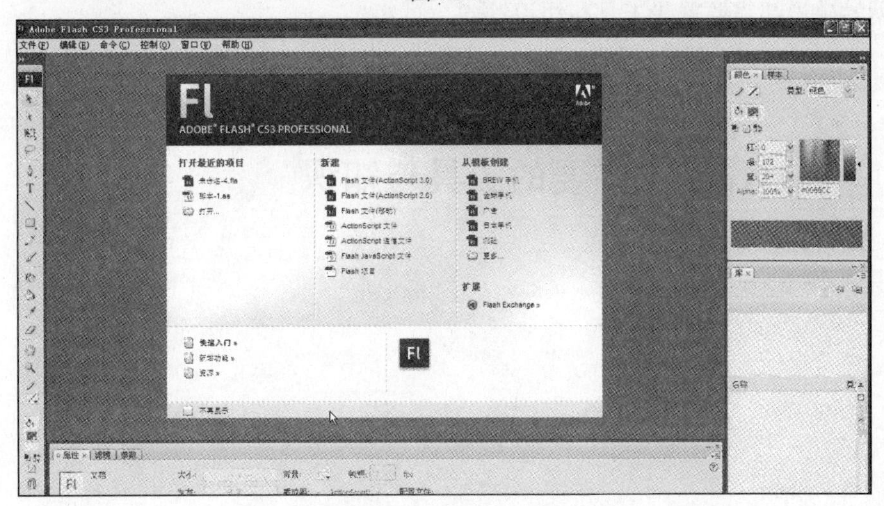

图 1.31

提示：从软件界面图上我们可以看到，这 3 个软件都是由 Adobe 公司提供的，它是世界上第二大桌面软件公司，产品涉及图形设计、图像制作、数码视频和网页制作等领域。其中，以 Photoshop 为首的图像处理软件更是饮誉平面设计领域。使用 Adobe 公司的产品，人们的创作才华可尽情施展，创意、出版和传播各种具有丰富视觉效果的作品，其无与伦比的图形图像功能，备受网页和图形设计人员、专业出版人员、商务人员和设计爱好者的喜爱。

另外，在网站建设过程中，我们需要一定的程序语言知识和数据库知识，网页色彩知识及层叠样式表知识等。接下来将为大家逐一介绍。

1.5 本章小结

本章主要介绍了网站建设的发展情况与分类，网站建设需要的工具和知识，重点掌握网站建设的主题分类。

1.6 课后练习

1. 建设网站的基本要求有哪些？
2. 商务网站有哪几种分类形式？
3. 主题分类都有哪些具体形式？
4. 网站建设都需要哪些工具和知识？

第 2 小时　掌握网站建设工具的用法

Dreamweaver 是一款网站建设必备的一款网页编辑软件，也是业界领先的网页开发工具，通过该工具能够有效地开发和维护基于标准的网站和应用程序。通过本章的学习，要对 Dreamweaver CS5 网页设计软件有一个整体的认识，并能够运用 Dreamweaver CS5 软件对网页页面进行设置。

2.1　认识工作区

Dreamweaver CS5 是 Adobe 公司最新推出的 CS5 系列套件中的网页制作软件之一，具有许多新功能与特性。作为一款所见即所得的可视化网页编辑软件，即在编辑时看到的外观和在 IE 浏览器中看到的外观基本上是一致的。

使用 Dreamweaver 制作网站时，合理地设置网站页面属性是成功建设网站的前提，对页面属性进行设置，不仅可以使网页中内容协调、美观，而且对后期的网站维护也会起到很大的作用，因此，在建站过程中应重视对页面属性的设置。

在 Dreamweaver CS5 的工作区可以查看文档和对象属性。工作区将许多常用的操作放置于工具栏中，便于快速地对文档进行修改。同时，在 Dreamweaver CS5 中，可以在一个窗口中显示多个文档，使用选项卡来标识每个文档。

在启动 Dreamweaver CS5 后，我们可以看到 Dreamweaver CS5 的工作区主要由标题栏、菜单栏、【插入】面板、文档工具栏、文档窗口、状态栏、【属性】面板和面板组等组成，如图 2.1 所示。

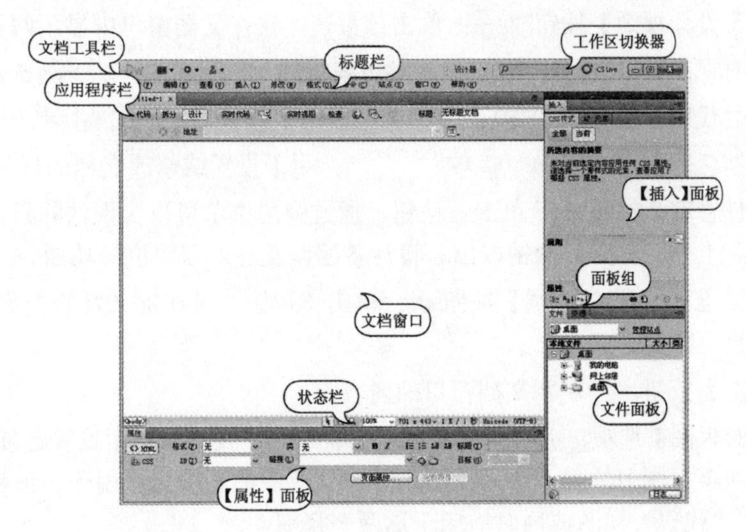

2.1

2.1.1 应用程序栏

应用程序栏中包含了布局、扩展和站点等功能。其中，布局功能主要是对主窗体界面进行设置，扩展功能主要是对扩展管理器的应用，站点功能主要是对本地站点进行新建和管理操作。

2.1.2 菜单栏

菜单栏包括 10 个菜单，单击每个菜单，会弹出下拉菜单，利用菜单基本上能够实现 Dreamweaver CS5 的所有功能，如图 2.2 所示。

文件(F) 编辑(E) 查看(V) 插入(I) 修改(M) 格式(O) 命令(C) 站点(S) 窗口(W) 帮助(H)

图 2.2

2.1.3 文档工具栏

文档工具栏包含 3 种文档窗口视图（代码、拆分和设计）按钮、各种查看选项和一些常用的操作（如在浏览器中预览），如图 2.3 所示。

代码 拆分 设计 实时代码 实时视图 检查 标题: 无标题文档

图 2.3

文档工具栏中常用按钮的功能如下。

- 【显示代码视图】按钮 代码 ：单击该按钮，仅在文档窗口中显示和修改 HTML 源代码。
- 【显示代码视图和设计视图】按钮 拆分 ：单击该按钮，在文档窗口中同时显示 HTML 源代码和页面的设计效果。
- 【显示设计视图】按钮 设计 ：单击该按钮，仅在文档窗口中显示网页的设计效果。
- 【实时视图】按钮 实时视图 ：显示不可编辑的、交互式的、基于浏览器的文档视图。
- 【实时代码】按钮 实时代码 ：显示浏览器用于执行该页面的实际代码。
- 【文档标题】文本框 标题: 无标题文档 ：用于设置或修改文档的标题。
- 【文件管理】按钮：单击该按钮，通过弹出菜单可以实现消除只读属性、获取、取出、上传、存回、撤销取出、设计备注以及在站点定位等功能。
- 【在浏览器中预览/调试】按钮：单击该按钮，可在定义好的浏览器中预览或调试网页。
- 【刷新】按钮：刷新文档窗口的内容。
- 【实时视图】选项：允许为“代码”视图和“设计”视图设置选项，其中包括想要这两个视图中的哪一个居上显示。该菜单中的选项会应用于当前视图：“设计”视图、“代码”视图或同时应用于这两个视图。

- 【可视化助理】：可以使用各种可视化助理来设计页面。
- 【检查浏览器兼容】按钮：可以检查 CSS 是否对各种浏览器兼容。
- 【CSS 检查模式】按钮：单击该按钮可以打开检查模式，检查模式在 CSS 样式面板以当前模式打开、启用拆分/代码和启用实时视图 3 种设置时最有用。

2.1.4　文档窗口和状态栏

文档窗口显示当前创建和编辑的文档。在该窗口中，可以输入文字、插入图片、绘制表格等，也可以对整个页面进行处理。

状态栏位于文档窗口的底部，包括 3 个功能区：标签选择器（显示和控制文档当前插入点位置的 HTML 源代码标记）、窗口大小弹出菜单（显示页面大小，允许将文档窗口的大小调整到预定义或自定义的尺寸）和下载指示器（估计下载时间，查看传输时间），如图 2.9 所示。

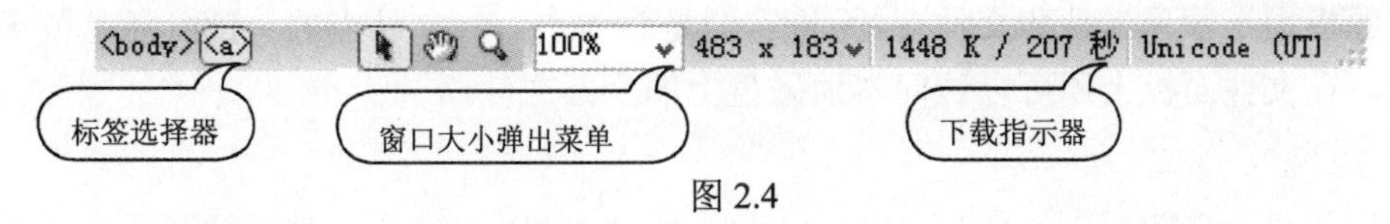

图 2.4

2.1.5　属性面板

【属性】面板是网页中非常重要的面板，用于显示在文档窗口中所选元素的属性，并且可以对被选中元素的属性进行修改。该面板随着选择元素的不同而显示不同的属性，如图 2.5 所示。

图 2.5

2.1.6　工作区切换器

单击【工作区切换器】下拉按钮，可以打开一些常用的调板。在下拉菜单中选择命令即可更改页面的布局。

2.1.7　插入面板

【插入】面板包含将各种网页元素（如图像、表格和 AP 元素等）插入到文档时的快捷按钮。每个对象都是一段 HTML 代码，插入不同的对象时，可以设置不同的属性。单击相应的按钮，可插入相应的元素。

要显示【插入】面板，选择【窗口】→【插入】菜单命令即可，如图 2.6 所示。

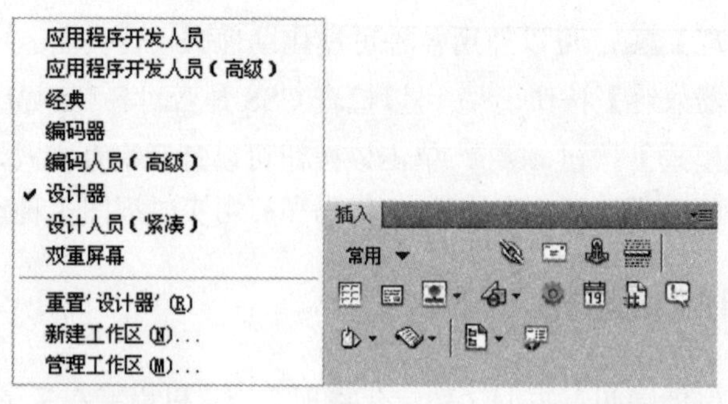

图 2.6

2.1.8 面板组和文件面板

Dreamweaver CS5 中的面板被组织到面板组中，双击组名称可以在展开和折叠面板组两个状态之间进行切换。

文件面板用于管理文件和文件夹，无论它们是 Dreamweaver 站点的一部分还是位于远程服务器上。在文件面板上还可以访问本地磁盘上的全部文件。

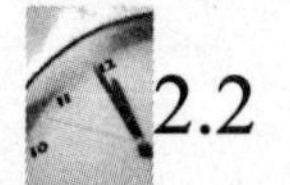

2.2 Dreamweaver CS5 快速入门

下面介绍 Dreamwerver CS5 软件的快速入门。

2.2.1 定义 Dreamweaver 站点

为了更好地设计、管理和测试网站，加快对网站的设计，同时也为了能够提高工作效率，节省建站时间，就需要为网站在本地安个家，也就是说，需要事先建立一个站点。

1. 使用向导创建本地站点

使用向导创建本地站点的具体步骤如下。

Step 01 打开 Dreamweaver CS5，选择【站点】→【新建站点】菜单命令，弹出【站点设置对象 AlrliShop】对话框，在对话框中输入站点名称，并设置本地站点文件夹的路径和名称，单击【保存】按钮，如图 2.7 左所示。

Step 02 本地站点创建完成，在【文件】面板中的【本地文件】窗格中会显示该站点的根目录，如图 2.7 右所示。

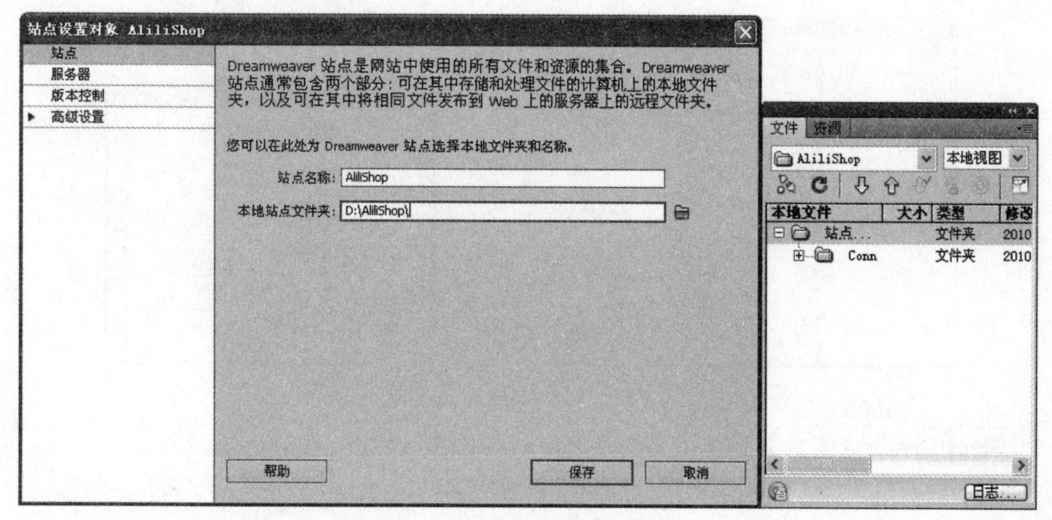

图 2.7

2．在【管理站点】对话框中创建站点

除了上节中所讲述的方法外，读者还可以在【管理站点】对话框中创建本地站点，其具体步骤如下。

Step 01 选择【站点】→【管理站点】菜单命令，如图 2.8 左所示。

Step 02 弹出【管理站点】对话框，如图 2.8 右所示。

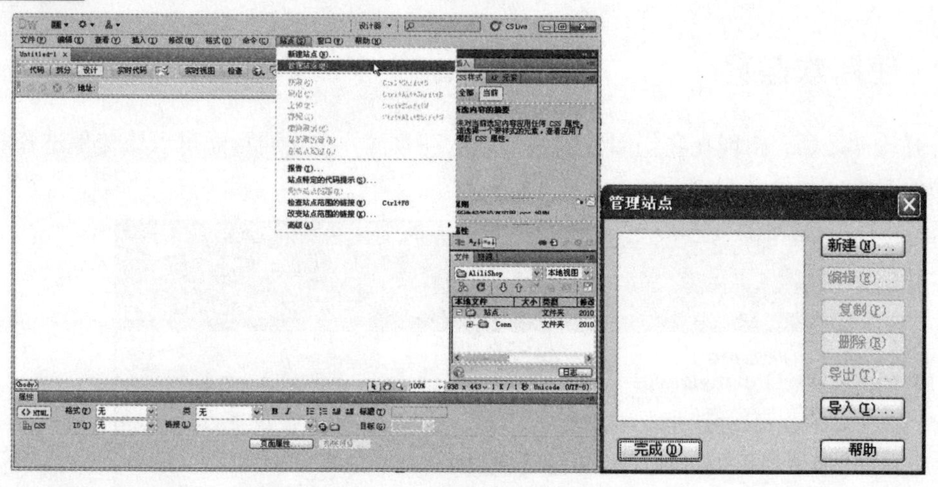

图 2.8

Step 03 在弹出的【管理站点】对话框中，单击【新建】按钮，弹出【站点设置对象】对话框，如图 2.9 左所示。

Step 04 在对话框中根据前面介绍的方法创建本地站点，然后单击【保存】按钮，返回【管理站点】对话框，如图 2.9 右所示。

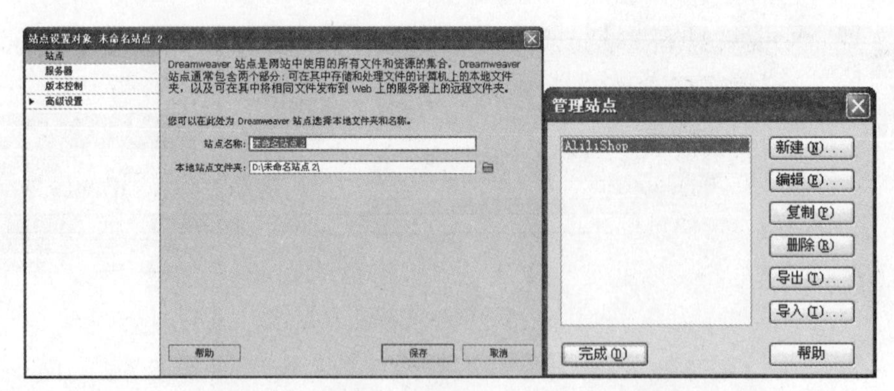

图 2.9

Step 05 单击【完成】按钮，完成站点的创建操作，如图 2.10 所示。

图 2.10

2.2.2 使用欢迎页

打开软件之后，出现在我们面前的是一个欢迎页面，在欢迎页面可以快捷地选择我们所要操作的对象，如图 2.11 所示。

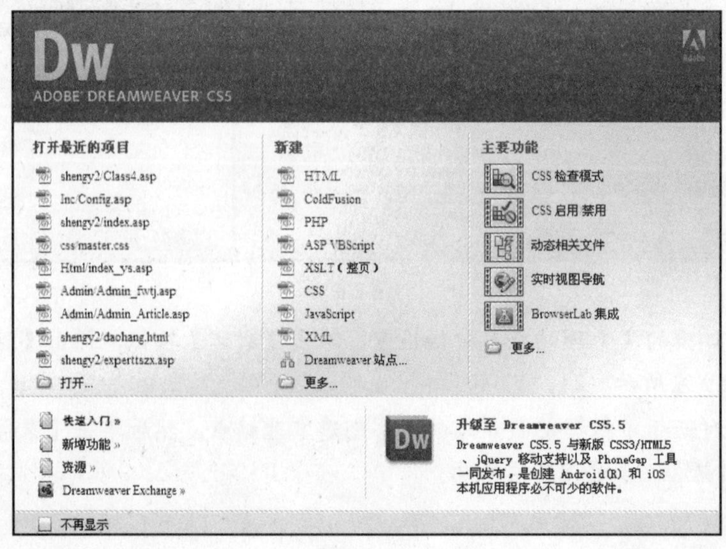

图 2.11

可以看到，在欢迎页面中我们可以方便地打开最近的项目和新建各种页面文件，打开站点等。

2.2.3　新建页面

制作网页应该从创建空白文档开始。创建空白文档的具体步骤如下。

Step 01 选择【文件】→【新建】菜单命令，如图 2.12 所示。

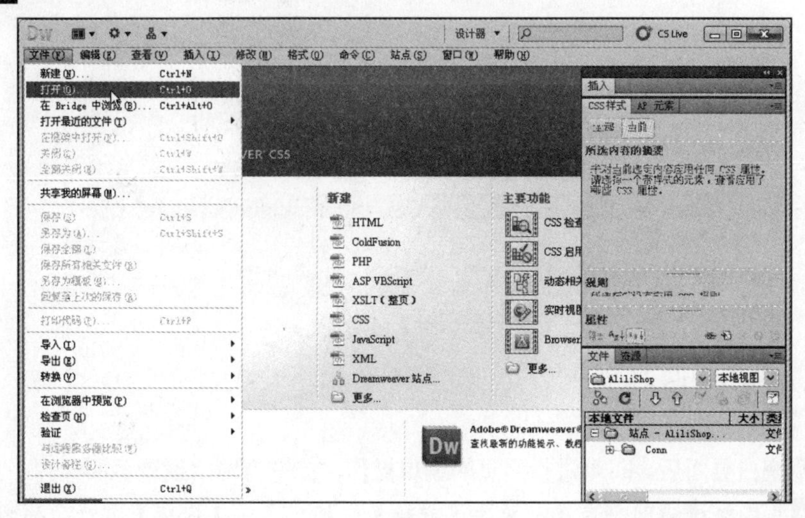

图 2.12

Step 02 打开【新建文档】对话框。并在【新建文档】对话框的左侧选择【空白页】选项，在【页面类型】列表框中选择“HTML”选项，在【布局】列表框中选择“无”选项，如图 2.13 所示。

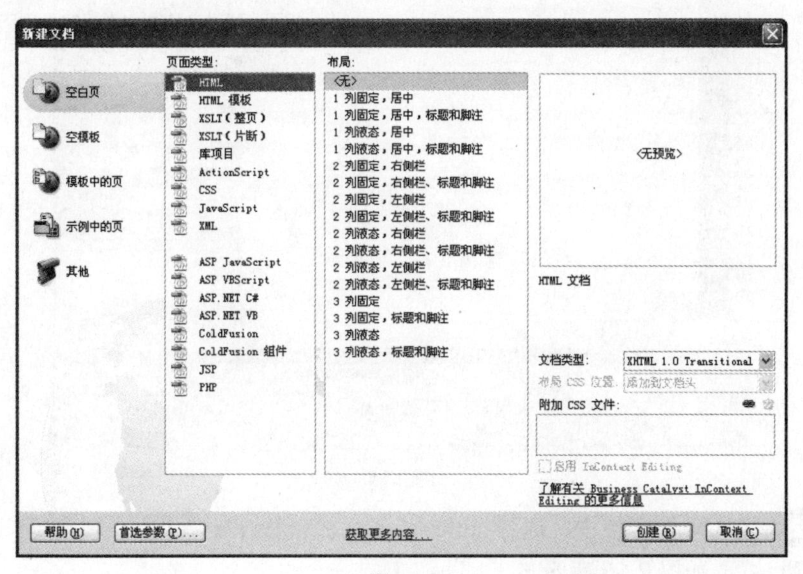

图 2.13

Step 03 单击【创建】按钮，即可创建一个空白文档，如图 2.14 所示。

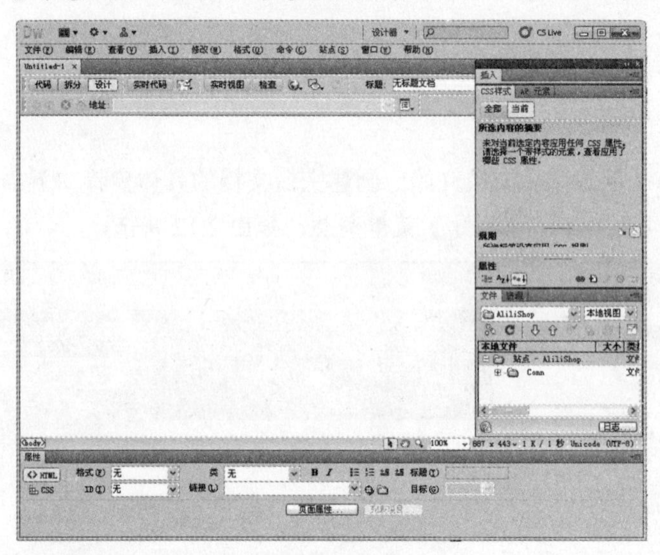

图 2.14

2.2.4　设置页面标题

新建一个空白页面后，即可进行网页的编辑操作，首先为网站设置页面标题，其步骤如下。

Step 01 选择新建的网站页面，单击【代码】标签，进入【代码】窗口，如图 2.15 所示。

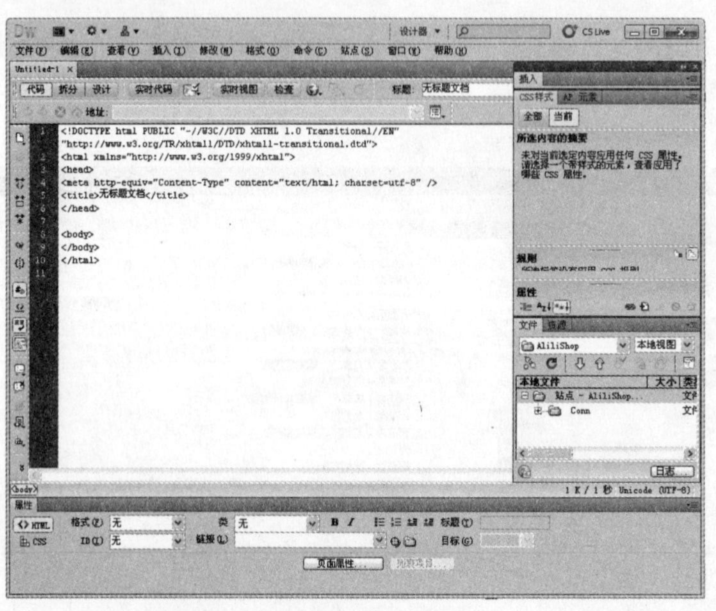

图 2.15

Step 02 在【代码】窗口中，选择<title>标签，在<title>与</title>标签之间，输入“阿里里电子商务网站”，如图 2.16 所示。

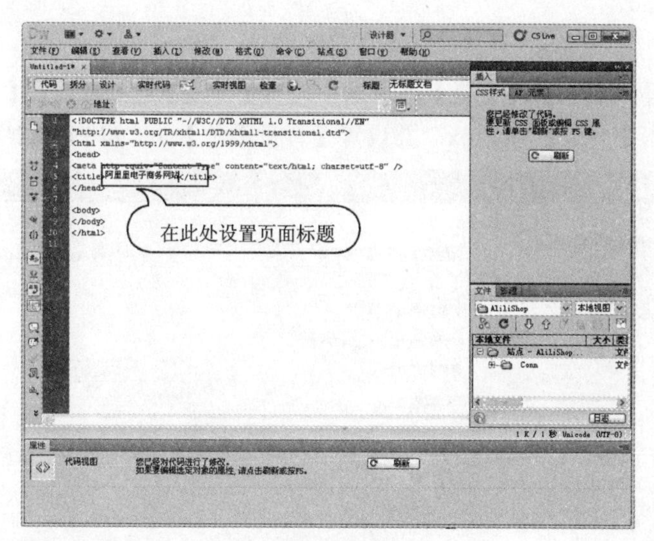

图 2.16

Step 03 按【Ctrl+S】组合键，弹出【另存为】对话框，选择网站保存的路径，命名文件名为“index.html”，如图 2.17 所示。

Step 04 按快捷键【F12】预览效果，如图 2.18 所示。

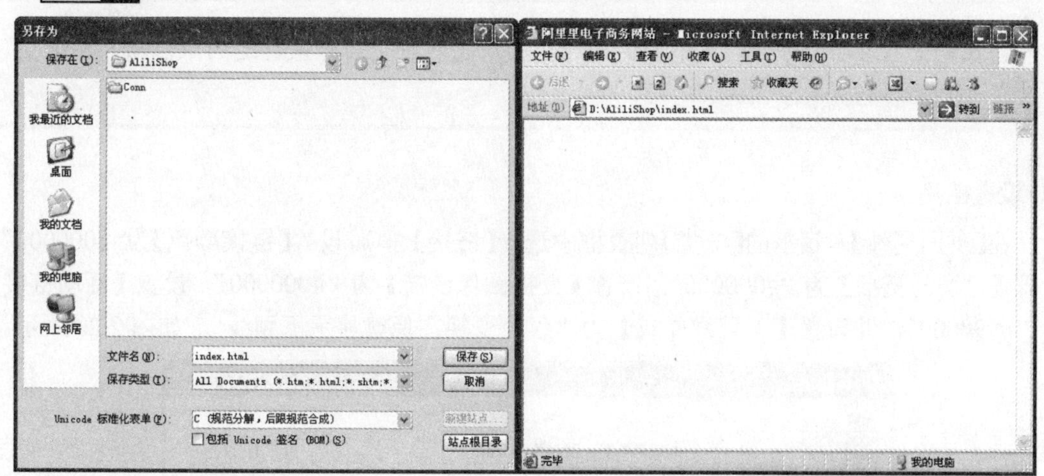

图 2.17　　　　图 2.18

2.2.5　设置页面属性

创建空白文档并设置标题后，接下来需要对文件进行页面属性的设置，即设置整个网站页面的外观效果。

选择【修改】→【页面属性】菜单命令或者按【Ctrl+J】组合键，打开【页面属性】对话框，在该对话框中可以设置外观、链接、标题、编码和跟踪图像等属性。

1. 设置外观

在【页面属性】对话框的【分类】列表框中选择【外观】选项，设置【页面字体】为“默认字体”，设置字体【大小】为 12px，并设置【背景颜色】为“#FFFBF2”，如图 2.19 所示。

图 2.19

提示：读者在建设网站时，也可以根据需要对其他属性进行设置。

注意：图像和背景颜色不能同时显示。如果在网页中同时设置这两个选项，在浏览网页时只显示网页背景图像。

2. 设置链接

在【页面属性】对话框的【分类】列表框中选择【链接】选项，设置【链接颜色】为“#000000”，设置【已访问链接】为“#000000”，设置【变换图像链接】为“#000000”，设置【活动链接】为“#990000”，并设置【下划线样式】为“仅在变换图像时显示下划线”，如图 2.20 所示。

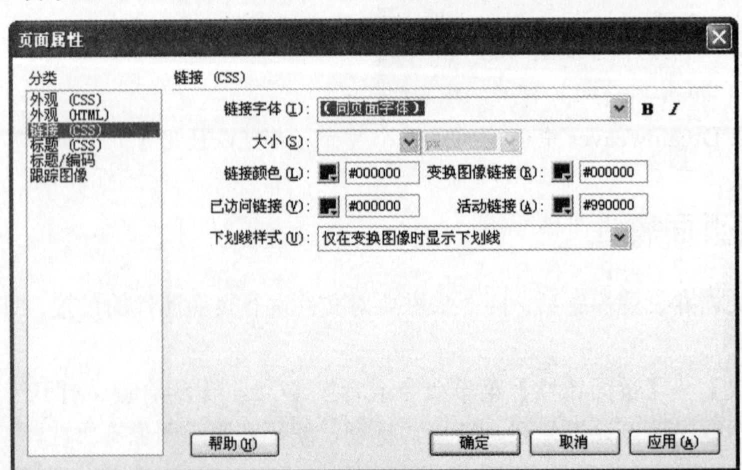

图 2.20

3．设置标题和编码

除了在【代码】窗口中设置页面标题外，还可以在【页面属性】对话框的【分类】列表框中选择【标题】选项，设置标题及其相关属性，在【标题】区域中可以设置各种标题的字体样式、大小、颜色等，如图 2.21 所示。

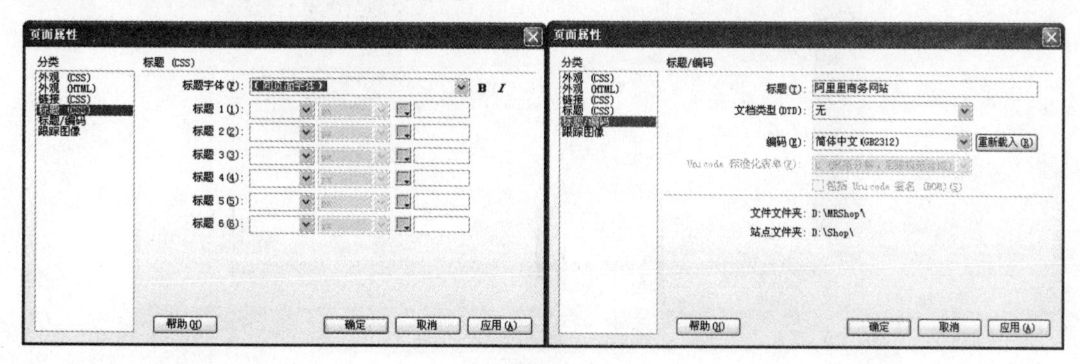

图 2.21

4．设置跟踪图像

在【页面属性】对话框的【分类】列表框中，选择【跟踪图像】选项，可以设置跟踪图像的属性，如图 2.22 所示。

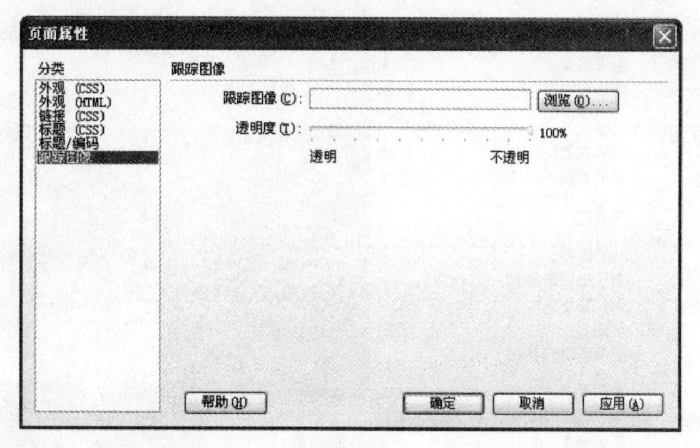

图 2.22

注意：在 Dreamweaver 中创建的每一个页面，都可以使用【页面属性】对话框指定的布局和格式设置属性。在不同的页面中，可以为创建的每个新页面指定新的页面属性，也可以使用【页面属性】对话框修改现有的页面属性。

2.2.6　插入文本

设置了页面属性后，即可插入文本，其步骤如下。

Step 01 选择新建的网站页面，单击【代码】标签，进入【代码】窗口，如图 2.23 所示。

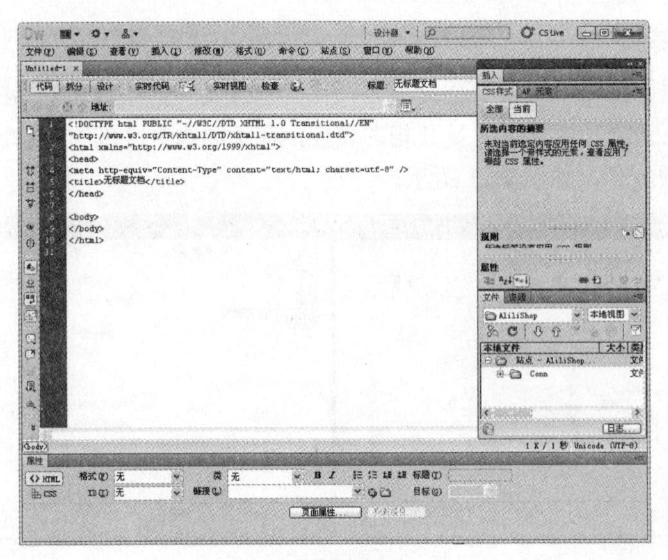

图 2.23

Step 02 在【代码】窗口中，选择<body>标签，把鼠标光标定位在<body>与</body>标签之间，选择【插入】→【HTML】→【文本对象】→【标题 1】菜单命令，如图 2.24 所示。

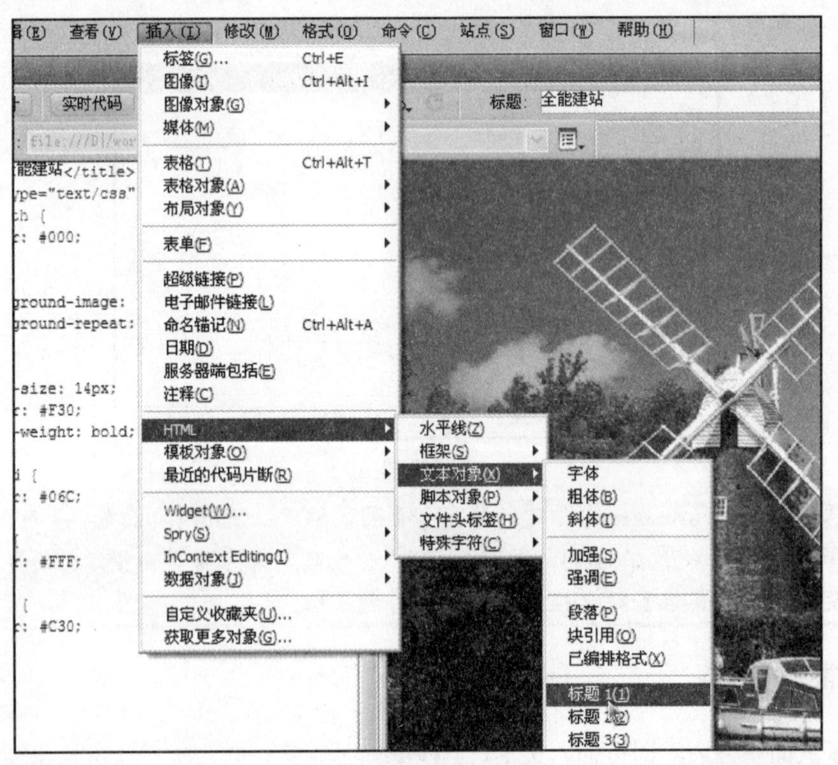

图 2.24

Step 03 就会插入标题标签<h1></h1>，在<h1>标签中输入全能建站。然后选择插入段落，在代码中我们看到增加了<p></p>标签，在<p>中输入文本。

Step 04 按【Ctrl+S】组合键，弹出【另存为】对话框，进行保存。

Step 05 按快捷键【F12】预览效果。

2.2.7　插入图像

增加了文本之后，还可以增加图像，使网页生动活泼些。具体步骤如下：

Step 01 在【代码】窗口中，把鼠标光标定位到</p>标签之后，选择【插入】→【图像】菜单命令，如图 2.25 所示。

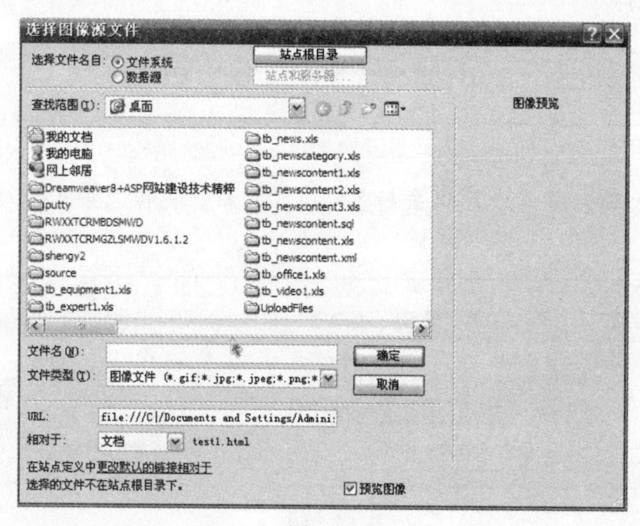

图 2.25

Step 02 选择图片文件，然后单击【确定】按钮，出现如图 2.26 所示的界面。

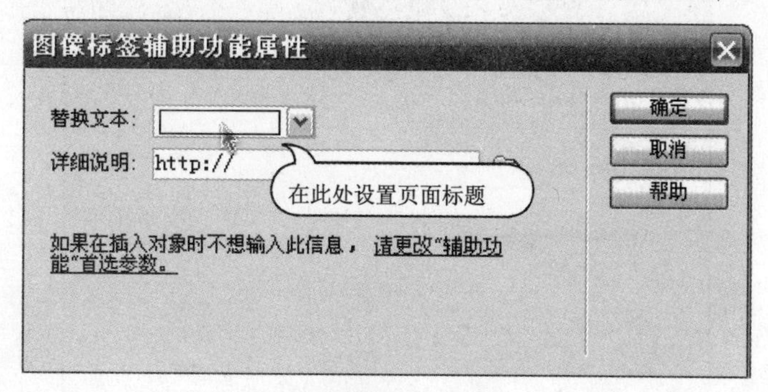

图 2.26

在替换文本中输入全能建站，单击【确定】按钮。

2.2.8　选择并修改 CSS 样式

如果对文字颜色、字体不满意，可以通过修改 CSS 样式去调整，步骤如下。

Step 01 选择新建的网站页面，单击【代码】标签，进入【代码】窗口，如图 2.27 所示。

```
10 body {
11     background-image: url(11.jpg) ;
12     background-repeat: no-repeat;
13 }
14 a {
15     font-size: 14px;
16     color: #F30;
17     font-weight: bold;
18 }
19 a:visited {
20     color: #06C;
21 }
22 a:hover {
23     color: #FFF;
24 }
25 a:active {
26     color: #C30;
27 }
28 </style>
29 </head>
30
31 <body>
32 <h1>全能建站</h1>
33 <p>随着《电子商务发展"十一五"规划》的实施，电子商务在国民经济各部门中将得到进一步的推广和应用。电子商务交易额呈现稳定持续增长态势；在区域发展方面，长三角、珠三角和环渤海等东南沿海的电子商务在继续高速增长的同时，辐射力也逐渐提高，将促进东部和中西部地区之间的协调发展；在企业应用方面，在国家、各级政府的政策引导下，在电子商务服务业的协助下，将促进企业由非支付型电子商务向支付型电子商务发展、协同电子商务的发展，深化企业应用水平。</p>
34 <img src="112.png" width="400" " alt="全能建站" />
35 </body>
36 </html>
```

图 2.27

Step 02 在【代码】窗口中，双击标签<p>，下方的属性选项卡发生变化，如图 2.28 所示。

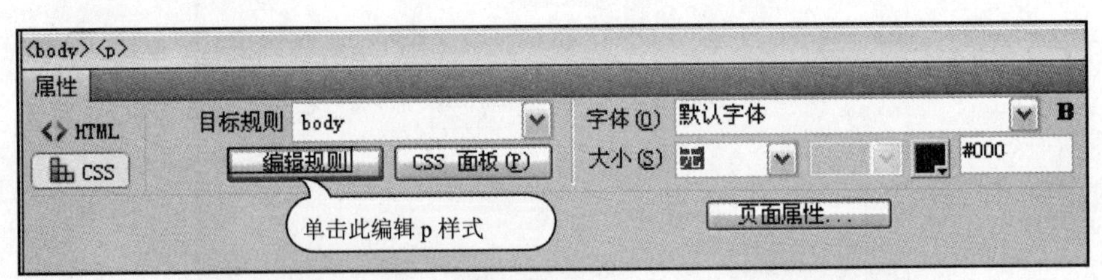

图 2.28

Step 03 单击【编辑规则】按钮，弹出如图 2.29 所示的对话框。

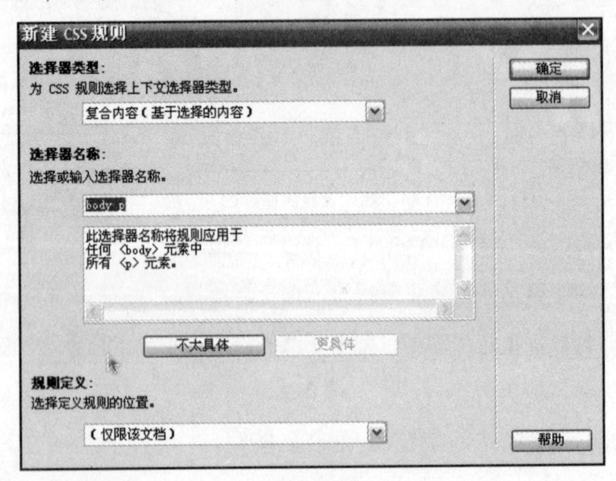

图 2.29

Step 04 单击【确定】按钮，弹出如图 2.30 所示的对话框。

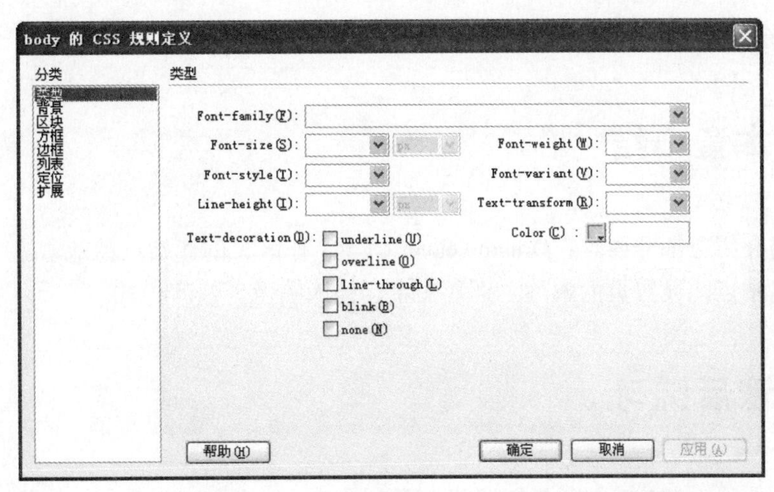

图 2.30

分别设置类型、背景、区块、方框等属性，然后单击【确定】按钮。

2.2.9　在“实时”视图中预览页面

修改 CSS 样式属性后，可以按【F12】键打开 IE 进行浏览，但更方便的是单击实时视图进行预览页面。

Step 01 选择新建的网站页面，单击【设计】标签，进入页面设计窗口，如图 2.31 所示。

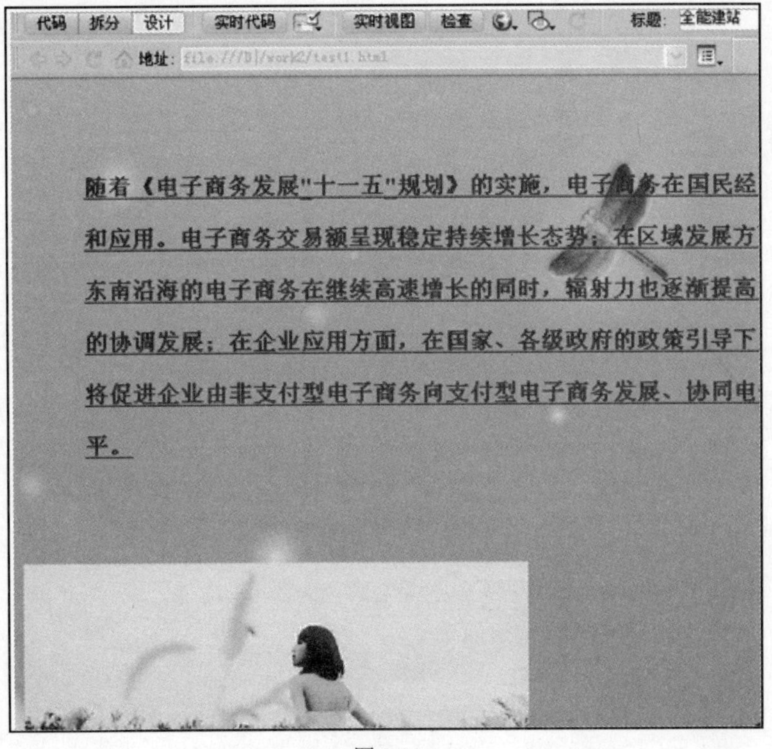

图 2.31

Step 02 然后单击【实时视图】，进行快捷预览。

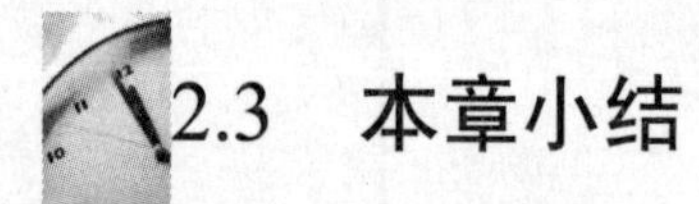

2.3 本章小结

本章主要介绍三部分内容：Dreamweaver CS5 工作区、创建站点和基本使用。需要重点掌握的是创建站点、设置页面属性、插入文本、插入图像、修改样式。

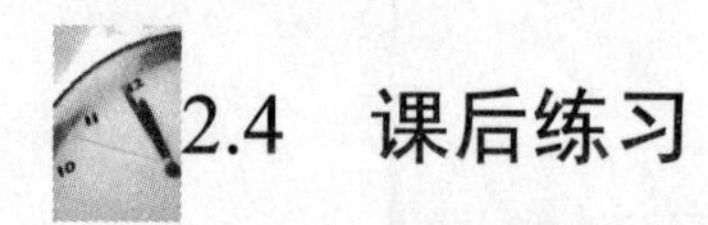

2.4 课后练习

1. Dreamweaver CS5 工作区包括哪些方面？
2. 如何利用 Dreamweaver CS5 创建站点？
3. 新建页面设置标题、页面属性，并插入一段文本和一幅图片。

第 3 小时　熟悉网页常用语言

要想自己动手建立网站，掌握一门网页编程语言是必需的，我们知道，无论多么绚丽的网页，都要由语言编程去实现。本章主要介绍常见的几种网页语言，重点介绍 HTML 和 ASP 语言网页编程常用知识点。

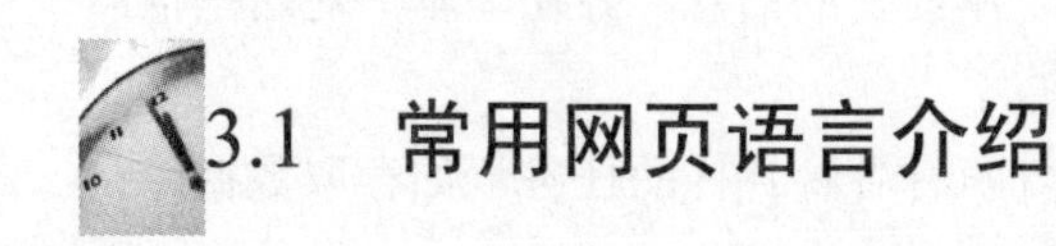

3.1　常用网页语言介绍

下面来了解常用网页语言的基础知识。

3.1.1　HTML 语言

HTML 是一种为普通文件中某些字句加上标示的语言，其目的在于运用标记（Tag）使文件达到预期的显示效果。HTML 只是标示语言，基本上只要明白了各种标记的用法便算学懂了 HTML，HTML 的格式非常简单，只是由文字及标记组合而成，在编辑方面，任何文字编辑器都可以，只要能将文件另存为 ASCII 纯文字格式即可，当然以专业的网页编辑软件为佳。

设计 HTML 语言的目的是为了能把存放在一台计算机中的文本或图形与另一台计算机中的文本或图形方便地联系在一起形成有机的整体，人们不用考虑具体信息是在当前计算机上还是在网络的其他计算机上。

只需使用鼠标在某一文档中点取一个图标，Internet 就会马上转到与此图标相关的内容上，而这些信息可能存放在网络的另一台计算机中。 HTML 文本是由 HTML 命令组成的描述性文本，HTML 命令可以说明文字、图形、动画、声音、表格、链接等。HTML 的结构包括头部（Head）、主体（Body）两大部分，其中头部描述浏览器所需的信息，而主体则包含所要说明的具体内容。

另外，HTML 是网络的通用语言，一种简单、通用的全置标记语言。它允许网页制作人建立文本与图片相结合的复杂页面，这些页面可以被网上任何其他人浏览到，无论使用的是什么类型的计算机或浏览器。

3.1.2　ASP 语言

ASP（Active Server Page），意为“动态服务器页面”。ASP 是微软公司开发的代替 CGI 脚本程序的一种应用，它可以与数据库和其他程序进行交互，是一种简单、方便的编程工具。ASP 的网页文件的格式是.asp，现在常用于各种动态网站中。

ASP 是一种服务器端脚本编写环境，可以用来创建和运行动态网页或 Web 应用程序。ASP 网页可以包含 HTML 标记、普通文本、脚本命令以及 COM 组件等。利用 ASP 可以向网页中添加交互式内容（如在线表单），也可以创建使用 HTML 网页作为用户界面的 Web 应用程序。与 HTML 相比，ASP 网页具有以下特点：

- 利用 ASP 可以实现突破静态网页的一些功能限制，实现动态网页技术。
- ASP 文件是包含在 HTML 代码所组成的文件中的，易于修改和测试。
- 服务器上的 ASP 解释程序会在服务器端执行 ASP 程序，并将结果以 HTML 格式传送到客户端浏览器上，因此使用各种浏览器都可以正常浏览 ASP 所产生的网页。
- ASP 提供了一些内置对象，使用这些对象可以使服务器端脚本功能更强。例如，可以从 Web 浏览器中获取用户通过 HTML 表单提交的信息，并在脚本中对这些信息进行处理，然后向 Web 浏览器发送信息。
- （5）ASP 可以使用服务器端 ActiveX 组件执行各种各样的任务，如存取数据库、发送 E-mail 或访问文件系统等。
- 由于服务器是将 ASP 程序执行的结果以 HTML 格式传回客户端浏览器，因此使用者不会看到 ASP 所编写的原始程序代码，可防止 ASP 程序代码被窃取。
- 方便连接 Access 与 SQL 数据库。
- 开发需要有丰富的经验，否则会留出漏洞，让骇客（Cracker）利用进行注入攻击。ASP 也不仅仅局限于与 HTML 结合制作 Web 网站，而且还可以与 XHTML 和 WML 语言结合制作 WAP 手机网站。但其原理也是一样的。

3.1.3 JSP 语言

JSP 和 Servlet 要放在一起讲，因为它们都是 Sun 公司的 J2EE（Java 2 platform Enterprise Edition）应用体系中的一部分。

Servlet 的形式和前面讲的 CGI 差不多，HTML 代码和后台程序是分开的。它们的启动原理也差不多，都是服务器端接收到客户端的请求后，进行应答。不同的是，CGI 对每个客户请求都打开一个进程（Process），而 Servlet 却在响应第一个请求时被载入，一旦 Servlet 被载入，便处于已执行状态。对于以后其他用户的请求，它并不打开进程，而是打开一个线程（Thread），将结果发送给客户。由于线程与线程之间可以通过生成自己的父线程（Parent Thread）来实现资源共享，这样就减轻了服务器的负担，所以，Java Servlet 可以用来做大规模的应用服务。

虽然在形式上 JSP 和 ASP 或 PHP 看上去很相似——都可以被内嵌在 HTML 代码中。但是，它的执行方式与 ASP 或 PHP 完全不同。在 JSP 被执行时，JSP 文件被 JSP 解释器（JSP Parser）转换成 Servlet 代码，然后 Servlet 代码被 Java 编译器编译成 .class 字节文件，这样就由生成的 Servlet 来对客户端应答。所以，JSP 可以看做是 Servlet 的脚本语言（Script Language）版。

由于 JSP/Servlet 都是基于 Java 的，所以它们也有 Java 语言的最大优点——平台无关性，也就是所谓的“一次编写，随处运行（WORA-Write Once, Run Anywhere）”。除了这个优点，

JSP/Servlet的效率以及安全性也是相当惊人的。因此，JSP/Servlet虽然在国内目前的应用并不广泛，但是其前途不可限量。

在调试JSP代码时，如果程序出错，JSP服务器会返回出错信息，并在浏览器中显示。这时，由于JSP是先被转换成Servlet后再运行的，所以，浏览器中所显示的代码出错的行数并不是JSP源代码的行数，而是指转换后的Servlet程序代码的行数。这给调试代码带来一定困难。所以，在排除错误时，可以采取分段排除的方法（在可能出错的代码前后输出一些字符串，用字符串是否被输出来确定代码段从哪里开始出错），逐步缩小出错代码段的范围，最终确定错误代码的位置。

3.1.4　PHP语言

PHP的全名非常有趣，它是一个巢状的缩写名称——“PHP: Hypertext Preprocessor”，打开缩写还是缩写。PHP是一种HTML内嵌式的语言（就像上面讲的ASP）。而PHP独特的语法混合了C、Java、Perl以及PHP式的新语法，它可以比CGI或者Perl更快速地执行动态网页。

PHP的源代码完全公开，在Open Source意识抬头的今天，它更是这方面的中流砥柱。不断地有新的函数库加入，以及不停地更新，使得PHP无论在UNIX或是Win32的平台上都可以有更多新的功能。它提供丰富的函数，使得在程式设计方面有着更好的资源。目前PHP的最新版本为4.1.1，它可以在Win32以及UNIX/Linux等几乎所有的平台上良好工作。PHP在4.0版后使用了全新的Zend引擎，其在最佳化之后的效率，比较传统的CGI或者ASP等技术有了更好的表现。

平台无关性是PHP的最大优点，但是在优点的背后，还是有一些小小的缺点的。如果在PHP中不使用ODBC，而用其自带的数据库函数（这样的效率要比使用ODBC高）来连接数据库的话，使用不同的数据库，PHP的函数名不能统一。这样，使得程序的移植变得有些麻烦。不过，作为目前应用最为广泛的一种后台语言，PHP的优点还是异常明显的。

3.1.5　ASP.NET语言

ASP最新的版本ASP.NET并不完全与ASP早期的版本后向兼容，因为该软件进行了完全重写。早期的ASP技术实际上与PHP的共同之处比与ASP.NET的共同之处多得多，ASP.NET是用于构建Web应用程序的一个完整的框架。这个模型的主要特性之一是选择编程语言的灵活性。ASP.NET可以使用脚本语言（如VBscript、Jscript、Perlscript和Python）以及编译语言（如VB、C#、C、Cobol、Smalltalk和Lisp）。新框架使用通用语言运行环境（CLR）；先将语言的源代码编译成Microsoft中间语言代码，然后CLR执行这些代码。

这个框架还提供真正的面向对象编程（OOP），并支持真正的继承、多态和封装。.NET类库根据特定的任务（例如，使用XML或图像处理）组织成可继承的类。

除了编程语言和方法之外，数据库访问也是要着重关心的一个因素。当用ASP.NET编程时，可以用ODBC来集成数据库；ODBC提供了一组一致的调用函数来访问目标数据库。

ASP.NET 的优势很明显在于它简洁的设计和实施。这是面向对象的编程人员的梦想：语言灵活，并支持复杂的面向对象特性。在这种意义下，它真正能够与编程人员现有的技能进行互操作。

ASP.NET 的另一个优势是其开发环境。例如，开发人员可以使用 WebMatrix（一个社区支持的工具）、Visual Studio .NET 或各种 Borland 工具（如 Delphi 和 C++ Builder）。例如，Visual Studio 允许设置断点、跟踪代码段和查看调用堆栈。总而言之，它是一个复杂的调试环境。许多其他第三方的 ASP.NET IDE 解决方案也将必然出现。

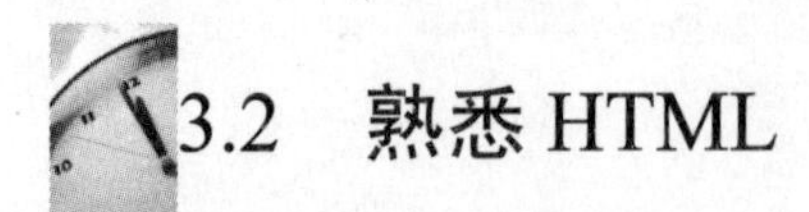

3.2 熟悉 HTML

网站是由各个网页组成的，而 HTML 又是网页主要的组成部分，基本上一个网页都是由 HTML 语言组成的，所以要学习网站建设，必须从网页的基本语言学起。

先简单介绍一下 HTML 语言，HTML 是一种标记语言，在网页的编辑中用于标识网页中的不同元素。它允许网页制作人建立文本与图片相结合的复杂页面，这些页面可以被网上任何其他人浏览到，无论使用的是什么类型的计算机或浏览器。或许有些使用过一般网页编辑软件的读者会说："不懂 HTML 语言也能编辑出一个非常优秀的网页"，确实是这样的，如使用 Macromedia Dreamweaver 就能做到。但是要成为一个真正的网页编程高手，一定要了解 HTML 语言的基本结构。本节将讲解 HTML 的基础知识以及网页相关知识，这些内容的学习和掌握是一个网页设计高手成长的必经之路。

3.2.1 我的第一个 HTML 页面

一个 HTML 文件的扩展名是.htm 或者是.html。我们使用文本编辑器就可以编写 HTML 文件。与一般文本不同的是，一个 HTML 文件不仅包含文本内容，还包含一些 Tag，中文称"标签"。

现在写一个 HTML 文件来大体看看网页的结构。

打开记事本，新建一个文件，然后输入以下代码到这个新文件，最后将这个文件另存为 myfirst.html。

```
<html>
<head>
<title>欢迎光临</title>
</head>
<body>
<!--下面是网页内容-->
这是我的第一个 HTML 页面<b>这些文件是加粗的</b>
</body>
</html>
```

现在双击这个文件，系统会自动使用浏览器打开它，可以看到它的效果。

Tips 知识链接

HTML 文件的第一个 Tag 是<html>，这个标签告诉你的浏览器这是 HTML 文件的头。文件的最后一个 Tag 是</html>，表示 HTML 文件到此结束。

- 在<head>和</head>之间的内容，是 Head 信息。Head 内的信息通常是不显示出来的，一般你在浏览器中看不到。但是这并不表示这些信息没有用，比如，可以在 Head 信息里加上一些关键词，有助于搜索引擎能够搜索到你的网页。
- 在<title>和</title>之间的内容，是这个文件的标题。你可以在浏览器最顶端的标题栏看到这个标题。
- 在<body>和</body>之间的信息，是正文。
- 在<b>和</b>之间的文字，用粗体表示。<b>顾名思义，就是 bold 的意思。
- 从上面的例子我们可以看出 HTML 文件有以下特点：
- HTML 文件看上去和一般文本类似，但是它比一般文本多了 Tag，比如<html>，<b>等，通过这些 Tag，可以告诉浏览器如何显示这个文件。
- Tag 以<开始，以>结束。
- Tag 通常是成对出现的，比如<body></body>。
- HTML 的 Tag 不区分大小写的。比如，<HTML>和<html>其实是相同的。
- 注释由开始标记“<!--”和结束标签“-->”构成，注释内容不在浏览器窗口中显示。

3.2.2　HTML 元素的属性

HTML 元素用 Tag 表示，它可以拥有属性，属性用来扩展 HTML 元素的能力。

比如，可以使用一个 bgcolor 属性，使得页面的背景色成为红色，代码如下：

```
<body bgcolor="red">
```

属性通常由属性名和值成对出现，例如：name="value"。上面例子中的 bgcolor 就是 name，red 就是 value。属性值一般用双引号标记起来。

属性通常是附加给 HTML 的开始标签，而不是结束标签。

3.2.3　BODY 属性的设置

BODY 标记作为网页的主体部分，有很多内置属性，这些属性用于设置网页的总体风格。主要属性如表 3.1 所示。

表 3.1　BODY 的主要属性

属　性	功　能
background	指定文档背景图像的 url 地址
bgcolor	指定文档的背景颜色
text	指定文档中文本的颜色

续表

属　性	功　能
link	指定文档中未访问过的超链接的颜色
vlink	指定文档中已被访问过的超链接的颜色
alink	指定文档中正被选中的超链接的颜色
leftmargin	设置网页左边留出空白间距的像素个数
topmargin	设置网页上方留出空白间距的像素个数

在上述属性中，各个颜色属性的值有两种表示方法：一种是使用颜色名称来指定，例如红色、绿色和蓝色分别用 red、green 和 blue 表示；另一种是使用十六进制 RGB 格式表示，表示形式为 color＝“#RRGGBB”或 color＝“RRGGBB”，其中 RR 是红色、GG 是绿色、BB 是蓝色，各颜色分量的取值范围为 00~FF。例如，#00FF00 表示绿色，#FFFFFF 表示白色。

背景图片属性值是一个相对路径的图片文件名，如<body backgroud＝"bg.gif">中 bg.gif 是背景图片的名字，实际是带相对路径的图片文件名字。比如，你做的这个页面放在 d:\myweb\，而背景图片的位置放在 c:\myweb\images\，那么就需要这样写：<body backgroud＝"images\bg.gif">。

3.2.4　字体属性的应用

1．标题字体

<h#>文字</h#>

其中# =1，2，3，4，5，6

例如：<h1>你好，欢迎光临</h1>

用于设置文档中的标题，<H1>到<H 6>标题标记会自动将字体加粗，并在文字上下空一行。

2．字体的大小

<font size=#>文字</font>

其中#=1, 2, 3, 4, 5, 6, 7 or +#, -#

例如：<font size=7>你好，欢迎光临</font>

3．字体的修饰

粗体：<b>文字</b>

斜体：<i>文字</i>

下画线：<u>文字</u>

删除线：<strike>文字</strike>

闪烁：<blink>文字</blink>

增强：<strong>文字</strong>

强调：<em>文字</em>

4．字体颜色

指定颜色<font color=#>文字</font>

比如，红色文字可以表示为：<font color=red>文字</font>或者<font color=#ff0000>文字</font>。

3.2.5　在网页中插入图像

图像在网页设计中大量采用，网页的美感大多来自精心处理的图像。可使用 IMG 标记在网页中插入一个图像，IMG 标记最常用的 4 个属性如下。

- SRC 属性：给出图像文件的 URL 地址，图像可以是 JPEG 文件、GIF 文件或 PNG 文件。
- AIT 属性：给出图像的简单文本说明，这段文本将在浏览器不能显示图像时显示。
- HEIGHT 属性：设置图像的高度，所用单位可以是像素或百分数。
- WIDTH 属性：设置图像的宽度。

注意：如果只给出了高度或宽度，则图像将按比例进行缩放。

3.2.6　表格的使用

表格在网页设计中有着广泛的应用，它不仅可作为信息的一种表示形式，还常用于页面设计中的布局与定位。

1．表格的创建

表格一般由若干行和若干列的单元格组成，表格上面可以有一个标题，表的第一行称为表头。与表格相关的标签如下。

- <table>：界定表格，最常用的属性是 border，定义边界线的粗细。
- <tr>：定义表格的一行。
- <td>：定义单元格。

2．表格的常用属性

表格的常用属性如表 3.2 所示。

表 3.2　表格的常用属性

属　性	功　能
align	指定内容水平对齐方式，可取值“left”、“center”和“right”
valign	指定内容垂直对齐方式，可取值“top”、“middle”和“botton”
border	指定边框粗细，取值为正整数
width	指定宽度，取值为正整数

续表

属　性	功　能
height	指定高度，取值为正整数
cellpadding	指定单元格边距，取值为正整数
cellspacing	指定单元格间距，取值为正整数

注意：<TD>ALIGN 和 VALIGN 属性将会覆盖任何为整个一行指定的排列方式。

以下代码将创建一个 2 行 2 列的表格：

```
<table width="540" height="249" border="1" cellpadding="0" cellspacing="0">
<tr>
<td width="204">这是第一行第一列</td>
<td width="336" align="center">这是第一行第二列，居中</td>
</tr>
<tr>
<td>这是第二行第一列</td>
<td valign="bottom">这是第二行第二列，文字居于底部</td>
</tr>
</table>
```

代码运行效果如图 3.1 所示。

这是第一行第一列	这是第一行第二列，居中
这是第二行第一列	这是第二行第二列，文字居于底部

图 3.1

3.2.7　框架的使用

框架网页将浏览器上的视窗分成不同区域，在每个区域中都可以独立显示一个网页，即所谓的分割窗口。框架网页通过一个或多个 FRAMESET 和 FRAME 标记来定义。FRAMESET 表示框自集，FRAME 代表一个框架。在框架网页中，将 FRMAE5ET 标记置于 HEAD 之后，以取代 BODY 的位置，还可以使用<noframes>标签给出框架不能被显示时的替换内容。

以下代码是创建一个包含两个框架的页面，并在框架中各自放入不同网站的首页，效果如图 3.2 所示。

```
<HTML>
<HEAD>
<TITLE>框架实作</TITLE>
```

```
</HEAD>
<FRAMESET COLS="500,*" >
  <FRAME SRC="http://www.sohu.com" NAME="1">
  <FRAME SRC="http://www.163.com" NAME="2">
</FRAMESET>
</HTML>
```

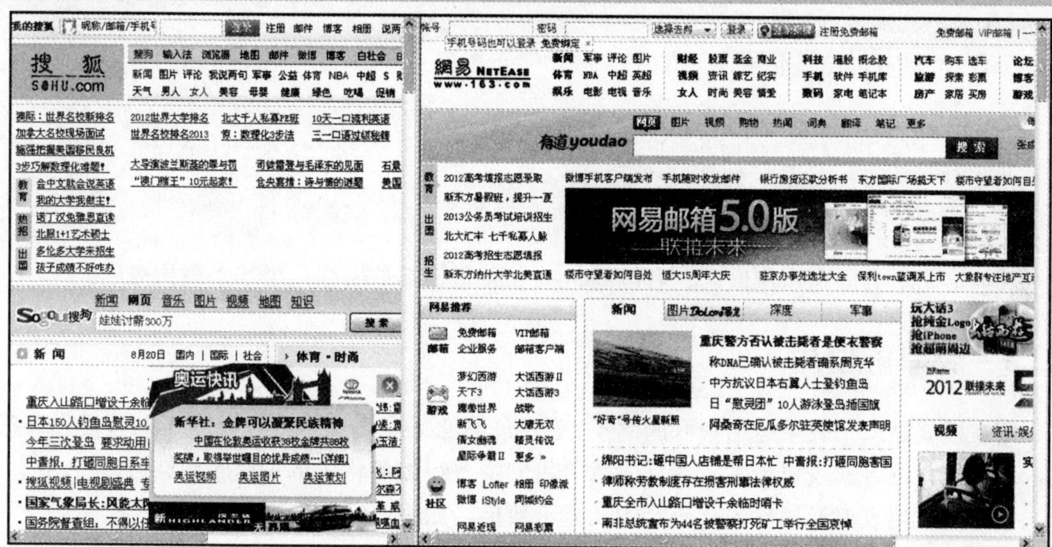

图 3.2

示例解释：

- COLS="500,*" ：垂直切割成两个画面，一个为 500 像素，另一个为余下的宽度。也可以切割成 3 个，如 COLS="300,*,100"。
- SRC="http://www.sohu.com"：设定此框架中要显示的网页名称，每个框架一定要对应一个网页，否则就会产生错误，这里将搜狐首页面置入左框架中。
- NAME="1"：设定这个框架的名称，这样才能指定框架作连接。
- 常见的框架结构包括上方固定、下方固定、右侧固定、左侧固定 4 种基本框架，代码如下。

（1）上方固定代码如下：

```
<frameset rows="80,*" frameborder="no" border="0" framespacing="0">
<frame src="test1.htm" name="topFrame" scrolling="No" noresize="noresize" id="topFrame" title="topFrame" />
<frame src="test2.htm" name="mainFrame" id="mainFrame" title="mainFrame" />
</frameset>
```

（2）下方固定代码如下：

```
<frameset rows="*,80" frameborder="no" border="0" framespacing="0">
<frame src="test1.htm" name="mainFrame" id="mainFrame" title="mainFrame" />
<frame src="test2.htm" name="bottomFrame" scrolling="No" noresize="noresize" id="bottomFrame" title="bottomFrame" />
</frameset>
```

（3）右侧固定代码如下：

```
<frameset cols="*,80" frameborder="no" border="0" framespacing="0">
<frame src="test1.htm" name="mainFrame" id="mainFrame" title="mainFrame" />
<frame src="test2.htm" name="rightFrame" scrolling="No" noresize="noresize" id="rightFrame" title="rightFrame" />
</frameset>
```

（4）左侧固定代码如下：

```
<frameset cols="80,*" frameborder="no" border="0" framespacing="0">
<frame src="test1.htm" name="leftFrame" scrolling="No" noresize="noresize" id="leftFrame" title="leftFrame" />
<frame src="test2.htm" name="mainFrame" id="mainFrame" title="mainFrame" />
</frameset>
```

其他诸如上方固定右侧嵌套、右侧固定上方嵌套等都是由这几个基本型构成的。

3.2.8 表单的使用

留言板就是一个表单运用很好的例子。表单通常必须配合脚本或后台程序来运行才有意义，本节以介绍各式表单为主，在后面章节我们将介绍如何将表单与程序相结合。

以下是常用表单及属性的代码示例及显示效果，如表 3.3 所示。

表 3.3 常用表单及属性的代码示例及显示效果

名 称	代 码 示 例	显 示 效 果
文字输入框	`<INPUT TYPE="TEXT" NAME="NAME" SIZE="20">`	
单选按钮	`男<INPUT TYPE="RADIO" NAME="SEX" VALUE="BOY">` `女<INPUT TYPE="RADIO" NAME="SEX" VALUE="GIRL">`	男 ○ 女 ○
复选框	`<INPUT TYPE="CHECKBOX" NAME="SEX" VALUE="MOVIE">电影` `<INPUT TYPE="CHECKBOX" NAME="SEX" VALUE="BOOK">看书`	□ 电影 □ 看书
密码输入框	`<INPUT TYPE="PASSWORD" NAME="INPUT">`	******
【提交资料】按钮	`<INPUT TYPE="SUBMIT" VALUE="提交资料">`	提交资料
【重新填写】按钮	`<INPUT TYPE="RESET" VALUE="重新填写">`	重新填写
【我同意】按钮	`<INPUT TYPE="BUTTON" NAME="OK" VALUE="我同意">`	我同意
多行输入框	`<TEXTAREA NAME="TALK" COLS="15" ROWS="3"></TEXTAREA>`	

下拉列表	`<SELECT NAME="LIKE">`
	`<OPTION VALUE="喜欢">非常喜欢`
	`<OPTION VALUE="不喜欢">不喜欢`
	`<OPTION VALUE="讨厌">讨厌`
	`</SELECT>`
		非常喜欢
		非常喜欢
		不喜欢
		讨厌

3.2.9　超链接的使用

没有链接 WWW 将失去存在的意义。文件链接是超链接中最常用的一种情形，基本语法格式如下：

```
<a href="字符串" target="字符串" title="字符串'>文本</a>
```

其中各属性描述如下。

- href：该属性是必选项，用于指定目标端点的 url 地址。
- target：该属性是可选项，用于指定一个窗口或框架的名称，目标文档将在指定窗口或框架中打开。如果省略该属性，则在超链接所处的窗体或框架中打开目标文档。
- title：该属性也是可选项，用于指定鼠标移到超链接所显示的标题文字。

例如，建立一个搜狐的超链接，代码如下：

```
<a href="http://www.sohu.com">搜狐</a>
```

3.3　熟悉 JavaScript 语言

想要学好网页设计，JavaScript 语言的熟练应用必不可少，下面将简单介绍。

3.3.1　JavaScript 简介及特点

JavaScript 是一种基于对象和事件驱动并具有安全性能的脚本语言，有了 JavaScript 可使网页变得更加生动。使用它的目的是与 HTML 超文本标记语言、Java 脚本语言一起实现在一个网页中链接多个对象，与网络客户交互作用，从而可以开发客户端的应用程序。它是通过嵌入或调入在标准的 HTML 语言中实现的。

JavaScript 的特点如下。

- JavaScript 是动态的，它可以直接对用户或客户输入做出响应，无须经过 Web 服务程序。
- JavaScript 是种脚本语言，它本身提供了非常丰富的内部对象供设计人员使用。
- JavaScript 是一种可以嵌入 Web 页面中的解释性编程语言，其源代码在发送客户端执行前不需经过编译，而是将文本格式的字符代码发送给客户，由浏览器解释执行。
- JavaScript 中变量声明，采用其弱类型，即变量在使用前不需作声明，而是解释器在运行时检查其数据类型。
- JavaScript 的代码是一种文本字符格式，可以直接嵌入 HTML 文档中，并且可动态装载。编写 HTML 文档就像编辑文本文件一样方便。
- JavaScript 使用 <script>...</script> 来标识。

3.3.2 JavaScript 的数据类型和变量

JavaScript 有 6 种数据类型，主要类型有 Number、String、Object 及 Boolean，其他两种类型为 Null 和 Undefined。

- String 字符串类型：字符串是用单引号或双引号来说明的（使用单引号来输入包含引号的字符串）。
- Number 数值数据类型：JavaScript 支持整数和浮点数。整数可以为正数、0 或者负数；浮点数可以包含小数点、也可以包含一个 “e”（大小写均可，在科学记数法中表示“10 的幂”），或者同时包含这两项。
- Boolean 类型：可能的 boolean 值有 true 和 false。这是两个特殊值，不能用做 1 和 0。
- Undefined 数据类型：一个为 undefined 的值就是指在变量被创建后，但未给该变量赋值以前所具有的值。
- Null 数据类型：null 值就是没有任何值，什么也不表示。
- Object 类型：除了上面提到的各种常用类型外，对象也是 JavaScript 中的重要组成部分。

在 JavaScript 中变量用来存放脚本中的值，这样在需要用这个值的地方就可以用变量来代表，一个变量可以是一个数字、文本或其他一些东西。

JavaScript 是一种对数据类型变量要求不太严格的语言，所以不必声明每一个变量的类型，变量声明尽管不是必需的，但在使用变量之前，首先进行声明是一种好的习惯。可以使用 var 语句来进行变量声明。例如：var men = true; // men 中存储的值为 Boolean 类型。

变量命名：JavaScript 是一种区分大小写的语言，因此将一个变量命名为 computer 和将其命名为 Computer 是不一样的。

另外，变量名称的长度是任意的，但必须遵循以下规则：

- 第一个字符必须是一个字母（大小写均可）、或一个下画线(_)或一个美元符 ($)。
- 后续的字符可以是字母、数字、下画线或美元符。
- 变量名称不能是保留字。

3.3.3 JavaScript 的语句及语法

JavaScript 所提供的语句分为六大类，分别是变量声明、赋值语句，条件和分支语句，循环语句，函数定义语句，对象操作语句和注释语句。

1．变量声明、赋值语句

简单地说，就是指那些没有固定值可以改变的数，在使用一个变量之前，首先要声明这个变量，在 JavaScript 中使用 var 关键字进行声明变量。

语法如下：

```
var 变量名称 [=初始值]
```

通常我们可以一次声明一个变量，例如：

```
Var a;
```

也可以一次声明多个变量，例如：

```
Var a,b,c;
```

还可以在声明变量的同时给变量赋一个初始值，例如：

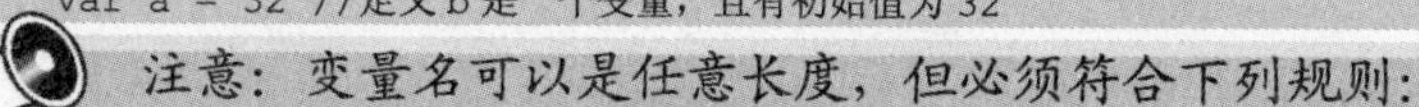

```
var a = 32 //定义b是一个变量，且有初始值为32
```

注意：变量名可以是任意长度，但必须符合下列规则：

- 变量名的第一个字符必须是英文字母，或者是下画线符号。
- 变量名的第一个字母不能是数字，其后的字符可以是英文字母、数字和下画线符号。
- 变量名不能是JavaScript的保留字。

2．条件和分支语句

if...else条件语句：通俗地讲，就是根据满足你想要其满足的条件进行判断，在满足你想要的条件时执行什么语句，当不满足你想要的条件时执行什么语句。条件语句是所有程序语言中最基本的语句之一。

if...else语句完成了程序流程块中的分支功能：如果其中的条件成立，则程序执行紧接着条件的语句或语句块；否则程序执行else中的语句或语句块。

语法如下：

```
if (result == true)
    {
     response = "你答对了！"
     } else{
     response = "你答错了！"
     }
```

switch分支语句：简单地说就是选择语句，根据一个变量的不同取值选择不同的处理方法。

语法如下：

```
Switch (score){
Case 50:
Result="悲哀呀，你挂科了";
Break;
Case 60:
    Result="很幸运，你勉强通过";
Break;
Case 70:
    Result="不错，还需要加油呀";
Break;
Case 80:
    Result="还能更进一步吗?";
```

```
Break;
Case 90:
    Result="高手呀，佩服佩服";
Break;
}
```

Break 关键词用来进行跳出分支语句，如果判断 score 为 50，接着执行 Result="悲哀呀，你挂科了"，直接跳出 switch 语句，不再进行下面的条件判断。

注意：当分支条件比较少时，if …else 与 switch 语句都可以使用，在分支条件较多时，使用 switch 语句最为有效。

3. 循环语句

循环语句是指实现重复计算或操作的语句，循环语句也是高级语言中的常用语句之一。在 JavaScript 中常用循环语句有 for，for ... in，while，do while。

for 语句用于在执行次数一定的情况下，语法如下：

```
for (变量=开始值;变量<=结束值;变量=变量+步进值)
    {
     需要反复执行的语句...
}
```

只要变量小于结束值，循环体就被反复执行。例如：

```
var i=0
for (i=0;i<=10;i++)
{
document.write("已运行次数：" + i)
document.write("<br />")
}
```

for...in 语句与 for 语句有一点不同，它循环的范围是一个对象所有的属性或是一个数组的所有元素。语法如下：

```
for (变量 in 对象或数组)
 {
要执行的语句...
}
```

例如：

```
vari
varsz = new Array()
sz[0] = "11"
sz[1] = "12"
sz[2] = "13"
for (x in sz)
{
document.write(sz[i] + "<br />")
}
```

while 语句所控制的循环不断地测试条件，如果条件始终成立，则一直循环，直到条件不再成立。

语法如下：

```
 while (变量<=结束值)
    {
要执行的语句...
}
```

例如：

```
var i=0
while (i<=10)
{
document.write("已运行次数： " + i)
document.write("<br />")
i=i+1
}
```

do...while 语句与 while 语句很相似，在判断前先执行一次语句，然后判断是否符合指定条件，当条件符合时接着执行语句，例如：

```
var i=0
do
{
document.write("已运行次数： " + i)
document.write("<br />")
i=i+1
}
while (i<0)
```

注意：do...while 语句至少执行一次，而 while 语句则不然，当指定条件不成立时，语句不被执行。

4．函数定义语句

函数是一组随时随地可以调用的语句，用来实现程序的功能和方法。在 JavaScript 中，函数用关键词 function 定义，语法如下：

```
      function 函数名称（函数所带的参数）
              {
                函数执行部分
              }
```

return 语句将结束函数并返回后面表达式的值，return 语句的语法为：“return 表达式;”函数结束时可以没有 return 语句，但是只要遇到 return 语句函数就结束。函数的定义和调用如下：

```
<HTML>
<HEAD>
<TITLE></TITLE>
<SCRIPT LANGUAGE="JavaScript">
```

```
function getSqrt(x)
{
vary = x * x;
document.write(y);
}
</SCRIPT>
</HEAD>
<BODY>
<SCRIPT LANGUAGE="JavaScript">
getSqrt(8);
</SCRIPT>
</BODY>
</HTML>
```

程序定义了一个函数，该函数没有返回值。每次调用就会将相应的内容显示到浏览器上。

注意：当有值需要返回时必须使用 return 语句。函数在定义时并没有被执行，只有函数被调用时，其中的代码才真正被执行。

5. 对象操作语句

JavaScript 是一种基于对象编程的语言，它已经为我们提供了丰富的对象，而操作这些对象需要使用对象操作语句。常用的对象操作语句有 with、new 和 this。

With 语句可以对某个对象执行一系列的语句，而不用重复指出对象的名称。如果你想使用某个对象的许多属性或方法时，只要在 with 语句的()中写出这个对象的名称，然后在下面的执行语句中直接写这个对象的属性名或方法名就可以了。语法如下：

```
with (对象名称)
{
执行语句
}
如：
with(document)
{
    write("文档的标题是 : \"" + title + "\".");
    write("文档的 URL 是: " + URL);
 }
```

其中，title 和 URL 是 document 的两个属性。

new 语句是一种对象构造器，可以用 new 语句来定义一个新对象。语法如下：

```
新对象名称= new 真正的对象名
```

例如，我们可以这样定义一个新的日期对象：var curr = new Date()，然后，变量 curr 就具有了 Date 对象的属性。

this 运算符总是指向当前的对象。

6. 注释语句

注释语句是在程序的开始或中间，对程序进行说明的语句。在程序的后继维护开发中，注释语句起到非常重要的作用。注释语句有单行注释（//）和多行注释（/**/），例如：

```
//这是单行注释
/* 这可以多行注释.... */
```

3.3.4 JavaScript的对象及其属性和方法

在对象操作语句中我们了解了对象这个概念，JavaScript 为我们提供了一些非常有用的常用内部对象和方法。用户不需要用脚本来实现这些功能，这正是基于对象编程的真正目的。在实际工作中，我们经常用到这些对象方法，熟练灵活地运用这些对象方法，能给我们的工作带来很大的便利。

在实际工作中，我们频繁使用的对象有以下几种：字符串对象 String、数组对象 Array、日期和时间对象 Date。

1. 字符串对象 String

字符串很容易理解，就是一些字符的集合。例如：s="this is a string"，这就代表 s 为字符串变量，而"this is a string"是一串字符。字符串对象有以下属性和方法：

（1）获取字符串长度 length 属性

例如：

```
var a = '';
a.length;                    //返回0
var b ='javascript';
b.length;                    //返回10
```

（2）截取字符串 substring 方法

substring 方法可以接受两个参数来指定截取范围，当第二个参数被省略时，默认截取到字符串的结尾。

例如：

```
var a = 'this is a string ';
var b = a.substring(2,4);          // b = 'is'
var c= a.substring(2);             // c= 'is a string '
```

（3）字符串替换 replace 方法

replace 方法可以将字符串中指定的内容替换成新的内容，并返回一个新的字符串。例如：

```
var a =  '我要建网站';
var b = a.replace('要', '学习');                // b =  '我学习建网站'
```

从上述例子中我们看到 replace 方法有两个参数，第一个为需要被替换的子字符串，第二个为替换的内容。当执行 replace 方法时，程序会在字符串中查找所有与第一个参数相符的片段，并替换为第二个参数指定的内容。例如：

```
Var a = 'this is a string';
Var b=replace(' is' ,'aa ')';  //b= ' thaa aa a string'
```

（4）大小写转换 toLowerCase 和 toUpperCase

在程序处理过程中，有时需要对字符串进行变大写或变小写，如比较两个字符串是否相等。ToLowerCase 是把所有字母转为小写，相应的 toUpperCase 是把所有字符转为大写。例如：

```
Var a= 'This is a string ';
Var b=a.tolowercase();  //b='this is a string'
Var c=a.touppercase();  //c='THIS IS A STRING'
```

2. 数组对象 Array

数组与字符串对象一样，是一种数据类型，通过数组可以把若干变量按有序的形式组织起来，也是最常用的数据类型之一。它有两种创建方式，其一通过数组直接进行创建，其二通过 Array 关键词进行创建。

例如：

```
var a = [123,44 ,'3',22];     //直接创建数组
var b=new Array(6);           //6 个元素的数组
```

数组常用的属性方法有获取数组的长度、添加数组中的元素。与字符串一样，数组也是通过 length 函数获取长度的。例如：

```
Var a=['1','2','3','4','5']
Var b=a.length      //b=5
```

向数组中添加数据使用 unshift 关键字操作，例如：

```
Var a=['1','2','3','4','5']
a.unshift(0);       //a = [0,1,2,3,4,5]
```

注意：在 JavaScript 语言中，数组中的值的数据类型可以不一致，这一点与其他语言有区别。

3. 日期和时间对象 Date

对时间的处理是程序设计中经常需要做的事情。在 JavaScript 中，时间由 Date 对象表示，一个 Date 对象表示一个日期和时间值。Date 对象提供了丰富的方法来对这些值进行操作。日期和时间类型通过 Date 关键字进行创建，例如：

```
var now = new Date();    //返回的是一个表示当前时间的对象
```

日期和时间对象的常用属性和方法如下：

- getFullYear()：返回对象中的年份部分，用四位数表示。
- getMonth()：返回对象中的月份部分（从 0 开始计算）。
- getDate()：返回对象所代表的一月中的第几天。
- getDay()：返回对象所代表的一周中的第几天。
- getHours()：返回对象中的小时部分。

- getMinutes()：返回对象中的分钟部分。
- getSeconds()：返回对象中的秒部分。
- getMilliseconds()：返回对象中的毫秒部分。
- getTime()：返回对象的内部毫秒部分。

使用都是一样的，例如：

```
var now = new Date();
var curryear=now.getFullYear()   //返回当前年份 curryear='2012'
```

注意：对象只是一种特殊的数据。

3.3.5　JavaScript 的事件处理

事件是浏览器响应用户交互操作的一种机制，JavaScript 的事件处理机制可以改变浏览器响应用户操作的方式，这样就开发出具有交互性，并易于使用的网页。

浏览器为了响应某个事件而进行的处理过程称为事件处理。

事件定义了用户与页面交互时产生的各种操作，例如，单击超链接或按钮时，就产生一个单击（Click）操作事件。浏览器在程序运行的大部分时间都等待交互事件的发生，并在事件发生时，自动调用事件处理函数，完成事件处理过程。

事件不仅可以在用户交互过程中产生，而且浏览器自己的一些动作也可以产生事件。例如：当载入一个页面时，就会发生 load 事件；卸载一个页面时，就会发生 unload 事件等。

归纳起来，必须使用的事件有三大类：

- 引起页面之间跳转的事件，主要是超链接事件。
- 事件浏览器自己引起的事件。
- 事件在表单内部与界面对象的交互。

界面事件包括：Click（单击）、MouseOut（鼠标移出）、MouseOver（鼠标移过）和 MouseDown（鼠标按下）等。

1．单击事件

鼠标单击事件是常见的事件，语法非常简单：“onclick=函数或是处理语句”。例如：

```
<HTML>
<HEAD>
<TITLE></TITLE>
</HEAD>
<BODY>
<FORM>
<INPUT TYPE="BUTTON" VALUE="单击" ONCLICK="alert('鼠标单击')">
</FORM>
</BODY>
</HTML>
```

当鼠标单击按钮时，自动弹出一个对话框，显示的结果如图 3.3 所示。

图 3.3

2．处理下拉列表

下拉列表是常用的一种网页元素，一般利用 ONCHANGE 事件处理。例如：

```
<HTML>
<HEAD>
</HEAD>
<BODY>
<SELECT NAME="selAddr" SIZE="1" ONCHANGE="func()">
<OPTION SELECTED VALUE="郑州">郑州</OPTION>
<OPTION VALUE="洛阳">洛阳</OPTION>
<OPTION VALUE="开封">开封</OPTION>
</SELECT>
<SCRIPT LANGUAGE="JavaScript">
function func()
{
alert("你选择了" + selAddr.value);
}
</SCRIPT>
</BODY>
</HTML>
```

每个下拉列表的 OPTION 项都有一个 VALUE 值，读出来的是 VALUE 属性的值。执行的结果如图 3.4 所示。

图 3.4

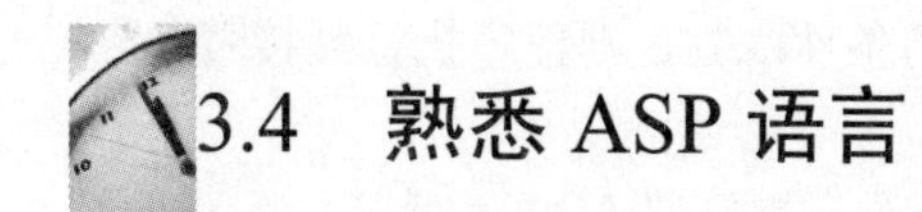

3.4 熟悉ASP语言

ASP（Active Server Pages）是一种动态网页，文件扩展名为.asp，ASP网页是包含服务器端脚本的HTML网页。Web服务器会处理这些脚本，将其转换成HTML格式，再传送到客户的浏览器端。

3.4.1 ASP能为我们做什么

- 动态地编辑、改变或者添加页面的任何内容。
- 对由用户从HTML表单提交的查询或者数据做出响应、访问数据或者数据库，并向浏览器返回结果。
- 为不同的用户定制网页。
- 由于ASP代码无法从浏览器端查看，确保了站点的安全性。

3.4.2 ASP的工作原理

ASP的工作原理如图3.5所示。

图3.5

- 客户端输入网页地址（URL），通过网络向服务器端发送一个ASP的文件请求。
- 服务器端开始运行ASP文件代码，从数据库中取需要的数据或写数据。
- 服务器端把数据库反馈的数据发送到客户端上显示。

3.4.3 ASP基本语法

（1）书写格式：<%语句……%>。

（2）If条件语句如下：

```
<%
 If 条件1 then
语句1
elseif 条件2 then
语句2
else
语句3
Endif
%>
```

if语句完成了程序流程块中的分支功能：如果其中的条件成立，则程序执行紧接着条件的语句或语句块；否则程序执行 else 中的语句或语句块。

（3）while 循环语句如下：

```
<%
while 条件
语句
Wend
%>
```

while 语句所控制的循环不断地测试条件，如果条件始终成立，则一直循环，直到条件不再成立。

（4）for 循环语句如下：

```
<%
for count=1 to n step m
语句1
exit for
语句2
Next
%>
```

for 语句只要循环条件成立，便一直执行，直到条件不再成立。

ASP 还有其他语句，但常用的、必须掌握的也就是上述 4 点。

注意：从上述讲解中，我们可以看到 ASP 语法与 JavaScript 语法之间有很多相似之处，在学习时可以对照一下，有助于理解区分。

3.4.4 ASP 常用内建对象

在 ASP 中，提供的对象以及组件都可以用来实现和扩展 ASP 应用程序的功能。每个对象都有其各自的属性、集合和方法，并且可以响应有关事件。用户不必了解对象内部复杂的数据传递与执行机制，而只需在程序中设置或调用某个对象特定的属性、集合或方法，即可实现该对象所提供的特定功能。

常用的对象有以下几个：

- Response：用来传输数据到客户端浏览器。
- Request：用来读取客户端浏览器的数据。
- Server：用来提供某些 Web 服务器端的属性与方法。
- Session：用来存储当前应用程序单个使用者专用的数据。

3.4.5　对象的属性方法

1．Response 对象

Response 对象的作用是向浏览器输出文本、数据和 Cookies，并可重新定向网页，或用来控制向浏览器传送网页的动作。

Response 常用的属性是 Expires，这个属性用来设置网页过期时间。Response 常用的方法有两个，分别是 write 方法和 Redirect 方法。

（1）write 方法输出数据到客户端浏览器，语法如下：

```
Response.write 变量或字符串
```

代码如下：

```
<%
Response.write"您好！<br>"
Response.write"今天是"&now()
%>
```

（2）Redirect 方法用来将客户端的浏览器重新定向到一个新的网页，语法如下：

```
Response.Redirect 网址变量或字符串
```

代码如下：

```
<%
Response.Redirect"http://www.sohu.com"
%>
```

（3）Response.End 用来停止输出，示例如下：

```
<%
For i=1  to   5 setp 1
If  i<=3 then
Response.write  "i="&i
Else
Response.end
End if
next
%>
```

输出结果只有 i=1，i=2 和 i=3。

2．Request 对象

Request 对象用来读取客户端的表单信息或其他传送到服务器端的信息，并可在此基础上实现将客户数据存入 Web 数据库或对其做进一步的处理。

Request 对象属性一般情况下使用不到，这里不再阐述。

Request 常用的方法集合有 Form、QueryString，这两个最为常用。

Form 集合取得客户端在 Form 表单中的输入，用 Post 方法提交信息。语法如下：

（1）Request.Form 元素

信息提交页面，代码如下：

```
<html><head><title>示例</title></head>
```

```
<body>
<form method="POST" action="form1.asp" name="form1">
<p><font size="3"><b>请在此输入客户资料：</b></font></p>
<p>您的姓名：<input type="text" name="name" size="16"></p>
<p><input type="submit" value="确认提交" name="B1"> 
<input type="reset" value="全部重填" name="B2"></p>
</form></body></html>
```

信息读取页面，代码如下：

```
<%
Dim name
name = Request.Form ("name")
Response.Write "<P><B>" & "您提交的信息如下：" & "</B></P>"
Response.Write "您的姓名是：" & name & "<br>"
%>
```

（2）Request.QueryString 集合

Request 对象的 QueryString 集合同样可以包含传送到 Web 服务器的各个表单值，这些值在 URL 请求中表现为若干项用问号连接起来的一串文本。其语法格式如下：

```
Request.QueryString 元素
```

信息输入页面代码如下：

```
<html><head><title>QueryString</title></head>
<body>
<form method="GET" action="form1.asp" name="form1">
<p><font size="3"><b>请在此输入客户资料：</b></font></p>
<p>您的姓名：<input type="text" name="name" size="16"></p>
<p><input type="submit" value="提交" name="B1"> 
<input type="reset" value="重填" name="B2"></p>
</form></body></html>
```

信息获取页面代码如下：

```
<%
Dim name
name = Request.QueryString ("name")
Response.Write name & "：您好！" & "<br>"
%>
```

（3）ServerVariables 方法

Request 对象的 ServerVariables 方法得到一些服务器端的信息，比如当前 ASP 的文件名、客户端的 IP 地址等。语法如下：

```
<html><head><title>ServerVariables</title></head>
<body>
PATH_INFO 返回：
<%=Request.ServerVariables("PATH_INFO")%><br>          //返回文件路径
REMOTE_ADDR 返回：
<%=Request.ServerVariables("REMOTE_ADDR")%><br>        //返回客户端地址
SERVER_NAME 返回：
<%=Request.ServerVariables("SERVER_NAME")%><br>        //返回服务名
</body></html>
```

3．Server 对象

Server 对象主要用来创建 COM 对象和 Scripting 组件、转化数据格式、管理其他网页的执行。语法如下：

```
Server.方法|属性(变量或字符串|=整数)
```

Server 对象常用的方法有两个 CreateObject 方法、MapPath 方法。

（1）CreateObject 方法

Server.CreateObject 方法是 Server 对象最为重要的方法之一，可用来创建已经注册到服务器上的某个 ActiveX 组件的实例，从而实现一些仅靠脚本语句难以实现的功能。例如，对数据库的连接和访问、对文件的存取、电子邮件的发送和活动广告的显示等。

语法如下：

```
Set 对象变量名= Server. CreateObject ("ActiveX 组件名")
```

示例代码如下：

```
<%
Set  Fso = Server.CreateObject("Scripting.FileSystemObject")
%>
```

（2）MapPath 方法

MapPath 方法的作用是把所指定的相对路径或者虚拟路径转换为物理路径。

语法如下：

```
Server.MapPath(虚拟路径字符串)
```

示例代码如下：

```
<%
Path = Server. MapPath ("/form1.asp")
Response.Write "form1.asp 网页的实际路径为: " & Path
%>
```

4．Session 对象

Session 对象用来为每个客户存储独立的数据或特定客户的信息，使用 Session 对象可以为每个客户保存指定的数据。存储在某个客户 Session 对象中的任何数据都可以在该客户调用下一个页面时取得。在用户与网站交互的整个会话期间内，Session 对象中的变量值都不会丢失，直到会话超时或访问者离开时为止，该 Session 对象才被释放。

Session 常用属性有两个，存储用户的 Session ID 和用来设置 Session 的有效期时长的 Timeout。常用方法有一个清除 Session 对象的 Abandon。

Session 可以保存变量或字符串等信息，语法如下：

```
Session("Session 名字")=变量或字符串信息
```

例如：

```
<% Session("username")="Lisi"%>
```

从 Session 中调用该信息的语法如下：

```
变量= Session("Session 名字")
```

例如：

```
<%    a=session("Session名字") %>
```

利用 Timeout 属性可以修改 Session 对象的有效期时长，默认为 20 分钟。

语法如下：

```
Session.Timeout=整数（分钟）
```

例如：

```
<% Session.Timeout=30   '改为30分钟 %>
```

Session 对象到期后会自动清除，但到期前可以用 Abandon 方法强行清除。

语法如下：

```
Session.Abandon
```

例如：

```
<% Session.Abandon %>
```

5. Cookie 对象

Cookie 对象也是一个比较重要的对象，那么什么是 Cookie 呢？Cookie 是用户访问某些网站时，由 Web 服务器在客户端磁盘上写入的一些小文件，用于记录浏览者的个人信息、浏览器类型、何时访问该网站以及执行过哪些操作等。

Cookie 的属性用于指定 Cookie 自身的有关信息，语法格式如下：

```
Response.Cookies(name).attribute = value
```

其中参数 attribute 指定属性的名称，可以是下列之一：

- Domain：只允许写。如果设置该属性，则 Cookie 将被发送到对该域的请求中。
- Expires：只允许写，用于指定 Cookie 的过期日期。为了在会话结束后将 Cookie 存储在客户端磁盘上，必须设置该日期。如果此项属性的设置未超过当前日期，则在任务结束后 Cookie 将到期。
- HasKeys：只允许读，用于确定 Cookie 是否包含关键字。
- Path：只允许写。如果被指定，则 Cookie 将只发送到对该路径的请求中。如果未设置该属性，则使用应用程序的路径。
- Secure：只允许写，用于指定 Cookie 是否安全。

（1）设置 Cookie 的值

使用 Response 对象的 Cookies 集合可以设置客户端的 Cookie 值。如果指定的 Cookie 不存在，则创建它。若存在，则设置新的值并且将旧值删去。语法格式如下：

```
Response.Cookies(name)[(key)] = value
```

其中，参数 name 指定 Cookie 的名称。参数 value 指定分配给 Cookie 的值。参数 key 是可选的，用于指定 Cooike 的关键字。若不指定 key，则创建一个单值 Cookie；若指定了 key，则创建一个 Cookie 字典，而 key 将被设置为 value。

创建单值Cookie，代码如下：

```
<%
Response.Cookies("Username")= "zhangshihua"  //
Response.Cookies("Username").Expires="July 29,2008"
%>
```

创建多值Cookie，代码如下：

```
<%
Response.Cookies("User")("Name")="chenfan"
Response.Cookies("User")("Sex")= "male"
Response.Cookies("User")("Password")="20120601"
Response.Cookies("User").Expires="June,1,2012"
%>
```

（2）输出Cookie中保存的值

Request.Cookies集合，它们用来提取存储在客户计算机Cookie中的值。

例如：

```
<%=Request.Cookies("Username")%>
```

6. Application对象

Application 对象是一个比较重要的对象，对Application 对象的理解关键是：网站所有的用户公用一个 Application 对象，当网站服务器开启时，Application 就被创建。利用Application 这一特性，可以方便地创建聊天室和网站计数器等常用站点的应用程序。

Application 对象没有自己的属性，用户可以根据自己的需要定义属性来保存一些信息，其基本语法是：Application（"自定义属性名"），这一点与Session定义一样。

例如：

```
<%
Application("Greeting")="你好！"
response.write Application("Greeting")
%>
```

首先对自定义属性Application("Greeting")赋值，然后程序将其输出。执行完以后，该对象就被保存在服务器上。

注意：Application 变量不会因为某一个甚至全部用户离开就消失，一旦建立Application 变量，那么它就一直存在到网站关闭或者这个Application 对象被卸载，这经常可能是几周或者几个月。而Session生存周期只在当前用户上，并随用户的消失而消失。

或许阅读完本章，依然不明白这些东西和网站是如何具体地联系起来的，那么也没关系，在后续章节将结合实战案例详细讲解网站程序设计的全过程。

3.5 本章小结

本章主要介绍三部分内容：HTML 的常用标签和 JavaScript 基础、ASP 语言基础。需要重点掌握的是表格和表单的使用方式、JavaScript 语法与函数，ASP 的工作原理和常用内部对象。

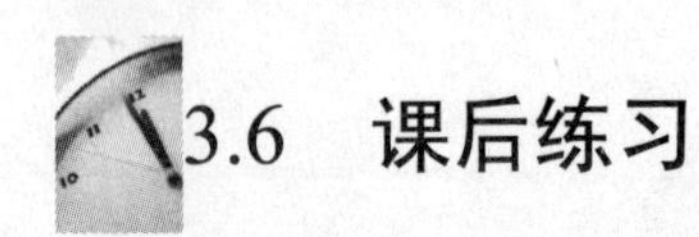

3.6 课后练习

1. 练习创建表格和制作表单。
2. 实现 JavaScript 单击事件。
3. 实现 JavaScript 处理下拉列表。
4. 使用 JavaScript 输出 1~10。
5. 使用 ASP 输出 1~10。
6. 创建 Cookie 并输出。
7. 创建 Session 并输出。

第 4 小时　动态网站数据库操作技术

动态网页最大的特点是所有的数据存储在数据库中，这样我们就能通过对数据库的操作进行维护更新网站，而不需要对网页结构进行烦琐的更改。本章主要介绍关系数据库知识、标准 SQL 语句及 ASP 如何操作 Access 数据库。

4.1　数据库简介

数据库是数据管理的最新技术，是计算机科学的重要分支。今天，信息资源已成为各个部门的重要财富和资源。建立一个满足各级部门信息处理要求的行业有效的信息系统也成为一个企业或组织生存和发展的重要条件。因此，作为信息系统核心和基础的数据库技术得到越来越广泛的应用，从小型单项事务处理系统到大型信息系统，从联机事务处理到联机分析处理，越来越多新的应用领域采用数据库存储和处理它们的信息资源。

4.1.1　数据库知识概述

数据库（DataBase）是按照数据结构来组织、存储和管理数据的仓库，它产生于距今 50 年前，随着信息技术和市场的发展，特别是 20 世纪 90 年代以后，数据管理不再仅仅是存储和管理数据，而转变成用户所需的各种数据管理的方式。数据库有很多种类型，从最简单的存储有各种数据的表格到能够进行海量数据存储的大型数据库系统都在各个方面得到了广泛的应用。

1. 数据（Data）

数据是数据库中存储的基本对象。数据在大多数人头脑中的第一个反应就是数字。其实数字只是最简单的一种数据，是数据的一种传统和狭义的理解。广义的理解，数据的种类很多，包括文字、图形、图像、声音、视频、学生的档案记录等。

数据是描述事务的符号记录。描述事务的符号可以是数字，也可以是文字、图形、图像、声音、语言等，数据有多种表现形式，都可以经过数字化后存入计算机。

数据的形式还不能完全表达其内容，需要经过解释。所以数据和关于数据的解释是不可分的，数据的解释是指对数据含义的说明，数据的含义称为数据的语义，数据与其语义是不可分的。

2. 数据库（DataBase，DB）

所谓数据库是指长期储存在计算机内、有组织的、可共享的数据集合。数据库中的数据按一定的数据模型组织、描述和存储，具有较小的冗余度、较高的数据独立性和易扩展性，并可以为各种用户共享。

4.1.2 数据库系统

数控库系统分为数据库管理系统和数据库系统两个方面。

1. 数据库管理系统

数据库管理系统（DataBase Management System，DBMS）是数据库系统的一个重要组成部分，它是位于用户与操作系统之间的一层数据管理软件，主要包括以下几方面的功能。

- 数据定义功能：DBMS 提供数据定义语言（Data Definition Language，DDL），通过它可以方便地对数据库中的数据对象进行定义。
- 数据操纵功能：DBMS 还提供数据操纵语言（Data Manipulation Language，DML），可以使用 DML 操纵数据实现对数据库的基本操作，如查询、插入、删除和修改等。
- 数据库的运行管理：数据库在建立、运用和维护时由数据库管理系统统一管理、统一控制，以保证数据的安全性、完整性、多用户对数据的并发使用及发生故障后的系统恢复。
- 数据库的建立和维护功能：包括数据库初始数据的输入、转换功能，数据库的转储、恢复功能，数据库的管理重组织功能和性能监视、分析功能等。这些功能通常是由一些实用程序完成的。

2. 数据库系统

数据库系统（DataBase System，DBS）是指在计算机系统中引入数据库后的系统，一般由数据库、数据库管理系统（及其开发工具）、应用系统、数据管理员和用户组成。应当指出的是，数据库的建立、使用和维护等工作只靠一个 DBMS 远远不够，还要有专门的人员来完成，这些人被称为数据库管理员（DataBase Administrator，DBA）。

在一般不引起混淆的情况下，常常把数据库系统简称为数据库。数据库系统在整个计算机系统中的地位如图 4.1 所示。

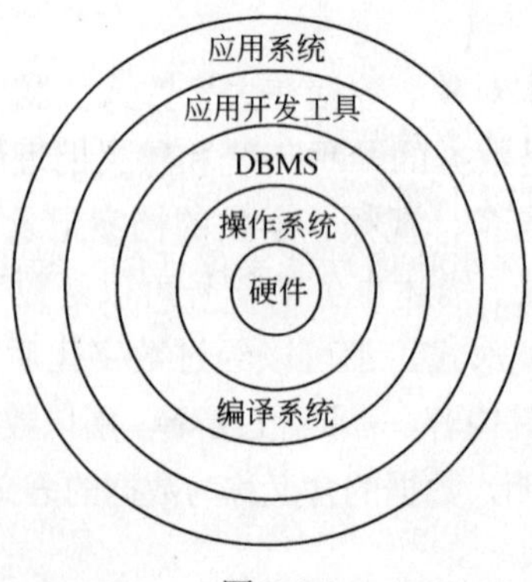

图 4.1

数据库技术是应数据管理任务的需要而产生的。数据的处理是指对各种数据进行收集、存储、加工和传播的一系列活动的总和。数据管理则是指对数据进行分类、组织、编码、存储、检索和维护，它是数据处理的中心问题。

与人工管理和文件系统相比，数据库系统的特点主要有以下几方面。

（1）数据结构化

数据结构化是数据库与文件系统的根本区别。在文件系统中，相互独立的文件的记录内部是有结构的。传统文件的最简单形式是等长与格式的记录集合。

在文件系统中，尽管其记录内容已有了某些结构，但记录之间没有联系。数据库系统实现整体数据的结构化是数据库的主要特征之一，也是数据库系统与文件系统的区别。

在数据库系统中，数据不再针对某一应用，而是面向全组织，具有整体的结构化。不仅数据是结构化的，而且存取数据的方式也很灵活，可以存取数据库中的某一个数据项、一组数据项、一个记录或一组记录。而在文件系统中，数据的最小存取单位是记录，粒度不能细到数据项。

（2）数据的共享性高、冗余度低、易扩充

数据库系统从整体角度看待和描述数据，数据不再面向某个应用而是面向整个系统，因此数据可以被多个用户、多个应用共享使用。数据共享可以大大减少数据冗余，节约存储空间。数据共享还能够避免数据之间的不相容性与不一致性。

所谓数据的不一致性是指同一数据不同复制的值不一样。采用人工管理或文件系统管理时，由于数据被重复存储，当不同的应用使用和修改不同的复制时就很容易造成数据的不一致。在数据库中数据共享，减少了由于数据冗余造成的不一致现象。

由于数据面向整个系统是有结构的数据，不仅可以被多个应用共享使用，而且容易增加新的应用，这就使得数据库系统弹性大、易于扩充，可以适应各种用户的要求，可以取整体数据的各种子集用于不同的应用系统。当应用需求改变或增加时，只要重新选取不同的子集或加上一部分数据便可以满足新的需求。

（3）数据独立性高

数据独立性是数据库领域中的一个常用术语，包括数据的物理独立性和逻辑独立性。

物理独立性是指用户的应用程序与存储在磁盘上的数据库中数据是相互独立的。也就是说，数据在磁盘上的数据库中怎样存储是由 DBMS 管理的，用户程序不需要了解，应用程序要处理的只是数据的逻辑结构，这样当数据的物理存储改变了，应用程序不用改变。

逻辑独立性是指用户的应用程序与数据库的逻辑结构是相互独立的，也就是说，数据的逻辑结构改变了，用户程序也可以不变。

数据独立性是由 DBMS 的二级映像功能来保证的。数据与程序的独立，把数据的定义从程序中分离出去，加上数据的存取又由 DBMS 完成，从而简化了应用程序的编制，大大减少了应用程序的维护和修改。

（4）数据由 DBMS 统一管理和控制

数据库的共享是并发的共享，即多个用户可以同时存取数据库中的数据，甚至可以同时存取数据库中同一个数据。

为此，DBMS 还必须提供以下几方面的数据控制功能。

- ❑ 数据的安全性（Security）保护：数据的安全性是指保护数据，以防止不合法的使用造成的数据的泄密和破坏。使每个用户只能按规定对某些数据以某些方式进行使用和处理。
- ❑ 数据的完整性（Integrity）检查：数据的完整性指数据的正确性、有效性和相容性。完整性检查将数据控制在有效的范围内，或保证数据之间满足一定的关系。
- ❑ 并发（Concurrency）控制：当多个用户的并发进程同时存取、修改数据库时，可能会发生相互干扰而得到错误的结果或使得数据库的完整遭到破坏，因此必须对多用户的并发操作加以控制和协调。
- ❑ 数据库恢复（Recovery）：计算机系统的硬件故障、软件故障、操作员的失误以及故意破坏也会影响数据库中数据的正确性，甚至造成数据库部分或全部数据的丢失。DBMS必须具有将数据库从错误状态恢复到某一已知的正确状态（亦称为完整状态或一致状态）的功能，这就是数据库的恢复功能。

4.1.3 关系数据库

关系数据库（Relational DataBase，RDB）是基于关系模型的数据库。在计算机中，关系数据库是数据和数据库对象的集合。所谓数据库对象是指表、视图、存储过程、触发器等。关系数据库管理系统（Relational DataBase Management System，RDBMS）是管理关系数据库的计算机软件。

1. 关系模型

在用户看来，一个关系模型的逻辑结构是一张二维表，它由行和列组成。关系中每一字段是表一列，每一个记录是表中的一行。这种用二维表的形式表示实体间联系的数据模型称为数据模型。

- ❑ 关系：一个关系就是一张二维表，每一个关系有一个关系名。
- ❑ 元组：表中的行称为元组。一行是一个元组，对应存储文件中的一条记录值。
- ❑ 属性：表中的列称为属性，每一列有一个属性。
- ❑ 域：属性的取值范围，即不同元组对同一个属性的取值所限定的范围。
- ❑ 关键字：属性或属性组合，其值能够唯一地标识一个行。关键字也称码。
- ❑ 关系模式：对关系的描述称为关系模式。一个具体关系模型是若干个关系模式的集合。一般表示为：
  - ➢ 关系名（属性1，属性2，…，属性n）
  - ➢ 元数：关系模式中属性的数目是关系的元数。

在关系模型中，实体以及实体间的联系都是用关系来表示。

关系模型要求关系必须是规范化的，最基本的条件是，关系的每一个分量必须是一个不可分的数据项，即不允许表中还有表，如图4.2所示。

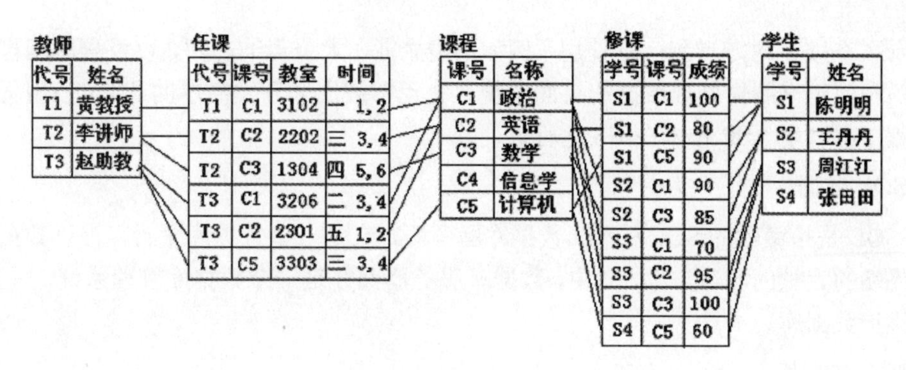

图 4.2

关系数据模型的操纵主要包括查询、插入、删除和更新数据。这些操作必须满足关系的完整性约束条件。

关系模型中的数据操作是集合操作，操作对象和操作结果都是关系，即若干行的集合。

关系模型把存取路径向用户隐蔽起来，用户只要指出“干什么”，不必详细说明“怎么干”，从而大大地提高了数据的独立性，提高了用户效率。

关系数据库标准操作语言是 SQL 语言。

关系数据模型中，实体及实体间的联系都用表来表示。在数据库的物理组织中，表以文件形式存储，每一个表通常对应一种文件结构。

2．关系模型的优点

关系模型是建立在严格的数学概念的基础上的。无论实体还是实体之间的联系都用关系来表示。对数据的查询结果也是关系（表），因此概念单一，其数据结构简单、清晰。

关系模型的存取路径对用户透明，从而具有更高的数据独立性，更好的安全保密性，也简化了程序员的工作和数据库开发建立的工作。

3．关系模型的缺点

由于存取路径对用户透明，查询效率往往不如非关系数据模型。因此为了提高性能，必须对用户的查询请求进行优化，增加了开发数据库管理系统的负担。

4.1.4　常见关系数据库

目前，数据库产品也有很多，常用的几种关系型数据如下。

1．Access 数据库

Access 是微软公司推出的基于 Windows 的桌面关系数据库管理系统（Relational Database Management System，RDBMS），是 Office 系列应用软件之一。它提供了表、查询、窗体、报表、页、宏、模块 7 种用来建立数据库系统的对象；提供了多种向导、生成器、模板，把数据存储、数据查询、界面设计、报表生成等操作规范化；为建立功能完善的数据库管理系统提供了方便，也使得普通用户不必编写代码就可以完成大部分数据管理的任务。

Access 在很多地方得到广泛使用，例如小型企业、大公司的部门，以及喜爱编程的开发人员专门利用它来制作处理数据的桌面系统。它也常被用来开发简单的 Web 应用程序，这些应用程序都利用 ASP 技术在 IIS 运行。

2．MSSQL 数据库

MSSQL 是指微软的 SQL Server 数据库服务器，它是一个数据库平台，提供数据库从服务器到终端的完整的解决方案。其中，数据库服务器部分是一个数据库管理系统，用于建立、使用和维护数据库。

3．MySQL 数据库

MySQL 是一个小型关系型数据库管理系统，2009 年被 Oracle 收购。MySQL 是一种关联数据库管理系统，关联数据库将数据保存在不同的表中，而不是将所有数据放在一个大仓库内。这样就增加了速度并提高了灵活性。MySQL 的 SQL（结构化查询语言）是用于访问数据库的最常用标准化语言。由于其体积小、速度快、总体拥有成本低，尤其是开放源码这一特点，使许多中小型网站为了降低网站总体拥有成本而选择 MySQL 作为网站数据库。

4．Oracle 数据库

Oracle DataBase，又名 Oracle RDBMS，或简称 Oracle，是甲骨文公司的一款关系数据库管理系统，到目前为止仍在数据库市场上占有主要份额。Oracle 是以高级结构化查询语言（SQL）为基础的大型关系数据库。通俗地讲，它是用方便逻辑管理的语言操纵大量有规律数据的集合，是目前最流行的客户/服务器（CLIENT/SERVER）体系结构的数据库之一。

5．DB2 数据库

DB2 是 IBM 公司的产品，起源于 System R 和 System R*。它支持从 PC 到 UNIX，从中小型机到大型机；从 IBM 到非 IBM（HP 及 SUN UNIX 系统等）各种操作平台。它既可以在主机上以主/从方式独立运行，也可以在客户/服务器环境中运行。

4.2 关系数据库标准语言 SQL

在关系数据库中，普遍使用一种介于关系代数和关系演算之间的数据库操作语言 SQL，SQL（Structured Query Language，结构化查询语言）不仅具有丰富的查询功能，还具有数据定义和数据控制功能，是集查询、DDL（数据定义语言）、DML（数据操纵语言）、DCL（数据控制语言）于一体的关系数据语言。它充分体现了关系数据语言的特点和优点，是关系数据库的标准语言。

4.2.1 SQL 概述

SQL 最早由 Boyce 和 Chamberlin 在 1974 年提出，并作为 IBM 公司研制的关系数据库管理系统原型 System R 的一部分付诸实施。它功能丰富，不仅具有数据定义、数据控制功

能，还有着强大的查询功能。而且语言简洁，容易学习，容易使用。

现在 SQL 已经成为关系数据库的标准语言，并且发展了 3 个主要标准，即 ANSI（美国国家标准机构）SQL；对 ANSI SQL 修改后在 1992 年采纳的标准，称为 SQL-92 或 SQL2；最近又出了 SQL-99，也称 SQL3 标准。SQL-99 从 SQL2 扩充而来，并增加了对象关系特征和许多其他的新功能。

现在各大数据库厂商都提供不同版本的 SQL。这些版本的 SQL 不但都包括原始的 ANSI 标准，而且还在很大程度上支持新推出的 SQL-92 标准。另外，它们均在 SQL2 的基础上做了修改和扩展，包含了部分 SQL-99 标准。这使不同的数据库系统之间的互操作有了可能。

SQL 语言之所以能够为用户和业界所接受成为国际标准，是因为它是一个综合的、通用的、功能极强的、简学易用的语言。其主要特点如下：

1．综合统一

数据库的主要功能是通过数据库支持的数据语言来实现的。SQL 语言的核心包括以下数据语言：

- ❑ 数据定义语言（Data Definition Language，DDL），DDL 用于定义数据库的逻辑机构，是对关系模式一级的定义，包括基本表、视图及索引的定义。
- ❑ 数据查询语言（Data Query Language，DQL），DQL 用于查询数据。
- ❑ 数据操纵语言（Data Manipulation Language，DML），DML 用于对关系模式中的具体数据的增、删、改等操作。
- ❑ 数据控制语言（Data Control Language，DCL），DCL 用于数据访问权限的控制。

SQL 语言集这些功能于一体，语言风格统一，可以独立完成数据库生命周期中的全部活动，包括定义关系模式、录入数据已建立数据库、查询、更新、维护、数据库重构、数据库安全控制等一系列操作要求，这就为数据库应用系统开发提供了良好的环境。

2．高度非过程化

使用 SQL 语言进行数据操作，用户只需提出“做什么”，而不必指出“怎么做”，因此用户无须了解存取路径，存取路径的选择以及 SQL 语句的操作过程由系统自动完成。这不但大大减轻了用户负担，而且有利于提高数据独立性。

3．语言简洁，易学易用

SQL 语言功能极强，但其语言十分简洁，完成数据定义、数据操纵、数据控制的核心功能只用了 9 个动词：CREATE、DROP、ALTER、SELECT、INSERT、UPDATE、DELETE、GRANT、REVOKE。而且 SQL 语言语法简单，接近英语口语，因此易学易用。

数据库的体系结构分为三级，SQL 也支持这三级模式结构，如图 4.3 所示，其中外模式对应视图、模式对应基本表，内模式对应存储文件。

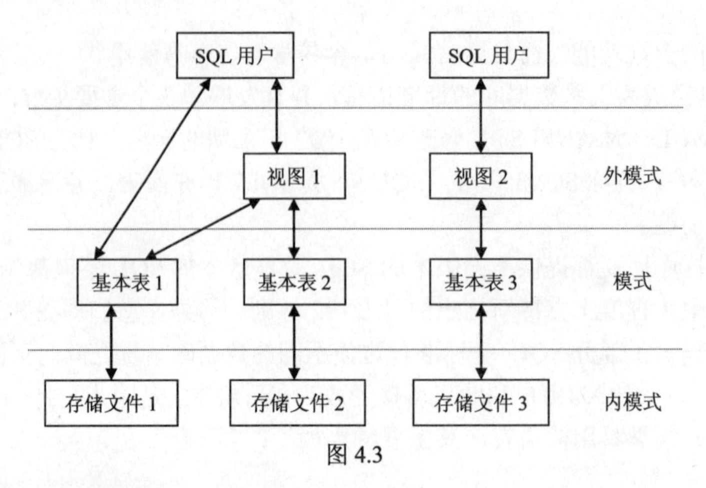

图4.3

（1）基本表（Base Table）

基本表是模式的基本内容。实际存储在数据库中的表对应一个实际存在的关系。

（2）视图（View）

视图是外模式的基本单位，用户可以通过视图使用数据库中基于基本表的数据。视图是从其他表（包括其他视图）中导出的表，它仅是一种逻辑定义保存在数据字典中，本身并不独立存储在数据库中，因此视图是一种虚表。

（3）存储文件

存储文件是内模式的基本单位。一个基本表对应一个或多个存储文件，一个存储文件可以存放在一个或多个基本表，一个基本表可以有若干个索引，索引同样存放在存储文件中。存储文件的存储结构对用户来说是透明的。

各厂商的DBMS实际使用的SQL语言，为保持其竞争力，与标准SQL都有所差异及扩充。因此，具体使用时应参阅实际系统的参考手册。

SQL 语言的数据操纵功能最为基本的包括查询（SELECT）、插入（INSERT）、删除（DELETE）和更新（UPDATE）4个方面。

4.2.2 SQL数据查询

SQL数据查询是SQL语言中最重要、最丰富也是最灵活的内容。建立数据库的目的是为了查询数据。关系代数的运算在关系数据库中主要由SQL数据查询来体现。SQL语言提供SELECT语句进行数据库的查询，其基本格式如下：

```
SELECT <列名或表达式 1>, <列名或表达式 2>,…,<列名或表达式 n>
FROM <表名或视图名 1>, <表名或视图名 2>,…,<表名或视图名 m>
WHERE  条件表达式
```

查询基本结构包括3个字句：SELECT、FROM、WHERE。

- ❑ SELECT子句，用于列出查询结果的各属性。
- ❑ FROM子句，用于列出被查询的关系：基本表或视图。
- ❑ WHERE子句，用于指出连接、选择等运算要满足的查询条件。

另外，SQL 数据查询除了 3 个子句，还有 ORDER　BY 子句和 GROUP　BY 子句，以及 DISTINCT、HAVING 等短语。

SQL 数据查询的一般格式如下：

```
SELECT [ALL | DISTINCT] <列名或表达式> [别名 1] [,<列名或表达式> [别名 2]]…
FROM <表名或视图名> [表别名 1] [,<表名或视图名> [表别名 2]]…
[WHERE <条件表达式>]
[GROUP  BY  <列名 1>] [HAVING  <条件表达式>]
[ORDER  BY  <列名 2>] [ASC | DESC]
```

说明：一般格式的含义是：从 FROM 子句指定的关系（基本表或视图）中，取出满足 WHERE 子句条件的行，最后按 SELECT 的查询项形成结果表。若有 ORDER　BY 子句，则结果按指定的列的次序排列。若有 GROUP　BY 子句，则将指定的列中相同值的行都分在一组，并且若有 HAVING 子句，则将分组结果中不满足 HAVING 条件的行去掉。

由于 SELECT 语句的成分多样，可以组合成非常复杂的查询语句。

例如，学籍管理数据库中包含以下 3 个基本表：

```
人员表：Student (Sid, Sname, Age, sex, Birthplace )
成绩表：Study (Sid,Cid, grade)
课程表：Course (Cid, Cname, Credit)
```

其中 Student 表中 Sid 为主键、Study 表中 Sid 和 Cid 合起来做主键、Course 表中 Cid 为主键。

1. 单表无条件查询

单表无条件查询是指只含有 SELECT 子句和 FROM 子句的查询，由于这种查询不包含查询条件，所以它不会对所查询的关系进行水平分割，适合于记录很少的查询。它的基本格式如下：

```
SELECT [ALL | DISTINCT] <列名或表达式> [别名 1] [, <列名或表达式> [别名 2]]…
FROM <表名或视图名> [表别名 1] [, <表名或视图名> [表别名 2]]…
```

说明：

① [ALL /DISTINCT]：若从一个关系中查询出符合条件的行，结果关系中就可能有重复行存在。DISTINCT 表示每组重复的行只输出一行；ALL 表示将所有查询结果都输出。默认为 ALL。

② 每个目标列表达式本身将作为结果关系列名，表达式的值作为结果关系中该列的值。

（1）查询关系中的指定列

例如，查询所有学生的学号、姓名、年龄：

```
SELECT Sid, sname, ageFROM student
```

说明：

当所查询的列是关系的所有属性时，可以使用*来表示所显示的列，因此等价于：

```
SELECT *FROM student
```

这两种方法的区别是，前者的列顺序可根据 SELECT 的列名显示查询结果，而后者只能按表中的顺序显示。

（2）DISTINCT 保留字的使用

当查询的结果只包含元表中的部分列时，结果中可能会出现重复列，使用 DISTINCT 保留字可以使重复列值只保留一个。

例如，查询学生的籍贯：

```
SELECT  DISTINCTBirthplaceFROM student
```

（3）查询列中含有运算的表达式

SELECT 子句的目标列中可以包含带有+、−、×、／的算术运算表达式，其运算对象为常量或行的属性。

例如，查询所有学生的学号，姓名和出生年份：

```
SELECT Sid, sname, 2005-ageFROM student
```

SQL 显示查询结果时，使用属性名作为列标题。用户通常不容易理解属性名的含义。要使这些列标题能更好地便于用户理解，可以为列标题设置别名。上例 SELECT 语句可改为：

```
SELECT Sid 学号， sname 姓名， 2005-age  出生年份 FROM student
```

（4）查询列中含有字符串常量

例如，查询每门课程的课程名和学分：

```
SELECT cname, '学分', creditFROM course
```

这种书写方式可以使查询结果增加一个原关系中不存在的字符串常量列，所有行在该列上的每个值就是字符串常量。

（5）查询列中含有集函数（或称聚合函数）

为了增强查询功能，SQL 提供了许多集函数。各实际 DBMS 提供的集函数不尽相同，但基本都提供以下几个：

```
COUNT(*)             统计查询结果中的行个数
COUNT(<列名>)        统计查询结果中一个列上值的个数
MAX(<列名>)          计算查询结果中一个列上的最大值
MIN(<列名>)          计算查询结果中一个列上的最小值
SUM(<列名>)          计算查询结果中一个数值列上的总和
AVG(<列名>)          计算查询结果中一个数值列上的平均值
```

说明：

①除 COUNT(*)外，其他集函数都会先去掉空值再计算。

②在<列名>前加入 DISTINCT 保留字，会将查询结果的列去掉重复值再计算。

例如，COUNT 函数的使用如下：

```
SELECT  COUNT(*) FROM  student      统计学生表中的记录数
SELECT  COUNT(Birthplace) FROM  student  统计学生的籍贯（去掉空值）
SELECT  COUNT(DISTINCT Birthplace) FROM  student  统计学生的籍贯种类数
```

2. 单表带条件查询

一般来说，数据库表中的数据量都非常大，显示表中所有的行是很不现实的事，也没有必要这样做。因此，可以在查询时根据查询条件对表进行水平分割，可以使用 WHERE 子句实现。它的基本格式如下：

```
SELECT [ALL | DISTINCT] <列名或表达式> [别名1] [,<列名或表达式> [别名2]]…
FROM <表名或视图名> [表别名1] [,<表名或视图名> [表别名2]]…
WHERE <条件表达式>
```

WHERE 子句给出的查询条件是总的查询条件表达式，可以是通过逻辑运算符（AND、OR 等）组成的符合条件。但 WHERE 子句中不能用聚集函数作为条件表达式。如果查询条件是索引字段，则查询效率会大大提高，因此在查询条件中应尽可能地利用索引字段。根据查询条件的不同，单表带条件查询又可分为：

（1）使用关系运算表达式的查询

使用比较运算符的条件表达式的一般形式为：

<列名>比较运算符<列名>和<列名>比较运算符常量值。

通常 SQL 中使用的比较关系运算符有>、<、<>、=、>=、<=。

例如，查询籍贯是河南的学生信息：

```
SELECT * FROM  student
WHERE Birthplace='河南'
```

（2）使用特殊运算符

ANSI 标准 SQL 允许 WHERE 子句中使用特殊运算符。表 4.1 所示为特殊运算符的含义。

表 4.1　特殊运算符

运 算 符	含　义
IN、NOT IN	判断属性值是否在一个集合内
BETWEEN…AND…、NOT BETWEEN…AND…	判断属性值是否在某个范围内
IS NUL、IS NOT NULL	判断属性值是否为空
LIKE、NOT LIKE	判断字符串是否匹配

例如，查询籍贯为河南和北京两地的学生信息：

```
SELECT *FROM student
WHERE Birthplace in ('河南','北京')
```

或

```
SELECT *FROM student
WHERE Birthplace ='河南' OR Birthplace='北京')
```

（3）字符串比较

在上例中我们使用了'='来比较字符串，其实在 SQL 中，我们可以使用刚才介绍的关系运算符来进行字符串比较。

SQL 也提供了一种简单的模式匹配功能用于字符串比较，可以使用 LIKE 和 NOT LIKE 来实现'='和'<>'的比较功能，但前者还可以支持模糊查询条件。例如，不知道学生的全名，但知道学生姓王，因此就能查询出所有姓王的学生情况。SQL 中使用 LIKE 和 NOT LIKE 来实现模糊匹配。基本格式如下：

```
<列名> LIKE / NOT LIKE <字符串常数>
```

注意：列名必须是字符型的。字符串常数中通常要使用通配符。在字符串常数中除通配符外的其他字符只代表自己。有关字符串常数中使用通配符及其含义如表 4.2 所示。通配符可以出现在字符串的任何位置。但通配符出现在字符串首时查询效率会变慢。

表 4.2　通配符

通 配 符	含　义
%	表示任意长度的字符串
_（下画线）	表示任意的单个字符

例如，查询姓王的学生的学号、姓名、年龄：

```
SELECT Sid, sname, ageFROM  student
WHERE sname LIKE '王%'
```

3．分组查询和排序查询

前面介绍了 SQL 的一般格式，下面将详细介绍如何使用 SQL 的分组和排序功能。

（1）GROUP BY 与 HAVING

还有 GROUP BY 的查询称为分组查询。GROUP BY 子句把一个表按某一指定列（或一些列）上的值相等的原则分组，然后再对每组数据进行规定的操作。分组查询一般和查询列的集函数一起使用，当使用 GROUP BY 子句后，所有的集函数都将是对每一个组进行运算，而不是对整个查询结构进行运算。

例如，查询每一门课程的平均得分：

```
SELECT Cid,  AVG (grade) FROM  study
GROUP BY  Cid
```

在 study 关系表中记录着学生选修的每门课程和相应的考试成绩。由于一门课程可以有若干个学生学习，SELECT 语句执行时首先把表 study 的全部数据行按相同课程号划分成组，即每一门课程有一组学生和相应的成绩，然后再对各组执行 AVG（grade）。因此查询的结果就是分组检索的结果。

在分组查询中 HAVING 子句用于分完组后，对每一组进行条件判断。这种条件判断一般与 GROUP BY 子句有关。HAVING 是分组条件，只有满足条件的分组才被选出来。

例如，查询被 3 人以上选修的每一门课程的平均成绩、最高分、最低分：

```
SELECT Cid,  AVG (grade) , MAX (grade) , MIN (grade)
FROM  study
GROUP BY  Cid
HAVING  COUNT (*) >=3
```

本例中 SELECT 语句执行时，首先按 Cid 把表 study 分组，然后对各组的记录执行 AVG(grade), MAX(grade), MIN(grade)等集函数，最后根据 HAVING 子句的条件表达式 COUNT(*)>=3 过滤出组中记录数在 3 条以上的分组。

GROUP BY 是写在 WHERE 子句后面的，当 WHERE 子句默认时，它跟在 FROM 子句后面。上面两个例子都是 WHERE 子句默认的情况。此外，一旦使用 GROUP BY 子句，则 SELECT 子句中只能包含两种目标列表达式：要么是集函数，要么是出现在 GROUP BY 后面的分组字段。

同样是设置查询条件，但 WHERE 与 HAVING 的功用是不同的，不要混淆。WHERE 所设置的查询条件是检索的每一个记录必须满足的，而 HAVING 设置的查询条件是针对成组记录的，而不是针对单个记录的；也就是说，WHERE 用在集函数计算之前对记录进行条件判断，HAVING 用在计算集函数之后对组记录进行条件判断。

（2）排序查询

SELECT 子句的 ORDER BY 子句可使输出的查询结果按照要求的顺序排列。由于是控制输出结果，因此 ORDER BY 子句只能用于最终的查询结果。基本格式如下：

```
ORDER BY <列名> [ASC | DESC]
```

有了 ORDER BY 子句后，SELECT 语句的查询结果表中各行将按照要求的顺序排列：首先按第一个<列名>值排列；前一个<列名>之相同者，再按下一个<列名>值排列，依此类推。列名后面有 ASC，则表示该列名值以升序排列；有 DESC，则表示该列名值以降序排列。省略不写，默认为升序排列。

例如，查询所有学生的基本信息，并按年龄升序排列，年龄相同按学号降序排列：

```
SELECT * FROM student
ORDER BY age, Sid DESC
```

如果排序字段在索引字段内，并且排序字段的顺序和定义索引的顺序一致，则会大大提高查询效率。反之，则降低查询效率。

4. 多表查询

在数据库中通常存在着多个相互关联的表，用户常常需要同时从多个表中找出自己想要的数据，这就要涉及多个数据表的查询。SQL 提供了关系代数中 5 种运算功能：连接查询、乘积、交操作、并操作、差操作。下面分别介绍这 5 种运算的使用方法。

（1）连接查询

连接查询是指两个或两个以上的关系表或视图的连接操作来实现的查询。SQL 提供了一种简单的方法把几个关系连接到一个关系中，即在 FROM 子句中列出每个关系，然后在 SELECT 子句和 WHERE 子句中引用 FROM 子句中关系的属性，而 WHERE 子句中用来连接两个关系的条件称为连接条件。

例如，查询籍贯为河南的学生的学号、选修的课程号和相应的考试成绩。

该查询需要同时从 student 表和 study 表中找出所需的数据，因此使用连接查询实现，查询语句如下：

```
SELECT student.Sid, Cid, grade
FROM student, study
WHERE student.Sid = study.Sid AND Birthplace LIKE '河南'
```

说明：

①student.Sid = study.Sid 是两个关系的连接条件，student 表和 study 表中的记录只有满足这个条件才连接。Birthplace LIKE '河南'是连接以后关系的查询条件，它和连接条件必须同时成立。

②使用运算符“=”的连接称为等值连接，若用其他比较运算符（如：>、<、>=、<=、<>）连接，则称为非等值连接。

③二义性问题：注意 SELECT 和 WHERE 后面的 Sid 前的“student .”和“study .”，由于两个表中有相同的属性名，存在属性的二义性问题。SQL 通过在属性前面加上关系名及一个小圆点来解决这个问题，表示该属性来自这个关系。而 Cid 和 grade 来自 study 没有二义性，DBMS 会自动判断，因此关系名及一个小圆点可省略。

④在等值连接中，目标列可能出现重复的列，例如：

```
SELECT student .*,  study . *
FROM  student, study
WHERE  student.Sid = study.Sid  AND  Birthplace LIKE '河南'
```

SQL 语句使用非常灵活、方便，一条 SELECT 语句可同时完成选择、投影和连接操作。在以上语义中可以是先选择后连接，也可以是先连接后选择，它们在语义上是等价的。但查询按哪种次序执行取决于 DBMS 的优化策略。

以上的例子是两个表的连接，同样可以进行两个以上的连接。若有 m 个关系进行连接，则一定会有 m-1 个连接条件。

例如，查询籍贯为河南的学生的姓名、选修的课程名称和相应的考试成绩。

该查询需要同时从 student、study 和 course3 个表中找出所需的数据，因此用 3 个关系的连接查询，查询语句如下：

```
SELECT sname,  cname,  grade
FROM  student, study, course
WHERE  student.Sid = study.Sid
AND  study.Cid=course.Cid
AND  student .Birthplace LIKE '河南'
```

有一种连接是一个关系与自身进行的连接，这种连接称为自身连接。SQL 允许为 FROM 子句中的关系 R 的每一次出现定义一个别名。这样在 SELECT 子句和 WHERE 子句中的属性前面就可以加上“别名.<属性名>”。

例如，查询籍贯相同的两个学生基本信息：

```
SELECT A.*
FROM  student  A, student  B
WHERE  A.Birthplace = B.Birthplace
```

该列中要查询的内容属于表 student。上面的语句将表 student 分别取两个别名 A、B。这样 A、B 相当于内容相同的两个表。将 A 和 B 中籍贯相同的行进行连接，经过投影就得到了满足要求的结果。

（2）乘积

乘积运算是一种特殊的连接运算，它不带连接条件，不关注是否有相同的属性列，例如：

```
SELECT student.Sid,  Cid,  grade
```

```
FROM  student, study
```

两个关系的乘积会产生大量没有意义的行，并且这种操作要消耗大量的系统资源，一般很少使用。

（3）并操作

SQL使用UNION把查询的结果并起来，并且去掉重复的行，如果要保留所有重复，则必须使用UNION ALL。

例如，查询籍贯是河南的学生以及姓张的学生基本信息：

```
SELECT *FROM  student
WHERE  Birthplace LIKE'河南'
UNION
SELECT *FROM  student
WHERE  Sname LIKE'张%'
```

可以用多条件查询来实现，该查询等价于：

```
SELECT * FROM  student
WHERE  Birthplace LIKE '河南' OR  sname LIKE '张%'
```

（4）交操作

SQL使用INTERSECT把同时出现在两个查询的结果取出，实现交操作，并且也会去掉重复的行，如果要保留所有重复，则必须使用INTERSECT ALL。

例如，查询年龄大于18岁姓张的学生的基本信息：

```
SELECT *FROM  student
WHERE  age >18
INTERSECT
SELECT *FROM  student
WHERE  sname LIKE '张%'
```

可以用多条件查询来实现，该查询等价于：

```
SELECT *FROM  student
WHERE  age > 18  AND  sname LIKE '张%'
```

（5）差操作

SQL使用MINUS把出现在第一个查询结果中，但不出现在第二个查询结果中的行取出，实现差操作。

例如，查询年龄大于20岁的学生基本信息与女生的基本信息的差集：

```
SELECT *FROM  student
WHERE  age >20
MINUS
SELECT *FROM  student
WHERE  sex LIKE '女'
```

可以用多条件查询来实现，该查询等价于：

```
SELECT *FROM  student
WHERE  age > 20  AND  sex NOT LIKE '女'
```

在并、交、差运算中要求参与运算的前后查询结果的关系模式完全一致。

5．嵌套查询

嵌套查询是指一个SELECT—FROM—WHERE查询块嵌入在另一个SELECT—FROM—WHERE查询块WHERE子句中的查询。这也是涉及多表的查询，其中外层查询称为父查询，内层查询称为子查询。子查询中还可以嵌套其他子查询，即允许多层嵌套查询，其执行过程是有里有外的，每一个子查询是在上一级查询处理之前完成的。这样上一级的查询就可以利用已完成的子查询的结果。注意子查询中不能使用ORDER BY子句。

子查询可以将一系列简单的查询组合成复杂的查询，SQL的查询功能就变得更加丰富多彩。一些原来无法实现的查询也因为有了多层嵌套的子查询而迎刃而解。

（1）返回单值的子查询

在很多情况下，子查询返回的检索信息是单一的值。这类子查询看起来就像常量一样，因此我们经常把这类子查询的结果与父查询的属性用关系运算符来比较。

例如，查询选修了英语的学生的学号和相应的考试成绩。

因为所要查询的信息涉及study关系和course关系，查询语句如下：

```
SELECT Sid, gradeFROM  study
WHERE  Cid =
（SELECT CidFROM course
WHERE cname LIKE '英语'）
```

本例括号内的SELECT—FROM—WHERE查询块是内层查询块（子查询），括号外的SELECT—FROM—WHERE查询块是外层查询块（父查询）。本查询的执行过程是：先执行子查询，在course表中查得“英语”的课程号；然后执行父查询，在study表中根据课程号为“C02”查得学生的学号和成绩。显然，子查询的结果用于父查询建立查询条件。

该例也可以用连接查询来实现，查询语句如下。

```
SELECT Sid, grade
FROM  study, course
WHERE  study.Cid =course.Cid
ANDcourse.cname LIKE '英语'
```

注意：只有当连接查询投影列的属性来自于一个关系表时，才能用嵌套查询等效实现。若连接查询投影列的属性来自于多个关系表，则不能用嵌套查询实现。

例如，查询考试成绩大于总平均分的学生学号：

```
SELECT DISTINCT SidFROM  study
WHERE  grade >
（SELECT AVG（grade）FROM study）
```

在嵌套查询中，若能确切知道内层查询返回的是单值，才可以直接使用关系运算符进行比较。

（2）相关子查询

前面介绍的子查询都不是相关子查询，相关子查询比较简单，在整个过程中只求值一次，并把结果用于父查询，即子查询不依赖于父查询。而更复杂的情况是子查询要多次求值，子

查询的查询条件依赖于父查询，每次要对子查询中的外部行变量的某一项赋值，这类子查询称为相关子查询。

在相关子查询中经常使用EXISTS谓词。子查询中含有EXISTS谓词后不返回任何结果，只得到“真”或“假”。

例如，查询选修了英语的学生的学号：

```
SELECT SidFROM study
WHERE EXISTS
(SELECT *FROM course
WHERE study.Cid=course.Cid AND cname LIKE '英语')
```

该查询的执行过程是，首先取外层查询中study表的第一个行，根据它与内层查询相关的属性值（即Cid值）处理内层查询，若WHERE子句返回值为真（即内层查询结果非空），则取此行放入结果表；然后再检查study表的下一个行；重复这一过程，直至study表全部检查完毕为止。

与EXISTS谓词相对应的是NOT EXISTS谓词。使用存在量词NOT EXISTS后，若内层查询结果为空，则外层的WHERE子句返回真值，否则返回假值。

例如，查询所有没选C04号课程的学生的姓名：

```
SELECT snameFROM student
WHERE NOT EXISTS
(SELECT *FROM study
WHERE study.Sid=student.Sid AND Cid = 'C04')
```

本例的查询也可使用含IN谓词的非相关子查询完成，其SQL语句如下：

```
SELECT snameFROM student
WHERE Sid NOT IN
(SELECT SidFROM study
WHERE Cid = 'C04')
```

一些带EXISTS或NOT EXISTS的谓词的子查询不能被其他形式的子查询等价替换，但所有带IN谓词、比较运算符、ANY和ALL谓词的子查询都能用带EXISTS谓词的子查询等价替换。由于带EXISTS量词的相关子查询只关心内层查询是否有返回值，并不需要查具体值，因此其效率并不一定低于不相关子查询，甚至有时是最高效的方法。

例如：查询选修了全部课程的学生姓名。

该查询涉及3个关系表，存放学生姓名的student表，存放所有课程信息的course表，存放学生选课信息的study关系表。其SQL语句如下：

```
SELECT snameFROM student
WHERE NOT EXISTS
(SELECT *FROM course
WHERE NOT EXISTS
(SELECT *FROM study
WHERE Sid=student.Sid AND Cid=course.Cid))
```

例如：查询至少选修了学生03061选修的全部课程的学生学号。

本题的查询要求可作如下解释：查询这样的学生，凡是 03061 选修的课程，他都选了。换句话说，若有一个学号为 x 的学生，对所有的课程 y，只要学号为 03061 的学生选修了课程 y，则 x 也选修了 y；那么就将他的学号选出来。用 SQL 语言可表示如下：

```
SELECT DISTINCT SidFROM study  X
WHERE NOT EXISTS
 (SELECT *FROM study  Y
WHERE Y.Sid='03061' AND NOT EXIST
 (SELECT *FROM study  Z
WHERE Z.Sid=X.Sid  AND Z.Cid=Y.Cid))
```

提示：嵌套查询可以理解为把一个查询子句作为一个表或者视图，在从这个表或视图中构造新的查询语句。

4.2.3 数据插入

当基本表建立以后，就可以往表中插入数据了，SQL 中数据插入使用 INSERT 语句。INSERT 语句有两种插入形式：插入单个行和插入多个行。

（1）插入单个行

插入单个行代码如下：

```
INSERT INTO <基本表名> [(<列名 1>,<列名 2>,…,<列名 n>)]
VALUES (<列值 1>,<列值 2>,…,<列值 n>)
```

其中，<基本表名>指定要插入行的表的名字；<列名 1>，<列名 2>，…，<列名 n>为要添加列值的列名序列；VALUES 后则一一对应要添加列的输入值。若列名序列省略，则新插入的记录必须在指定表每个属性列上都有值；若列名序列都省略，则新记录在列名序列中未出现的列上取空值。所有不能取空值的列必须包括在列名序列中。

例如，在学生表中插入一个学生记录（20120388，张三，男，20，河南）：

```
INSERT INTO student
VALUES ('20120388', '张三', '男',19, '河南')
```

（2）插入多个行

插入多个行的代码如下：

```
INSERT INTO <基本表名> [(<列名 1>,<列名 2>,…,<列名 n>)]  子查询
```

这种形式可将子查询的结果集一次性插入基本表中。如果列名序列省略，则子查询所得到的数据列必须和要插入数据的基本表的数据列完全一致。如果列名序列给出，则子查询结果与列名序列要一一对应。

例如，如果已建有课程平均分表 course_avg(Cid,average)，其中 average 表示每门课程的平均分，向 course_avg 表中插入每门课程的平均分记录：

```
INSERT INTO course_avg (Cid,average)
SELECT Cid , avg (grade) FROM study
GROUP BY Cid
```

4.2.4　数据删除和修改

数据的删除与修改说明如下。

1．数据删除

SQL提供了DELETE语句用于删除每一个表中的一行或多行记录。要注意区分DELETE语句与DROP语句。DROP是数据定义语句，作用是删除表或索引的定义。当删除表定义时，连同表所对应的数据都被删除；DELETE是数据操纵语句，只是删除表中的某些记录，不能删除表的定义。DELETE语句的一般格式如下：

```
DELETE FROM <表名>[WHERE <条件>]
```

其中，WHERE <条件>是可选的，如果不选，则删除表中所有行。

例如，删除籍贯为河南的学生基本信息：

```
DELETE FROM student
WHERE Birthplace LIKE '河南'
```

此查询会将籍贯列上值为“河南”的所有记录全部删除。

WHERE条件中同样可以使复杂的子查询。

例如，删除成绩不及格的学生的基本信息：

```
DELETE FROM student
WHERE Sid IN
（SELECT SidFROM study
WHERE grade < 60)
```

注意：DELETE语句一次只能从一个表中删除记录，而不能从多个表中删除记录。要删除多个表的记录，就要写多个DELETE语句。

2．数据修改

SQL中修改数据使用UPDATE语句，用以修改满足指定条件行的指定列值。满足指定条件的行可以是一个行，也可以是多个行。UPDATE语句一般格式如下：

```
UPDATE <基本表名>
SET <列名> = <表达式> [,<列名> = <表达式>]…
[WHERE <条件>]
```

对指定基本表中满足条件的行，用表达式值作为对应列的新值，其中，WHERE<条件>是可选的，如果不选，则更新指定表中的所有行的对应列。

例如，将数据库原理的学分改为5：

```
UPDATE courseSET credit = 5
WHERE cname LIKE "数据库原理"
```

WHERE条件中同样可以使用复杂的子查询。

4.3 ASP 操作数据库

在 4.2 节我们学习了 SQL 语句，接下来学习 ASP 常用操作数据库的方式。在 ASP 中一般通过 ADO 的方式去操作数据库。

ADO 即 ActiveX Data Object，是 ActiveX 数据对象，可以对几乎所有数据库进行读取和写入操作。可以使用 ADO 来访问 Microsoft Access，Microsoft SQL Server 和 Oracle 等数据库。

ADO 常用的 4 种对象及其功能如下。

- 连接对象（Connection）：用来连接数据库。
- 记录集对象（RecordSet）：用来保存查询语句返回的结果。
- 命令对象（Command）：用来执行 SQL（Structured Query Language）语句或者 SQL Server 的存储过程。
- 参数对象（Parameter）：用来为存储过程或查询提供参数。

4.3.1 数据库连接

数据库连接是动态程序最基本也是必不可少的操作，代码如下：

```
<%
Set conn = Server.CreateObject("ADODB.Connection")
conn.Open "DRIVER={Microsoft Access Driver (*.mdb)}; DBQ=" &
Server.MapPath("\bbs\db1\user.mdb")
%>
```

此代码功能是用来连接 bbs\db1\目录下的 user.mdb 数据库。

提示：通常我们将以上代码单独编制成连接文件 conn.asp，这样整个站点都可以使用一个连接文件，方便维护。

4.3.2 显示数据库记录

数据存储在数据库中，必须通过一定的方式从数据库中读取出来，才能呈现在我们面前。读取原理：将数据库中的记录一一显示到客户端浏览器，依次读出数据库中的每一条记录。如果是从头到尾：用循环并判断指针是否到末尾使用：not rs.eof；如果是从尾到头：用循环并判断指针是否到开始使用：not rs.bof，代码如下。

```
<!--#include file=conn.asp-->
(包含 conn.asp 用来打开 bbs\db1\目录下的 user.mdb 数据库)
<%
set rs=server.CreateObject("adodb.recordset")----> (建立 recordset 对象)
sqlstr="select * from message" ---->(message 为数据库中的一个数据表，即你要显示的数据所存放的数据表)
rs.open sqlstr,conn,1,3 ---->(表示打开数据库的方式)
```

```
rs.movefirst ---->(将指针移到第一条记录)
while not rs.eof ---->(判断指针是否到末尾)
response.write(rs("name")) ---->(显示数据表 message 中的 name 字段)
rs.movenext ---->(将指针移动到下一条记录)
wend ---->(循环结束)
rs.close
conn.close ---->这几句是用来关闭数据库的
set rs=nothing
set conn=nothing
%>
```

其中，response 对象是服务器端向客户端浏览器发送的信息。

4.3.3　增加数据库记录

增加数据库记录用到 rs.addnew，rs.update 两个函数，例如：

```
<!--#include file=conn.asp-->
(包含 conn.asp 用来打开 bbs\db1\目录下的 user.mdb 数据库)
<%
set rs=server.CreateObject("adodb.recordset") (建立 recordset 对象)
sqlstr="select * from message" ---->(message 为数据库中的一个数据表，即你要显示的数据所存放的数据表)
rs.open sqlstr,conn,1,3 ---->(表示打开数据库的方式)
rs.addnew ---->新增加一条记录
rs("name")="xx" ---->将 xx 的值传给 name 字段
rs.update ---->刷新数据库
rs.close
conn.close ---->这几句是用来关闭数据库的
set rs=nothing
set conn=nothing
%>
```

注意：Rs.addnew 要与 rs.update 进行配对使用。

4.3.4　删除一条记录

删除数据库记录主要用到 rs.delete，rs.update，例如：

```
<!--#include file=conn.asp--> (包含 conn.asp 用来打开 bbs\db1\目录下的 user.mdb
数据库)
<%
dim name
name="xx"
set rs=server.CreateObject("adodb.recordset")----> (建立 recordset 对象)
sqlstr="select * from message" ---->(message 为数据库中的一个数据表，即你要显示的数据所存放的数据表)
rs.open sqlstr,conn,1,3 ---->(表示打开数据库的方式)
while not rs.eof
if rs.("name")=name then
rs.delete
rs.update
```

查询数据表中的name字段的值是否等于变量name的值"xx"，如果符合就执行删除，否则继续查询，直到指针到末尾为止。

```
rs.movenext
emd if
wend
rs.close
conn.close ---->这几句是用来关闭数据库的
set rs=nothing
set conn=nothing
%>
```

4.3.5 关于数据库的查询

1. 查询字段为字符型

查询字段为字符型，语句如下：

```
<%
dim user,pass,qq,mail,message
user=request.Form("user")
pass=request.Form("pass")
qq=request.Form("qq")
mail=request.Form("mail")
message=request.Form("message")
if trim(user)&"x"="x" or trim(pass)&"x"="x" then （检测user值和pass值是否为空，可以检测到空格）
response.write("注册信息不能为空")
else
set rs=server.CreateObject("adodb.recordset")
sqlstr="select * from user where user='"&user&"'"----> （查询user数据表中的user字段，其中user
字段为字符型）
rs.open sqlstr,conn,1,3
if rs.eof then
rs.addnew
rs("user")=user
rs("pass")=pass
rs("qq")=qq
rs("mail")=mail
rs("message")=message
rs.update
rs.close
conn.close
set rs=nothing
set conn=nothing
response.write("注册成功")
end if
rs.close
conn.close
set rs=nothing
set conn=nothing
response.write("注册重名")
%>
```

2. 查询字段为数字型

查询字段为数字型，语句如下：

```
<%
dim num
num=request.Form("num")
set rs=server.CreateObject("adodb.recordset")
sqlstr="select * from message where id="&num----> (查询message数据表中id字段的
值是否与num相等，其中id为数字型)
rs.open sqlstr,conn,1,3
if not rs.eof then
rs.delete
rs.update
rs.close
conn.close
set rs=nothing
set conn=nothing
response.write("删除成功")
end if
rs.close
conn.close
set rs=nothing
set conn=nothing
response.write("删除失败")
%>
```

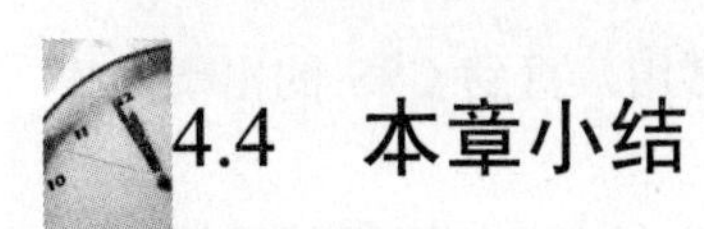

4.4　本章小结

本章主要讲解了数据库的分类和常见数据库、标准 SQL 语句，以及 ASP 如何对 Access 数据进行增、删、改、查。需要重点掌握的是标准 SQL 语句和 ASP 对数据库的增、删、改、查的实现。

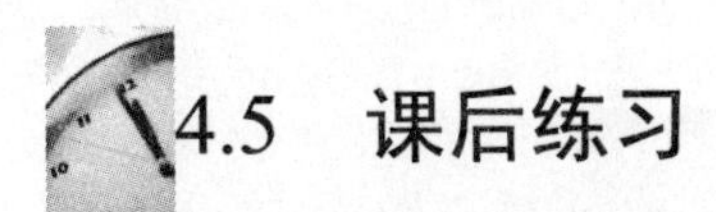

4.5　课后练习

1．简述关系型数据库的优缺点。
2．常见的关系型数据库有哪些？
3．编写 list.asp，实现对 message 表的循环读取。
4．编写 add.asp，实现对 message 表的插入操作。
5．编写 delete.asp，实现对 message 表的删除操作。

第 5 小时　CSS+DIV 样式与布局技术

在网页布局中，我们通常会使用 Table+CSS 或者 DIV+CSS 方式进行布局，由于 table 表格页面可读性较差，产生代码量更多，现在网站建设更倾向于使用 DIV+CSS 技术，但由于 table 具有简单易学的优势为广大初学者所喜爱，本章将讲解 DIV+CSS 基础知识。

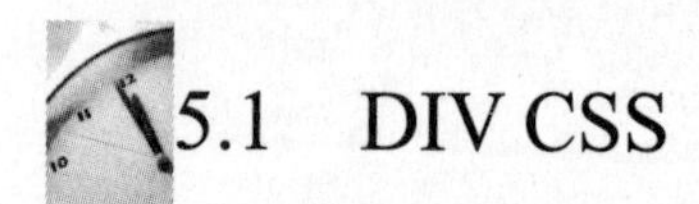

5.1　DIV CSS

DIV 和 CSS 到底是什么呢？下面来具体介绍。

5.1.1　什么是 DIV CSS

简单地说，DIV+CSS（DIV CSS）被称为“Web 标准”中常用的术语之一。首先认识 DIV 是用于搭建 HTML 网页结构（框架）标签，像<b>、<h1>、<span>等<html>标签一样，再认识 CSS 是用于创建网页表现（样式/美化）样式表的统称，通过 CSS 来设置<div>标签样式，这一切称之为 DIV+CSS。

<div>标签早在 HTML3.0 时代就已经出现过，但那时并不常用，直到 CSS 的出现，才逐渐发挥出它的优势。

传统的 HTML3.2/4.0 标签中既有控制结构的标签，如<p>；又有控制表现的标签，如<font>；还有本意用于结构，后来被滥用于控制表现的标签，如<table>。结构标签与表现标签混杂在一起。

5.1.2　DIV CSS 初体验

下面以一个设计 1 级标题为例，讲解 DIV 与 CSS 结合的优势。

1 级标题传统的表格布局代码如下：

```
<table width="100%"border="0"cellpadding="0">
<tr>
<td><font face="Arial"size="4"color="#000000"><b>height</b></font></td>
</tr>
</table>
<!--下面是实现下画线的表格-->
<table width="100%"border="0"cellspacing="1"cellpadding="0">
<tr>
<td height="2"bgcolor="#FF9900"></td>
</tr>
</table>
```

可以看出不仅结构和表现混杂在一起，而且页面内到处都是为了实现装饰线而插入的表格代码。于是网站制作者往往会遇到以下问题。

- 改版：例如，需要把标题文字替换成红色，下画线变成1px灰色的虚线，那么制作者可能就要一页一页地修改。CSS的出现，就是用来解决“批量修改表现”的问题。广泛被制作者接受的CSS属性，包括控制字体的大小颜色、超链接的效果、表格的背景色等。
- 数据的利用：从本质上讲，所有的页面信息都是数据，如对CSS所有的属性的解释，就可以建立一个数据库，有数据就存在数据查询、处理和交换的问题。由于结构和表现混杂在一起，装饰图片、内容被层层嵌套的表格拆分。

在上面的实例中，从哪里开始是标题？哪里开始是说明？哪些是附加信息不需要打印？如果只靠软件是无法判断的，唯一的方法是人工判断、手工处理。这要如何解决呢？解决的办法就是使结构清晰化，将内容、结构与表现相分离。

1级标题的实现如下：

```
<h1>height</h1>
```

同时，在CSS内定义<h1>的样式如下：

```
h1{
font:bold 16px Arial;
color:#000;
border-bottom:2px solid#f90:
}
```

这样，当需要修改外观时，例如，需要把标题文字替换成红色，下画线变成1px灰色的虚线，只需修改相应的CSS即可，而不用修改HTML文档，代码如下：

```
h1{
font:bold 16px Arial;
color:#f00;
border-bottom:1px dashed#666:
}
```

如果为了实现特定的效果，还需要做进一步的处理。

注意：虽然DIV + CSS在网页布局方面具有很大的优势，但在使用时，仍需注意以下3个方面。

- 对于CSS的高度依赖会使得网页设计变得比较复杂，相对于表格布局来说，DIV + CSS要比表格定位复杂很多，即使对于网站设计高手也很容易出现问题，更不要说初学者了，因此使用DIV + CSS时应着情而用。
- CSS文件异常将会影响到整个网站的正常浏览。CSS网站制作的设计元素通常放在外部文件中，这些文件可能比较庞大且复杂，如果CSS文件调用出现异常，那么整个网站将会变得惨不忍睹，因此要避免那些设计复杂的CSS页面或重复性定义样式的出现。

- 对于CSS网站设计的浏览器兼容性问题比较突出。基于HTML4.0的网页设计在IE4.0之后的版本中几乎不存在浏览器兼容性问题，但CSS+DIV设计的网站在IE浏览器中正常显示的页面到火狐浏览器（FireFox）中却可能面目全非。因此，使用CSS+DIV布局网站页面时也需要注意浏览器的支持问题。

5.2 CSS基本语法

在进一步学习DIV CSS之前，首先要了解CSS中常用的基本语法。

5.2.1 编辑CSS样式的字体格式

在HTML中，CSS字体属性用于定义文字的字体、大小、粗细的表现等。

font 统一定义字体的所有属性。字体属性如下。

- font-family 属性：定义使用的字体。
- font-size 属性：定义字体大小。
- font-style 属性：定义斜体字。
- font-variant 属性：定义小型的大写字母字体，对中文没什么意义。
- font-weight 属性：定义字体的粗细。

1．font-family 属性

下面通过一个例子来认识font-family。

比如，中文的宋体，英文的Arial，可以定义多种字体连在一起，使用逗号分隔，代码如下：

```
<html>
<head>
<meta http-equiv="Content-Type" content="text/html; charset=gb2312" />
<title>CSS font-family 属性示例</title>
<style type="text/css" media="all">
p#songti{font-family:"宋体";}
p#Arial{font-family:Arial;}
p#all{font-family:"宋体",Arial;}
</style>
</head>
<body>
<p id="songti">使用宋体.</p>
<p id="Arial">使用 arial 字体.</p>
</body>
</html>
```

2．font-size 属性

中文常用的字体大小是12px，如文章的标题等应该显示大字体，但此时不应使用字体大小属性，应使用<h1>，<h2>等HTML 标签。

HTML 的<big>、<small>标签定义了大字体和小字体的文字，此标签已经被 W3C 抛弃，真正符合标准网页设计的显示文字大小的方法是使用 font-size CSS 属性。在浏览器中可以使用 Ctrl++增大字体，Ctrl--缩小字体。

下面通过一个例子来认识 font-size，代码如下。

```
<html>
<head>
<meta http-equiv="Content-Type" content="text/html; charset=gb2312" />
<title>CSS font-size 属性示例</title>
<style type="text/css" media="all">
p{font-size:12px;}
p#xxsmall{font-size:xx-small;}
p#xsmall{font-size:x-small;}
p#small{font-size:small;}
p#medium{font-size:medium;}
p#xlarge{font-size:x-large; }
p#xxlarge{font-size:xx-large;}
</style>
</head>
<body>
<p id="xxsmall">font-size 中的 xxsmall 字体</p>
<p id="xsmall">font-size 中的 xsmall 字体</p>
<p id="small">font-size 中的 small 字体</p>
<p id="medium">font-size 中的 medium 字体</p>
<p id="xlarge">font-size 中的 xlarge 字体</p>
<p id="xxlarge">font-size 中的 xxlarge 字体</p>
</body>
</html>
```

3. font-style 属性

网页中的字体样式都是不固定的，开发者可以用 font-style 来实现目的，其属性包含如下内容。

- normal：正常的字体，即浏览器默认状态。
- italic：斜体。对于没有斜体变量的特殊字体，将应用 oblique。
- oblique：倾斜的字体，即没有斜体变量。

下面通过一个例子来认识 font-style，代码如下：

```
<html>
<head>
<meta http-equiv="Content-Type" content="text/html; charset=gb2312" />
<title>CSS font-style 属性示例</title>
<style type="text/css" media="all">
p#normal{font-style:normal;}
p#italic{font-style:italic;}
p#oblique{font-style:oblique;}
</style>
</head>
<body>
<p id="normal">正常字体.</p><p id="italic">斜体.</p><p id="oblique">斜体.</p>
</body>
</html>
```

4．font-variant 属性

在网页中常常遇到需要输入内容的地方，如果输入汉字是没问题的，可是当需要输入英文时，那么它的大小写是令我们最头疼的问题。在 CSS 中可以通过 font-variant 的几个属性来实现输入时不受其限制的功能，其属性如下。

- normal：正常的字体，即浏览器默认状态。
- small-caps：定义小型的大写字母。

下面通过一个例子来认识 font-variant，代码如下：

```
<html>
<head>
<meta http-equiv="Content-Type" content="text/html; charset=gb2312" />
<title>CSS font-variant 属性示例</title>
<style type="text/css" media="all">
p#small-caps{font-variant:small-caps;}
p#uppercase{text-transform:uppercase;}
</style>
</head>
<body>
<p id="small-caps">The quick brown fox jumps over the lazy dog.</p>
<p id="uppercase">The quick brown fox jumps over the lazy dog.</p>
</body>
</html>
```

5．font- weight 属性

font- weight 属性用来定义字体的粗细，其属性值如下。

- normal：正常，等同于固定值在 400 以下的。
- bold：粗体，等同于固定值在 500 以上的。
- normal：正常，等同于 400。
- bold：粗体，等同于 700。
- bolder：更粗。
- lighter：更细。
- 100 | 200 | 300 | 400 | 500 | 600 | 700 | 800 | 900：字体粗细的绝对值。

下面通过一个例子来认识 font-weight，代码如下：

```
<html>
<head>
<meta http-equiv="Content-Type" content="text/html; charset=gb2312" />
<title>CSS font-weight 属性示例</title>
<style type="text/css" media="all">
p#normal
{font-weight: normal;}
p#bold{font-weight: bold;}
p#bolder{font-weight: bolder;}
p#lighter{font-weight: lighter;}
p#100{font-weight: 100;}
</style>
```

```
</head>
<body>
<p id="normal">font-weight: normal</p><p id="bold">font-weight: bold</p>
<p id="bolder">font-weight: bolder</p>
<p id="lighter">font-weight: lighter</p><p id="100">font-weight: 100</p>
</body>
</html>
```

5.2.2　编辑 CSS 样式的文本格式

CSS 文本属性用于定义文字、空格、单词、段落的样式。

文本属性如下。

- letter-spacing 属性：定义文本中字母的间距（中文为文字的间距）。
- word-spacing 属性：定义文本的间距（就是空格本身的宽度）。
- text-decoration 属性：定义文本是否有下画线以及下画线的方式。
- text-transform 属性：定义文本的大小写状态，此属性对中文无意义。
- text-align 属性：定义文本的对齐方式。
- text-indent 属性：定义文本的首行缩进（在首行文字前插入指定的长度）。

1. letter-spacing 属性

letter-spacing 属性在应用时有以下两种情况。

- normal：默认间距（主要是根据用户所使用的浏览器等设备）。
- <length>：由浮点数字和单位标识符组成的长度值，允许为负值。

下面通过一个例子来认识 letter-spacing，代码如下：

```
<html>
<head>
<meta http-equiv="Content-Type" content="text/html; charset=gb2312" />
<title>CSS letter-spacing 属性示例</title>
<style type="text/css" media="all">
.ls3px{letter-spacing: 3px;}
.lsn3px{letter-spacing: -3px;}
</style>
</head>
<body>
<p class="ls3px">
<strong><ahref="http://www.dreamdu.com/css/property_letter-spacing/">letter-spacing</a> 示
例:</strong>
<p>All i have to do, is learn CSS.(仔细看是字母之间的距离,不是空格本身的宽度。)</p>
</p>
<p>
<strong><ahref="http://www.dreamdu.com/css/property_letter-spacing/">letter-spacing</a> 示
例:</strong>
<p class="lsn3px">All i have to do, is learn CSS.</p>
</p>
</body>
</html>
```

2. word-spacing 属性

word-spacing 属性在应用时有以下两种情况。

- ❑ normal：默认间距，即浏览器的默认间距。
- ❑ <length>：由浮点数字和单位标识符组成的长度值，允许为负值。

下面通过一个例子来认识 word-spacing，代码如下：

```
<html>
<head>
<meta http-equiv="Content-Type" content="text/html; charset=gb2312" />
<title>CSS word-spacing 属性示例</title>
<style type="text/css" media="all">
.ws30{word-spacing: 30px;}
.wsn30{word-spacing: -10px;}
</style>
</head>
<body><p><strong>word-spacing 示例:</strong>
<p class="ws30">All i have to do, is learn CSS.</p></p><p>
<strong>word-spacing 示例:</strong><p class="wsn30">All i have to do, is learn
CSS.</p>
</p>
</body>
</html>
```

3. text-decoration 属性

text-decoration 属性在应用时有以下 4 种情况。

- ❑ underline：定义有下画线的文本。
- ❑ overline：定义有上画线的文本。
- ❑ line-through：定义有中画线的文本。
- ❑ blink：定义闪烁的文本。

下面通过一个例子来认识 text-description，代码如下：

```
<html>
<head>
<meta http-equiv="Content-Type" content="text/html; charset=gb2312" />
<title>CSS text-decoration 属性示例</title>
<style type="text/css" media="all">
p#line-through{text-decoration: line-through;}
</style>
</head>
<body>
<p id="line-through">示例<a href="#">CSS 教程</a>,<strong><a
href="#">text-decoration</a></strong>示例,属性值为 line-through 中画线.</p>
</body>
</html>
```

4. text-transform 属性

text-transform 属性在应用时有以下 4 种情况。

- ❑ capitalize：首字母大写。

- uppercase：将所有设定此值的字母变为大写。
- lowercase：将所有设定此值的字母变为小写。
- none：正常无变化，即输入状态。

下面通过一个例子来认识 text-transform，代码如下：

```
<html>
<head>
<meta http-equiv="Content-Type" content="text/html; charset=gb2312" />
<title>CSS text-transform 属性示例</title>
<style type="text/css" media="all">
p#capitalize{text-transform: capitalize; }
p#uppercase{text-transform: uppercase; }
p#lowercase{text-transform: lowercase; }
</style>
</head>
<body>
<p id="capitalize">hello world</p><p id="uppercase">hello world</p>
<p id="lowercase">HELLO WORLD</p>
</body>
</html>
```

5. text-align 属性

text-align 属性在应用时有以下 4 种情况。

- left：当前块的位置为左对齐。
- right：当前块的位置为右对齐。
- center：当前块的位置为居中。
- justify：对齐每行的文字。

下面通过一个例子来认识 text-align，代码如下：

```
<html>
<head>
<meta http-equiv="Content-Type" content="text/html; charset=gb2312" />
<title>CSS text-align 属性示例</title>
<style type="text/css" media="all">
p#left{text-align: left; }
</style>
</head>
<body>
<p id="left">left 左对齐</p>
</body>
</html>
```

6. text-indent 属性

text-indent 属性在应用时有以下两种情况。

- <length>：百分比数字由浮点数字和单位标识符组成的长度值，允许为负值。
- <percentage>：百分比表示法。

下面通过一个例子来认识 text-indent，代码如下：

```
<html>
<head>
<meta http-equiv="Content-Type" content="text/html; charset=gb2312" />
<title>CSS text-indent 属性示例</title>
<style type="text/css" media="all">
p#indent{text-indent:2em;top:10px;}
p#unindent{text-indent:-2em;top:210px;}
p{width:150px;margin:3em;}
</style>
</head>
<body>
<p id="indent">示例<a href="#">CSS 教程</a>,<strong><a
href="#">text-indent</a></strong>示例，正值向后缩,负值向前进.text-indent 属性可以定义首行的缩进,是
我们经常使用到的 CSS 属性.</p>
<p id="unindent">示例<a href="#">CSS 教程</a>,<strong><a
href="#">text-indent</a></strong>示例，正值向后缩，负值向前进.</p>
</body>
</html>
```

5.2.3 编辑 CSS 样式的背景格式

背景（background），文字颜色可以使用 color 属性，但是包含文字的 p 段落、div 层、page 页面等的颜色与背景图片可以使用 background 等属性。

背景属性如下。

- background-color 属性：定义背景颜色。
- background-image 属性：定义背景图片。
- background-repeat 属性：定义背景图片的重复方式。
- background-position 属性：定义背景图片的位置。
- background-attachment 属性：定义背景图片随滚动轴的移动方式。

1. background-color 属性

在 CSS 中可以定义背景颜色，这样内容没有覆盖到地方就按照设置的背景颜色显示，其值如下。

- <color>：颜色表示法，可以是数值表示法，也可以是颜色名称。
- transparent：背景色透明。

下面通过一个例子来认识 background-color。

定义网页的背景使用绿色，内容白字黑底，示例代码如下：

```
<html>
<head>
<meta http-equiv="Content-Type" content="text/html; charset=gb2312" />
<title>CSS background-color 属性示例</title>
<style type="text/css" media="all">
body{background-color:green;}
h1{color:white;background-color:black;}
</style>
</head>
```

```
<body>
<h1>白字黑底</h1>
</body>
</html>
```

2．background-image 属性

在 CSS 中还可以设置背景图像，其值如下。

- ❑ <uri>：使用绝对地址或相对地址指定背景图像。
- ❑ none：将背景设置为无背景状。

下面通过一个例子来认识 background-image，代码如下：

```
<html>
<head>
<meta http-equiv="Content-Type" content="text/html; charset=gb2312" />
<title>CSS background-image 属性示例</title>
<style type="text/css" media="all">
.para{background-image:none; width:200px; height:70px;}
.div{width:200px; color:#FFF; font-size:40px;
font-weight:bold;height:200px;background-image:url(flower1.jpg);}
</style>
</head>
<body>
<div class="para">div 段落中没有背景图片</div>
<div class="div">div 中有背景图片</div>
</body>
</html>
```

3．background-repeat 属性

默认情况下，图像会自动向水平和竖直两个方向平铺。如果不希望平铺，或者希望沿着一个方向平铺，可以使用 background-repeat 属性实现。该属性可以设置为以下 4 种平铺方式。

- ❑ repeat：平铺整个页面，左右与上下。
- ❑ repeat-x：在 X 轴上平铺，左右。
- ❑ repeat-y：在 Y 轴上平铺，上下。
- ❑ no-repeat：当背景大小比所要填充背景的块小时，图片不重复。

下面通过一个例子来认识 background-repeat，代码如下：

```
<html>
<head>
<meta http-equiv="Content-Type" content="text/html; charset=gb2312" />
<title>CSS background-repeat 属性示例</title>
<style type="text/css" media="all">
body{background-image:url('images/small.jpg');background-repeat:no-repeat;}
p{background-image:url('images/small.jpg');background-repeat:repeat-y;backgroun
d-position:right;top:200px;left:200px;width:300px;height:300px;border:1px solid
black; margin-left:150px;}
</style>
</head>
<body>
```

```
<p>示例 CSS 教程，repeat-y 竖着重复的背景(div 的右侧).</p>
</body>
</html>
```

4. background-position 属性

将标题居中或者右对齐可以使用 background-postion 属性，其值如下。

（1）水平方向

- left：当前填充背景位置居左。
- center：当前填充背景位置居中。
- right：当前填充背景位置居右。

（2）垂直方向

- top：当前填充背景位置居上。
- center：当前填充背景位置居中。
- bottom：当前填充背景位置居下。

（3）垂直与水平的组合，代码如下：

```
. x-% y-%;
. x-pos y-pos;
```

下面通过一个例子来认识 background-position，代码如下：

```
<html>
<head>
<meta http-equiv="Content-Type" content="text/html; charset=gb2312" />
<title>CSS background-position 属性示例</title>
<style type="text/css" media="all">
body{background-image:url('images/small.jpg');background-repeat:no-repeat;}
p{background-image:url('images/small.jpg');background-position:right
bottom ;background-repeat:no-repeat;border:1px solid
black;width:400px;height:200px; margin-left:130px;}
div{background-image:url('images/small.jpg');background-position:50%
20% ;background-repeat:no-repeat;border:1px solid
black;width:400px;height:150px;}
</style>
</head>
<body>
<p>p 段落中右下角显示橙色的点.</p>
<div>div 段落中距左上角 x 轴 50%,y 轴 20%的位置显示橙色的点.</div>
</body>
</html>
```

5. background-attachment 属性

设置或检索背景图像是随对象内容滚动还是固定的，其值如下。

- scroll：随着页面的滚动，背景图片将移动。
- fixed：随着页面的滚动，背景图片不会移动。

下面通过一个例子来认识background-attachment，代码如下：

```
<html>
<head>
<meta http-equiv="Content-Type" content="text/html; charset=gb2312" />
<title>CSS background-attachment 属性示例</title>
<style type="text/css" media="all">
body{background:url('images/list-orange.png');background-attachment:fixed;backg
round-repeat:repeat-x;background-position:center
center;position:absolute;height:400px;}
</style>
</head>
<body>
<p>拖动滚动条,注意中间有一条橙色线并不会随滚动条的下移而上移.</p>
</body>
</html>
```

5.2.4　编辑CSS链接格式

在HTML 语言中，超链接是通过标签<a>来实现的，链接的具体地址则是利用<a>标签的href属性，代码如下。

```
<a href="http://www.baidu.com">链接文本</a>
```

在浏览器默认的浏览方式下，超链接统一为蓝色并且有下画线，被单击过的超链接则为紫色并且也有下画线。这种最基本的超链接样式现在已经无法满足广大设计师的需求。通过CSS 可以设置超链接的各种属性，而且通过伪类别还可以制作很多动态效果。首先用最简单的方法去掉超链接的下画线，代码如下。

```
/* 超链接样式 * /
a{text-decoration:none; margin-left:20px;} /* 去掉下画线 */
```

可制作动态效果的CSS 伪类别属性如下。

- a:link：超链接的普通样式，即正常浏览状态的样式。
- a:visited：被单击过的超链接的样式。
- a:hover：鼠标指针经过超链接上时的样式。
- a:active：在超链接上单击时，即“当前激活”时超链接的样式。

5.2.5　编辑CSS样式的列表属性

CSS 列表属性可以改变HTML 列表的显示方式。列表的样式通常使用list-style-type 属性来定义，list-style-image 属性定义列表样式的图片，list-style-position 属性定义列表样式的位置，list-style 属性统一定义列表样式的几个属性。

通常的列表主要采用<ul>或者<ol>标签，然后配合<li>标签罗列各个项目。CSS 列表有以下几个常见属性，如表5-1所示。

表 5-1　CSS 列表的常见属性

属　性	简　介
list-style	设置列表项目相关内容
list-style-image	设置或检索作为对象的列表项标记的图像
list-style-position	设置或检索作为对象的列表项标记如何根据文本排列
list-style-type	设置或检索对象的列表项所使用的预设标记

1. list-style-image 属性

list-style-image 属性设置或检索作为对象的列表项标记的图像，其值如下。

- uri：一般是一个图片的网址。
- none：不指定图像。

示例代码如下：

```
<html>
<head>
<meta http-equiv="Content-Type" content="text/html; charset=gb2312" />
<title>CSS list-style-image 属性示例</title>
<style type="text/css" media="all">
ul{list-style-image: url("images/list-orange.png");}
</style>
</head>
<body>
<ul>
<li>使用图片显示列表样式</li>
<li>本例中使用了 list-orange.png 图片</li>
<li>我们还可以使用 list-green.png top.png 或 up.png 图片</li>
<li>大家可以尝试修改下面的代码</li>
</ul>
</body>
</html>
```

2. list-style-position 属性

list-style-position 属性设置或检索作为对象的列表项标记如何根据文本排列，其值如下。

- inside：列表项目标记放置在文本以内，且环绕文本根据标记对齐。
- outside：列表项目标记放置在文本以外，且环绕文本不根据标记对齐。

示例代码如下：

```
<html>
<head>
<meta http-equiv="Content-Type" content="text/html; charset=gb2312" />
<title>CSS list-style-position 属性示例</title>
<style type="text/css" media="all">
ul#inside{list-style-position: inside;list-style-image:
url("images/list-orange.png");}
ul#outside{list-style-position: outside;list-style-image:
url("images/list-green.png");}
p{padding: 0;margin: 0;}
li{border:1px solid green;}
</style>
</head>
```

```
<body>
<p>内部模式</p>
<ul id="inside">
<li>内部模式 inside</li>
<li>示例 XHTML 教程.</li>
<li>示例 CSS 教程.</li>
<li>示例 JAVASCRIPT 教程.</li>
</ul>
<p>外部模式</p>
<ul id="outside">
<li>外部模式 outside</li>
<li>示例 XHTML 教程.</li>
<li>示例 CSS 教程.</li>
<li>示例 JAVASCRIPT 教程.</li>
</ul>
</body>
</html>
```

3. list-style-type 属性

list-style-type 属性设置或检索对象的列表项所使用的预设标记，其值如下。

- disc：点。
- circle：圆圈。
- square：正方形。
- decimal：数字。
- none：无（取消所有的 list 样式）。

示例代码如下：

```
<html>
<head>
<meta http-equiv="Content-Type" content="text/html; charset=gb2312" />
<title>CSS list-style-type 属性示例</title>
<style type="text/css" media="all">
ul{list-style-type: disc;}
</style>
</head>
<body>
<ul>
<li>正常模式</li>
<li>示例 XHTML 教程.</li>
<li>示例 CSS 教程.</li>
<li>示例 JavaScript 教程.</li>
</ul>
</body>
</html>
```

5.2.6　编辑 CSS 样式的区块属性

块级元素就是一个方块，像段落一样，默认占据一行位置。内联元素又称行内元素。顾名思义，它只能放在行内，就像一个单词一样不会造成前后换行，起辅助作用。一般的块级元素如段落<p>、标题<h1><h2>、列表<ul><ol><li>、表格<table>、表单<form>、DIV<div>和 BODY<body>等元素。

内联元素包括：表单元素<input>、超链接<a>、图像<img>、<span>等。块级元素的显著特点是：都是从一个新行开始显示，而且其后的元素也需另起一行显示。

下面通过一个示例来看一下块元素与内联元素的区别，代码如下：

```
<html>
<head>
<meta http-equiv="Content-Type" content="text/html; charset=gb2312" />
<title>CSS list-style-type 属性示例</title>
<style type="text/css" media="all">
ul{list-style-type: disc;}
img{ width:100px; height:70px;}
</style>
</head>
<body>
<p>标签不同行：</p>
<div><imgsrc="flower.jpg" /></div>
<div><imgsrc="flower.jpg" /></div>
<div><imgsrc="flower.jpg" /></div>
<p>标签同一行：</p>
<span><imgsrc="flower.jpg" /></span>
<span><imgsrc="flower.jpg" /></span>
<span><imgsrc="flower.jpg" /></span>
</body>
</html>
```

在前面示例中，3 个 div 元素各占一行，相当于在它之前和之后各插入了一个换行，而内联元素 span 没对显示效果造成任何影响，这就是块级元素和内联元素的区别。正因为有了这些元素，才使网页变得丰富多彩。

如果没有 CSS 的作用，块元素会以每次换行的方式一直往下排，而有了 CSS 以后，可以改变这种 HTML 的默认布局模式，把块元素摆放到想要的位置上，而不是每次都另起一行。也就是说，可以用 CSS 的 display:inline 将块级元素改变为内联元素，也可以用 display:block 将内联元素改变为块元素。

代码修改如下。

```
<html>
<head>
<meta http-equiv="Content-Type" content="text/html; charset=gb2312" />
<title>CSS list-style-type 属性示例</title>
<style type="text/css" media="all">
ul{list-style-type: disc;}
img{ width:100px; height:70px;}
</style>
</head>
<body>
<p>标签同一行：</p>
<div style="display:inline"><imgsrc="flower.jpg" /></div>
<div style="display:inline"><imgsrc="flower.jpg" /></div>
<div style="display:inline"><imgsrc="flower.jpg" /></div>
```

```
<p>标签不同行：</p>
<span style="display:block"><imgsrc="flower.jpg" /></span>
<span style="display:block"><imgsrc="flower.jpg" /></span>
<span style="display:block"><imgsrc="flower.jpg" /></span>
</body>
</html>
```

由此可以看出，display 属性改变了块元素与行内元素默认的排列方式。另外，如果display 属性值为 none，那么可以使用该元素隐藏，并且不会占据空间。代码如下：

```
<html>
<head>
<title>display 属性示例</title>
<style type=" text/ css">
div{width:100px; height:50px; border:1px solid red}
</style>
</head>
<body>
<div>第一个块元素</div>
<div style="display:none">第二个块元素</div>
<div >第三个块元素</div>
</body>
</html>
```

5.2.7　编辑 CSS 样式的宽、高属性

5.2.6 节介绍了块元素与行内元素的区别，本节介绍两者宽高属性的区别，块元素可以设置宽度与高度，但行内元素是不能设置的。例如，span 元素是行内元素，给 span 设置宽、高属性代码如下：

```
<html>
<head>
<title>宽、高属性示例</title>
<style type=" text/ css">
span{ background:#CCC }
.special{ width:100px; height:50px; background:#CCC}
</style>
</head>
<body>
<span class="special">这是 span 元素 1</span>
<span>这是 span 元素 2</span>
</body>
</html>
```

在这个示例中，显示的结果是设置了宽高属性 span 元素 1 与没有设置宽高属性的 span 元素 2 显示效果是一样的。因此，行内元素不能设置宽高属性。如果把 span 元素改为块元素，效果会如何呢？

根据 5.2.6 节所学内容，可以通过设置 display 属性值为 block 使行内元素变为块元素，代码如下：

```
<html>
<head>
```

```
<title>宽、高属性示例</title>
<style type=" text/ css">
span{ background:#CCC;display:block ;border:1px solid #036}
.special{ width:200px; height:50px; background:#CCC}
</style>
</head>
<body>
<span class="special">这是 span 元素 1</span>
<span>这是 span 元素 2</span>
</body>
</html>
```

在浏览器的输出中可以看出，当把 span 元素变为块元素后，类为 special 的 span 元素 1 按照所设置的宽、高属性显示，而 span 元素 2 则按默认状态占据一行显示。

5.2.8 编辑 CSS 边框属性

border 一般用于分隔不同的元素。border 的属性主要有 3 个，即 color（颜色）、width（粗细）、style（样式）。在使用 CSS 设置边框时，可以分别使用 border-color、border-width 和 border-style 属性设置。

- border-color：设定 border 的颜色。通常情况下，颜色值为十六进制数，如红色为“#ff0000”，当然也可以是颜色的英语单词，如 red、yellow 等。
- border-width：设定 border 的粗细程度，可以设为 thin、medium、thick 或者具体的数值，单位为 px，如 5px 等。border 默认的宽度值为 medium，一般浏览器将其解析为 2px。
- border-style：设定 border 的样式，none（无边框线）、dotted（由点组成的虚线）、dashed（由短线组成的虚线）、solid（实线）、double（双线，双线宽度加上它们之间的空白部分的宽度就等于 border-width 定义的宽度）、groove（根据颜色画出 3D 沟槽状的边框）、ridge（根据颜色画出 3D 脊状的边框）、inset（根据颜色画出 3D 内嵌边框，颜色较深）、outset（根据颜色画出 3D 外嵌边框，颜色较浅）。

注意：border-style 属性的默认值为 none，因此边框要想显示出来必须设置 border-style 值。

为了更清楚地看到这些样式的效果，通过一个例子来展示，其代码如下。

```
<html>
<head>
<title>border 样式示例</title>
<style type=" text/ css">
div{ width:300px; height:30px; margin-top:10px;
border-width:5px;border-color:green }
</style>
</head>
<body>
<div style="border-style:dashed">边框为虚线</div>
```

```
<div style="border-style:dotted">边框为点线</div>
<div style="border-style:double">边框为双线</div>
<div style="border-style:groove">边框为 3D 沟槽状线</div>
<div style="border-style:inset">边框为 3D 内嵌边框线</div>
<div style="border-style:outset">边框为 3D 外嵌边框线</div>
XHTML+CSS+JavaScript 网页设计与布局
114
<div style="border-style:ridge">边框为 3D 脊状线</div>
<div style="border-style:solid">边框为实线</div>
</body>
</html>
```

在上面的例子中，分别设置了 border-color、border-width 和 border-style 属性，其效果是对上下左右 4 条边同时产生作用。在实际应用中，除了采用这种方式外，还可以分别对 4 条边框设置不同的属性值，方法是按照规定的顺序，给出 2 个、3 个、4 个属性值，分别代表不同的含义。给出 2 个属性值：前者表示上下边框的属性，后者表示左右边框的属性。给出 3 个属性值，前者表示上边框的属性，中间的数值表示左右边框的属性，后者表示下边框的属性。给出 4 个属性值，依次表示上、右、下、左边框的属性，即顺时针排序。

代码如下：

```
<html>
<head>
<title>border 样式示例</title>
<style type=" text/ css">
div{ border-width:5px 8px;border-color:green yellow red; border-style:dotted
dashed solid double }
</style>
</head>
<body>
<div>设置边框</div>
</body>
</html>
```

给 div 设置的样式为上下边框宽度为 5px，左右边框宽度为 8px；上边框的颜色为绿色，左右边框的颜色为黄色，下边框的颜色为红色；从上边框开始，按照顺时针方向，4 条边框的样式分别为点线、虚线、实线和双线。

如果某元素的 4 条边框的设置都一样，还可以简写为：

```
border:5px solid red;
```

如果想对某一条边框单独设置，例如：

```
border-left::5px solid red;
```

这样就可以只设置左边框为红色、实线、宽为 5px。其他 3 条边的设置类似，3 个属性分别为：border-right、border-top、border-bottom，以此就可以设置右边框、上边框、下边框的样式。

如果只想设置某一条边框某一个属性，例如：

```
border-left-color:: red;
```

这样就可以设置左边框的颜色为红色。其他属性设置类似，在此不再一一举例。

5.3 理解 CSS 定位与 DIV 布局

CSS 定位与 DIV 布局的中心思想是要实现结构与表现分离，刚开始理解结构和表现的分离可能有点困难，特别是在还不习惯思考文档的语义和结构时。理解这点非常重要，因为，当结构和表现分离后，用 CSS 文档来控制表现就是一件很容易的事了。例如，某一天发现网站的字体太小，只要简单地修改样式表中的一个定义就可以改变整个网站字体的大小。

大家都知道，内容是结构的基础。内容在一定程度上体现出一定的结构，但并不是全部结构。原始内容就相当于数码相片的 RAW 格式，未经处理，但是即使未经处理的内容，也包含着一定的结构，比如通过阅读一段文字，可能包含着标题、正文、段落（这些属性是通过阅读而发现的，而不是从表现上）等，这就是结构。为了区分内容体现出来的结构，称之为内结构，也称内容结构。

注意：RAW 是“未经加工”的意思。RAW 格式的图像是 CMOS 或者 CCD 图像感应器将捕捉到的光源信号转化为数字信号的原始数据。

以上仅是针对一段文字而言。互联网的基础是网页和超链接，超链接形成了页面流。而页面流也是结构的一部分，它是交互设计的重点，也就是对 Request（请求）和 Respond（响应）的处理。这里谈到的结构是不可能由内容体现出来的，因此可以将其称之为外结构，也称交互结构。

Web 站点的结构是由内结构和外结构一起形成的，这个结构是所有表现的基础，没有这个结构就不会有表现。结构并不是 wireframe，wireframe 是结构的一种可视化表现，是开发流程中的沟通工具。从内容到结构到表现，也是大部分网站设计的流程。

随便打开一个网页或者回想一下曾经访问过的网页，传统的网站前端展现方式是把结构和表现混合在一起，而应用 Web 标准进行设计的方式是把结构和表现分离开，但是不管使用什么方式，它们表面看上去都差不多。

在信蜂源孕妇商城网站中，单击商品信息中信息内容的超链接后，会打开信息的详细内容页面，如图 5.1 所示。

可以看到页面上部的导航都是相同的，如果要在页面的样式表中更改导航字体大小，代码为.globalHead_navCenterul li{float:left; display:inline; width:auto; height:51px; font-size:14px; line-height:22px; background:url("images/newPublic_navLine.gif") right center no-repeat; }改为.globalHead_navCenterul li{float:left; display:inline; width:auto; height:51px; font-size:16px; line-height:22px; background:url("images/newPublic_navLine.gif") right center no-repeat; }。

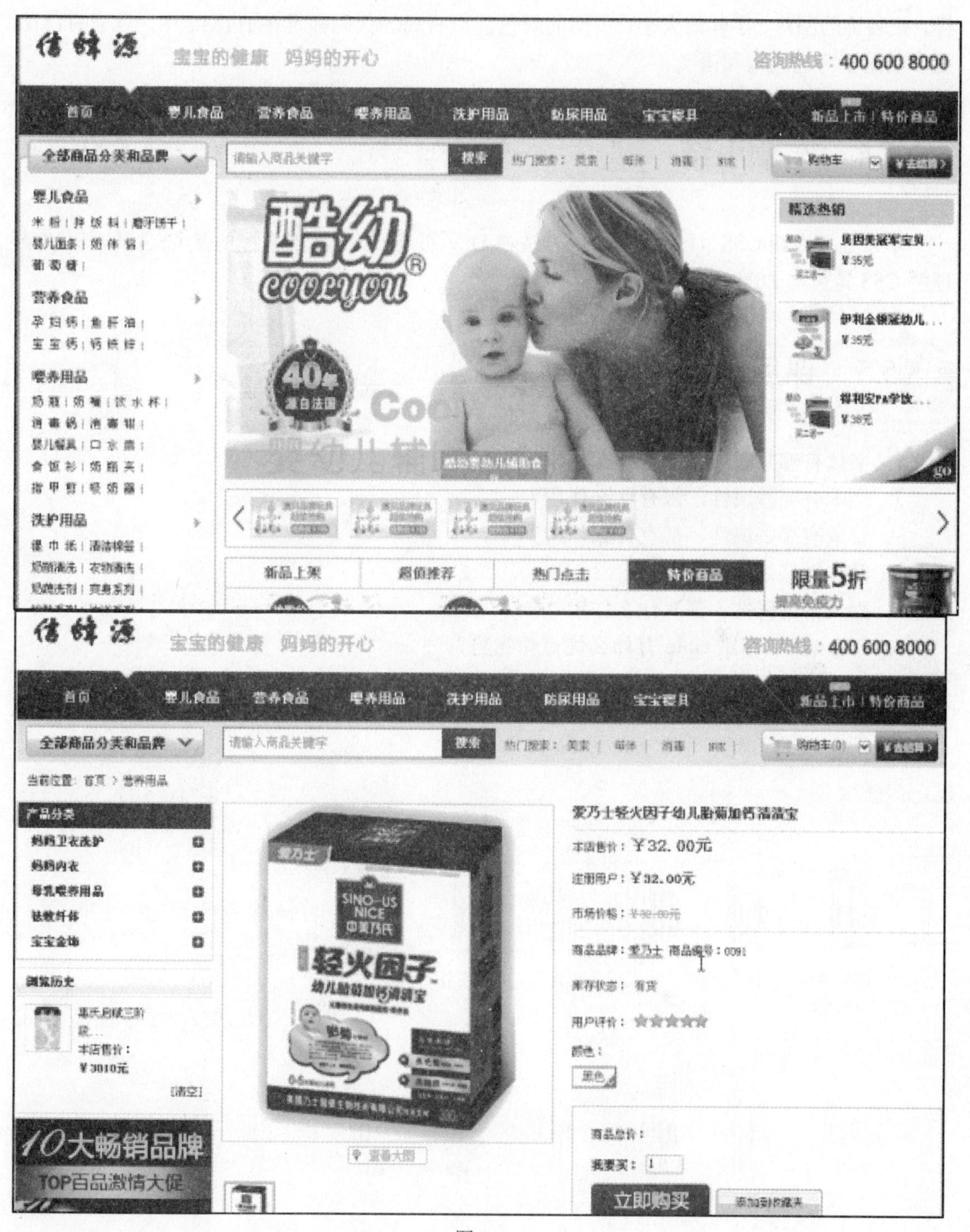

图 5.1

HTML 本身是一种结构化的语言，外观并不是最重要的，网页的表现可以不仅只依赖 HTML 来完成，完全可以使用其他 CSS+DIV 来完成，就像上面的例子中，使用了<div class="globalHead_navCenter">和</div>标签来完成字体颜色的变化形式。不用再像以前一样，把装饰的图片、字体的大小、页面的颜色甚至布局的代码都堆在 HTML 中，对于 HTML 更多的是要考虑结构和语义。

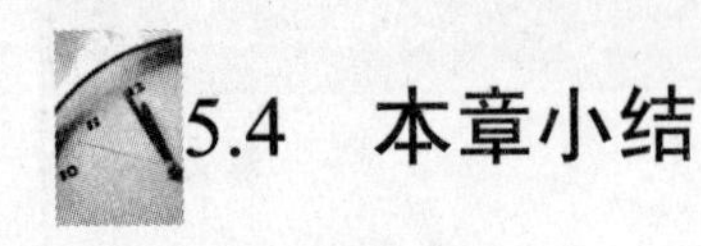

5.4　本章小结

本章主要介绍 CSS 样式表的使用方法和 DIV 布局。需要重点掌握的是 CSS 基本语法及理解 CSS 定位与 DIV 布局。

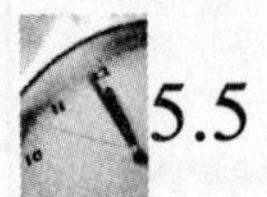

5.5　课后练习

1．字体有哪些属性，都有什么作用？
2．文本有哪些属性，都有什么作用？
3．背景有哪些属性，都有什么作用？
4．简述链接格式的使用。
5．列表常用属性，都有什么作用？
6．CSS +DIV 相比 table 有什么优点和劣势？

第 6 小时　网站配色与布局结构

在今天，网页设计已经走向成熟，没有丝毫修饰的网页必定会很快被大家遗忘，所以在制作网站前也必须考虑网站的整体视觉效果，这就需要学习本章网站页面的配色与布局知识。配色的好坏决定访客对网站的第一印象，布局是否合理决定了访客的体验。

6.1　善用色彩设计网页

经研究发现，在第一次打开一个网站时，给用户留下第一印象的既不是网站的内容，也不是网站的版面布局，而是网站具有冲击力的色彩，如图 6.1 所示。

图 6.1

色彩的魅力是无限的，它可以让本身平淡无味的东西瞬间变得漂亮。作为最具说服力的视觉语言，作为最强烈的视觉冲击，色彩在人们的生活中起着先声夺人的作用。

随着信息时代的飞速发展，网络也开始变得多姿多彩，人们不再局限于简单的文字与图片，而要求网页看上去更漂亮、舒适。作为一名优秀的网页设计师，不仅要掌握基本的网站制作技术，还要掌握网站的配色风格等设计艺术。

6.1.1　认识色彩

为了能更好地应用色彩来设计网页，先来了解色彩的一些基本概念。自然界中有好多种色彩，如玫瑰是红色的，大海是蓝色的，橘子是橙色的……但是最基本的有 3 种（红、黄、蓝），其他的色彩都可以由这 3 种色彩调和而成，这 3 种色彩称为“三原色”，如图 6.2 左所示。

现实生活中的色彩可以分为彩色和非彩色。其中黑白灰属于非彩色系列。其他的色彩都属于彩色。任何一种彩色都具备3个特征：色相、明度和纯度。其中非彩色只有明度属性。

1．色相

色相指的是色彩的名称。这是色彩最基本的特征，是一种色彩区别于另一种色彩最主要的因素。比如紫色、绿色、黄色等都代表了不同的色相。同一色相的色彩，调整一下亮度，或者纯度很容易搭配，如图6.2右所示。

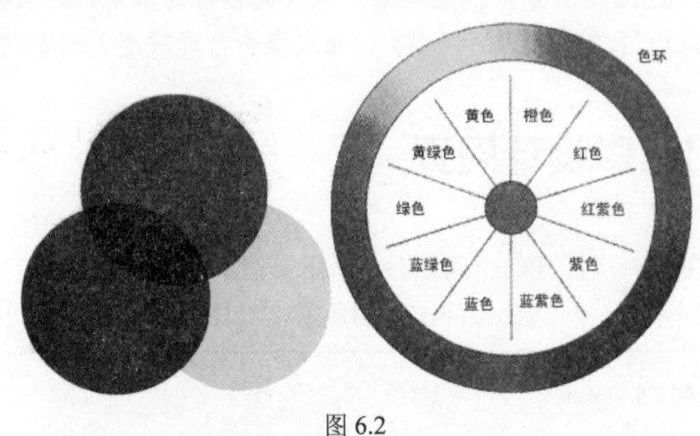

图6.2

2．明度

明度也称亮度，是指色彩的明暗程度，明度越大，色彩越亮。比如一些购物、儿童类网站，用的是一些鲜亮的颜色，让人感觉绚丽多姿、生气勃勃。明度越低，颜色越暗。主要用于一些游戏类网站，充满神秘感；一些个人站长为了体现自身的个性，也可以运用一些暗色调来表达个人的一些孤僻，或者忧郁等性格。

有明度差的色彩更容易调和，如紫色（#993399）与黄色（#ffff00），暗红（#cc3300）与草绿（#99cc00），暗蓝（#0066cc）与橙色（#ff9933）等，如图6.3所示。

图6.3

3．纯度

纯度是指色彩的鲜艳程度，纯度高的色彩纯，鲜亮。纯度低的色彩暗淡，含灰色。

6.1.2　网页上的色彩处理

色彩是人的视觉最敏感的东西，主页的色彩处理得好，可以锦上添花，达到事半功倍的效果。

1．色彩的感觉

人们对不同的色彩有不同的感觉，说明如下。

- 色彩的冷暖感：红、橙、黄代表太阳、火焰；蓝、青、紫代表大海、晴空；绿、紫代表不冷不暖的中性色；无色系中的黑代表冷，白代表暖。
- 色彩的软硬感：高明度、高纯度的色彩给人以软的感觉；反之，则感觉硬，如图 6.4 所示。

图 6.4

- 色彩的强弱感：亮度高的明亮、鲜艳的色彩感觉强；反之，则感觉弱。
- 色彩的兴奋与沉静：红、橙、黄，偏暖色系，高明度，高纯度，对比强的色彩感觉兴奋，青、蓝、紫，偏冷色系，低明度，低纯度，对比弱的色彩感觉沉静，如图 6.5 所示。

图 6.5

- 色彩的华丽与朴素：红、黄等暖色和鲜艳而明亮的色彩给人以华丽感，青、蓝等冷色和浑浊而灰暗的色彩给人以朴素感。
- 色彩的进退感：对比强、暖色、明快、高纯度的色彩代表前进；反之，代表后退。

对色彩的这种认识 10 多年前就已被国外众多企业所接受，并由此产生了色彩营销战略，许多企业将此作为市场竞争的有利手段和再现企业形象特征的方式，通过设计色彩抓住商机，如绿色的“鳄鱼”、红色的“可口可乐”、红黄色的“麦当劳”以及黄色的“柯达”等，如图 6.6 所示。

图 6.6

在欧美和日本等发达国家，设计色彩早就成为一种新的市场竞争力，并被广泛使用。

2．色彩的季节性

春季处处一片生机，通常会流行一些活泼跳跃的色彩；夏季气候炎热，人们希望凉爽，通常流行以白色和浅色调为主的清爽亮丽的色彩；秋季秋高气爽，流行的是沉重的暖色调；冬季气候寒冷，深颜色有吸光、传热的作用，人们希望能暖和一点，喜爱穿深色衣服。这就很明显地形成了四季的色彩流行趋势，春夏以浅色、明艳色调为主；秋冬以深色、稳重色调为主，每年色彩的流行趋势都会因此而分成春夏和秋冬两大色彩趋向，如图 6.7 所示。

图 6.7

3．颜色的心理感觉

不同的颜色会给浏览者不同的心理感受。

- 红色：红色是一种激奋的色彩，代表热情、活泼、温暖、幸福和吉祥。红色容易引起人们注意，也容易使人兴奋、激动、热情、紧张和冲动，而且还是一种容易造成人视觉疲劳的颜色。
- 绿色：绿色代表新鲜、充满希望、和平、柔和、安逸和青春，显得和睦、宁静、健康。绿色具有黄色和蓝色两种成分颜色。在绿色中，将黄色的扩张感和蓝色的收缩感中和，并将黄色的温暖感与蓝色的寒冷感相抵消。绿色和金黄、淡白搭配，可产生优雅、舒适的气氛，如图 6.8 左所示。
- 蓝色：蓝色代表深远、永恒、沉静、理智、诚实、公正、权威，是最具凉爽、清新特点的色彩。蓝色和白色混合，能体现柔顺、淡雅、浪漫的气氛（如天空的色彩）。
- 黄色：黄色具有快乐、希望、智慧和轻快的个性，它的明度最高，代表明朗、愉快、高贵，是色彩中最为娇气的一种色。只要在纯黄色中混入少量的其他色，其色相感和色性格均会发生较大程度的变化，如图 6.8 右所示。

图 6.8

- 紫色：紫色代表优雅、高贵、魅力、自傲和神秘。在紫色中加入白色，可使其变得优雅、娇气，并充满女性的魅力。
- 橙色：橙色也是一种激奋的色彩，具有轻快、欢欣、热烈、温馨、时尚的效果，如图 6.9 左所示。
- 白色：白色代表纯洁、纯真、朴素、神圣和明快，具有洁白、明快、纯真、清洁的感觉。如果在白色中加入其他任何色，都会影响其纯洁性，使其性格变得含蓄。
- 黑色：黑色具有深沉、神秘、寂静、悲哀、压抑的感受，如图 6.9 右所示。

图 6.9

- 灰色：在商业设计中，灰色具有柔和、平凡、温和、谦让、高雅的感觉，具有永远流行性。在许多的高科技产品中，尤其是和金属材料有关的，几乎都采用灰色来传达高级、科技的形象。使用灰色时，大多利用不同的参差变化组合和其他色彩相配，才不会过于平淡、沉闷、呆板和僵硬。

每种色彩在饱和度、亮度上略微变化，就会产生不同的感觉。以绿色为例，黄绿色有青春、旺盛的视觉意境，而蓝绿色则显得幽宁、深沉。其中白色与灰色使用最为广泛，也常称为万能搭配色。在没有更好的对比色选择时，使用白色或者灰色作为辅助色，效果一般都不差，如图 6.10 所示。

图 6.10

6.2　网页色彩的搭配

从以上介绍可以看出，色彩对人的视觉效果非常明显，一个网站设计的成功与否，在某种程度上取决于设计者对色彩的运用和搭配，因为网页设计属于一种平面效果设计，在平面图上，色彩的冲击力是最强的，它最容易给客户留下深刻的印象。如图 6.11 所示为对应儿童的网站。

图 6.11

6.2.1　确定网站的主题色

一个网站一般不使用单一颜色，因为会让人感觉单调、乏味；但也不能将所有的颜色都运用到网站中，让人感觉不庄重。一个网站必须有一种或两种主题色，不至于让客户迷失方向，也不至于单调、乏味。所以确定网站的主题色也是设计者必须考虑的问题之一。

1. 主题色确定的两个方面

在确定网站主题色时，通常可以从以下两个方面去考虑：

（1）结合产品、内容特点

根据产品的特点来确定网站的主色调，如企业产品是环保型的我们可以建议采用绿色，主营产品是高科技或电子类的建议采用蓝色等，如果是红酒企业可以考虑使用红酒的色调，如图 6.12 所示。

图 6.12

（2）根据企业的 VI 识别系统

如今有很多公司都有自己的 VI 识别系统，我们可以从公司的名片、办公室的装修、手提袋等可以看到，这些都是公司沉淀下来的企业文化，网站作为企业的宣传方式之一，也在一定层度上需要考虑这些因素。

2. 主题色设计原则

在主题色确定时，我们还要考虑如下原则，这样设计出的网站界面才能别出心裁，体现出企业独特风格，更有利于向受众传递企业信息。

（1）与众不同，富有个性

过去许多网站都喜欢选择与竞争网站相近的颜色，试图通过这样的策略来快速实现网站构建，减少建站成本，但这种建站方式鲜有成功者。网站的主题色一定要与竞争网站鲜明地区别开，只有与众不同、别具一格才是成功之道，这是网站主题色选择的首要原则。如今越来越多的网站规划者开始认识到这个真理，如中国联通已经改变过去模仿中国移动的色彩，推出了与中国移动区别明显的红黑搭配组合作为新的标准色，如图 6.13 所示。

图 6.13

（2）符合受众审美习惯

由于受众的色彩偏好非常复杂，而且多变，甚至是瞬息万变的，因此要选择最能吻合受众偏好的色彩是非常困难，甚至是不可能的。最好的办法是剔除掉那些目标受众所禁忌的颜色。比如，由于出卖耶稣的犹大曾穿过黄色衣服，因而西方信仰耶稣的国家都厌恶黄色；又如，巴西人忌讳棕黄色和紫色，他们认为棕黄色使人绝望，紫色会带来悲哀，紫色和黄色配在一起，则是患病的预兆；他们还讨厌深咖啡色，认为这种颜色会招致不幸；所以在选择颜色时也要考虑你的用户群体的审美习惯。

6.2.2 网页色彩搭配原理

色彩搭配既是一项技术性工作，也是一项艺术性很强的工作。因此，在设计网页时，除了要考虑网站本身的特点外，还要遵循一定的艺术规律，从而设计出色彩鲜明、性格独特的网站。

网页色彩是树立网站形象的关键要素之一，色彩搭配却是网页设计初学者感到头疼的问题。网页的背景、文字、图标、边框、链接等应该采用什么样的色彩，应该搭配什么样的色彩才能最好地表达出网站的内涵和主题呢？

1. 色彩的鲜明性

网页色彩要鲜明，这样容易引人注目。一个网站的用色必须要有自己独特的风格，这样才能显得个性鲜明，给浏览者留下深刻的印象。

2. 色彩的独特性

要有与众不同的色彩，使得大家对网站印象深刻。一般可以通过使用网页颜色选择器选择一个专色，然后根据需要进行微调，如图 6.14 所示。

网页颜色选择器工具

颜色名称: whitesmoke　　颜色数值: #F5F5F5

艾利斯兰	古董白	浅绿色	碧绿色
天蓝色	米色	桔黄色	黑色
白杏色	蓝色	紫罗兰色	褐色
实木色	军兰色	黄绿色	巧可力色
珊瑚色	菊兰色	米绸色	暗深红色
青色	暗蓝色	暗青色	暗金黄色
暗灰色	暗绿色	暗黄褐色	暗洋红
暗橄榄绿	暗桔黄色	暗紫色	暗红色
暗肉色	暗海兰色	暗灰蓝色	墨绿色
暗宝石绿	暗紫罗兰色	深粉红色	深天蓝色
暗灰色	闪兰色	火砖色	花白色
森林绿	紫红色	淡灰色	幽灵白

图 6.14

3. 色彩的艺术性

网站设计也是一种艺术活动，因此必须遵循艺术规律，在考虑到网站本身特点的同时，按照内容决定形式的原则，大胆进行艺术创新，设计出既符合网站要求，又有一定艺术特色的网站。

不同的色彩会产生不同的联想：蓝色想到天空、黑色想到黑夜、红色想到喜事等，选择色彩要和网页的内涵相关联，如图 6.15 所示。

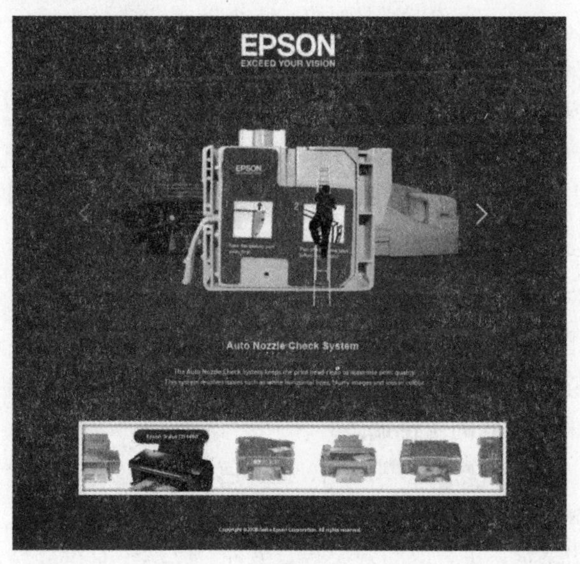

图 6.15

4．色彩搭配的合理性

网页设计虽然属于平面设计的范畴，但又与其他平面设计不同，它在遵循艺术规律的同时，还考虑人的生理特点。色彩搭配一定要合理，色彩和表达的内容气氛相适合，给人一种和谐、愉快的感觉，避免采用纯度很高的单一色彩，这样容易造成视觉疲劳。

一个色彩搭配合理的网站，一个页面尽量不要超过4种色彩，用太多的色彩让人没有方向，没有侧重。当主题色确定好以后，考虑其他配色时，一定要考虑其他配色与主题色的关系，要体现什么样的效果。另外哪种因素占主要地位，是明度、纯度还是色相。网站设计者可以考虑从以下两个方面去着手设计，可以最大程度减少设计成本：

（1）选择单一色系

在主题色确定好之后，我们可以选择与主题色相邻的颜色进行设计，如图6.16所示。

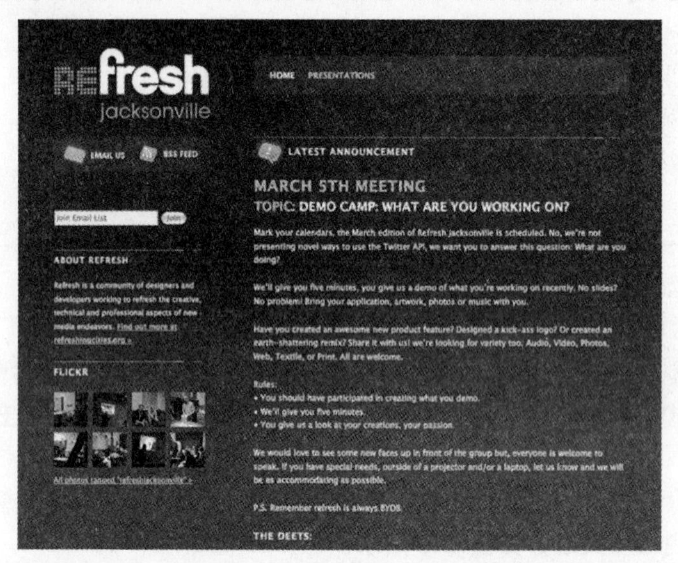

图6.16

（2）选择主题色的对比色

在设计时，一般以一种颜色为主色调，对比色作为点缀，从而产生强烈的视觉效果，使网站特色鲜明、重点突出。

6.2.3　网页中色彩的搭配

色彩在人们的生活中都是有丰富的感情和含义的，在特定的场合下，同种色彩可以代表不同的含义。色彩总的应用原则应该是“总体协调，局部对比”，就是主页的整体色彩效果是和谐的，局部、小范围的地方可以有一些强烈色彩的对比。在色彩的运用上，可以根据主页内容的需要，分别采用不同的主色调。

色彩具有象征性，例如嫩绿色、翠绿色、金黄色、灰褐色就可以分别象征着春、夏、秋、冬。其次还有职业的标志色，例如军警的橄榄绿、医疗卫生的白色等。色彩还具有明显的心理感觉，例如冷、暖的感觉，进、退的效果等。另外，色彩还有民族性，各个民族由于环境、文化、传统等因素的影响，对于色彩的喜好也存在着较大的差异。

1. 色彩的搭配

充分运用色彩的这些特性，可以使我们的主页具有深刻的艺术内涵，从而提升主页的文化品位。

- 相近色：色环中相邻的 3 种颜色。相近色的搭配给人的视觉效果很舒适、很自然，所以相近色在网站设计中极为常用。
- 互补色：色环中相对的两种色彩。对互补色调整一下补色的亮度，有时是一种很好的搭配。
- 暖色：暖色与黑色调和可以达到很好的效果。暖色一般应用于购物类网站、电子商务网站、儿童类网站等，用以体现商品的琳琅满目，或网站的活泼、温馨等效果，如图 6.17 所示。

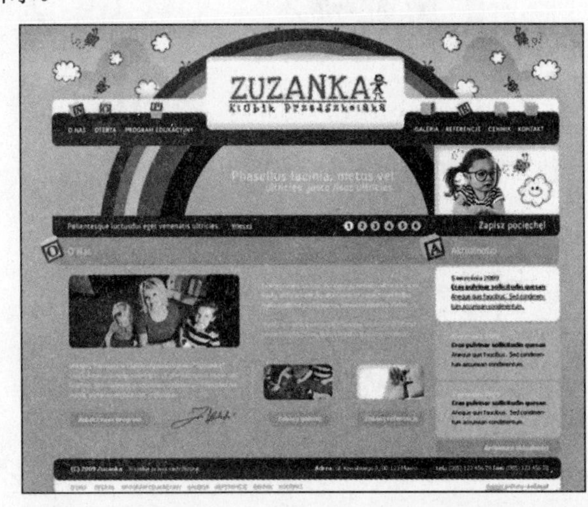

图 6.17

- 冷色：冷色一般与白色调和可以达到一种很好的效果。冷色一般应用于一些高科技、游戏类网站，主要表达严肃、稳重等效果，绿色、蓝色、蓝紫色等都属于冷色系列，如图 6.18 所示。

图 6.18

- 色彩均衡：网站让人看上去舒适、协调，除了文字、图片等内容的合理排版外，色彩均衡也是相当重要的一个部分，如一个网站不可能单一地运用一种颜色，所以色彩的均衡问题是设计者必须要考虑的问题。

2. 非彩色的搭配

黑白是最基本和最简单的搭配，白字黑底、黑底白字都非常清晰明了。灰色是万能色，可以和任何色彩搭配，也可以帮助两种对立的色彩和谐过渡。如果实在找不出合适的色彩，那么用灰色试试，效果绝对不会太差，如图 6.19 所示。

图 6.19

6.2.4 网页元素的色彩搭配

为了让网页设计得更亮丽、更舒适，增强页面的可阅读性，必须合理、恰当地运用与搭配页面各元素间的色彩。

（1）网页导航条

网页导航条是网站的指路方向标，浏览者要在网页间跳转、要了解网站的结构、要查看网站的内容，都必须使用导航条。可以使用稍微具有跳跃性的色彩吸引浏览者的视线，使其感觉网站清晰明了、层次分明，如图 6.20 所示。

图 6.20

（2）网页链接

一个网站不可能只有一页，所以文字与图片的链接是网站中不可缺少的部分。尤其是文字链接，因为链接区别于文字，所以链接的颜色不能与文字的颜色一样。要让浏览者快速地找到网站链接，设置独特的链接颜色是一种驱使浏览者点击链接的好办法，如图 6.21 所示。

健康讲堂	媒体视角	>>更多	医院院报	文明创建	>>更多
	蔡启卿：30年“修骨”成就骨		2012年第4期总第三十五期		2012-05-25
	患者需求，是创新的不竭动力		2012年第3期总第三十四期		2012-04-05
	三成癌症与吃有关 防癌要先管		2012年第2期总第三十三期		2012-04-05
	全省肿瘤监测覆盖1400万人		2012年第1期总第三十二期		2012-02-09
	我省评出“感动中原十大优秀护		2011年第12期总第三十一		2012-02-09
蔡启卿：30年“修骨”成就骨...	2012年第二届“CSCO中		2011年第11期总第三十期		2012-02-09

图 6.21

（3）网页文字

如果网站中使用了背景颜色，就必须要考虑背景颜色的用色与前景文字的搭配问题。一般的网站侧重的是文字，所以背景可以选择纯度或者明度较低的色彩，文字用较为突出的亮色，让人一目了然。

（4）网页标志

网页标志是宣传网站最重要的部分之一，所以这部分一定要在页面上突出、醒目。可以将 Logo 和 Banner 做得鲜亮一些，也就是说，在色彩方面与网页的主题色分离开。有时为了更突出，也可以使用与主题色相反的颜色，如图 6.22 所示。

图 6.22

6.2.5　网页色彩搭配的技巧

色彩搭配是一门艺术，灵活运用它能让你的主页更具亲和力。要想制作出漂亮的主页，需要灵活运用色彩加上自己的创意和技巧，下面是网页色彩搭配的一些常用技巧。

（1）单色的使用

尽管网站设计要避免采用单一色彩，以免产生单调的感觉，但通过调整色彩的饱和度和透明度，也可以产生变化，使网站避免单调，做到色彩统一，有层次感，如图 6.23 所示。

图 6.23

（2）邻近色的使用

所谓邻近色，就是在色带上相邻近的颜色，如绿色和蓝色、红色和黄色就互为邻近色。采用邻近色设计网页可以使网页避免色彩杂乱，易于达到页面的色彩丰富、和谐统一，如图 6.24 所示。

图 6.24

（3）对比色的使用

对比色可以突出重点，产生强烈的视觉效果，通过合理使用对比色，能够使网站特色鲜明、重点突出。在设计时，一般以一种颜色为主色调，对比色作为点缀，可以起到画龙点睛的作用。

（4）黑色的使用

黑色是一种特殊的颜色，如果使用恰当、设计合理，往往能产生很强的艺术效果。黑色一般用来作为背景色，与其他纯度色彩搭配使用。

（5）背景色的使用

背景色不要太深，否则会显得过于厚重，这样会影响整个页面的显示效果。一般采用素淡清雅的色彩，避免采用花纹复杂的图片和纯度很高的色彩作为背景色，同时，背景色要与文字的色彩对比强烈一些。但也有例外，黑色的背景衬托亮丽的文本和图像，则会给人一种另类的感觉，如图 6.25 所示。

图 6.25

（6）色彩的数量

一般初学者在设计网页时往往使用多种颜色，使网页变得很“花”，缺乏统一和协调，缺乏内在的美感，给人一种繁杂的感觉。事实上，网站用色并不是越多越好，一般应控制在 4 种色彩以内，可以通过调整色彩的各种属性来产生颜色的变化，保持整个网页的色调统一。

（7）要和网站内容匹配

了解网站所要传达的信息和品牌，选择可以加强这些信息的颜色，如在设计一个强调稳健的金融机构时，那么就要选择冷色系、柔和的颜色，如蓝、灰或绿。在这样的状况下，如果使用暖色系或活泼的颜色，可能会破坏了该网站的品牌。

（8）围绕网页主题

色彩要能烘托出主题。根据主题确定网站颜色，同时还要考虑网站的访问对象，文化的差异也会使色彩产生非预期的反应。还有，不同地区与不同年龄层对颜色的反应亦会有所不同。年轻族一般比较喜欢饱和色，但这样的颜色却引不起高年龄层人群的兴趣。

此外，白色是网站用得最普遍的一种颜色。很多网站甚至留出大块的白色空间，作为网站的一个组成部分，这就是留白艺术。很多设计性网站较多运用留白艺术，给人一个遐想的空间，让人感觉心情舒适、畅快。恰当的留白对于协调页面的均衡会起到相当大的作用，如图 6.26 所示。

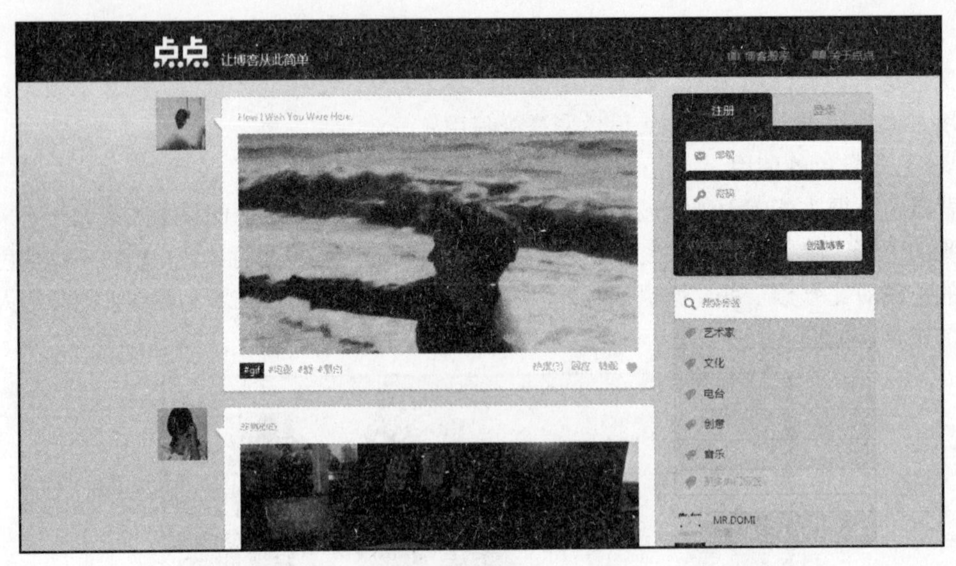

图 6.26

总之，色彩的使用并没有一定的法则，如果一定要用某个法则去套，效果只会适得其反。色彩的运用还与每个人的审美观、个人喜好、知识层次等密切相关。一般应先确定一种能体现主题的主体色，然后根据具体的需要应用颜色的近似和对比来完成整个页面的配色方案。整个页面在视觉上应该是一个整体，以达到和谐、悦目的视觉效果，如图 6.27 所示。

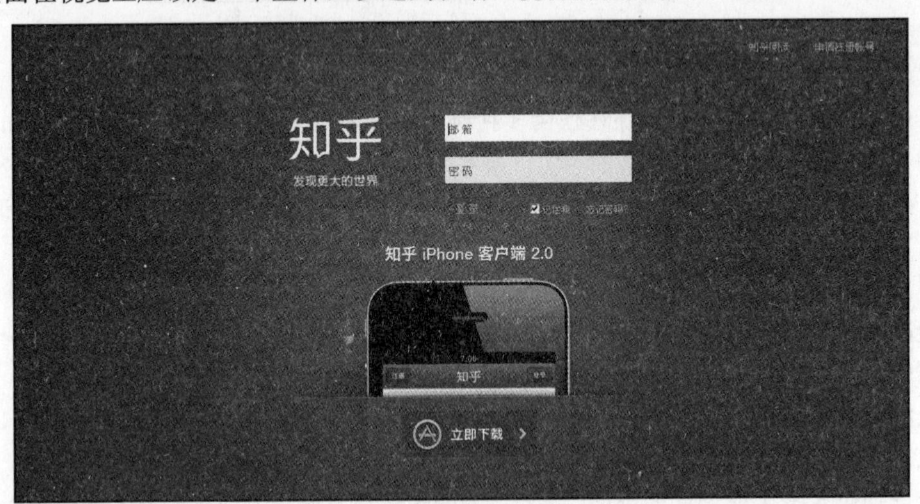

图 6.27

6.3 网页设计的艺术处理原则

主页的设计主要是网页设计软件的操作与技术应用的问题，但是，要使主页设计、制作的漂亮，必然离不开对主页进行艺术的加工和处理，这就涉及美术的一些基本常识。本节将介绍一些在主页设计中经常涉及的艺术处理原则，供读者在进行主页制作时参考。

6.3.1　风格定位

主页的美化首先要考虑风格的定位。任何主页都要根据主题的内容决定其风格与形式，因为只有形式与内容的完美统一，才能达到理想的宣传效果。

目前，主页的应用范围日益扩大，几乎包括了所有的行业，但归纳起来大体有几大类：新闻机构、政府机关、科教文化、娱乐艺术、电子商务、网络中心等。

对于不同性质的行业，应体现出不同的主页风格，就像穿着打扮，应依不同的性别以及年龄层次而异一样。例如，政府部门的主页风格一般应比较庄重，娱乐行业则可以活泼生动一些，文化教育部门的主页风格应该高雅大方，电子商务主页则可以贴近民俗，使大众喜闻乐见。

主页风格的形成主要依赖于主页的版式设计，依赖于页面的色调处理，还有图片与文字的组合形式等。这些问题看似简单，但往往需要主页的设计和制作者具有一定的美术素质和修养，同时，动画效果也不宜在主页设计中滥用，特别是一些内容比较严肃的主页。主页毕竟主要依靠文字和图片来传播信息，它不是动画片，更不是电视或电影。至于在主页中适当链接一些影视作品，那是另外一回事。

6.3.2　版面编排

主页作为一种版面，既有文字，又有图片。文字有大有小，还有标题和正文之分；图片也有大小之分，而且有横竖之别。图片和文字都需要同时展示给浏览者，不能简单地罗列在一个页面上，这样往往会做得杂乱无章。因此，必须根据内容的需要将这些图片和文字按照一定的次序进行合理的编排和布局，使它们组成一个有机整体展现出来，可依据如下几条来做。

（1）主次分明，中心突出

在一个页面上，必然考虑视觉中心，这个中心一般在屏幕的中央，或者在中间偏上的部位，因此，一些重要的文章和图片一般可以安排在这个部位，在视觉中心以外的地方就可以安排那些稍微次要的内容。这样，在页面上就突出重点，做到了主次有别。

（2）大小搭配，相互呼应

较长的文章或标题不要编排在一起，要有一定的距离，同样，较短的文章也不能编排在一起。对待图片的安排也是这样，要互相错开，造成大小之间有一定的间隔，这样可以使页面错落有致，避免重心的偏离。

（3）图文并茂，相得益彰

文字和图片具有一种相互补充的视觉关系，页面上文字太多，就显得沉闷，缺乏生气；页面上图片太多，缺少文字，必然就会减少页面的信息容量。因此，最理想的效果是文字与图片的密切配合，互为衬托，既能活跃页面，又使主页有丰富的内容，如图 6.28 所示。

图 6.28

6.3.3 线条和形状

文字、标题、图片等的组合会在页面上形成各种各样的线条和形状，这些线条与形状的组合构成了主页的总体艺术效果，必须注意艺术地搭配好这些线条和形状，才能增强页面的艺术魅力。

（1）直线（矩形）的应用

直线的艺术效果是流畅、挺拔、规矩、整齐，所谓有轮廓。直线和矩形在页面上的重复组合可以呈现井井有条、泾渭分明的视觉效果，一般应用于比较庄重、严肃的主页题材。

（2）曲线（弧形）的应用

曲线的效果是流动、活跃，具有动感。曲线和弧形在页面上的重复组合可以呈现流畅、轻快、富有活力的视觉效果，一般应用于青春、活泼的主页题材，如图 6.29 所示。

图 6.29

（3）直线、曲线（矩形、弧形）的综合应用

把以上两种线条和形状结合起来运用，可以大大丰富主页的表现力，使页面呈现更加丰富多彩的艺术效果。这种形式的主页适应的范围更大，各种主题的主页都可以应用，但是，在页面的编排处理上难度也会相应大一些，处理不好会产生凌乱的效果。最简单的途径是：在一个页面上以一种线条（形状）为主，只在局部的范围内适当用一些其他线条（形状）。

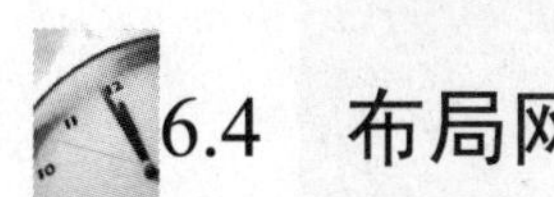

6.4　布局网站板块结构

在网站中网页布局大致可分为“国”字型、标题正文型、左右框架型、上下框架型、综合框架型、封面型、Flash 型等。

在规划网站的页面前，需要对所要创建的网站有充分的认识和了解。做大量的前期准备工作，做到胸有成竹，那么在规划网页时才会得心应手，一路畅行。确立网页的特色定位，就是定位该网站的风格。这需要参考网站的性质和访问的客户群体以及网站的主题内容，通过具体的分析。网站创建的宗旨和服务的项目不同，所面向的访问群体也就不同。

应根据自己网站所潜在的客户群体来对网站的特色进行定位，如访问的群体是科研人员，那么网站应体现出严谨、理性和科学等特点；如访问对象是年轻的群体，那么网站应具有版式活泼、鲜明和节奏明快的特色；如访问的群体定位于一般家庭，那么网站的整体要体现出一种温馨、轻松、关爱、愉悦的气氛。其实，对网站的特色定位是通过对所要创建网站的类型、风格、栏目设置、内容的安置、链接的结构以及客户群体等诸多要素通过综合分析后，围绕中心主题，用独特的视觉语言和艺术化的修饰来对网站的特色进行描述。

（1）“国”字型

“国”字型也可以称为“同”字型，它是一些大型网站所喜欢的类型。即最上面是网站的标题以及横幅广告条，接下来是网站的主要内容。左右分列一些小条内容，中间是主要部分，与左右一起罗列到底。最下面是网站的一些基本信息、联系方式和版权声明等。这种结构几乎是网上使用最多的一种结构类型，如图 6.30 所示。

图 6.30

（2）标题正文型

标题正文类型即最上面是标题或类似的一些东西，下面是正文，如图 6.31 所示。比如一些文章页面或注册页面等就是这种类型。

图 6.31

（3）左右框架型

左右框架型是一种左右为两页的框架结构，一般来说，左面是导航链接，有时最上面会有一个小的标题或标志，右面是正文。我们见到的大部分的大型论坛都是这种结构，有一些企业网站也喜欢采用。这种类型的结构非常清晰，一目了然。

（4）上下框架型

上下框架型与上面类似，区别仅在于是一种上下分为两部分的框架，如图 6.32 所示。

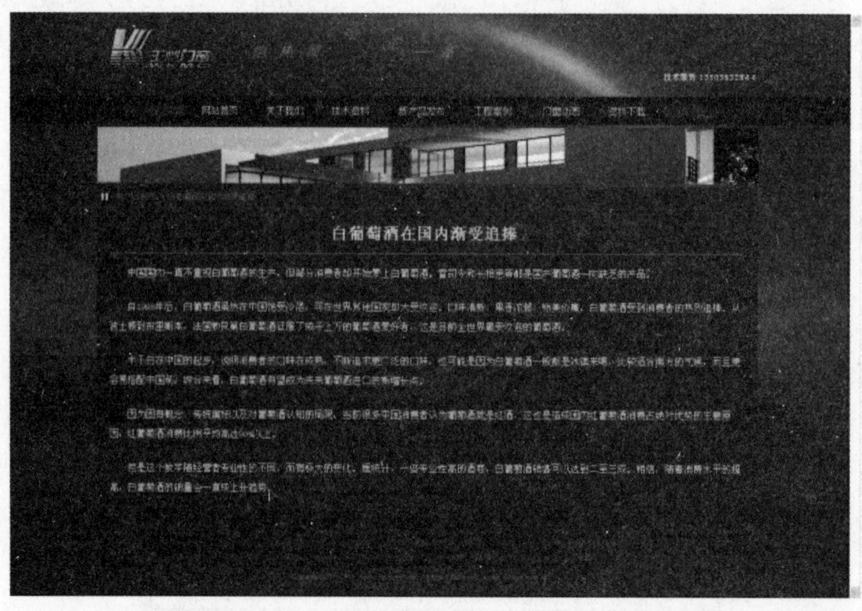

图 6.32

（5）综合框架型

综合框架型是前两种结构的结合，是相对复杂的一种框架结构，如图 6.33 所示。

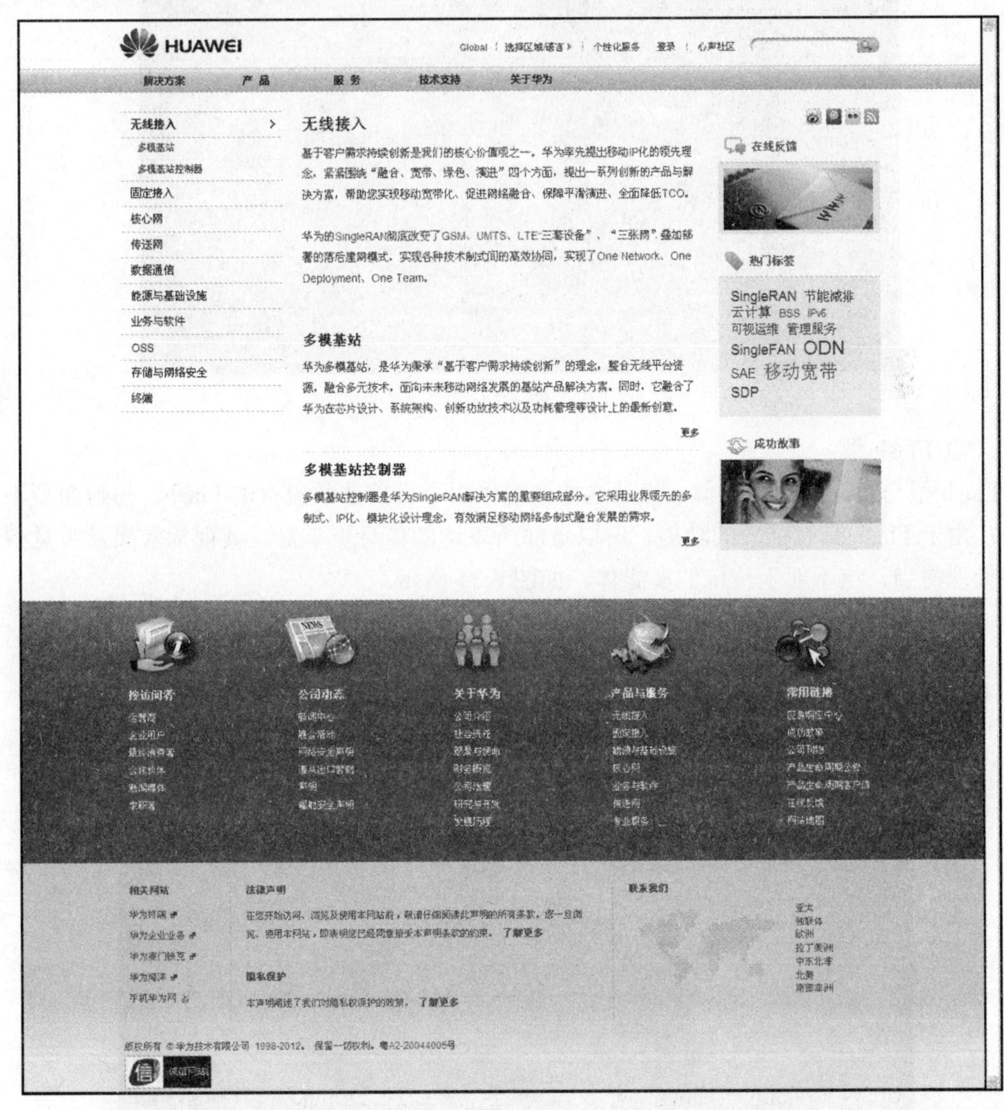

图 6.33

（6）封面型

封面型基本上出现在一些网站的首页，大部分为一些精美的平面设计，再结合一些小的动画，放上几个简单的链接，或者仅是一个"进入"的链接，甚至直接在首页的图片上做链接而没有任何提示。这种类型大部分出现在企业网站和个人主页。如果处理得好，则会给人带来赏心悦目的感觉，如图 6.34 所示。

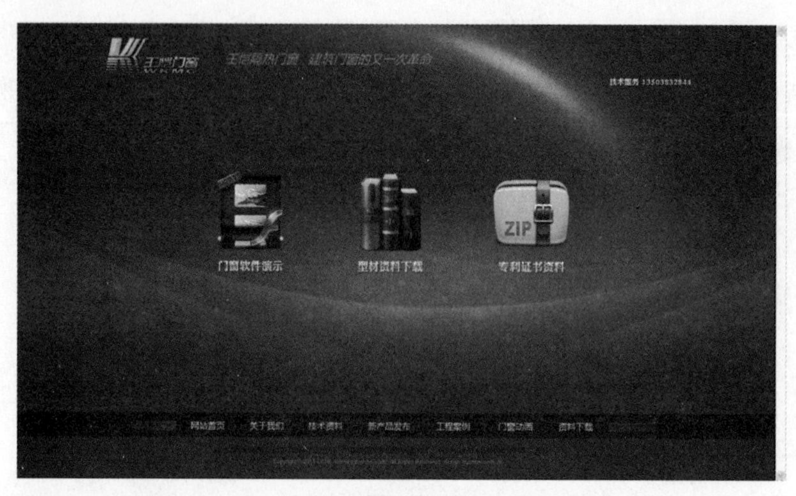

图 6.34

（7）Flash 型

Flash 型与封面型结构类似，只是这种类型采用了目前非常流行的 Flash。与封面型不同的是：由于 Flash 具有强大的功能，所以页面所表达的信息更丰富。其视觉效果及听觉效果如果处理得当，绝不亚于传统的多媒体，如图 6.35 所示。

图 6.35

6.5 定位网站页面色彩和框架

通过对色彩知识和网页布局知识的了解，可以深刻感受到色彩和网站布局在整个网站中应用的重要性。一般需要根据建设网站所面对的用户群体选择设计风格和主题，信蜂源电子商城网站的主要用户群体是孕妇妈妈，主要销售的产品是孕妇妈妈和宝宝的日常生活用品，由于孕妇妈妈一般都比较容易产生烦躁，所以我们使用温暖的红色作为网站的主色调，同时

红色使网站看起来大气、专业、和谐。进一步决定选用浅淡的颜色或者浅淡的图片作为网站背景，这样的颜色和背景给人以温和的感觉，且不夺人眼目。

在网站布局中采用“综合框架型”结构对网站进行布局：即网站的头部主要用于放置网站 Logo 和网站导航；网站的左框架主要用于放置商品分类、销售排行框等；网站的主体部分则为显示网站的商品和对商品购买交易；网站的底部主要放置版权信息等。

我们可以在 Photoshop 中，先勾画出框架，后来的设计就在此框架基础上进行布局，步骤如下：

Step 01 打开 Photoshop CS5，如图 6.36 所示。

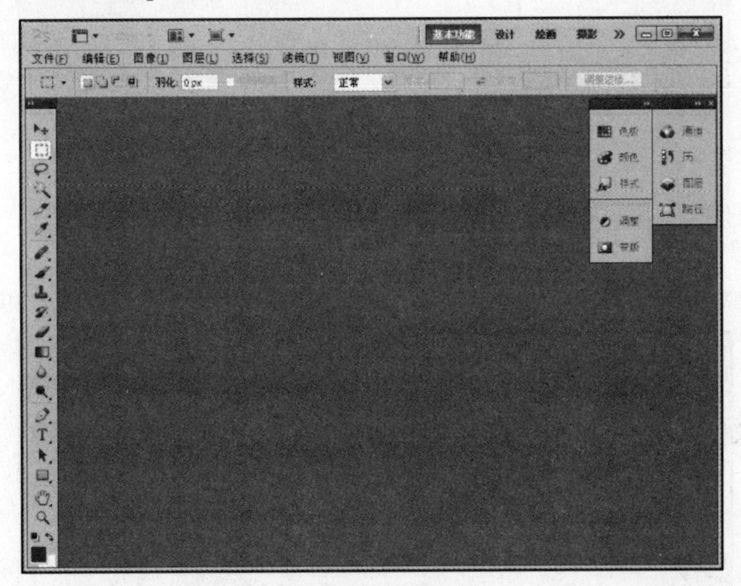

图 6.36

Step 02 单击【文件】→【新建】菜单命令，创建 1024 × 800 尺寸画布，如图 6.37 所示。

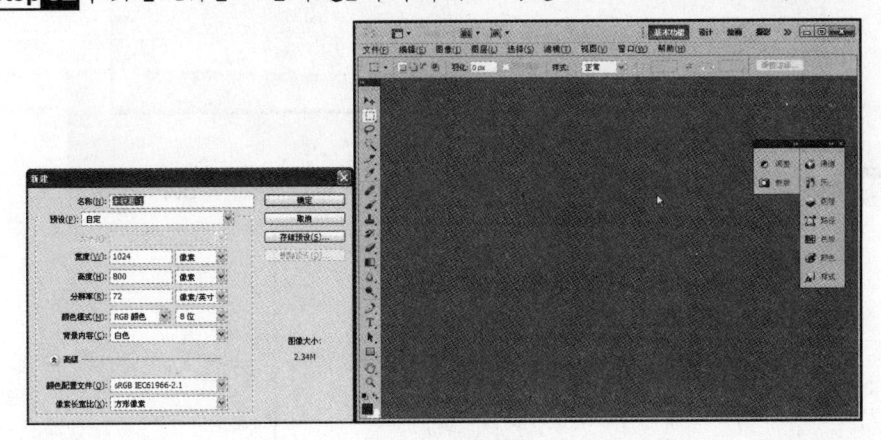

图 6.37

Step 03 选择左侧工具框中的矩形工具，并调整为路径状态，画一个矩形框，如图 6.38 所示。

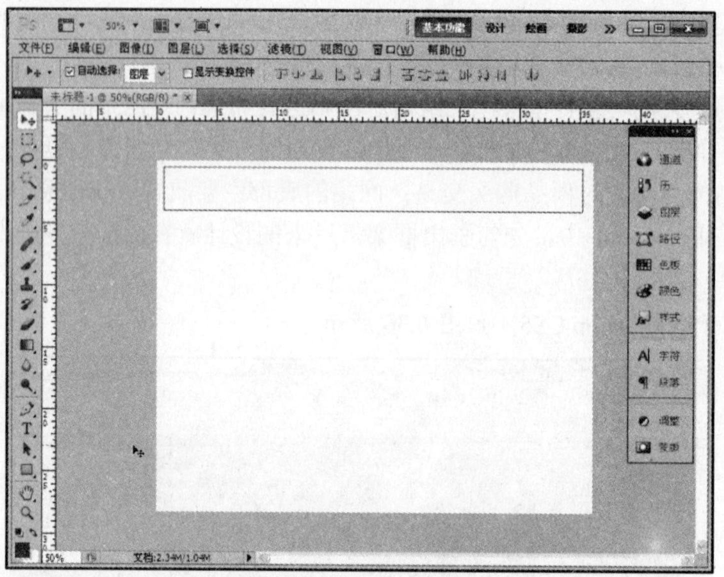

图 6.38

Step 04 使用文字工具，创建一个文本图层，输入网站的头部，如图 6.39 所示。

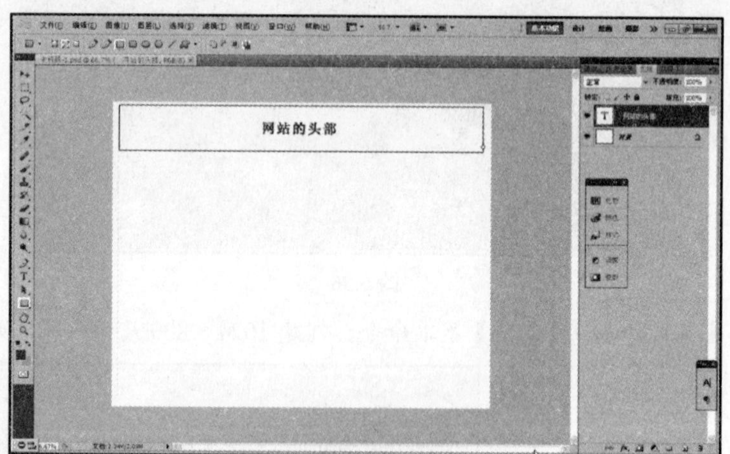

图 6.39

Step 05 依次绘出中左、中右和底部，网站的结构布局最终如图 6.40 所示。

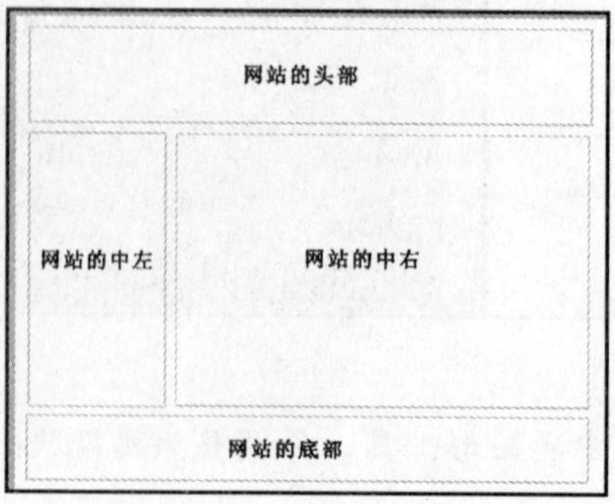

网站的头部

网站的中左　网站的中右

网站的底部

图 6.40

确定好网站框架后，我们就可以结合各相关知识进行不同区域的布局设计了。

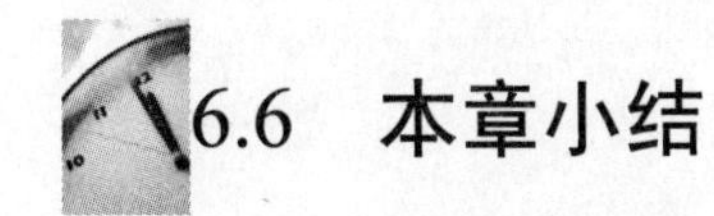

6.6　本章小结

本章主要介绍两部分内容：网页的色彩搭配和网站的布局结构。需要重点掌握的是色彩搭配的原理和网页设计的艺术原则，以及常用的布局结构。

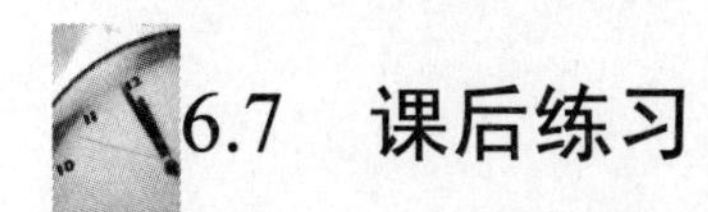

6.7　课后练习

1．主题色确定需要考虑哪些问题？
2．网页的色彩搭配原理有哪些？
3．网页的常用搭配技巧有哪些？
4．网页处理艺术原则有什么？

第2天

网站建设构思阶段

了解网站建设的可行性，以及确定创建网站了，那么，建设的网站服务群体是谁？建设的网站是否可行，这就需要对网站进行合理的定位和前期规划。

这些完成后，就需要确定一个好的域名，以及速度较快的服务器来留住用户，实现自己的最大价值。

确定好这些，就要考虑网站都需要哪些内容，怎么来添加和收集资料呢，第2天告诉你一个完整的答案。

- 网站定位与前期规划
- 申请网站域名与选择主机
- 建站前网站资料的收集与整理

第7小时　网站定位与前期规划

在进行网站制作前，我们还有一项工作要做，那就是规划。我们知道，规划对达成事情预期效果起到决定性的作用，网站制作也不例外。为什么别人的网站运作很好，我的网站却无人问津呢？这就是前期规划没有做好造成的结果。本章我们一起探讨网站定位与前期规划。

7.1　网站项目的可行性分析

对于我们要做的电子商务类网站来说，首先需要进行可行性分析。是不是可行，或者说是不是能在一个可以预测的时间段内有较好的发展前途，否则，没有必要投入人力、物力及财力去搭建的。

7.1.1　社会可行性

计算机网络作为一种先进的信息传输媒体，有着信息传送速度快、信息覆盖面广、成本低的特点。因此很多企业都开始利用网络开展商务活动，我们可以看到，在企业进行网上商务活动时产生的效益是多方面的。例如，可以低投入地进行世界范围的广告活动，可以提高公司的社会形象，可以提高企业的管理效率，增加新的管理手段等。

随着中国经济突飞猛进的发展，人民的生活水平和消费能力，以及一些消费观念已经发生了很大的变化。其中，网上购物这一消费方式和购物观念已经深入人心，也被许多网民乐意接受，特别是受到了年轻一代人的喜欢，因为年轻人的文化素质高，对网络知识了解的比较多，并且他们很容易接受新事物，并大胆尝试。

据中国互联网中心研究报告称，截至2011年12月，网络购物用户规模达到1.94亿，网上支付使用率提升至41.8%，如图7.1所示。网络购物用户规模较快增长，显示出我国电子商务市场强劲的发展势头。随着中小企业电子商务的应用趋向常态化，网络零售业务日常化，网络购物市场主体日益强大。

2010年上半年，网络购物市场涌现出一些新的模式和机遇。首先，团购模式的兴起，显现出区域性电子商务服务发展的势头；其次，购物网站向手机平台平移，移动电子商务紧密布局；再次，B2C模式主流化发展，网络购物更加注重用户体验和安全保障等；最后，购物网站加快自建物流或合作提供物流的步伐，积极主动夯实线下服务基础。另外，随着免运费价格战再次打响，通过媒体宣传和促销活动使网络购物加速向社会大众渗透。

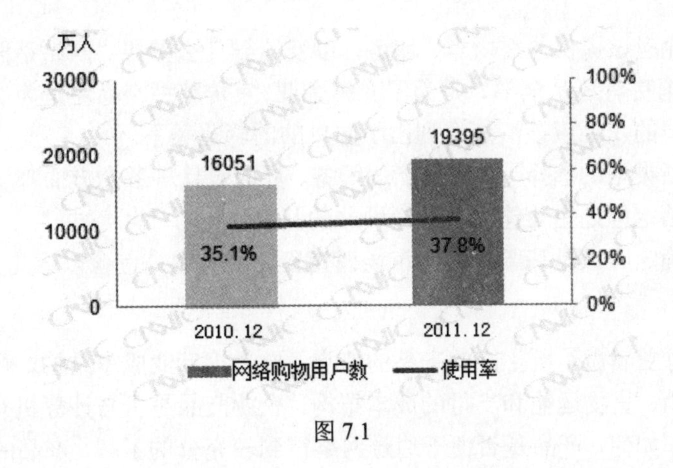

图 7.1

7.1.2　经济可行性

电子商务网站的经济效益主要包括直接收益与间接收益。

- 直接收益：包括网站增加的产品销售、原材料采购降低的费用、收取的会员费、广告收入等。
- 间接收益：表现为企业形象得到提升、企业信息化水平提高、服务内容的增加与市场的开拓等。

对一个大型的电子商务网站来说，需要强大的经济基础支持，无论是在建站费用，以及商品投资方面，都需要很大的资金注入。而对一个中小型电子商务，特别是小型商务网站来说，其建站费用少，商品数量少、投资成本较低，因此，比较容易实现和管理，正所谓“船小好调头”。鉴于自己的定位，以及自己所拥有商品的进购渠道，建立一个小型的信蜂源孕妇商城网站在经济上是可行的。

7.1.3　技术可行性

在技术方面，决定自己动手来做这个商务网站，无论是用 ASP 建设网站，还是用 ASP.NET 建设网站都是可取的，对当下流行的 Java 语言、Ajax 语言也都比较熟悉，因此说自己在这方面的技术是相对成熟的，所建设的网站具有安全性和可靠性。而且，以前 C/S 模式的信息管理系统建设、人事系统建设等，为建设 B/S 模式的电子商务网站打下了坚实的编码基础，同时，对电子商务的运作流程也比较熟悉。

综上所述，在技术方面没有任何障碍。

7.2　企业网站定位分析

任何一个网站必须首先具有明确的建站目的和目标访问群体，即网站定位。建站目的应该是定义明确的，而不能笼统地说要做一个平台、要搞电子商务等。首先应该清楚主要用户群是哪些人，由此应该提供什么内容、服务，以及达到什么效果。网站是面对公司或个人客户、供应商、最终消费者还是全部？是为了介绍企业、宣传某种产品还是为了试验电子商务？如果目的不是唯一的，还应该清楚地列出不同目的的轻重关系。

建站目的包括类型的选择、内容功能的筹备、界面设计等各个方面都受到网站定位的直接影响，因此网站定位是企业建立其营销网站的基础。

企业网站的确定应该是基于严格的市场调查和反复考虑，包含以下几大要素。

1. 企业自身分析

企业所处的行业状况，所生产的产品的特点。要考虑行业成本结构，看看网络能否降低待售产品市场营销、货物运输和支付的成本结构。企业产品是否与计算机有关，产品使用者的计算机操作水平如何，产品是否便于通过网络得到较充分的了解，产品的交易过程是否能够便于自动化。企业的传统的促销活动、广告宣传是否能与互联网促销工具相互受益；产品是否带有全国性甚至全球性，企业的分销渠道建设能否满足网络消费者的需要。

另外，企业在给网站定位时，要充分考虑产品线的长度和宽度，综合企业的所有产品和服务，结合企业的产品品牌的管理，如IBM网站，如图7.2所示。

图7.2

2. 资源分析

企业进行网站功能服务的定位要考虑在当前的资源环境下能够实现的，而不能脱离了自身的人力、物力、互联网基础以及整个外部环境等因素。要研究企业的财务状况是否能够支持一个大型网站的建设、运行和维护。

企业的计算机、市场营销、美工、创意策划等各类专业人员配置是否完备。企业所要建立的网站提供的各种信息、服务、资源等是否合法，是否能被我国的法律环境和政治环境接受。还要看网站的内容和服务是否为社会文化环境接受，是否与网络文化以及网站目标顾客所崇尚的价值观兼容。

3. 目标顾客分析

对目标顾客的年龄、性别、学历、职业、个性、行为、收入水平、地理位置分布等各种资料的分析。企业要加强对网上消费者行为进行研究，这将是提高顾客服务的基础。企业必须要重视对网络消费者的研究，探讨网络营销环境的建设。

7.3 网站定位操作

当前，网络已成为一项引起社会变革和经济结构、经营模式发生前所未有的变化的技术和工具，企业网站不仅成为企业宣传产品和服务的窗口，也是展示企业形象的前沿。在做好对市场及企业自身的研究之后，下一步就要进行具体的定位操作。对企业网站的定位，大体可以包括以下几方面。

7.3.1 网站类型定位

尽管每个企业网站规模不同，表现形式各有特色，但从经营的实质上来说，不外乎信息发布型，此类属于初级形态的企业网站，不需要太复杂的技术，而是将网站作为一种信息载体，主要功能定位于企业信息发布，如众多的中小企业网站。企业的主要应用特点还可以分为网上直销型和电子商务型两大类。

- 网上直销型：在发布企业信息的基础上，增加网上接受订单和支付的功能，网站就具备了网上销售的条件，一些较大型企业网站常采用，典型代表如 DELL 电脑等。
- 电子商务型：此类网站要基于较高的企业信息化平台，不仅具有信息发布型和网上直销型网站的功能，而且集成了包括供应链管理在内的整个企业流程一体化的信息处理系统，运行费用较高，如 CISCO、通用电器等。CISCO 如图 7.3 所示。

图 7.3

不同形式的网站，其网站的内容、实现的功能、经营方式、建站方式、投资规模也各不相同。资金雄厚的企业可能直接建立一个具备开展电子商务功能的综合性网站，一般的企业也许只是将网站作为企业信息发布的窗口。

7.3.2 网站目标用户定位

一个企业网站的目标用户一般可包括企业的经销商、终端消费者、企业的一般员工及销售人员、求职者等。企业要加强对网上消费者行为进行研究，这将是提高顾客服务的基础。注重对企业目标顾客的年龄、性别、学历、职业、个性、行为、收入水平、地理位置分布等各种资料的分析。还应该看到网站的目标用户是基于产品销售的目标顾客，但两者之间不能完全画等号。

例如，波音公司的网站在其目标用户中包括世界各地的航空、航天、空中军事爱好者和各国的学者和研究人员等。显然这些访问者购买波音产品的能力有限，因此企业网站建设应更多考虑企业整体经营战略，如图 7.4 所示。

图 7.4

7.3.3 网站诉求点定位

对于企业网站诉求点的确定，一般来说，有理性诉求和感性诉求及综合型 3 种。理性诉求强调说理及逻辑性，以事实为基础，以介绍性文字为主，突出公司的实力及产品的质量和优质的服务。

TCL 集团的网站（www.tcl.com）可以近似地看成以理性为诉求，一打开 TCL 集团网站，可看到企业网站的标语“和世界生活在一起”，右边则通过 Flash 动画展示“企业目标”（创

中国名牌、建一流企业)“企业宗旨“(为顾客创造价值、为员工创造机会、为社会创造效益)、”企业战略 “(天地人家、伙伴天下)、” 竞争策略 “(研制最好的产品、提供最好的服务、创造最好的品牌)。网站还通过新闻报道的方式，介绍李东生总裁及一些国家领导人视察 TCL 的情况。网站的各个栏目都有鲜明的标语，整个网站向人们展示的是企业实力、进取和开拓精神。而感性诉求则强调直觉，以价值为基础，以企业的形象塑造为主，如图 7.5 所示。

图 7.5

伊利 QQ 星网站（http://www.yiliqqstar.com/）以 “黄色和蓝色 “为网站的主色调，宣传健康活泼的形象，为配合该营销题材，其每期首页均在兴趣中心处换上一帧图片，内容都是些活泼可爱、无忧无虑、直面观众的孩童，如图 7.6 所示。这些画面虽小，却是该站的亮点，为全站神韵所聚。至于综合型网站就是上述的内涵兼而有之。企业网站的诉求点应与企业的营销宣传理念相符合。

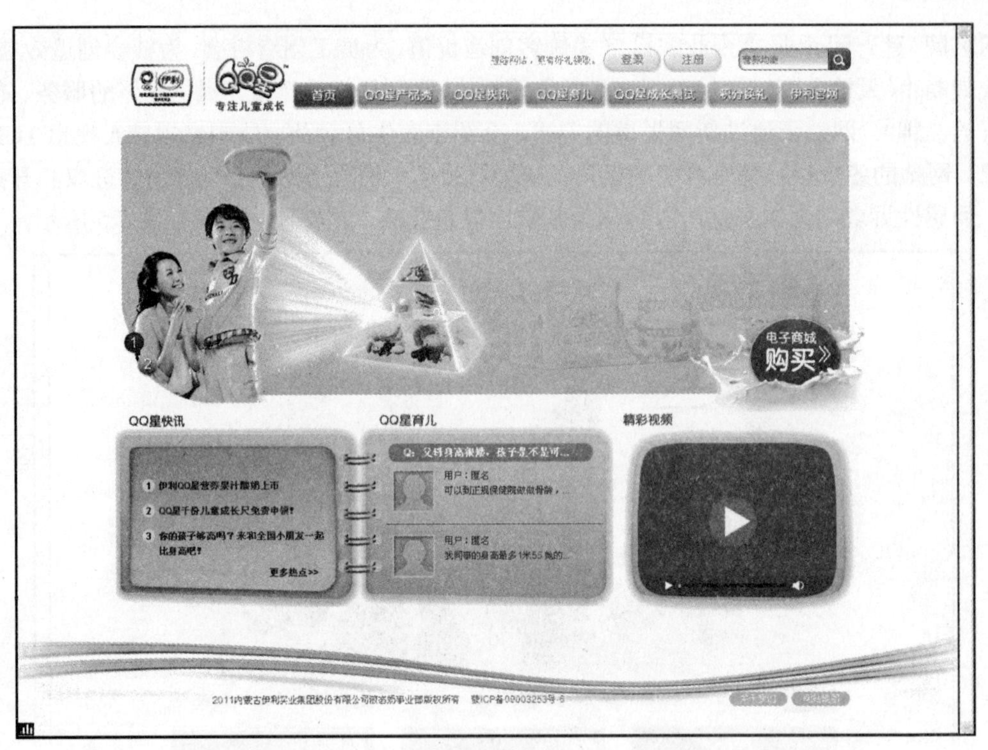

图 7.6

7.3.4 网站 CI 定位

CI 是“Corporate Identity“的缩写，这里借用这个营销概念作为企业网站的形象设计。一个网站如果能够进行成功的 CI 策划设计定位，可增强用户对网站的识别。一般可包括：

（1）标志（Logo）设计

设计制作一个网站的标志（Logo），就如同给产品设计商标一样，是网站最醒目的标志，看见 Logo 就让大家联想起你的站点。例如，新浪用字母 Sina 加上一个大眼睛作为标志，如图 7.7 所示；国际商用机器公司则是用蓝色的 IBM 图标作为网站的标志。

图 7.7

（2）网站的标准色及标准字体选择

网站给人的第一印象来自视觉冲击，确定网站的标准色彩是相当重要的一步。不同的色彩搭配产生不同的效果，并可能影响到访问者的情绪。通常情况下，一个网站的标准色彩不超过 3 种，太多会显得过于花哨。一般标准色彩可选用蓝色，黄/橙色，黑/灰/白色三大系列色，主要用于网站的标志、标题、主菜单和主色块。例如，微软公司网站使用蓝/黑/白 3 种色彩，而康柏电脑网站则是使用黑/红/白 3 种色彩。另外，标准字体的选择要和企业网站的

整体风格相一致，一般可选用常用字体，这样显得比较正式。如果追求 Cool 的效果，可适当使用一些怪异字体（如可口可乐公司就经常使用一些“酷”字体），如图 7.8 所示。

图 7.8

7.4　确定网站主题

网站主题是什么？又该如何确定呢？

7.4.1　什么是网站主题

网站主题也就是网站的题材、中心思想。网站主题是网站设计之初会首先遇到的问题，也是需要在网站设计之前就确定的内容。

当前网络中，网站主题千奇百怪，琳琅满目，很多让人匪夷所思的网站主题都存在于网络中——不管这些奇形怪状的网站主题好不好，但是至少这些网站的主题是存在的，这是一个受搜索引擎喜欢的网站的基本要点。

对网站制作者来说，网站主题可以大众化，也可以标新立异，更可以哗众取宠。只要不触及法律法规的界限，为自己的网站确定什么样的主题都可以。但是，一个网站的主题一定要有，而且整个网站的内容，一定要围绕这个主题来展开。

7.4.2　如何定位网站主题

对网站站长而言，如何定位自己网站的主题？在众多题材中如何进行筛选？下面从网站建设的角度进行分析。

1．主题要有特色，目标不要太高

如果站长想要制作的网站是到处可见，每个网站都有的信息，而内容本身又没有特别突出的特色，这样的站点主题无疑是失败的。

“目标太高”是指在这一题材上已经有非常优秀、知名度很高的站点，站长不要妄图自己制作一个相关题材的站点，马上就能超过它。

恰当的做法是：站长选择的网站主题要有一定的特色，与网络上同类的其他站点要有所区别，并且站长的目标不要定得太高，在吸引一定流量，抓住一部分稳定来访者之后，再考虑与大网站慢慢竞争。

2．主题不要太宽泛

对普通网站主题来说，范围要小，内容要精。如果想制作一个包罗万象的站点，妄图把所有精彩的东西都放在网站里，那么往往会事与愿违，给访问者的感觉反而是没有主题、没有特色、样样有却样样都很肤浅。

中国互联网络信息中心（CNNIC）的调查结果显示，网络上的“主题站”比“万全站”更受网民的喜爱。这就好比专卖店和百货商店，如果客户明确知道自己的需求，大多会选择去专卖店——网络上的访问者，绝大多数都是有明确目的的。

举例来说，如果网民只是想购买一束鲜花，那他完全可能在搜索引擎中搜索“鲜花”，然后再打开搜索结果中的网站，去找自己可能喜欢的鲜花，如图 7.9 所示。

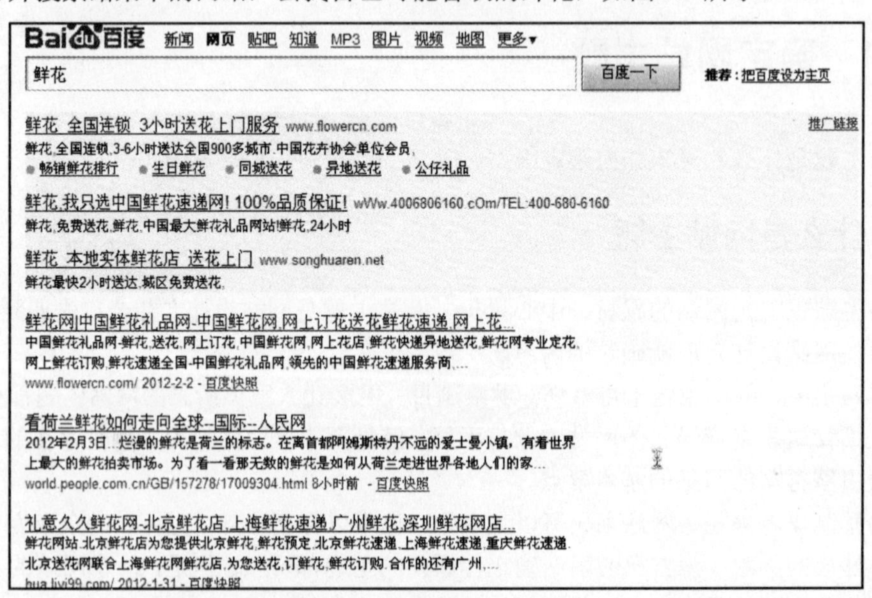

图 7.9

由于鲜花商品需要保鲜，如果距离太远以目前的快递来说，快递过来鲜花已经枯萎了，想要通过搜索引擎寻找自己想要的信息的网民有多少呢？很明显极少。最常见的搜索词应该是诸如“郑州鲜花”之类，有明确目的的关键词，如图 7.10 所示。

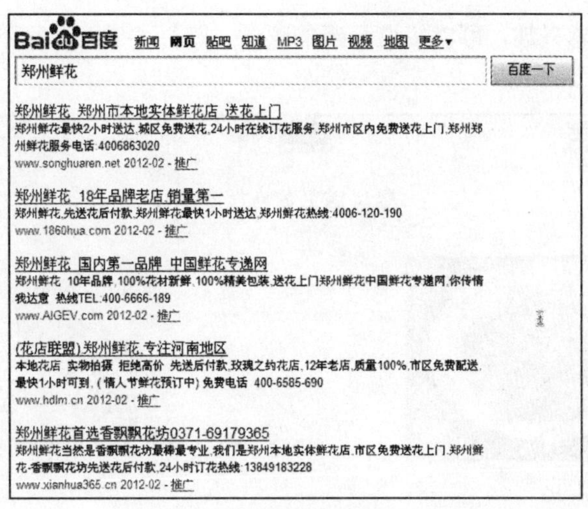

图 7.10

一个宽泛、精准的搜索词，从侧面反映出网站管理人员对网站定位。如果网站主题定的太大，搜索引擎优化的竞争就会更激烈，吸引来的客户也就更难把握。相反，如果网站主题定位越精准越小，搜索引擎优化的竞争相对就会越弱，吸引来的客户也就更有目的性，更容易获得信息传递、产品销售的成功。

3．选择自己喜欢或者擅长的领域

兴趣是制作网站的动力，没有兴趣就很难有热情，也就很难设计制作出优秀的网站，更无法长期坚持下去。选择自己喜欢的、擅长的网站主题，在制作、维护网站时，才不会觉得无聊或者力不从心，也更容易制作出让来访者认同的有价值的内容。

如果站长喜欢文学，可以建立一个文学爱好者网站，而不是去建立一个八卦新闻类站点，如图 7.11 所示。

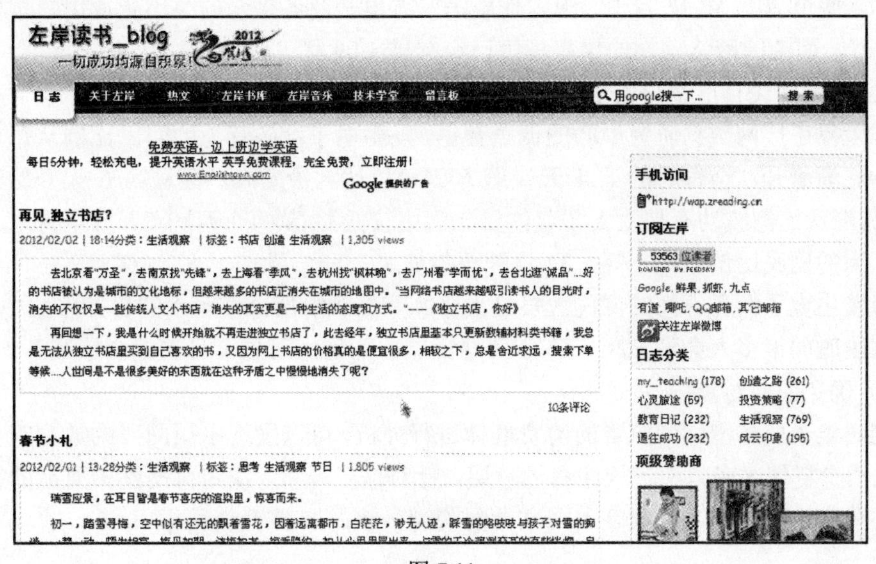

图 7.11

如果站长对美食感兴趣，可以报道最新的菜谱，流行菜谱等，而不是去建立一个球星的站点，如图 7.12 所示。

图 7.12

7.5　确定网站的面向对象

在确定网站面向对象时，需要先对电子商务网站浏览者的消费群体进行分析。

（1）中国参与电子商务交易的网民状况

截至 2011 年 12 月底，中国网民的数量达到 5 亿，根据世界工厂网数据研究中心的调查数据显示，截至 2011 年 12 月份，国内使用第三方电子商务平台的中小企业用户规模已经突破 1 300 万，而中国网络购物的用户规模已经突破 1.09 亿。

（2）中国网民目前参与电子商务消费情况

根据世界工厂网数据研究中心的调查数据，发生电子商务行为的网民比例从每个月的第一天开始逐渐攀升，至每月的第 4 天或第 5 天可以达到最高峰，而从第 6 天开始至每月的 26 日，其消费比例波动不是太大（双休日比例比较低），从每个月的 27 日至月末，发生电子商务行为的网民比例大幅下降，31 日跌至最低。

因为发生电子商务行为的网民大多是上班族和白领阶层，发薪水的日期多集中在月中。所以在这段时间很多人会到 B2C、C2C 网站浏览、购物，而到了月末就会缩减开支。

（3）确定面向对象

通过对电子商务网站浏览者的消费群体进行分析，可以发现中国网民的数量正在逐渐增多，而且消费群体大多为上班族和白领阶层，针对这一现状，决定对网站中商品的销售对象确定为办公室上班一族，以及晚上回家上网购物一族，如图 7.13 所示。

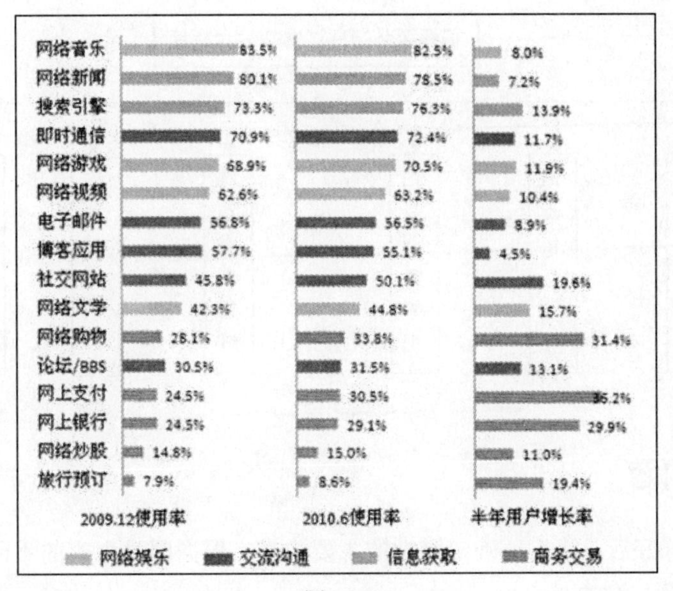

图 7.13

7.6　网站功能分析

根据信蜂源孕妇商城网站的特点，主要将网站分为前台和后台两个部分。前台主要实现商品展示、在线购物、会员信息管理、用户留言、新手指南等功能，后台主要实现管理员对客户订单信息、网站站点信息及会员信息等进行管理。

7.6.1　网站栏目

信蜂源孕妇商城网站前台如图 7.14 所示。

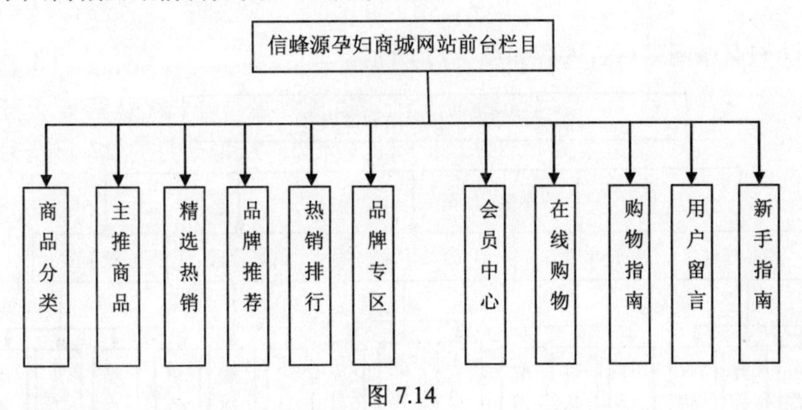

图 7.14

信蜂源孕妇商城网站后台栏目如图 7.15 所示。

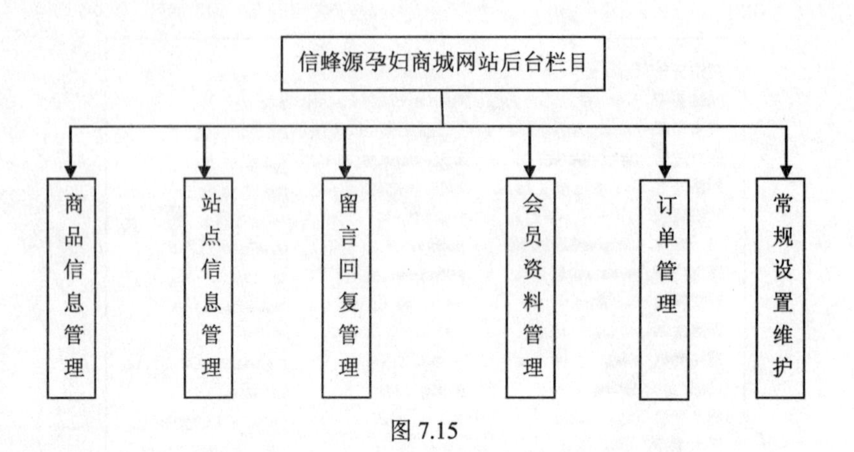

图 7.15

7.6.2 网站内容

网站栏目划分好后，就需要确定网站的主要内容。根据网站内容的不同，前台与后台在设计与分类也有很大的差别。

信蜂源孕妇商城网站前台内容如图 7.16 所示。

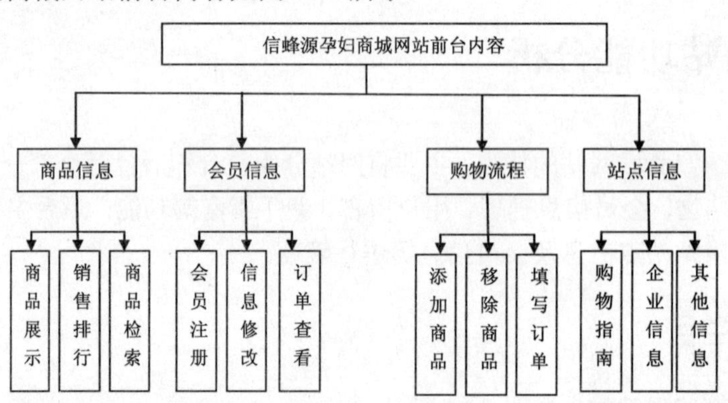

图 7.16

信蜂源孕妇商城网站后台内容如图 7.17 所示。

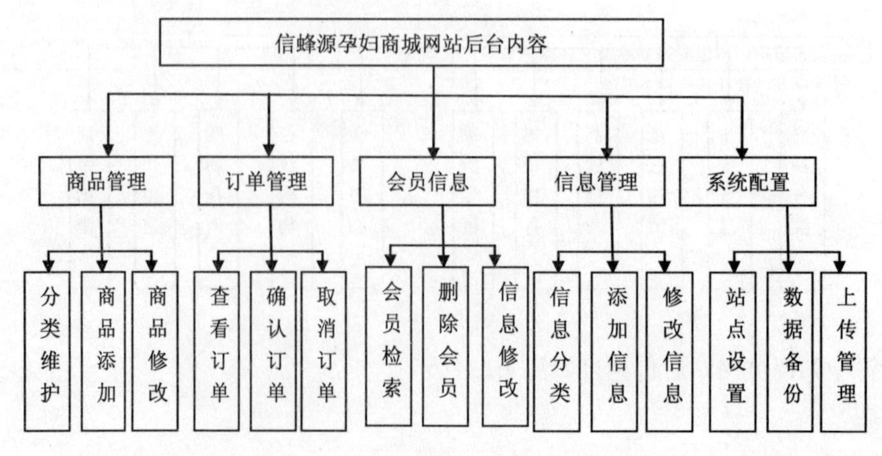

图 7.17

7.7　制定网站开发进度表

无论做什么事情，都需要有一个计划去执行，这样工作效率才会高，效果也会比较好。对一个电子网站的开发来说，通常需要经过系统分析阶段、系统设计阶段和系统实施 3 个阶段。而系统设计又包括整体设计和详细设计两个部分，系统实施则主要包括网站前台、网站后台和网站发布 3 个阶段。

根据前期的规划和系统分析，制定出网站开发的整体进度表，如表 7.1 所示。

表 7.1　网站开发整体进度表

名称	工作内容	时间安排	难度系数
系统分析	主要进行整个系统的需求分析、可行性分析等，并写出简要分析报告	0.5 天	★★★☆☆
整体设计	对网站的颜色搭配、框架结构、栏目组成等进行设计	2 天	★★★☆☆
数据设计	对数据库进行分析和设计	0.5 天	★★★★☆
前台设计	根据系统分析和整体设计要求，对网站前台进行代码编写，以实现其功能	2 天	★★★★☆
后台设计	根据系统分析和整体设计要求，对网站后台进行代码编写，以实现其功能	1 天	★★★★☆
网站测试	对建设好的网站进行数据测试	0.5 天	★★☆☆☆
网站维护	根据测试结果对网站进行系统维护和修整	0.5 天	★★★☆☆

制定出网站开发的整体进度表后，还需要进一步制定网站开发的详细进度表，并严格按照详细进度表进行网站的开发。网站开发详细进度表如表 7.2 所示。

表 7.2　网站开发详细进度表

时间	工作内容	进度
第 1 天	基础知识准备：了解网站建设，掌握 Dreamweaver CS5 的使用，熟悉网页语言知识、ASP 操作数据库、DIV+CSS 知识，理解网站页面的配色与布局	5%
第 2 天	规划：为网站进行定位与规划、域名选择与主机选择、资料收集	10%
第 3 天	设计篇：规划与制作网站 Logo 与 Banner、切图和 DIV+CSS 布局页面	15%
第 4 天	数据库设计：设计数据库	13%
第 5 天	制作：动态平台搭建、首页动态实现、列表、内容、购物车实现、会员中心的实现、网站后台的实现	40%
第 6 天	发布维护：本地测试站点及文档清理、网站备案、网站维护与备份	10%
第 7 天	优化篇：优化推广网站	20%

7.8　本章小结

本章主要介绍三部分内容：网站项目的可行性、定位、功能分析，网站主题的确定和制定网站开发进度表。需要重点掌握的是网站主题的确定、功能分析、制定网站开发进度表。

7.9　课后练习

1．网站定位分析要从哪几个方面考虑？

2．如何去确定网站的主题？

3．网站项目可行性分析包括哪些因素？

第 8 小时　申请网站域名与选择主机

在网站前期建设规划中，域名和主机选择往往不被网站建设者所重视，以为只要网站架构好、设计好、用户体验好、网站内容好就能取得好的投入回报。这种观点是错误的，域名就好比产品的品牌，主机好比是产品的生产环境，对网站这个产品来说也是至关重要的。

8.1　申请域名步骤

有了好的主题，就可以围绕主题去选择个好的域名，域名是网站建设的必要条件，域名对网站的作用就好比吃饭时要用筷子一样。

8.1.1　域名选取原则

域名在网站建设中有很重要的作用，它是联系企业与网络客户的纽带，就好比一个品牌、商标一样拥有重要的识别作用，是站点与网民沟通的直接渠道。所以一个优秀的域名应该能让访问者轻松地记忆，并且快速地输入。一个优秀的域名能让搜索引擎更容易给予权重评级，并连带着提升相关内容关键词的排名。所以说，选好一个域名，能让你的企业在建站之初抢占先机。

那么怎么才能选到一个好的域名呢，一般使用以下几个原则进行衡量。

1. 易于记忆

好域名的基本原则应该是易于记忆。这一点理解起来很简单：因为只有让访问者记住你，才能产生后续不断的回头访问、才能产生可能的销售行为。

从域名的两部分结构上可以得知，易于记忆也必定分为两部分，一部分是域名的主题词够短，另一部分是域名的后缀符合网民使用习惯，这就派生了易于记忆域名的两个特性。

2. 短域名优先

在短域名方面，典型的案例就是 www.g.cn，这是 Google 在中国的域名。这个域名只选 Google 的第一个字符“G”，让用户很容易就把 Google 和它联系起来，是个非常优秀的域名。

但是，从网民使用网络的实际情况来看，并不是说短的域名就能让用户快速记忆，因为短的域名先天就拥有比较缺乏的语义表达功能，所以如果不是像 Google 这样突出的品牌，短的域名或许并不一定适合所有人。另外，在域名注册增速暴涨的今天，并不是所有人都有机会注册到简短的域名。

虽然简短的域名是大家追捧的对象，但是当网站建设者无法注册到简短域名时，就需要有一个“备用方案”，即转而追求优秀域名的其他特征。

3．符合网民习惯的后缀

具体来说，好的域名应该尽量使用常见的后缀，比如，以下的后缀就是比较适合网站优化的域名后缀。

- .com——通用域名后缀，任何个人、团体均可使用。.com 原本用于企业、公司，现在已经被各行业广泛使用。从最初的互联网雏形开始，.com 的域名就是首选，因为几乎所有的初级网民，都习惯.com，而很少注意其他后缀的域名。
- .net——最初用于网络机构的域名后缀，如 ISP 就可能使用这样的后缀。相对于.com 而言，.net 域名后缀对低级用户的“亲和力”稍差。
- .com.cn——中国的企业域名后缀，适合记忆效果略差于前两者。
- .cn——中国特有域名，比较适合国人使用，也拥有比较好的方便记忆率，但是总体来说效果差于前两者，与.com.cn 域名后缀类似。
- .edu——教育机构域名后缀。如果网站建设者能使用这样的域名是最好不过了，但 f 是在实际情况下，很少有针对教育机构域名所做的优化项目。
- .gov——政府机构域名后缀。与教育机构域名一样，采用政府机构的域名后缀，难点也是普通人无法申请。

既然有适合记忆的后缀，自然也有不适合网民记忆的后缀，做网站时，不建议用户为了节省域名费用而选择这些域名后缀。

- .org——用于各类组织机构的域名后缀，包括非营利性团体。这个域名在不被人喜爱的域名后缀中排名靠前，在被人喜爱的域名后缀中排名靠后，意思就是中等偏下。
- .cc——最新的全球性国际顶级域名，具有和.COM、.NET 及.ORG 完全一样的性质、功能和注册原则（适合个人和单位申请）。CC 的英文原义是“Commercial Company”（商业公司）的缩写，含义明确、简单易记。但是此域名拥有的习惯性记忆率还非常低，有待提高。
- .biz——.biz 与.com 分属于不同的管理机构，是同等级的域名后缀。在现在的网络中，这样的域名后缀对普通访问者来说还不是很常用。

除上述一些域名后缀以外，还有其他一些域名后缀，但是往往都比较少见，不建议用户使用。

4．具有内涵

一个优秀的域名应该不但具有容易记忆的特点，还应该具备一定的内涵。也就是说，当别人看到你的域名时，能快速地想到你的主题、品牌、业务、产品，如顺风速运（顺风快递），顺风代表顺利、快速到达的意思，而顺风快递则借此传递公司的及时送达品牌含义，如图 8.1 所示。

图 8.1

用有一定意义和内涵的词或词组作域名，不但可记忆性好，而且有助于实现企业的营销目标。

常规有内涵的域名包括企业的名称、产品名称、商标名、品牌名、主题等，这些都是不错的选择，这样能够使企业的网络营销目标和非网络营销目标达成一致，也更容易做搜索引擎优化。比如，开心网的域名 www.kaixin001.com，世纪佳缘的域名 www.jiayuan.com。

5．易于输入

易于输入是提高用户体验的一个重要流程。虽然现在大家都习惯使用搜索引擎来查询想要得到的信息，但是在搜索引擎优化和网络品牌的创造中，好的域名也同时需要考虑自身的输入方便性，以便老客户或者“忠实粉丝”通过域名光顾你的网站。

一个方便输入的域名应该尽量使用通俗易懂的语义结构和词组结构，如现在很多域名采用的是数字和拼音的组合：

www.1ting.com

www.55tuan.com

这样的域名是比较符合输入习惯的，也让人在第一时间能理解网站主题：第一个域名可能是做下载的，第二个域名可能是做图书的。

与上面的例子相对应，有些域名是不适合输入的，比如：

www.ai-tingba.com

www.rong_shuxia.com

这两个域名从方便记忆的角度上说都没有问题，而且属于比较优秀的域名。但是第一个域名需要输入一个连接符“-”，这就不太受用户喜欢，而第二个域名需要输入一个下画线“_”，更是容易被人忽视——如果正好你的竞争对手选择和你类似的域名，而没有中间的连接符和下画线的话，原本是你的客户都极可能因为输入错误域名而跑到别人的网站上。

8.1.2 域名选取技巧

在搜索引擎优化中，域名选取是个仁者见仁智者见智的问题，不同的优化策略拥有不同的选择思路，很难说什么样的策略是优秀的，什么样的策略是很失败的，但是一些成功的典型性案例总结仍对我们具有借鉴指导意义。

常言说“师傅领进门，修行在个人”，域名选择需要根据你的具体情况进行分析，下面的各种域名选择技巧虽然有一定的借鉴意义，但不能生搬硬套，要学会活学活用，做到“青出于蓝而胜于蓝”，举一反三。

1. 用企业名做域名

当某些企业已经具备优秀的号召力和足够多元化的产品、服务时，不管是从搜索引擎优化还是从品牌营销的角度来说，这无疑都不是最佳的选择。如果企业足够成熟，并且产品多元化，最好的域名选择方式是使用企业名作为域名。

当然，当企业选择将企业名作为域名时，也应当综合考虑域名选择的原则，如便于记忆、适合企业产品主销地区的语言习惯、域名长短等。

举例来说，在国内有些企业的名称比较长，如果用汉语拼音或者用相应的英文名作为域名，就会显得过于烦琐，不便于记忆。因此，用企业名称的缩写作为域名也不失为一种好方法。缩写包括以下两种方法：

- ❑ 汉语拼音缩写。
- ❑ 英文缩写。

例如，河南省人民医院的域名为：www.hnsrmyy.net。这就是一个中文缩写，根据国人的语言习惯，很容易就能理解域名的含义，如图 8.2 所示。

图 8.2

又如，国内知名酒业集团泸州老窖的域名为：www.lzlj.com.cn。这个域名就是它的企业名“泸州老窖”的汉语拼音首字母缩写，当然也极易让人理解其含义，如图 8.3 所示。

图 8.3

同类的将企业名作为域名主体，但是采用英文缩写的方式的知名企业、团体也很多。比如，中国电子商务网的域名为：www.chinaeb.com.cn。这个域名是纯粹的英文缩写域名，取“中国”的英文“china”，结合“电子商务”的英文“e-business”缩写“eb”而成，也很容易让人理解并记忆。

同样采用英文团体名缩写作为域名的还有计算机世界，域名为：www.ccw.com.cn。这个域名选择 3 个英文词的缩写，分别是“中国 China”，“计算机 Computer”和“世界 World”，取 3 个词的首字母缩写就是“CCW”。

当然，在域名选择上，网站建设者的看法可能不一样，但是共同点都一样：一个好的域名更利于优化、更利于后期品牌的建立、更利于产品的营销和网站的推广。

2．用品牌做域名

用品牌做域名不太适合新的、小型的企业网站，因为品牌力量虽然很强大，但是品牌的营造却需要很长时间。作为搜索引擎优化来讲，一般接手中小企业的优化都是非知名品牌，所以如果用品牌做域名，有好处也有坏处。

用品牌做域名的优势如下：

- 让用户加深对品牌的认识。
- 让用户更容易牢记品牌。
- 对品牌自身的营造有帮助。

用品牌做域名的劣势如下：

- 品牌不一定被所有人知晓，所以容易被人忽略。

- 当品牌营造没有完成，品牌的凝聚力还不能发挥出来时，容易弄巧成拙，让用户觉得没有信任度。
- 如果是要优化产品关键词，用品牌作为关键词不能很好地支持优化措施实施。

采用品牌作为域名需要具体问题具体分析的是：如果是一个需要推广品牌的企业，那采用品牌做域名无可厚非；如果是一个需要推广产品的网站，用品牌做域名未必是好事。

以国内大型电子商务网站淘宝网为例，它的域名是：www.taobao.com。这是一个以品牌做域名的典型例子，淘宝如今早已深入人心，可以说它在网络中的品牌知名度绝对不亚于任何一个成功的门户网站，甚至有过之而无不及。使用 www.taobao.com 作为域名，不但能让用户很容易就产生品牌联想，而且还能突出自己的品牌理念，是一个成功域名的典范，如图 8.4 所示。

图 8.4

3．用产品做域名

相对用企业和品牌做域名来说，使用产品作域名具有更多的适用性，也更广泛。

比如，在游戏界鼎鼎有名的暴雪公司，旗下的魔兽世界在国内可谓风行一时，无疑是经典网络游戏的典范。“魔兽世界中国”的域名选择就采用产品作为域名组成的方式：www.warcraftchina.com。

在这个域名中，“warcraft”是产品名，“china”是地区说明，这样的域名同样可以让访问者第一时间清楚地知道自己访问的网站是做什么用的，也更方便用户记忆，如图 8.5 所示。

图 8.5

4．用主关键词做域名

对搜索引擎优化来说，最常见的也是最有效的域名选取方式是采用主关键字作为域名，或者是将关键字作为域名组成元素。

这一点很容易理解，搜索引擎优化的主要技术目的是为提高关键词的排名，而直接将关键词融入域名中能更好地突出关键字，并且能很清楚地告诉访问者和搜索引擎：

- 我是做××业务的。
- 我是做××产品的。
- 我是做××行业的。
- 我是提供××服务的。
- 我的内容是关于××的。

举一个简单例子来说明：国内有很多网络安全、黑客技术相关的站点，其中“黑客防线”作为最老的网络安全媒体发行者，它的网站就是直接将主关键词作为域名：www.Hacker.com.cn。

打开这个网站，也的确能看到内容和域名是很符合的，如图 8.6 所示。

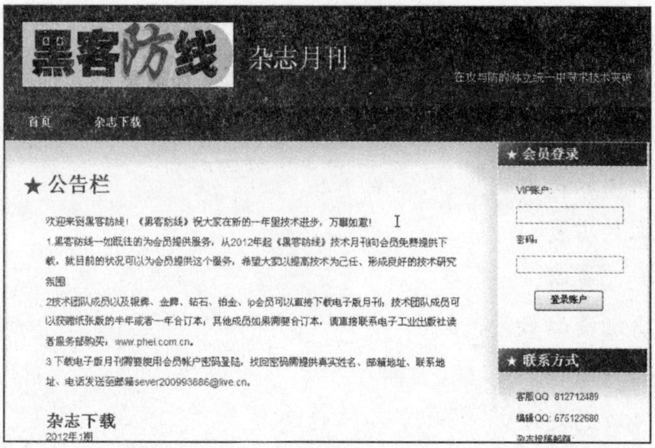

图 8.6

先不管这个站点最后的搜索引擎优化结果如何（实际上此站在百度、Google 中的排名都不错），仅就域名而言，这样的域名选择无疑是很优秀的，也能直接将自己的主题告诉别人，是目前搜索引擎优化中主流的域名选择方法。

8.1.3 域名选择的误区

对于不熟悉域名选择原则或者刚接触不久的人员来说，选择域名也会存在一些常见的问题和误区，以下两个最为突出。

1．选择含义太宽泛的域名

很多人在优化时，习惯性会选择目标关键词的上一级、甚至上两级关键词作为域名，这样的域名选择方式并不是一无是处，但却是不够精准的。

举例来说，如果你要从头开始优化一个出售鞋子的网站，有经验的优化者选择域名的组成应该是精准而直接的，比如：

www.taoxie.com

上述域名考虑到用户习惯，选择“tao”作为域名组成部分，加上“鞋 xie”构成域名。此类比较直接的域名是完全可以选择的，但是不应该选择直接的 xie 作为域名，比如：

www.xie.com

更不应该选择“鞋帽”这样的大类词作为域名主题，这样的域名至少从访问者心理暗示角度讲是没有用处的。

2．选择可能产生纠纷的域名

域名注册时，作为搜索引擎优化人员，一定要注意不要注册其他公司拥有的独特商标名和国际知名企业的商标名。如果选取其他公司独特的商标名作为自己的域名，很可能会惹上一身官司，特别是当注册的域名是一家国际或国内著名企业的驰名商标时。换言之，在挑选域名时，需要留心挑选的域名是不是其他企业的注册商标名。

如果选择其他企业的商标或名称，一般情况下优化的结果都不会很好，因为你不但无法将寻找别人企业的客户吸引进来，更有可能给人造成“假货”、“假网站”的印象。

注意：如果你想购买别人已注册的域名，需要考虑以下几个方面：

- 遵循原则：易记、易输、有内涵。
- 域名注册时间和历史。
- 域名中内容的质量。
- 域名中信息的更新。
- 域名下包含的页面数量。
- 高质量的出站链接。
- 死链接与 404 的处理。
- 稳定的服务器。

- ❑ 域名下页面符合标准。
- ❑ 权重链接的指向。
- ❑ 域名所有人的变更。

8.1.4　注册域名

国内的域名注册商数不胜数，良莠不齐，常用的域名注册商有如下几家。

- ❑ 万网（http://www.net.cn/）。
- ❑ 新网（http://www.xinnet.com）。
- ❑ 新网互联（http://www.dns.com.cn）。
- ❑ 时代互联（http://www.todaynic.com）。

1．确定网站域名

综上考虑，设定网站的域名为“aleelee”，注册这个域名主要有以下 3 点考虑。网站域名中使用一个字母“A”，这个是 26 个英文字母的第一个字母，便于网站名称排行靠前。

在域名中选择“lee”是这个谐音和笔者的姓相近，同时也有个笑脸的形状。“aleelee”域名的子母组合具有对称、笑脸和易记的特点。

2．注册域名步骤

下面以个人在新网上注册域名为例，讲述如何注册网站域名。由于 aleelee.com 和 cn、net 的域名已经注册过了，在此以 xfybee.net 的域名注册为例，讲述域名注册的全过程，通常网站需要注册会员，然后才能进行域名的注册。

Step 01 打开浏览器，并在地址栏中输入新网网站的地址 http://www.xinnet.com，进入新网网站的首页面，如图 8.7 左所示。

Step 02 单击【免费注册】链接，进入注册页面，如图 8.7 右所示。

图 8.7

Step 03 完成注册信息的填写后，单击【注册】按钮，进入注册信息确认页面，如图 8.8 左所示。

Step 04 单击【确定】按钮，弹出注册成功的提示，如图 8.8 右所示。

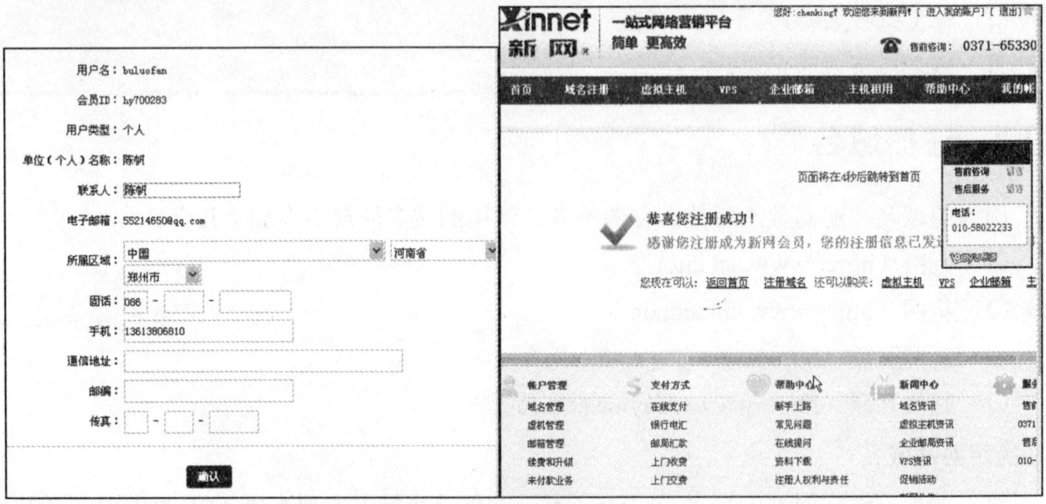

图 8.8

Step 05 单击【确定】按钮，系统自动生成一个编号“hy700284”并进入注册页面，如图 8.9 左所示。

Step 06 输入你要注册的域名“xfybee”字符后，单击【查询】按钮，系统进入域名的查询结果，如图 8.9 右所示。

图 8.9

Step 07 在此以“.net”域名为例，选中需要注册的域名左侧的复选框，单击右侧的【立即购买】链接，如图 8.10 所示。

Step 08 进入【核对购物车信息】注册项，完成价格和信息的填写后，单击【去结算】按钮，如图 8.10 所示。

Step 09 进入【确认域名注册信息】项，如果检查补填信息无误后单击【提交】按钮，即可生成域名注册的订单。这个不代表你注册成功了，这只是一个订单，你需要付款，如图 8.11 左所示。

Step 10 如果账户的金额够用的话，可以直接购买。如果当前金额不够，需要进行充值。单击【充值】按钮，如图 8.11 右所示。

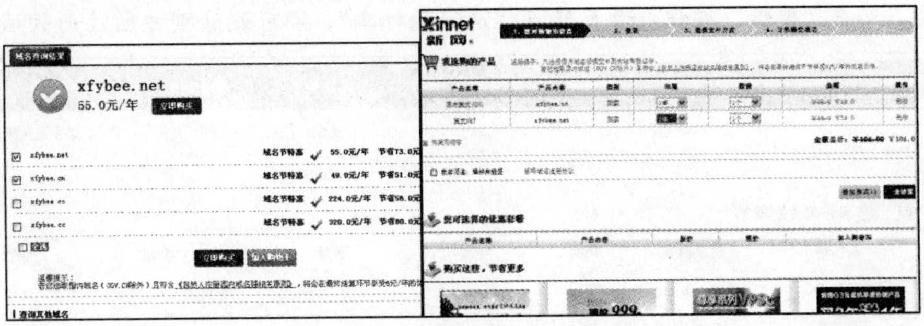

域名查询结果

xfybee.net
55.0元/年　立即购买

xfybee.net　域名节特惠　55.0元/年
xfybee.cn　域名节特惠　49.0元/年
xfybee.co　域名节特惠　224.0元/年
xfybee.cc　域名节特惠　320.0元/年

立即购买　加入购物车

查询其他域名

Xinnet 新网

我选购的产品

您可选择的优惠套餐

购买这些，节省更多

图 8.10

订单已确认，请支付　应付金额：¥104　查看购物车>

请选择支付方式：

账户余额支付　网上银行支付　线下支付

应付金额：¥104
账户余额：¥0
支付后账户余额：¥-104
账户余额不足，请先用其它方式支付或者 充值

我要充值

您的当前账户余额：¥0.00

请输入充值金额：

充值金额：　元

选择在线充值：

快钱 99bill.com　首信易支付 PayEase　支付宝

确认

选择线下充值：

银行电汇　邮局汇款　上门收费　上门交费

1、汇款人填写 “汇款人名称”或“汇款人” 时，尽量使用您在我们公司注册的 “用户名称”；
2、汇款单上必须填写标明您的会员号（这关系到您的款项是否能及时录入到您的会员号下）；

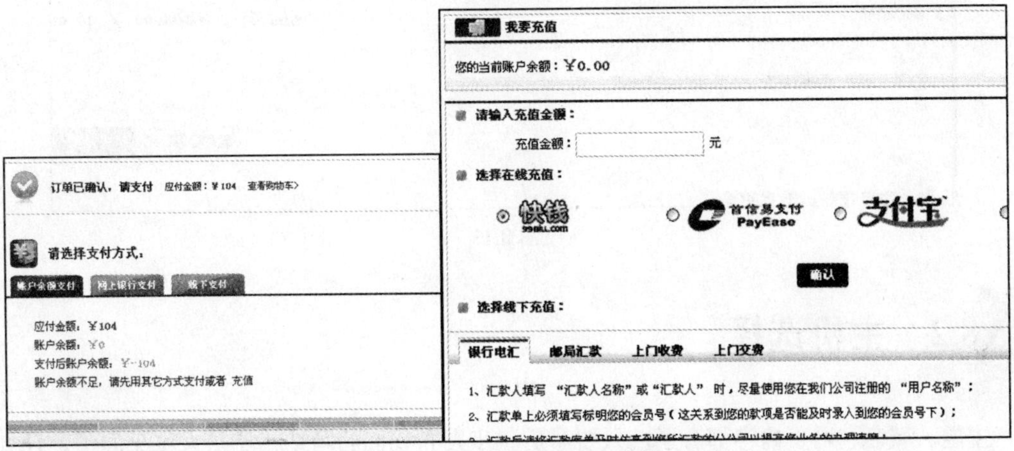

图 8.11

Step 11 在【我要充值】界面中输入需要充值的金额后，选择使用支付宝支付，如图 8.12 左所示。

Step 12 单击【确认】按钮，进入支付宝支付界面，如图 8.12 右所示。

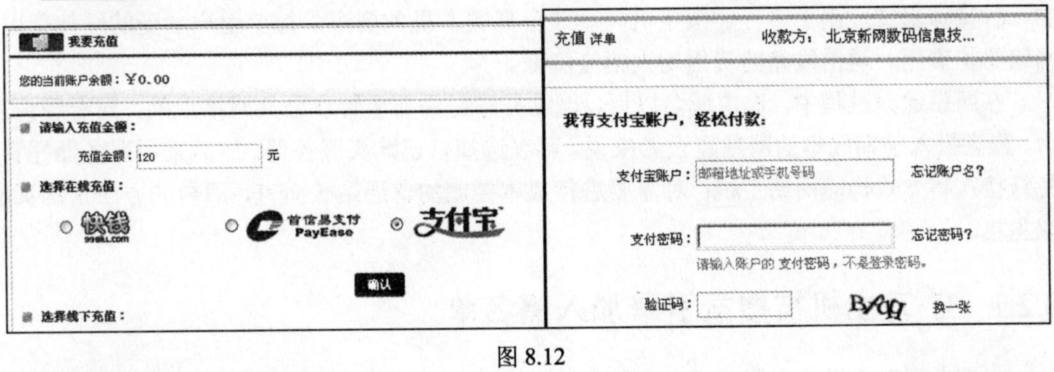

我要充值

您的当前账户余额：¥0.00

请输入充值金额：

充值金额：120　元

选择在线充值：

快钱 99bill.com　首信易支付 PayEase　支付宝

确认

选择线下充值：

充值 详单　收款方：北京新网数码信息技...

我有支付宝账户，轻松付款：

支付宝账户：邮箱地址或手机号码　忘记账户名？

支付密码：　忘记密码？

请输入账户的 支付密码，不是登录密码。

验证码：　BVQQ　换一张

图 8.12

Step 13 如果你已经付款了，刚才填写订单时，直接单击【直接购买】按钮即可省略这一步，多数域名一般都是实时生效。

Step 14 如果刚才注册的域名不想要了，用户登录后可以在首页面中选择【我的账户】→【账户信息】→【订单信息】→【未付款业务】，在“未付款业务列表”选择域名所对的商品名称，单击“删除”按钮或者直接点“清除购物车”，即可删除刚才所注册的域名订单。

拟主机　VPS　企业邮箱　主机租用　帮助中心　我的帐户　新闻中心　特惠专区

我的产品 | 账户信息 | 财务信息 | 续费和升级

业务

未付款业务列表

产品名称	产品内容	类别	年限	数量	价格	删除
国内英文(CN)	xfybee.cn	购买	1年	1个	~~¥49.00~~ ¥49.00	删除
英文NET	xfybee.net	购买	1年	1个	~~¥55.00~~ ¥55.00	删除

清空购物车　金额总计：~~¥104.00~~ ¥104.00

我已阅读，理解并接受　新网域名注册协议

继续购买>>　去结算

购买这些，节省更多

图 8.13

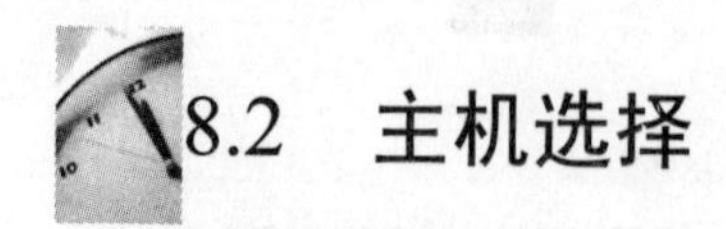

8.2　主机选择

主题、域名、网页内容都有了，只要最后一步发布我们的网站就能与大家见面了，什么地方能发布网站呢，那就是主机。整个网站都依附于主机，所以主机的性能也会影响搜索引擎优化。在搜索引擎优化中，主机对搜索引擎优化的影响表现在速度、稳定和功能支持等方面。

网站建设中，所谓主机，通俗地说，就网络上的独立服务器；所谓虚拟主机，是通过软件把主机划分为若干个独立可用的资源，各自挂载不同网站同时对外服务。虚拟主机是主机的一种特殊形式，由于多台虚拟主机共享一台真实主机的资源，每个用户承受的硬件费用、网络维护费用、通信线路的费用均大幅度降低。

在网站建设过程中，选定域名以后，网站程序是需要放置在公共网络上的。对有经济实力、愿意投入前期成本的网站建设者来说，可以选择自己购买服务器，然后采用服务器托管、光纤接入等方式构建网站主机；对需要进行成本控制的普通站长而言，适合的方法是购买虚拟主机。

8.2.1　IP 及主机被搜索引擎加入黑名单

对搜索引擎来说，在同一个 IP 地址上的网站，相互之间会存在一定的联系，这种联系往往是负面的，如连带受到惩罚等。

对网站建设者来说，如果是自己的独立主机，基本可以不考虑同一个 IP 地址上的网站的影响。因为整个服务器都是自己的，自己的网站即使被惩罚也能快速发现，进而进行修改、删除等操作。

最麻烦的情况是，网站建设者购买的虚拟主机上已经存在或者新出现一些被搜索引擎认为恶意作弊，被 SE 加入黑名单的域名。如果不幸选择这样的虚拟主机，网站建设者因为对服务器的控制力不够，只能望洋兴叹了。

为避免出现因为同一 IP 而被连带惩罚的情况，建议所有网站建设者都在选定虚拟主机之前，用“同 IP 网站查询工具”对整个 IP 地址上的网站进行检查，以避免出现被“误伤”的情况，如图 8.14 所示。

图 8.14

8.2.2　设置错误

主机设置错误一般出现在维护技术单薄的独立服务器、一些没有经验的小型虚拟主机供应商身上。对搜索引擎蜘蛛来说，虽然它尽量模拟普通用户的行为对网站进行访问，但毕竟不是真的网民，所以很多时候网站对用户来说是可以正常访问的，但是因为服务器设置错误，对搜索引擎蜘蛛来说却是不可访问的。

有些没有独立主机维护经验的网站建设者，往往会根据网络上不知所谓的某些文章，对服务器进行千奇百怪的设置，如重新定义服务器返回代码，将普通网民能正常打开的页面返回信息改成 404 等。这样的设置错误对用户来说无所谓，对搜索引擎优化来说就是灾难。

有时，主机设置错误很细微、很难发现，所以为避免这种情况的出现，独立主机应该尽量选择有经验的维护者、虚拟主机购买者应该购买品牌信誉比较好的空间。

8.2.3　安全稳定性

搜索引擎的蜘蛛在访问网站时，如果主机死机、无法打开网页，蜘蛛并不会马上在搜索引擎的索引库中删除这一页，而会过一段时间再来抓取这个页面，如图 8.15 所示。

ID	蜘蛛	蜘蛛IP	来访时间	页面URL	删除
1800	Google	222.186.24.59	2009-12-7 16:00:32	http://www. /index.asp	删除
1799	Baidu	123.125.66.36	2009-12-7 15:54:34	http://www. /class.asp?id=5	删除
1798	Google	222.186.24.59	2009-12-7 15:52:46	http://www. /index.asp	删除
1797	Baidu	123.125.66.42	2009-12-7 15:52:04	http://www. /index.asp	删除
1796	Google	222.186.24.59	2009-12-7 15:42:09	http://www. /index.asp	删除
1795	Baidu	123.125.66.24	2009-12-7 15:36:53	http://www. /index.asp	删除
1794	Google	203.208.60.87	2009-12-7 15:25:46	http://www. /article.asp?id=103	删除
1793	Baidu	123.125.66.42	2009-12-7 15:25:15	http://www. /class.asp?id=4	删除
1792	Google	203.208.60.87	2009-12-7 15:22:23	http://www. /article.asp?id=101	删除
1791	Baidu	123.125.66.102	2009-12-7 15:21:33	http://www. /index.asp	删除
1790	Yahoo!	67.195.114.28	2009-12-7 15:16:40	http://www. /article.asp?id=107	删除
1789	Google	203.208.60.88	2009-12-7 15:15:38	http://www. /Article.asp?id=95	删除
1788	Yahoo!	67.195.114.28	2009-12-7 15:13:33	http://www. /class.asp?id=18	删除
1787	Baidu	123.125.66.38	2009-12-7 15:05:48	http://www. /index.asp	删除
1786	Yahoo!	67.195.114.28	2009-12-7 15:02:28	http://www. /article.asp?id=151	删除
1785	Baidu	123.125.66.112	2009-12-7 14:50:28	http://www. /index.asp	删除
1784	Yahoo!	202.160.179.45	2009-12-7 14:40:23	http://www. /article.asp?id=135	删除
1783	Baidu	123.125.66.104	2009-12-7 14:35:18	http://www. /index.asp	删除
1782	Baidu	123.125.66.112	2009-12-7 14:20:10	http://www. /index.asp	删除
1781	Google	203.208.60.86	2009-12-7 14:19:02	http://www. /class.asp?id=1	删除
1780	Google	203.208.60.86	2009-12-7 14:08:58	http://www. /index.asp	删除
1779	Baidu	123.125.66.110	2009-12-7 14:04:49	http://www. /index.asp	删除
1778	Baidu	123.125.66.37	2009-12-7 14:04:16	http://www. /index.asp	删除
1777	Baidu	123.125.66.113	2009-12-7 14:04:10	http://www. /index.asp?page=1	删除

图 8.15

因为蜘蛛不会在检测到主机空间无法访问后，立即删除收录网页，所以一般情况下不用太担心主机空间的稳定性对搜索引擎优化造成毁灭性的打击。比如，主机空间每月偶尔出现 3、5 分钟的重新启动、死机、无法响应等情况，对搜索引擎优化来说是无关紧要的。

如果网站建设者购买的主机空间，极端不稳定：动辄死机 1 天或 2 天，每天都有几个小时出现无法访问的情况，甚至连续一星期死机，那这样的网站价值肯定也不高，不管是用户，还是搜索引擎，都不会认为这是一个值得关注的网站。

同理，如果你的主机安全性不高，网站经常被攻击挂马，不能正常访问，对用户和搜索引擎都会产生不良影响。

8.2.4 访问速度

前面提到过现在的搜索引擎，已经将很多涉及用户体验的参数融入搜索排名的算法，如 Google 就明确表示已经将“网站速度”作为关键词排名算法中的一个因素，如图 8.16 所示。

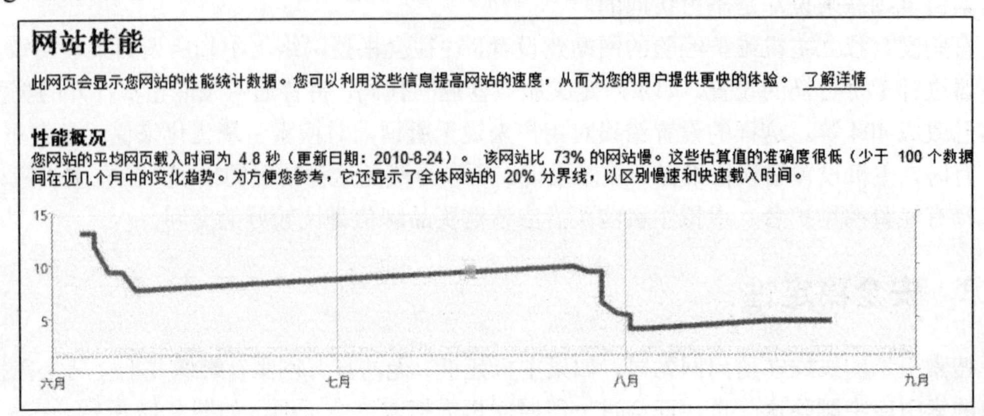

图 8.16

在这样的情况下，主机访问速度就显得比较重要：在同等情况下，Google 认为网站打开速度越快的网站，用户体验越好，给予的排名也就会越高；相反，两个关键词排名因素相当的网站，速度越慢，排名就越低。

8.2.5　URL 重写支持

目前，大部分站点使用的是 CMS 系统，动态生成 URL 链接，虽说随着搜索引擎技术的进步，搜索引擎在抓取动态链接时已经有了很好的改进，但将动态 URL 重写为静态页还是搜索引擎优化必不可少的工作，毕竟静态页面对 SE 更加友好，只有这样才能保证网站被充分收录。如果主机不支持 URL 重写，这就是输在起步上了。

8.2.6　地理位置

主机是有地理属性的，很多国际性的搜索引擎考虑到用户体验，会根据搜索者的不同地域，返回不同地域的网站信息，这时主机空间的地理属性就会对搜索引擎优化产生影响。

举例来说，如果网站建设者做一个英文的网站，并将主机放置在英国本土，那此网站在 google.com.hk 中的关键词排名就要比在 google.com 中的排名好一些。同样，如果英国的用户在 google.com 中进行搜索，主机在英国本土的网站的排名也会略好一些，如图 8.17 所示。

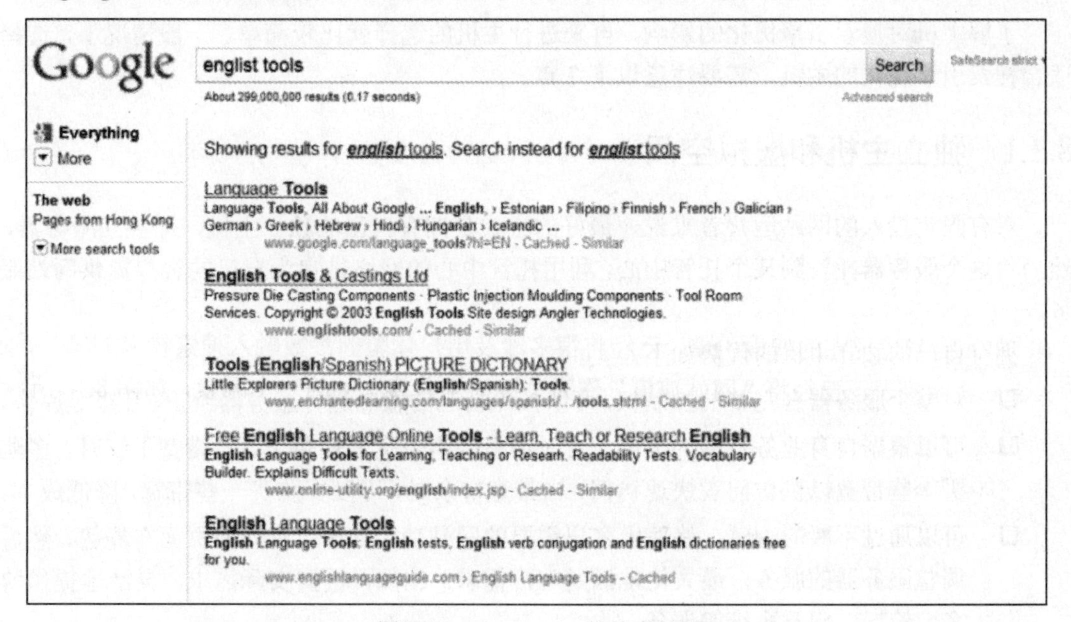

图 8.17　google.com 的搜索结果

对中文网站来说，地理位置同样也很重要，如在百度中搜索某些关键词，搜索结果往往会返回搜索用户所在地的网站或者信息。比如，在北京上网的用户，在百度中搜索“租车”，返回的结果中，会自然地将“北京租车”的排名提前，如图 8.18 所示。

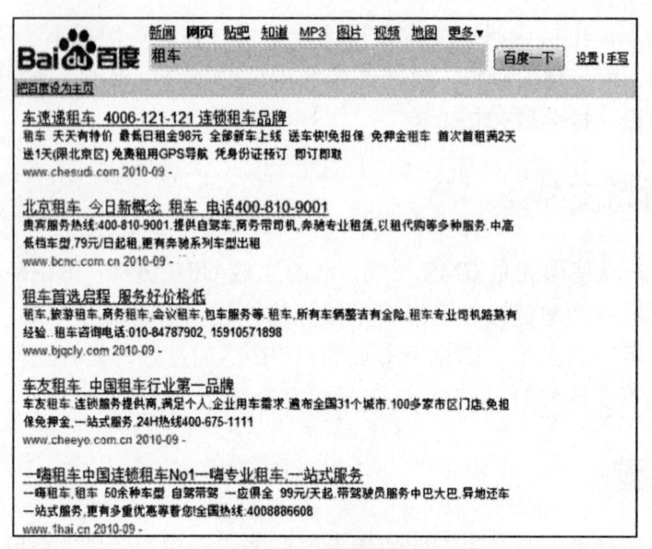

图 8.18 北京租车

8.3 选择优秀主机的 7 个要点

了解主机对搜索引擎优化的影响，再来进行主机的选择就比较简单。一般情况下，选择适合搜索引擎优化的主机，需要注意以下 7 点。

8.3.1 独立主机和虚拟空间

对有固定投入的网站运营者来说，最好的方式是拥有自己的独立主机，即独立服务器，然后将这个服务器托管到某个托管中心，利用托管中心的网络带宽为自己的客户提供网站服务。

拥有自己的独立主机的优势如下。

- ❑ 对整个服务器有完整的控制权，可以按照自己的意愿进行服务器维护、升级等操作。
- ❑ 可以根据自身业务发展的需要，及时调整网络带宽消耗费用：当带宽不够时，多购买一些带宽以供访问者快速访问；当带宽富余时，可以少购买一些带宽，降低成本。
- ❑ 可以通过不断的测试，整理出客户需要的网站功能，客户喜欢的页面布局等，然后调整服务器的服务，最大化地满足客户需求。比如，根据实际需求，灵活地提供博客、论坛、问答系统等服务。

拥有自己的独立主机虽然有很多好处，缺点也显而易见：需要有一笔固定的支出。就目前国内服务器托管业务来看，在一、二流托管机房托管一个 1U 的服务器，一年的托管费用大概是在 3000~8000 元之间，而且服务器还需要自己购买，大概又要增加 1 万元~2 万元的费用。

> 提示：U 是一种表示服务器外部尺寸的单位，是英文“UNIT”的缩略。U 规定的尺寸是服务器的宽（48.29cm = 19 英寸）与高（8.445cm 的倍数）。

对不打算前期投入很多成本的网站建设者而言，可以用很少的成本来解决网站空间问题，那就是采用虚拟主机的方式建立自己的网站。

对个人站长来说，购买虚拟主机同样可以建立自己的网站，优点是所需费用比较少；缺点是没有服务器的高级管理权限，只有网站的管理权限。同时，还需要和别的购买虚拟主机的人一起共享服务器资源，比如带宽、CPU、内存等。

就目前的情况来看，绝大多数中小站长都是采用虚拟主机的方式放置自己的网站，整个比率大约占 90%。对搜索引擎优化新手来说，建议刚开始接触网站时，尽量采用虚拟主机的方式来建立网站平台，因为这样不但成本低，而且也完全可以满足中小网站的使用需求。

国内提供虚拟主机服务器的服务商成千上万，多不胜数，有大型的、正规的虚拟主机商，当然也有私人的，小型的虚拟主机商。一般正规的虚拟主机商价格略高，但是服务好，网络资源也比较稳定。相反，私人的虚拟主机商价格极低，但是服务没有保障。

8.3.2　安全稳定

不管是采用服务器托管的方式建立网站，还是选择购买虚拟主机的方式建立网站，基本原则都是一样的：安全稳定！

对一个网站来说，安全稳定性高于一切，这是网站能提供访问的基本要求。比如，在网络营销中，潜在客户要了解你的产品、购买你的服务，都需要通过安全稳定的网站访问来实现，如果你的网站三天两头无法打开，可以预见销售成绩肯定是上不去的。

在选择稳定的主机空间时，一般可以采用分时间的方式，对主机空间销售商提供的测试站点进行有间隔的访问，并且观察在一定时间长度内的服务器稳定情况，比如每天在不同时间访问 10 次，坚持一个月并做详细记录。

主机空间的安全性在很大程度上比较难评估，但是有简便而直接的方法来进行判断：

- 如果是独立主机的购买或者是托管用户，可以通过销售商网站、业务员咨询等渠道，获取“成功案例”、“典型客户”的网站，通过联系这些网站的客服、长期使用者的方法，了解托管机房的大体情况。这些了解到的信息往往都是经过长期积累的有价值的信息。
- 如果是购买虚拟主机，可以通过同 IP 网站查询的方法，找到其他存在于这个服务器的网站信息，网站建设者可以联系其他站长同行，了解虚拟主机的稳定情况。

8.3.3　双线高速

在同等价格的前提下，不同的网络服务提供商销售的主机空间速度是不一样的。对网站建设者来说，应该尽量选择双线更高速的主机。要选择更高速的主机空间，当然需要进行测试。因为国内上网服务提供商千奇百怪，所以这个测试很麻烦，同时也非常重要。

简单的测试方法是利用本地的 ping 命令，查看即将购买的主机空间的响应时间、速率和丢包情况。具体方法是：在本地计算机的命令行中，输入“ping 目标 IP －t”命令，如图 8.19 所示。

```
管理员: 命令提示符 - ping 114.113.145.230 -t
Microsoft Windows [版本 6.0.6002]
版权所有 (C) 2006 Microsoft Corporation。保留所有权利。

C:\Users\Administrator>ping 114.113.145.230 -t

正在 Ping 114.113.145.230 具有 32 字节的数据:
来自 114.113.145.230 的回复: 字节=32 时间=3ms TTL=112
来自 114.113.145.230 的回复: 字节=32 时间=2ms TTL=112
来自 114.113.145.230 的回复: 字节=32 时间=2ms TTL=112
来自 114.113.145.230 的回复: 字节=32 时间=2ms TTL=112
来自 114.113.145.230 的回复: 字节=32 时间=2ms TTL=112
来自 114.113.145.230 的回复: 字节=32 时间=2ms TTL=112
来自 114.113.145.230 的回复: 字节=32 时间=2ms TTL=112
来自 114.113.145.230 的回复: 字节=32 时间=2ms TTL=112
来自 114.113.145.230 的回复: 字节=32 时间=3ms TTL=112
来自 114.113.145.230 的回复: 字节=32 时间=2ms TTL=112
来自 114.113.145.230 的回复: 字节=32 时间=3ms TTL=112
```

图 8.19

在这个命令中，可以看到本地计算机与主机空间的信息交互情况，其中响应时间是很重要的速度判断标准，而使用“-t”命令是为持续不断地向服务器发送数据包。如果服务器经常出现“请求超时”的返回信息，那说明至少在这段时间内，服务器的稳定性、速度是不够理想的，如图 8.20 所示。

```
管理员: 命令提示符 - ping 114.113.145.230 -t
来自 114.113.145.230 的回复: 字节=32 时间=3ms TTL=112
来自 114.113.145.230 的回复: 字节=32 时间=3ms TTL=112
来自 114.113.145.230 的回复: 字节=32 时间=3ms TTL=112
来自 114.113.145.230 的回复: 字节=32 时间=2ms TTL=112
来自 114.113.145.230 的回复: 字节=32 时间=2ms TTL=112
来自 114.113.145.230 的回复: 字节=32 时间=3ms TTL=112
来自 114.113.145.230 的回复: 字节=32 时间=2ms TTL=112
请求超时。
请求超时。
请求超时。
来自 114.113.145.230 的回复: 字节=32 时间=3ms TTL=112
来自 114.113.145.230 的回复: 字节=32 时间=3ms TTL=112
来自 114.113.145.230 的回复: 字节=32 时间=2ms TTL=112
请求超时。
请求超时。
请求超时。
来自 114.113.145.230 的回复: 字节=32 时间=3ms TTL=112
来自 114.113.145.230 的回复: 字节=32 时间=3ms TTL=112
来自 114.113.145.230 的回复: 字节=32 时间=3ms TTL=112
来自 114.113.145.230 的回复: 字节=32 时间=2ms TTL=112
来自 114.113.145.230 的回复: 字节=32 时间=2ms TTL=112
来自 114.113.145.230 的回复: 字节=32 时间=3ms TTL=112
来自 114.113.145.230 的回复: 字节=32 时间=2ms TTL=112
来自 114.113.145.230 的回复: 字节=32 时间=3ms TTL=112
```

图 8.20

仅仅通过本地计算机进行测试，得到的结果还不够准确，因为国内存在“双网互联”等网络问题，所以还需要从不同的上网环境中进行测试。要从不同的上网环境进行测试，可以通过请全国各地的网友帮忙、采用上文提到的“ping 检测”等方式进行详细评估。

8.3.4 连接数

“连接数”这个名词来源于“并发连接数”。最开始“并发连接数”是指防火墙或代理服务器对其业务信息流的处理能力，是防火墙能够同时处理的点对点连接的最大数目，它反

映出防火墙设备对多个连接的访问控制能力和连接状态跟踪能力，这个参数的大小直接影响到防火墙所能支持的最大信息点数。

随着虚拟主机的盛行，很多虚拟主机商在虚拟主机销售中都加入类似“并发连接数”的限制，有的称为“IIS 连接数限制”，有的直接称为“网站访问人数限制”。一般情况下，虚拟主机中的连接数限制是指允许同时访问网站 Web 服务的数量。

在目前的虚拟主机销售中，很多销售商故意混淆概念，号称“不限流量、不限空间”，听起来貌似很适合建立网站，但是实际上却在悄悄限制网站的连接数，最后的结果是导致网站访问人数一多，网站便不能打开。

要获得虚拟主机的连接数限制，在没有服务器的完全控制权限的情况下，不太容易，只能通过销售商提供的各种“虚拟主机管理软件”进行查看，如图 8.21 所示。

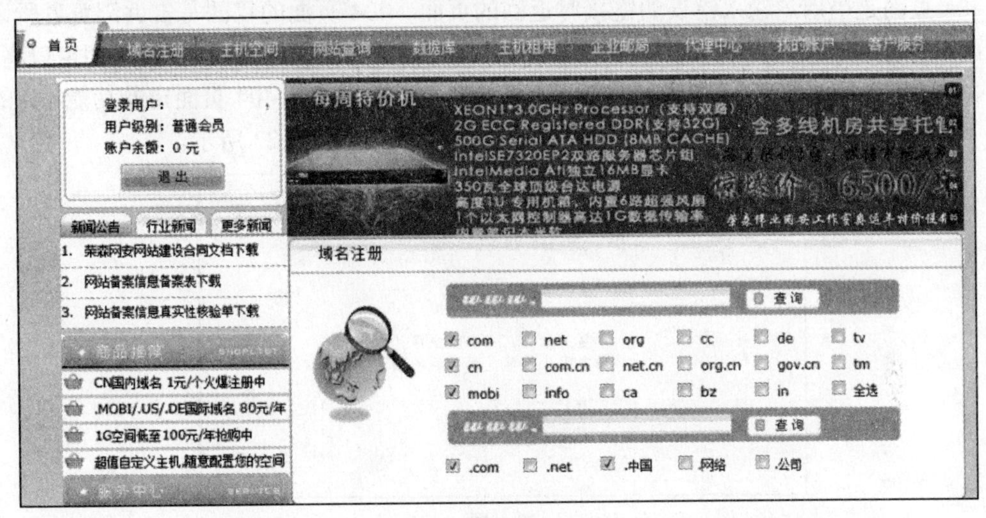

图 8.21

不过很多时候，这个查看到的连接数限制可能被弄虚作假，所以网站建设者选择一个诚信的虚拟主机商，在网站不断发展的情况下尤为重要。

8.3.5　备份机制

网络中没有什么是一成不变、绝对保险的，所以不管是网站建设者、网络营销者，还是其他各种站长，只要在运行维护网站，就必须要有一个完善的备份机制，以便在出现突发情况时能处变不惊，保证网站的正常运行。

备份机制可以是站长自己设计的方案，利用本地计算机做网站备份，也可以是主机空间销售商提供的动态备份功能。目前已经有很多虚拟主机商提供动态备份机制，比如每天将网站页面、数据库中的数据进行多硬盘、多存储介质的增量备份。一旦网站、服务器出问题，都可以及时恢复，如图 8.22 所示。

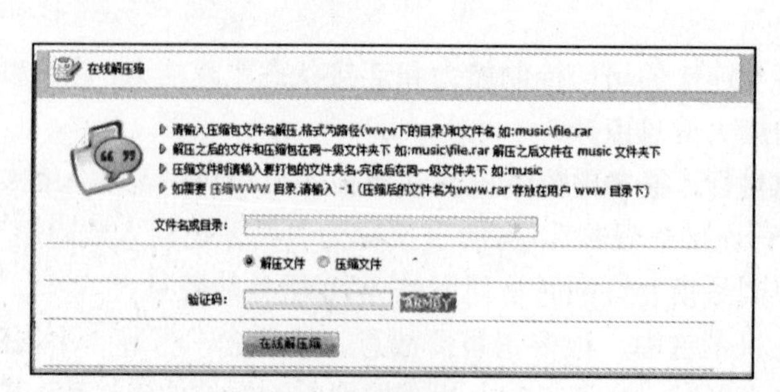

图 8.22

8.3.6 自定义 404 页面

404 页面是当用户输入错误的链接时返回的页面。404 页面的目的是告诉浏览者所请求的页面不存在或链接错误，同时引导用户使用网站其他页面继续访问，而不是关闭窗口离开。

在搜索引擎愈加重视用户体验的今天，很多搜索引擎都提供 404 页面定制功能，目的就是为了帮助网站所有者更好地留住用户，提升网站粘性，如图 8.23 所示。

图 8.23

对独立主机来说，因为有服务器的完全控制权限，所以 404 页面可以自己定义，不存在问题。可是对很多虚拟主机的购买者来说，404 页面就不一定能自己定义，所以如果网站建设者要购买虚拟主机，一定要提前咨询是否可以自己定义 404 页面，这对搜索引擎优化、用户行为优化都是有帮助的，如图 8.24 所示。

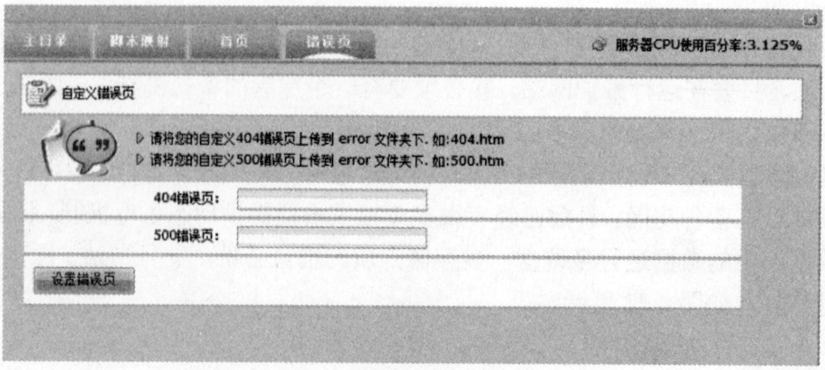

图 8.24

8.3.7　服务

不管是独立的托管主机也好，还是购买的虚拟主机空间也好，网站所有者都不能随时随地与计算机进行物理接触，所以在突发情况下，机房、虚拟主机销售商的服务响应时间就很重要。

对托管的独立主机而言，如果服务器出现莫名其妙的死机、网络中断等情况，服务器管理者并不能通过网络进行服务器的重新启动、故障排查。这时就需要打电话给机房服务人员，让他们帮忙进行重新启动服务器等操作。如果站长中午 12 点发现网站打不开，服务器远程控制上不去，于是通知机房重新启动服务器，12 点半到 1 点，机房都还没有派维护人员进行重新启动的话，这样的机房不要也罢。

通常情况下，正规的托管机房服务时间都是 7×24 小时不间断，并且响应时间在 5~10 分钟以内，如果超过这个响应时间，建议换一个托管机房，如图 8.25 所示。

图 8.25

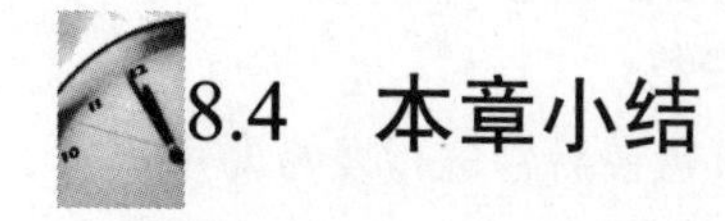

8.4　本章小结

本章主要介绍两大部分的内容：域名选择与注册、主机的选择。需要重点掌握的是域名选择原则和要点，主机选择和要点。

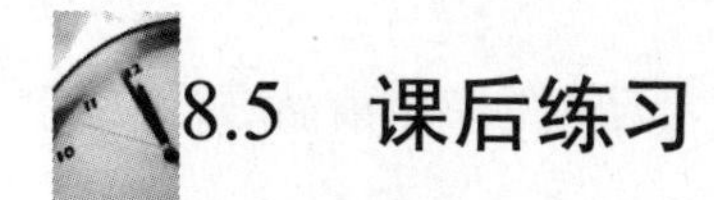

8.5　课后练习

1. 域名选择有哪些原则？
2. 域名选择的要点有哪些？
3. 为什么要进行主机选择？
4. 主机选择 7 个要点是什么？
5. 框架有几种基本形式？如何使用？

第9小时　建站前网站资料的收集与整理

网站资料收集是制作网站的前提，充分的资料可以使网站在制作时非常顺利。对于收集到的资料有些可以直接使用，有些是不可以直接使用的。对于那些不可以直接使用的资料，可以将其进行加工处理，使之成为自己的作品，然后就可以放心地使用了。

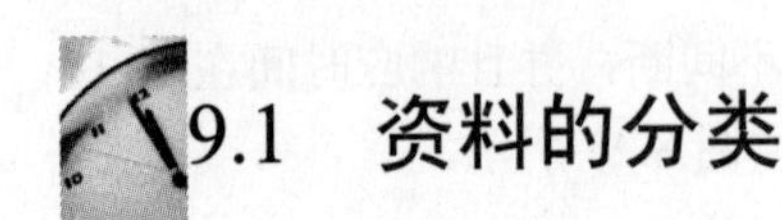

9.1　资料的分类

在进行规划资料时，一定要在网站的选材明确确定后再进行。一般来说，个人网站的选材定位要小，这样才能使收集的资料具有一定的针对性。

如果想制作一个包罗万象的站点，把所有认为精彩的东西都放在上面，往往会事与愿违。给人的感觉是没有主题，没有特色，样样都有却样样都很肤浅。同时给资料的收集也会带来很大的困难，因为太庞大了就没有那么多的精力去维护它。题材最好是自己擅长或者喜爱的内容，这样才会更有信心和能力把它做好。

假如一个网站导航栏目主要包含以下内容：站点新闻、商品信息、新品展示、二手商品、特价热卖、会员信息、在线购物、账户信息、查询订单、来客留言、新手指南。接下来要对各个导航栏目进行分析，通过分析便能发现哪些栏目需要收集资料：

- 站点新闻：该栏目主要是以网站中的新闻为主，新闻只需在后台进行发布即可，不需要收集资料。
- 商品信息：该栏目主要是根据实际需求，对网站中的商品发布最新的供求信息。
- 新品展示：该栏目主要是展示网站中最新的商品，需要对已有的最新商品进行拍照和相关信息统计，如图9.1左所示。
- 二手商品：该栏目主要是展示网站中的二手商品，需要对已有的二手商品进行拍照和相关信息统计。
- 特价热卖：该栏目主要是展示网站中的特价商品，需要对已有的特价商品进行拍照和相关信息统计，如图9.1右所示。

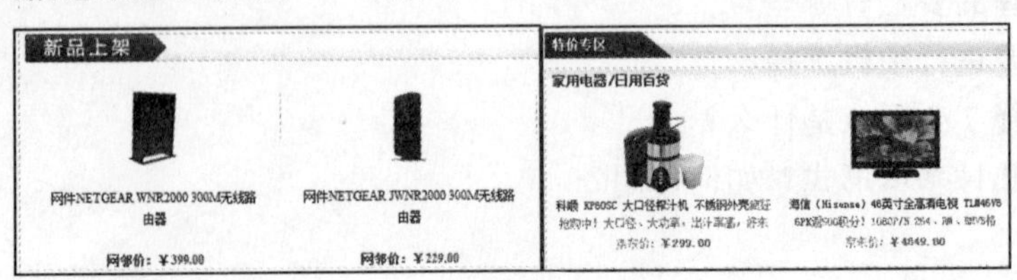

图9.1

- 会员信息：该栏目主要反映已成功登录会员的个人详细信息，不需要收集资料，如图 9.2 所示。
- 在线购物：该栏目主要反映会员在本网站中已经购物的商品及支付费用信息，不需要收集资料。
- 账户信息：该栏目主要反映会员在本网站中进行消费的明细，不需要收集资料。

您好，myheartflies。欢迎您回来！		您上一次登录时间：2010-7-19 16:33:03
您目前的级别：铁牌用户	只需要再消费￥1,407.00元，升级到下一级别会员	
帐户积分：0	完成订单：3	
帐户余额：￥0.00元	一年内消费额：￥593.00元	总消费额：￥618.00元

消息提示：1条公告　0条未读短消息　0个投诉回复　0个待处理订单

图 9.2

- 查询订单：该栏目主要用于客户根据订单查询已购买的商品的订单信息，所以也不需要收集资料，如图 9.3 所示。

订单支付历史

只提供非货到付款的订单支付历史。　　“订单支付历史

日期	支出(-)	存入(+)	支付方式	用途
2009-03-25 23:03:25	￥41.10		网上支付 招商银行	支付
2009-03-23 12:22:16	￥66.90		网上支付 招商银行	支付

图 9.3

- 来客留言：该栏目主要用于所有来到网站中的人员对网站、商品以及服务质量等进行留言评价，不需要收集资料。
- 新手指南：该栏目主要用于对不知道如何在网站进行商品交易的用户进行指导，不需要收集资料。

通过对网站导航栏目的分析，需要收集资料和整理资料信息的栏目并不多，主要体现在新的商品、二手商品及特价商品的信息上，而这些信息中最主要的则是需要对商品进行拍照，然后上传商品图片。因此，应当建立一个 images 文件夹，用于存入这些商品图片信息。

9.2　利用搜索引擎查找网上资料

在网站测试期也可以在网上搜索一些商品资料进行使用，等到网站成功建设后，再上传自己已有的商品。

为了能够找到一些有用的资料，这里就需要用到百度、谷歌、搜狐等搜索引擎。不同类型的搜索引擎的大致功能都是相同的，但每类搜索引擎都有各自不同的特点，只有选择合适的搜索工具才能得到最佳的结果。搜索工具基本上可以分为对关键词搜索和目录式查找两类。这里将介绍这两类的区别。

9.2.1 关键词搜索

检索类搜索引擎实际上是对网页进行完全索引。搜索的特点是量大，很像黄页中的电话号码簿。在电话号码簿的索引中不会查到一个人具体的居住地之类的详细信息，但是可以很容易查到所有叫张三的人的所有列表。该类搜索引擎的结构大致如图 9.4 所示。

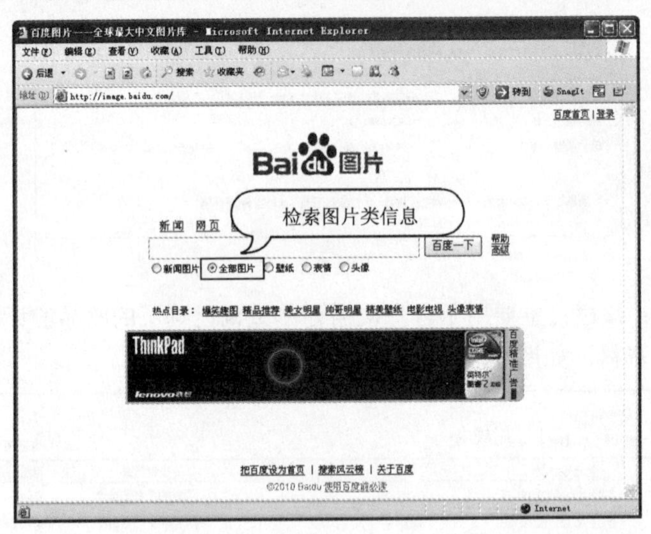

图 9.4

这类搜索引擎在文本输入域中输入要搜索的关键词，并且选择希望输入的关键词在某一类的范围内进行搜索即可。输入关键词并确定后，搜索程序将列出所有能搜索到的关于该关键词的内容，供选择使用。

知识链接

一般情况下，搜索引擎都提供高级搜索的功能，在搜索的关键字之间可以加一些关系运算符达到更精确的搜索。下面对常用的关系运算符进行讲解。

- “且”关系：表示同时匹配多个关键词的内容。多使用空格、逗号（,）、加号（+）或&表示。如要查找某某的照片，可输入：“某某照片”或“某某,照片”、“某某+照片”或“某某&照片”等。想查询关于女歌手的网页或新闻，则输入关键词“女性歌手”或“女性+歌手”或“女性&歌手”。
- “非”关系：表示查询某个关键词的匹配内容，但又不包含其中的一部分。多使用减号（-）搜索。例如想查询彩票，但不包含体育彩票，则输入“彩票-体育彩票”。
- “或”关系：使用字符“|”。例如，想查询关于乒乓球或网球方面的网页、新闻，则输入关键词“乒乓球|网球”。
- 整体单元：使用字符“()”。例如，想查找计算机方面的网页或新闻，但不包含“软件”与“硬件”，输入关键词“计算机 -(软件硬件)”。

另外，网站标题搜索可在关键词前加“t:”；网站网址（URLs）搜索可在关键词前加“u:”。

9.2.2 目录式查找

分类目录式搜索引擎是由人工编辑整理的网站的链接。分类目录就像是黄页号码簿。许多分类目录中对链接的网址都有或详或略的描述性文字，通过这些文字可以让用户决定是否要进一步点击。“新浪搜索目录”就是这方面的代表，如图 9.5 所示。

新浪搜索目录

娱乐休闲	计算机与互联网	教育就业	参考资料
文学艺术	医疗健康	商业经济	社会文化
生活服务	体育健身	新闻媒体	社会科学
政法军事	科学技术	国家与地区	个人主页

图 9.5

这两种搜索工具究竟使用哪种更好呢？这取决于想要查询的问题。因为检索类搜索引擎的特点是量大，分类目录式搜索引擎的特点是网站经过挑选，有一定的实用性和针对性。一般而言，如果需要查找非常具体或者特殊的问题，用检索类搜索引擎比较合适；如果希望浏览某方面的信息或者专题，使用分类目录式搜索引擎可能更合适。

9.2.3 翻译国外资料

还有一种比较好的搜索渠道是到国外站点上把一些最新的信息、资料翻译成中文，然后供自己利用。同时为那些英文不好的朋友做些贡献，也丰富了自己网站的内容。

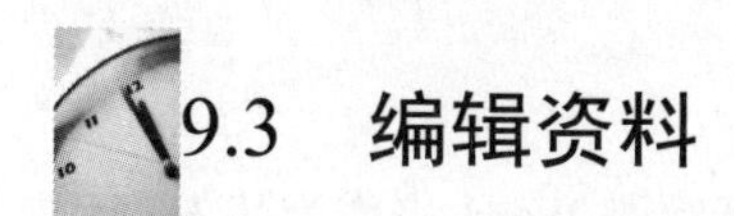

9.3 编辑资料

如果在搜索时发现某个网站中的优点，自己需要借鉴一下，就可以把这个网页全部保存下来，以备后用。将需要的资料搜索完后，并不是说就可以直接放到自己的网站上，还需要大量的编辑整理工作。

首先要仔细地分析资料，确定哪些内容需要、哪些内容不需要、哪些内容需要修改和整理。资料的编辑通常可以使用 Dreamweaver、Word 和记事本等编辑工具。这些工具各有自己的优点与不足，通常可以将它们组合使用。

9.3.1 利用 Dreamweaver 编辑整理资料

Dreamweaver 是一种网页编辑软件，对网页的设计、编辑提供所见即所得界面。由于收集到的资料多来源于互联网上，大多是 HTML 文档。所以在 Dreamweaver 中编辑整理资料，随时可以看到自己编辑整理的结果。当然，如果预览便可看到发布到互联网上的效果，便于修改。但不足的是容易产生多余的代码。图 9.6 所示为软件主界面。

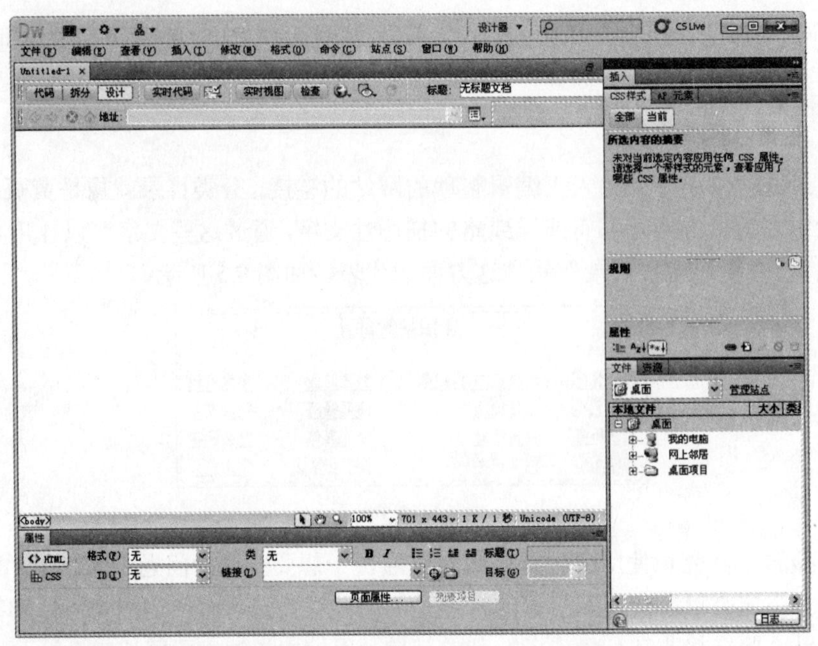

图 9.6

在 Dreamweaver 文档中打开别人的 Web 页面时，页面中所有的链接和页面的布局格式，以及该页面中所使用的样式，将一同呈现在该文档中。如果使用这些资料，要将其中的链接除去或修改。表格的布局也会影响到对资料的直接使用。如果连同该页面的布局一同应用，将会增大代码中不必要的嵌套，从而影响网页的下载速度。再者，别人的样式并不一定适合自己的页面。不过这样可以连同图像与文本一起编辑，并且可以随时查看编辑的效果。

9.3.2　在 Word 文档中编辑整理资料

Word 的易用性在处理文档方面独具优势，因此有很多人喜欢用 Word 来作为其 HTML 编辑器，但由于 Word 生成的 HTML 文档中会充斥很多无用的垃圾代码，不仅增大了文档的长度，而且源代码可读性差，但它能和 Dreamweaver 完美地结合。Dreamweaver 可以导入由 Word 编辑的 HTML 文档，也可以对 Word 创建的 HTML 文档进行优化，使代码质量大幅度提高。它的操作方法比在 Dreamweaver 中要复杂一些，但相对于特别喜爱用 Word 软件的用户来说，还是不错的。

1. 整理网站资料

如果在 Word 中直接打开 Web 页面，将会出现一片混乱。常规的在 Word 中编辑整理网站资料的具体操作方法如下：

Step 01 在浏览器中打开保存到本地中计算机中的 Web 页面。在浏览器中选择【文件】→【打开】菜单命令，在弹出的【打开】对话框中，单击【浏览】按钮，选择已经保存过的 Web 页面资料的文件名，然后单击【打开】按扭，如图 9.7 所示。

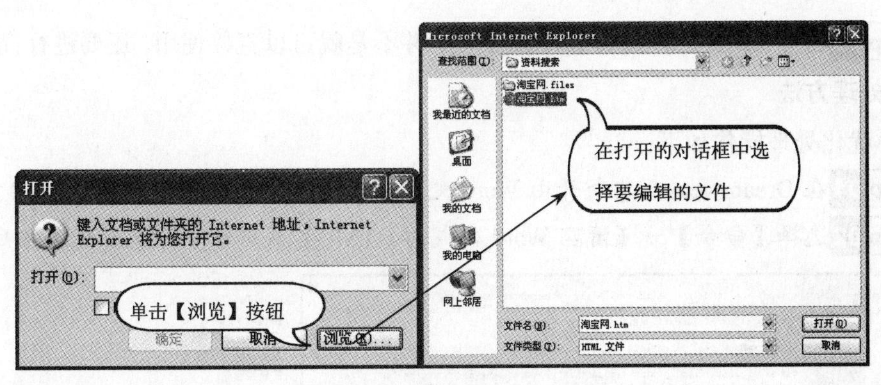

图 9.7

Step 02 在【打开】对话框中，单击【确定】按钮。在打开的网页中选择需要编辑和整理的资料，并进行复制，如图 9.8 左所示。

Step 03 打开一个新的 Word 文档窗口。将上步操作中所复制到剪切板中的内容，再粘贴到打开的 Word 文档中，如图 9.8 右所示。

图 9.8

Step 04 接下来便可在 Word 文档中，对该资料进行编辑整理等操作，如同编辑一般的 Word 文档一样。

Step 05 将所编辑整理的 Word 文档另保存为 HTML 文档。在 Word 文档中，选择【文件】→【另存为】菜单命令，在弹出的【另存为】对话框的【保存类型】下拉列表中选择“网页(*.htm;*.html)”文档类型，并输入一个文件名，单击【保存】按钮，如图 9.9 所示。

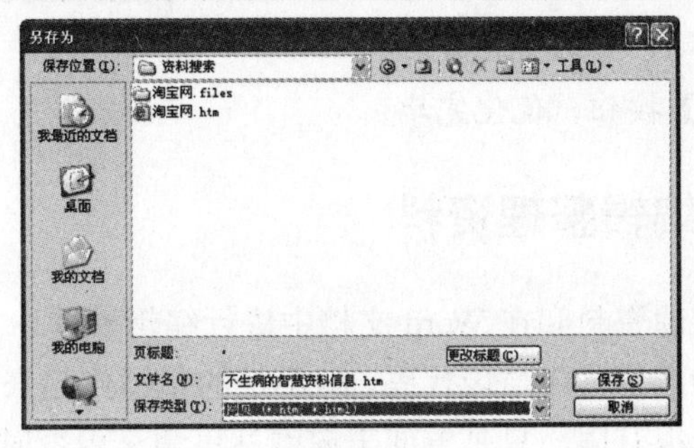

图 9.9

Step 06 将 Word 文档转换为 HTML 文档，并不是就可以直接使用，还要进行优化处理。

2. 优化处理方法

具体优化处理操作如下：

Step 01 在 Dreamweaver 中打开由 Word 文档转换为 HTML 的文档，如图 9.10 左所示。

Step 02 选择【命令】→【清理 Word 生成的 HTML】菜单命令，如图 9.10 右所示。

图 9.10

Step 03 在弹出的【清理 Word 生成的 HTML】对话框中，显示相应的优化设置，如图 9.11 左所示。

Step 04 设置相关清理选项后，单击【确定】按钮即可开始优化，并弹出优化结果报告，如下图 9.11 右所示。

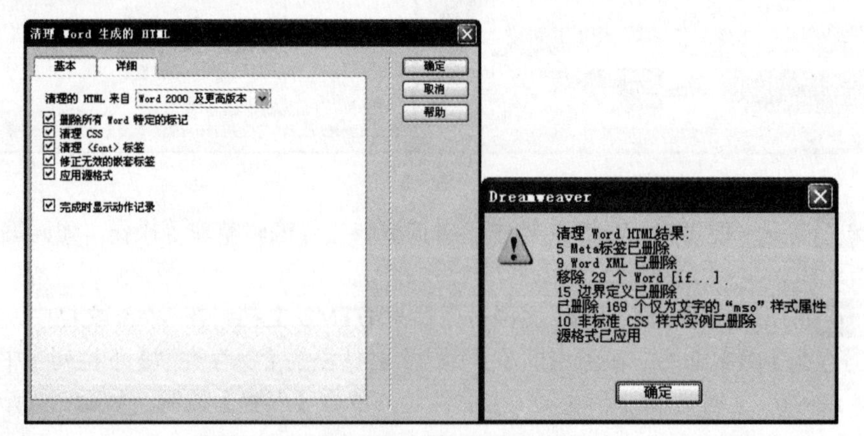

图 9.11

Step 05 单击【确定】按钮，优化完毕。

9.3.3 在记事本中编辑整理资料

在记事本中，编辑整理资料和在 Word 文档中进行编辑整理，有很大的相似之处。在记事本中编辑的好处是不会产生任何垃圾代码。但不足的是操作起来比较麻烦。记事本其实只能保存文本，编辑功能也很有限，只是方便于向网站里填充内容时的输入。

具体操作步骤如下：

Step 01 在浏览器打开 Web 页面，然后，在该页面中拖动鼠标选中需要的资料。接着进行复制操作，如图 9.12 左所示。

Step 02 打开记事本。将上步操作中保存在剪切板中的资料，粘贴到记事本中，如图 9.12 右所示。

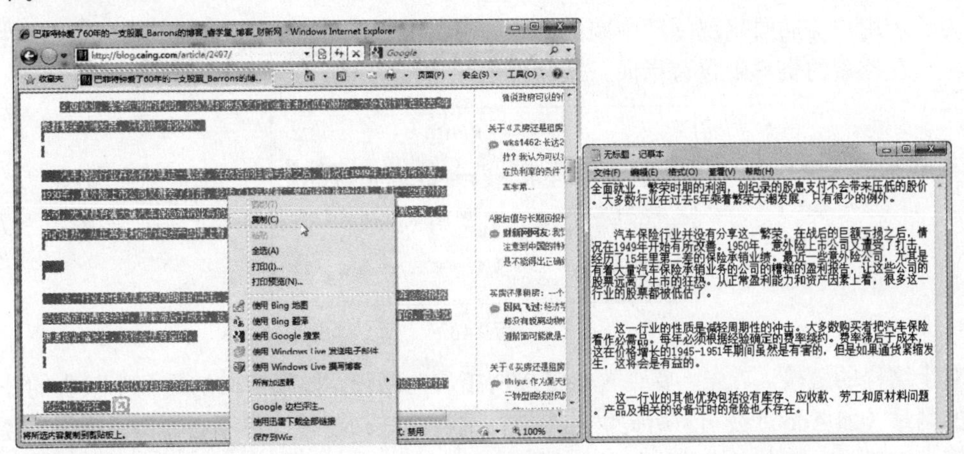

图 9.12

注意：在记事本中不能插入图像。

Step 03 保存资料中需要的图像。图像的保存与在 Word 中图像的插入一样。可以在浏览器中直接将所需图像保存在一个文件夹中，也可以在保存于本地计算机中资料的文件夹中寻找，然后保存（不适合图像过多的 Web 页面）。

9.4 网上资料的选取注意与利用

虽然互联网上的资料极为丰富，但在使用时应注意以下问题。

9.4.1 版权问题

这一点必须特别注意，在引用他人的资料以及文章时，一定要尊重版权。如果有特别声明、禁止复制声明的网页或内容等，请不要随意引用。没有特别声明或允许复制的也应该在引用时，在显要位置注明作者、引用时间甚至出处的网站。其中，还要注意的一点就是不要随意修改他人的内容。一般具有版权问题的网站，多是具有商业性质的网站。对于个人主页上的内容，通常需要联系其主人，大多数会愿意共享的。

9.4.2 健全性

使用他人的资料时，需要注意资料中内容的完整性与正确性，也就是说，在引用他人资料时，一定要将该资料所涉及的内容完全引用。同时，还要确保引用的资料具有一定的实用性，不要将什么样的资料都往自己网站上放。

为防止用户访问时出现阅读中断的问题，在引用资料时，要特别注意链接的正确性与完整性，如在搜索的资料中含有指向下载软件的超链接文本，如图 9.13 所示。

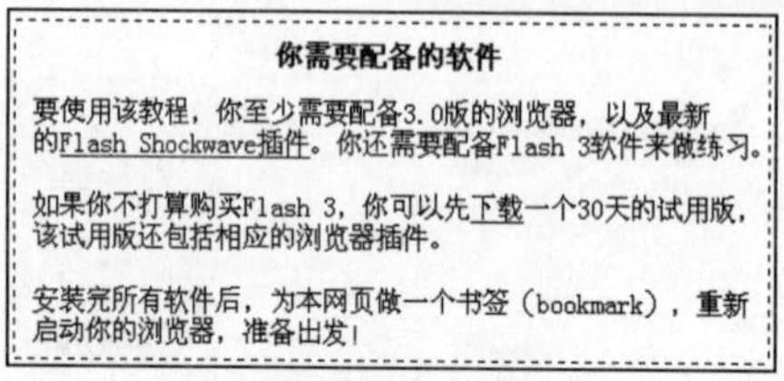

你需要配备的软件

要使用该教程，你至少需要配备3.0版的浏览器，以及最新的Flash Shockwave插件。你还需要配备Flash 3软件来做练习。

如果你不打算购买Flash 3，你可以先下载一个30天的试用版，该试用版还包括相应的浏览器插件。

安装完所有软件后，为本网页做一个书签（bookmark），重新启动你的浏览器，准备出发！

图 9.13

对于这样的链接。首先，要查看该链接所指向的路径。如果指向的是一个较大的公司或集团的网站（如 Adobe 公司）所提供的下载，这样的链接路径一般不必修改。反之，较小的个人网站，就有必要考虑修改链接的路径。因为，小的个人网站可能会由于原网站的主人替换该网址，而无从知道别人来浏览时出现链接失败的情况。对于较小的软件也可将其下载，然后由自己提供给别人下载的路径，这样就比较安全了。

9.4.3 合法性

在编辑整理资料时，要确保收集的资料必须合法。按照《计算机信息网络国际联网安全保护管理办法》的规定：任何单位和个人不得利用国际联网制作、复制、查阅和传播下列信息。

（1）煽动抗拒、破坏宪法和法律、行政法规实施的。

（2）煽动颠覆国家政权，推翻社会主义制度的。

（3）煽动分裂国家、破坏国家统一的。

（4）煽动民族仇恨、民族歧视，破坏民族团结的。

（5）捏造或者歪曲事实，散布谣言，扰乱社会秩序的。

（6）宣扬封建迷信、淫秽、色情、赌博、暴力、凶杀、恐怖，教唆犯罪的。

（7）公然侮辱他人或者捏造事实诽谤他人的。

（8）损害国家机关信誉的。

（9）其他违反宪法和法律、行政法规的。

9.4.4 利用资料

对收集的资料进行整理和编辑后就可以使用，但在使用过程中，还是需要再次进行挑选和检查，以求达到科学、合理以及和谐的运用。

9.5　本章小结

本章主要介绍两部分内容：怎样收集资料和怎样利用资料。需要重点掌握的是资料收集的方法、网上资料选取注意事项。

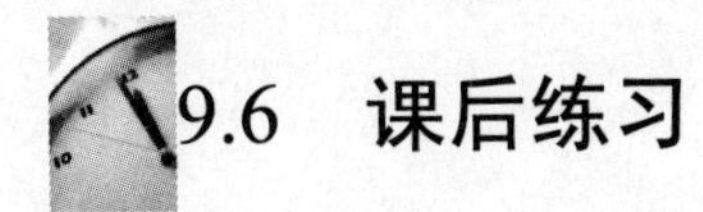

9.6　课后练习

1. 怎样进行收集建站资料？
2. 网上资料选取需要注意的问题有哪些？

第3天

网站建设规划阶段

网站资料收集完成后，就可以规划和考虑网站 Logo 了，好的 Logo 可以强化人们的记忆，也是网站的标识，像 Google、Yahoo 网站 Logo 都具有这一特点。

网站如何进行布局以及创建数据库呢？切图和数据库就是必不可少的工具。如果想网站快速、安全，动态平台的搭建就显得尤为重要。

第10小时　制作网站Logo与规划网站Banner

一个网站的成功与否，能否给人留下深深的记忆是很重要的一个评审指标。我们将详细讨论与网站标识相关的知识，通过学习，能对网站标识Logo设计、网站广告以及网站Banner等领域有个较完整的认识。

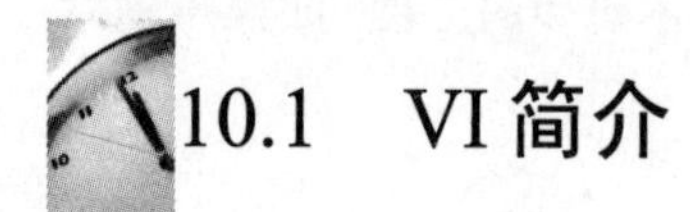

10.1　VI简介

VI（Visual Identity，视觉识别系统）是CIS系统中最具传播力和感染力的层面。在网站中所看到的图像、文字、动画、页面布局以及色彩搭配等都属于一个网站VI设计的一部分。

10.1.1　VI设计的概念

在讲述VI的概念前，先了解什么是企业的CIS。CIS（Corporate Identity System，企业形象识别系统）包括VI形象识别、BI行为识别和MI理念识别3个子系统。科学、系统的VI设计会从对内和对外两个方面对公司产生影响。

对外，塑造企业形象并为企业营造良好的社会生存环境；对内，增强雇员的归属感、凝聚力。同时VI的简洁和标准化可以使沟通变得清晰有效，从而降低内耗，改善雇员的工作绩效。

VI即企业VI视觉设计，是企业形象设计的重要组成部分。世界上一些著名的跨国企业，如通用、可口可乐、佳能、中国银行等，无一例外都建立了一整套完善的企业形象识别系统，他们能在竞争中立于不败之地，与科学有效的视觉传播不无关系。

近20年来，国内一些企业也逐渐引进了形象识别系统，最早的太阳神、健力宝，到后来的康佳、创维、海尔，也都在实践中取得了成功。在中国新兴的市场经济体制下，企业要想长远发展，有效的形象识别系统必不可少，这也成为企业腾飞的助跑器。

VI的组成主要有两部分：VI基本要素和VI应用要素。

- VI基本要素包括：企业品牌标识、标准字体、标准色、标语、企业造型、象征图案及基本要素组合设计。
- VI应用要素包括：办公事务用品、广告规范、招牌旗帜、服装设计、产品包装、建筑外观及交通运输工具等。

图10.1所示为一个公司VI设计中的一部分。

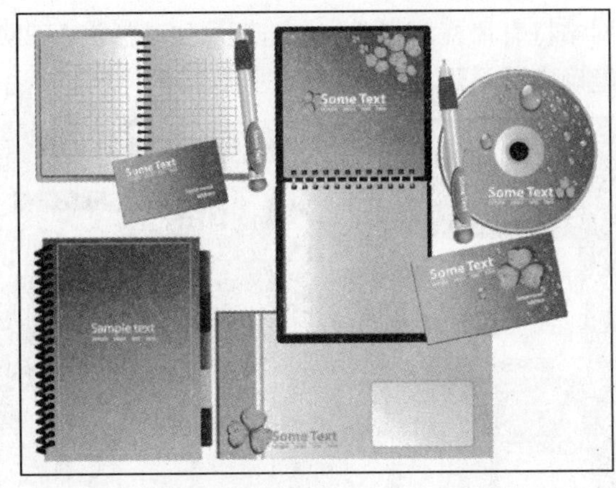

图 10.1

10.1.2　VI 在网站设计中的意义

网站的内容固然重要，但是如果没有一个好看并且能够吸引人的 VI 设计，即使网站中有再好的内容，再好的布局架构，网站的整体效果会大打折扣，浏览者的兴致也会大减。人们称现在互联网经济为注意力经济，如果一个网站能够将大众的注意力吸引过来，那么这个网站就成功了一大半，从近几年的草根明星和网络歌手便可看出关注度的重要性。

现实生活中的 VI 策划比比皆是，杰出的 VI，如可口可乐公司全球统一的标志、色彩和产品包装，给用户留下的印象极为深刻。通常网站的标志、色彩、字体和标语是一个网站树立 VI 形象的关键。

网站 VI 要素主要包含：标识性图案（网站 Logo）、标准色彩、标准字体和网站 Banner 以及标志性的图片与布局等。当这些要素确立后，网站的网页在构图和设计时才有一个明确的指导方向。

图 10.2 所示为可口可乐中国网站的标志和网站的主页面，在主页面中可以看到企业识别图案被放在页面的显著位置，并以企业标准色——红色为网站的主色调。页面的整体结构图与公司在市面上的广告宣传与招贴特别吻合。

图 10.2

根据网站定位确定网站特有风格和形象，如迪斯尼生动活泼，IBM 网站则充满时代的气息，结合企业特征和职能确定网站形象和基调。图 10.3 所示为迪斯尼网站设计。

图 10.3

网站的风格必须统一，包括页面图像、文字、色彩、注脚等。企业网站将从首页为起点，应用图像、文字、色彩的结合，建立一个具有统一风格的网站。图 10.4 所示为 IBM 网站设计。

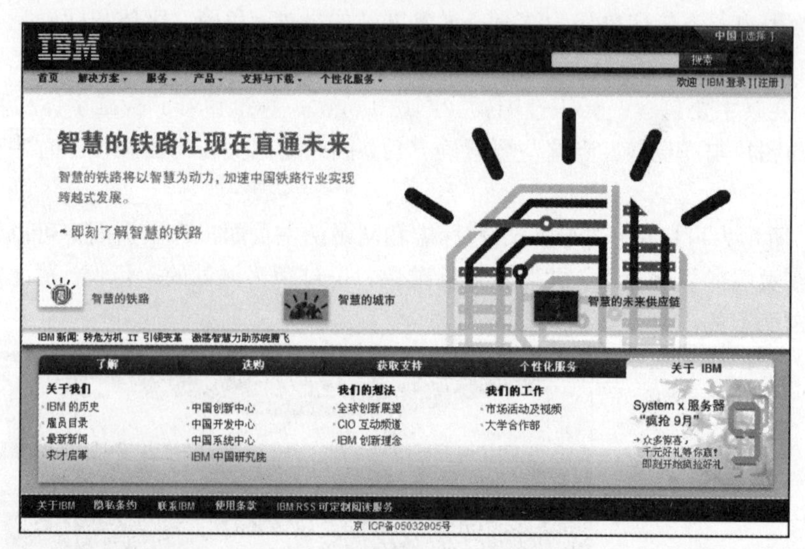

图 10.4

另外，VI 设计不是机械的符号操作，而是内涵的生动表述。所以，VI 设计应多角度、全方位地反映企业的经营理念。在网站 VI 设计中要注意以下基本原则：

- 风格的统一性原则。
- 强化视觉冲击的原则。
- 强调人性化的原则。

- ❑ 增强民族个性与尊重民族风俗的原则。

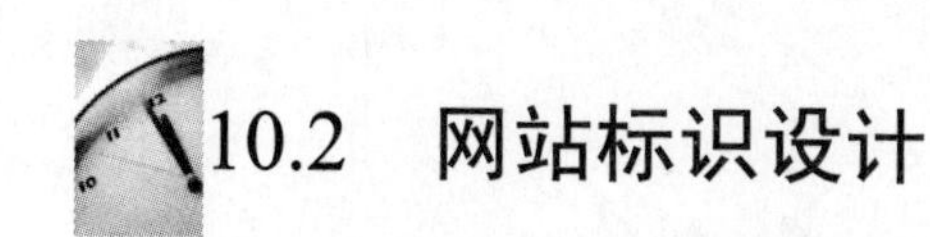

10.2 网站标识设计

在网站的建设过程中，网站标识也是 Logo 的制作比较重要的一个环节。Logo 是标志的意识，是一个网站形象的重要体现，如同网站的商标一样，是互联网上各个网站用来链接和识别的一个图形标志。图 10.5 所示为一组国外优秀网站的标识（Logo）。

图 10.5

10.2.1 网站 Logo 设计标准

网站 Logo 就是网站标志，它的设计要能够充分体现一个公司的核心理念，并且在设计上要追求动感、活力、简约、大方和高品位。另外，在色彩搭配、美观方面也要多加注意，要使人看后印象深刻。

在设计网站 Logo 时，需要对应用于各种条件做出相应规范，如用于广告类的 Logo、用于链接类的 Logo，这对指导网站的整体建设有着极现实的意义。

- ❑ 色彩方面：需要规范 Logo 的标准色、设计时可能应用的背景配色体系、反白，在清晰表现 Logo 的前提下制订 Logo 最小的显示尺寸。另外也可以为 Logo 制订一些特定条件下的配色、辅助色带等，便于 Banner 等场合的应用，如 IBM 的 Logo。
- ❑ 布局方面：应注意文字与图案边缘要清晰，字与图案不宜相交叠。另外还可考虑 Logo 的竖排效果，考虑作为背景时的排列方式等。
- ❑ 视觉与造型：应该考虑到网站发展到一个高度时相应推广活动所要求的效果，使其在应用于各种媒体时，也能发挥充分的视觉效果；同时应使用能够给予多数观众好感而受欢迎的造型。
- ❑ 介质效果：应该考虑到 Logo 在传真、报纸、杂志等纸介质上的单色效果、反白效果、在织物上的纺织效果、在车体上的油漆效果，制作徽章时的金属效果、墙面立体的造型效果等。

曾经火暴一时的 8848 网站的 Logo 就忽略了字体与背景的合理搭配，圈住 4 字的圈成了 8 的背景，使其在网上彩色下能辨认的标识在报纸上做广告时模糊一片，这样的设计与其努力上市的定位相去甚远，如图 10.6 所示。

图 10.6

比较简单的办法是把标识处理成黑白，能正确良好表达 Logo 含义的即为合格。

10.2.2 网站 Logo 的标准尺寸

Logo 的国际标准规范是为了便于在 Internet 上的信息传播，目前国际上规定的 Logo 标准尺寸有以下 3 种，并且每一种广告规格的使用也都有一定的范围（单位：像素 px）。

- ❑ 88×31，主要用于网页链接，或网站小型 Logo。这种规格的 Logo 是网络中最普通的友情链接 Logo，这种 Logo 通常被放置到别人的网站中显示，让别的网站用户单击这个 Logo 进入你的网站，几乎所有网站的友情链接所用的 Logo 尺寸均是这个规格，好处是视觉效果好，占用空间小，如图 10.7 所示。

图 10.7

- ❑ 120×60，这种规格主要用于做 Logo 使用。一般用在网站首页面的 Logo 广告，如图 10.8 所示。

图 10.8

- ❑ 120×90，主要应用于产品演示或大型 Logo，如图 10.9 所示。

图 10.9

10.3　制作网站 Logo

本节学习如何规划和制作阿里里商务网站的 Logo。

翻开字典，关于 Logo 可以找到这样的解释："Logo: n.标识语"。在计算机领域中，Logo 是标志、徽标的意思，在互联网上是各个网站用来与其他网站链接的图形标志。Logo 是一个网站设计时的重要部分，它可以让访问者很清楚地知道自己处于哪个网站，同时 Logo 还是一个网站或公司的形象代表。

10.3.1　Logo 的规划

作为具有传媒特性的 Logo，为了在最有效的空间内实现所有的视觉识别功能，一般是通过特定图案及文字的组合，达到对被标识体的出示、说明、沟通、交流，从而引导受众的兴趣，达到增强美誉、记忆等目的。

表现形式的组合方式一般分为特定图案、特定文字、合成文字。

- 特定图案：属于表象符号，独特、醒目、图案本身易被区分、记忆，通过隐寓、联想、概括、抽象等绘画表现方法表现被标识体，对其理念的表达概括而形象，但与被标识体关联性不够直接，受众容易记忆图案本身，但对被标识体的关系的认知需要相对较曲折的过程，但是一旦建立联系，印象较深刻，对被标识体记忆相对持久，如图 10.10 左所示。
- 特定文字：属于表意符号。在沟通与传播活动中，反复使用的被标识体的名称或是其产品名，用一种文字形态加以统一。含义明确、直接，与被标识体的联系密切，易于被理解，认知，对所表达的理念也具有说明的作用，但因为文字本身的相似性易模糊受众对标识本身的记忆，从而对被标识体的长久记忆发生弱化，如图 10.10 中所示。
- 合成文字：是一种表象表意的综合，指文字与图案结合的设计，兼具文字与图案的属性，但都导致相关属性的影响力相对弱化，为了不同的对象取向，制作偏图案或偏文字的 Logo，会在表达时产生较大的差异。例如，只对印刷字体做简单修饰，或把文字变成一种装饰造型让大家去猜，如图 10.10 右所示。

图 10.10

10.3.2 Logo的制作步骤

网站Logo通过使用Photoshop进行制作。步骤如下：

Step 01 打开Phoptoshop CS5，如图10.11所示。

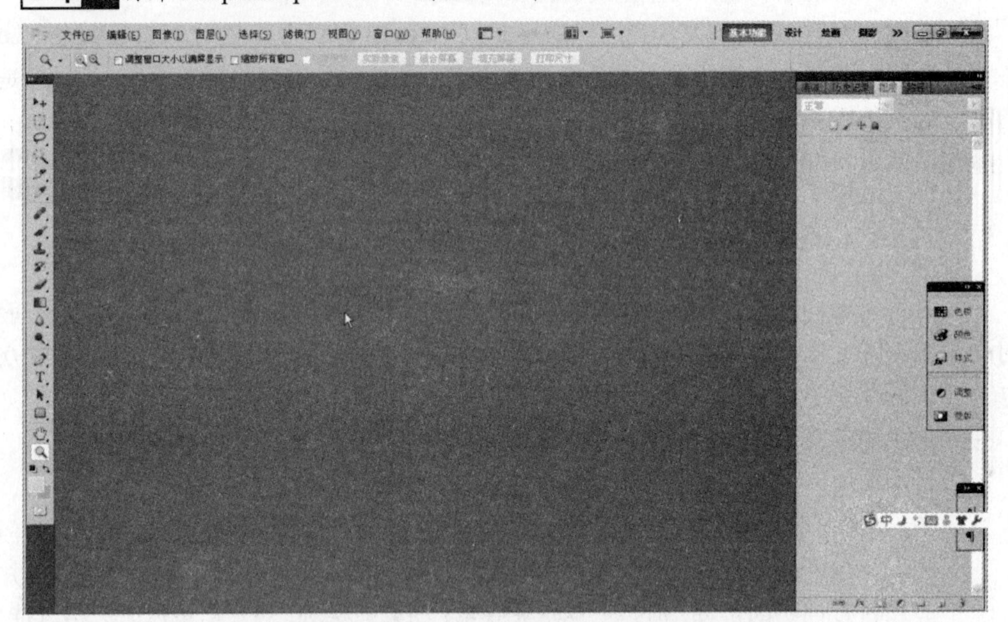

图 10.11

Step 02 单击【文件】→【新建】菜单命令，弹出【新建】对话框，如图10.12所示。

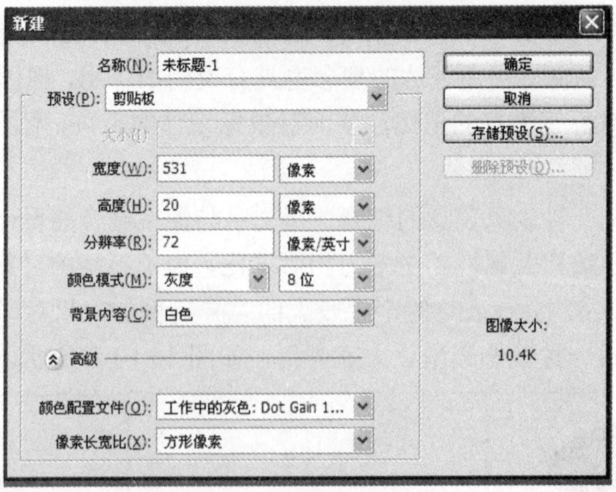

新建
名称(N): 未标题-1
预设(P): 剪贴板
大小(I):
宽度(W): 531 像素
高度(H): 20 像素
分辨率(R): 72 像素/英寸
颜色模式(M): 灰度 8位
背景内容(C): 白色
高级
颜色配置文件(O): 工作中的灰色: Dot Gain 1...
像素长宽比(X): 方形像素
确定
取消
存储预设(S)...
删除预设(D)...
图像大小:
10.4K

图 10.12

Step 03 并设置宽度为140像素，高度为70像素，背景内容为透明，如图10.13所示。

Step 04 在【新建】对话框中单击【确定】按钮，展开工作界面，如图10.14所示。

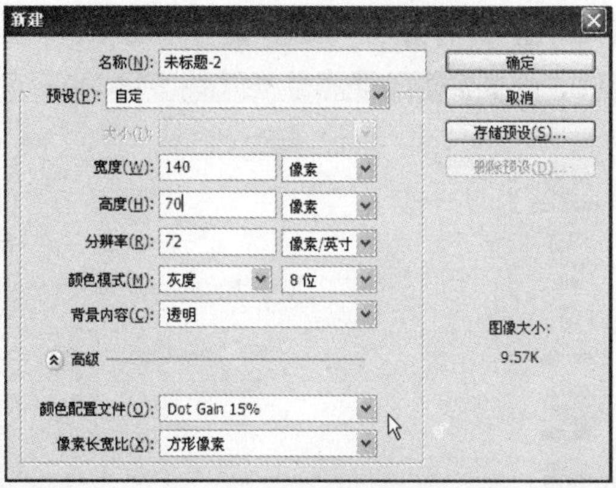

新建

名称(N): 未标题-2

预设(P): 自定

大小(I):

宽度(W): 140 像素

高度(H): 70 像素

分辨率(R): 72 像素/英寸

颜色模式(M): 灰度 8 位

背景内容(C): 透明

高级

颜色配置文件(O): Dot Gain 15%

像素长宽比(X): 方形像素

确定

取消

存储预设(S)...

删除预设(D)...

图像大小:

9.57K

图 10.13

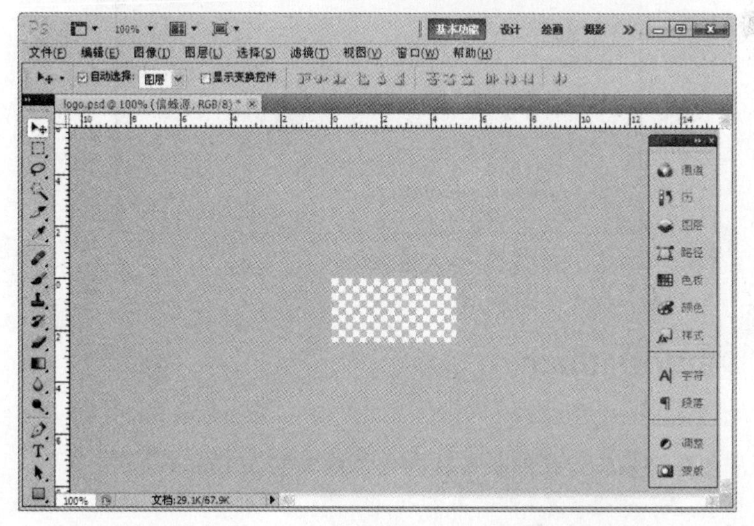

图 10.14

Step 05 选择工具箱中的字体工具，输入信蜂源，选择并调整颜色字体大小位置，如图 10.15 所示。

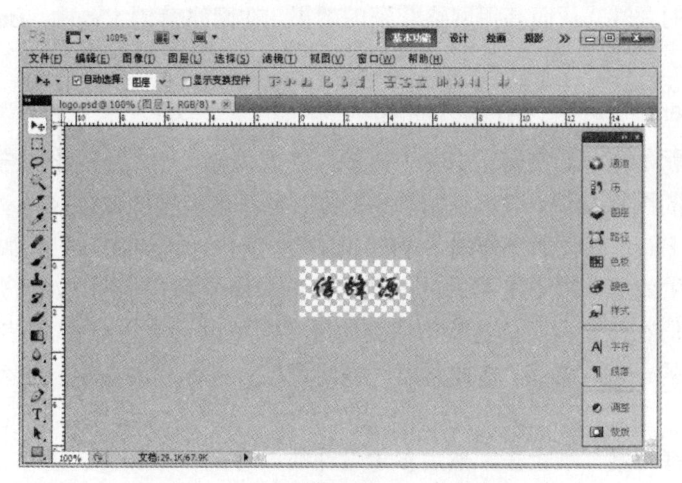

图 10.15

Step 06 最后单击【文件】，另存为 gif 格式，进行输出保存，如图 10.16 所示。

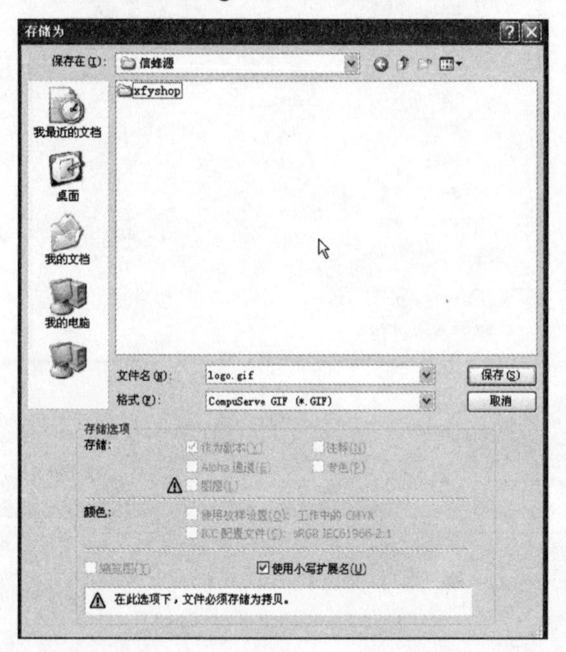

图 10.16

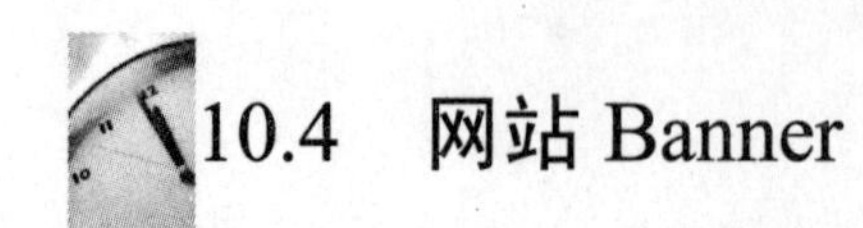

10.4 网站 Banner

网站中通常会有许多广告条的长条状图片，称为网站 Banner。

10.4.1 网站 Banner 简介

网站 Banner 一般可以放置在网页上的不同位置，在用户浏览网页信息的同时，能吸引用户对广告信息的关注，从而获得网络营销的效果。在网络营销术语中，Banner 是一种网络广告形式。

1. 什么是 Banner

Banner 是旗帜的意思，在网站中称为旗帜广告或横幅广告，是网络广告的主要形式，一般使用 GIF 格式的图像文件，可以使用静态图形，也可用多帧图像拼接为动画图像；但是现在最常用的是用 Flash 软件所制作的 SWF 动画视频文件，可以在其中添加更多的视频特效效果，如光效和生效等，较 GIF 格式的图像文件更加绚丽和具有视觉冲击效果。

Banner 是我们在浏览网页的过程中遇到的最多的网页元素之一了。笔者结合阿里巴巴网站和 taobao 网站的一些广告条，在此总结一些网页广告条制作的实用方法，希望对大家有些帮助。

首先是把所有元素都堆上去，然后参考设计的内容定一个颜色。

网页中的广告条可分为两类：

- 产品展示型，主要是对客户需要展示的产品做一个排版和设计。
- 可能是一个活动，没有产品展示，需要自己发挥更多。

客户提供的产品一般分两类：一类是有完整外观的，比如这双 NIKE 鞋；它本身就有一个很好的外形轮廓，一般都把这种产品单独扣出来进行制作，如图 10.17 所示。

图 10.17

另一类是没有明显外形特点的，比如图 10.17 下面的床上用品。这样的素材其处理方法就会有些特别。

2．环境的设计

从图 10.18 中可以看到，在边角用到的简单图形文字很快就表现出你想表达的东西，让人一目了然。这个点题的图形一般出现在两个角上，相对产品会显得比较大；但这并不绝对，我们需要灵活运用，如图 10.18 左所示。

另外，在颜色上拉一个渐变也会产生光线照射的感觉，能有效地丰富层次感。

如果基本元素的位置都放好了以后，觉得背景还是太过简单，我们可以试试加一些样式。下面给出几个例子应该会对大家有所启发。

在这个基本的环境搭建好以后，整个广告条的调子也基本确定了。接下来，我们只需把要展现的产品放进去，如图 10.18 右所示。

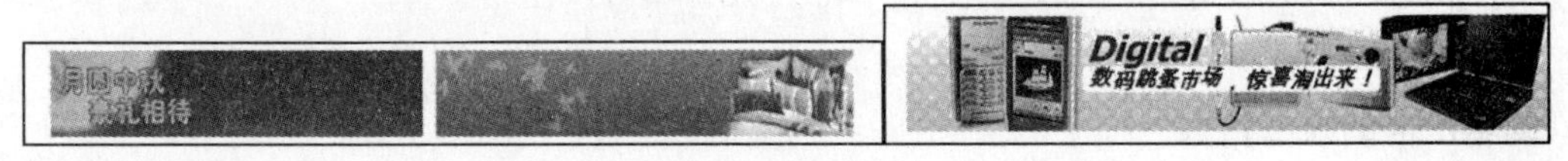

图 10.18

3．产品的展示

我们来分析一下图 10.17 中用到的两张图。月饼那张图中，里面的月饼盒都有漂亮明显的外形轮廓，所以我们选择把它们抠出来处理。可能有些图形轮廓比较难抠，抠出来以后会有毛刺。笔者在这里用的方法是加个外发光效果。本招操作简单但却超级必杀，问题马上解决。

床上用品这张图，由于没有外形轮廓的特点，我们给它加了一个外框来让几个物品摆放时感觉更加整齐。另外，如果前面一种抠出的效果排布起来还是感觉凌乱，或者产品本身比较迷你的话，我们也可以考虑加一个统一的背景来增加统一感。

4．字体的选择和样式设计

这个方面一直比较关注。字体选择的正确，往往就能把握住整个广告条的风格。一个广告条上的文字一般有大有小，要突出的字应当大一点并加个样式；有些需要活泼气氛的，不妨把字都独立出来，做个旋转效果，这样看起来就更加清爽活泼，如图 10.19 左所示。

下面举例一些字体及样式的设计给大家做个参考（主要是渐变/描边/做产生立体感的白细线），如图 10.19 右所示。

图 10.19

注意：字体样式和效果的使用要有节制，同一个广告条内的文字效果一般控制在 3 种以内，太多了会给人以眼花缭乱的感觉。

10.4.2 Banner 尺寸规范的益处

由于互联网技术日新月异的发展，新的网络广告形式也不断出现，如 Flash、SVG 等，网络广告的规格也体现出多样性，如近期出现的巨型网络广告等。这里强调网络广告的规范化并不是要将网络广告规格一刀切，网络广告也是需要不断创新的。但是应该有个较为规范的舞台，这样有利于网络广告的创作和广告主的投放选择。

广告规格尺寸规范具体如下。

1．网络广告的媒体特性

网络广告作为第四媒体的产物，仍需在一定程度上遵循媒体的要求，虽然互联网有着非常多的自由和创意空间，随着互联网走向大众，将网络广告规格规范化，会促使网络广告的进一步发展。

传统媒体的广告规格也是逐渐规范起来的，如电视、广播、报纸等。电视广告的规格是以秒作为单位，一般分为 5″、15″、30″、60″等；广播广告的规格也是以时间为单位，规格和电视广告比较类似；报纸广告是以版面尺寸为单位，一般以整版、半版、四分之一版、通栏、通版计算，实际尺寸会因报纸版面的大小（2 开、4 开等）而不同。传统媒体广告规格的规范化已经成为一种媒体发展必须的过程，在一定程度上表明广告媒体的成熟和壮大。

网络广告由于互联网自身的特性，制定规格不可能以时间为单位，以版面为单位又因为客户端显示器的大小、分辨率不同，广告版面在浏览器的大小比例也会有差别。但规范化的规格，仍有利于广告的销售、管理等，也使网络广告更加系统和规范，有利于其在多种广告媒体中的竞争。

2．有利于广告销售

网络广告规格的规范对其销售有着极为重要的作用，现在网站的数量很多，如果每个网站各自为政，网络广告规格不统一，那么广告主在投放广告时不得不制作各种不同规格的网络广告，这样既浪费网络广告制作的费用和时间，同时也影响广告主的投放选择。

微软曾经有个网络广告投放计划，预先选择了 14 家媒体网站，但经调查发现，14 家网站竟有超过 35 种不同的规格。要全部投放，需要花大量的时间进行网络广告的重新设计，最后只选择了 4 家规格比较规范的进行集中投放。可见不规范网络广告规格，对广告主的广告投放会有很大影响，有可能会失去不少潜在的广告机会。

虽然现在大部分网站开始采用国际上流行的网络广告规格标准，但对这一方面并没有足够的重视，网站为了更多的广告销售开始采用更大规格尺寸。IAB 推出的大规格网络广告也是对网络广告规格规范化而及时推出的再次规范标准，希望这种规格能够很好地采用，以免失去商机。也相信网络广告会逐渐进入企业形象识别系统（VI），成为企业广告宣传的重要选择之一。

3．有利于网络广告监测

网络广告比传统媒体广告的最大优势之一是可以有效地监测网络广告的发布情况，如播放次数、点击率等。规范的网络广告规格可以对不同网站相同规格的广告投放进行比较，可以分析在哪个网站的投放更有效果，从而将有限的资源放置到更合适的位置。

4．有利于网络广告的定价

网络广告的定价有不少形式，最常用的是 CPM（千印象费用），CPC（每点击成本）和 CPA（每行动成本）3 种计价法，它们的价格计算方法不同，如图 10.20 所示。

图 10.20

一般网站也会有针对性地推出两种或三种计价方法给客户选择。定价一般也是针对不同的规格收费会不同，如果按照规范标准规格去定价，有利于广告主对广告媒体的选择和评估。不然很难去评价不同网站的报价高低及其依据。

10.4.3 网站Banner的国际标准尺寸

国际上常用的Banner尺寸如下：468×60（全尺寸Banner）、392×72（全尺寸带导航条Banner）、234×60（半尺寸Banner）、125×125（方形按钮）、120×90（按钮类型1）、120×60（按钮类型2）、88×31（小按钮）、120×240（垂直Banner），其中468×60和88×31最常用，下面介绍常用的尺寸。

1．468×60全尺寸Banner

虽然尺寸为国际标准，但是在设计页面时，完全可以根据你的页面占用空间来制定Banner广告位和广告条大小。

一个页面内不易超出两个468×60 全尺寸Banner。两个条时，一般是上面一个，下面一个。设计Banner配合页面的两种情况：单看Banner很难看，但是放入网页中，却会使网页设计丰富而炫目，也就是468×60全尺寸Banner 有这本事了。还有设计时必须要考虑Logo与别的站互换时如何更适合他人网页的风格，所以该多做一些不同颜色不同情况的Banner。

2．88×31 的Banner

大家俗称为Logo。好的Banner也要符合网站的风格。经常遇到一个很棒的Banner，点开却是很难看的主页。虽然有被欺骗的感觉，但是从行销的角度讲，它设计得越好，点击率越高，也就越成功。

例如，在某些位置，88×31的Banner也可以用来丰富页面。这样的情况很少见，值得注意。

10.5 网站Banner设计指南

由于本实例的Banner设计也是纯文字，在制作步骤上与Logo有很多一致的情况，这里不再赘述。下面讨论Banner设计的注意要点和Banner在网站广告设计中的应用。

10.5.1 Banner设计的注意要点

设计Banner时需要注意以下几点。

- Banner上的字体：建议采用Bold Sans Serif字体。
- Banner上文字的方向：文字的方向应尽量调整为一个方向，这样更容易被浏览者从一个方向读到。
- Banner上图片的位置：图片是视线的第一焦点，浏览者会随着图片看过去，所以图片应该放在Banner的左边，如图10.21左所示。

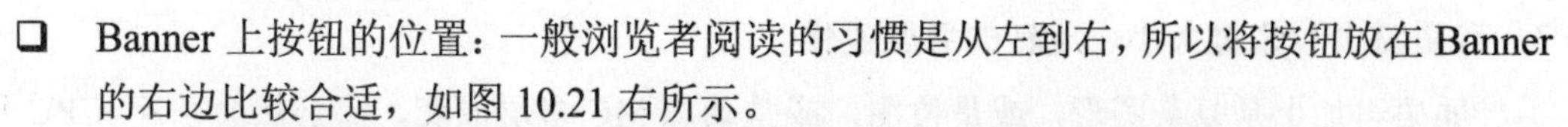

- Banner 上按钮的位置：一般浏览者阅读的习惯是从左到右，所以将按钮放在 Banner 的右边比较合适，如图 10.21 右所示。

图 10.21

- Banner 上文字的间距：一般情况下，文字越小，间距越大，这样可以提高文字的可读性。而文字越大，间距就应越小。
- Banner 上文字的数量：文字数量尽量不要太多，这样更容易被浏览者看到。
- Banner 上的文字之间应尽量留空：这样更容易做出精彩的动画效果。
- Banner 的大小：网站 Banner 被浏览者观看时，需要下载 Banner，所以 Banner 不宜设置的太大。

10.5.2　Banner 在网站广告设计中的运用

网站中 Banner 设计会严重影响广告投放效果，在此建议，在设计网站 Banner 广告时应考虑到以下问题。

1．减少矢量图形路径的节点数

矢量图形显示是由计算机通过 CPU 即时运算得到的，矢量图形通过对节点的位置定义、线的曲度定义、面的填充色的各种属性定义来得到图形，而作为基本元素点的数量直接影响到线、面的数量，也就影响到 CPU 占用量。

2．重复使用文字、Logo 时尽量用位图

这是在下载字节量和 CPU 占用量间做一个平衡，因为文字本身就是比较复杂的矢量图形，然而很多情况下作为背景和装饰使用时不需要矢量的清晰程度，这时使用位图会很大程度地降低 CPU 消耗，并把部分消耗转移到显卡的 CPU 和内存上。只要位图的绝对面积不太大，使用位图和矢量的字节量差异不大。

3．尽量用小的位图作为颜料填充

填充一些重复的图形、肌理式的背景，导入一张可作四方连续的底图，用于一些特殊效果。

4．尽量减少动态 MC 的多层嵌套

多层嵌套会导致 CPU 对图形、位置、大小等数据不断重复计算，加重 CPU 负荷。

5．避免多个 MC 在同一帧内运动

多个 MC 同时运动会造成 CPU 峰值高涨，播放速度减慢，可以在设计创意时加以避免，把 MC 的运动比较平均地放在不同帧，避免集中。

6．避免大面积位图的移动、变形

避免大面积位图的移动、变形，能在外部软件中变形的，就不要放到 Flash 中来做，放大缩小后再导入。

7. 尽量减少 MC 做大小、旋转的急剧变化

如果再加上是复杂图形，或是位图，或是动态 MC 多层嵌套，那必然会引起 CPU 使用峰值的急剧升高，图像会忽然变得很慢。

8. 尽量减小 Flash 动画所占的屏幕比例

也可以理解为尽量做的面积小一些，或是包含运动的区域小一点。例如，做遮幅以减少动画面积，较大的底图上做些有创意的小面积动画。只利用 Flash 做透明的关键动画，使它浮在底图上，这样既结合底图减少 CPU 占用，又可以分成 Flash 和图片两个线程下载，加快了下载速度。

9. 减少每秒帧数

在效果损失不大的情况下，尽量减少每秒帧数。

10. 其他注意事项

- 一定要设置背景颜色，因为投放网站不会每次为你改 HTML 的背景色代码。
- 尽量针对不同尺寸的 Banner 单独制作 Flash，而非做出一个后，用 HTML 放大缩小。
- 静态文字在导出前统统打散，可以减少文件大小，如果嫌以后修改麻烦，可以先复制一个引导层放原始文字。
- 所有的图片在外部用图像压缩工具压缩，比如 Photoshop，最好是 Fireworks，不要用 Flash 中的压缩。
- 能用纯色，尽量用纯色，不能用的话也尽量用不透明过渡色，尽量少用透明过渡色，少用透明渐变。
- 千万不要在网站的 Banner 中加声音，大忌。

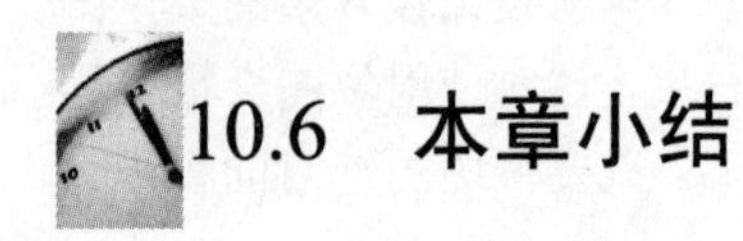

10.6 本章小结

本章主要介绍两部分内容：怎么设计 Logo 和 Banner。需要重点掌握的是 Logo 的规划和制作，以及 Banner 的设计要点。

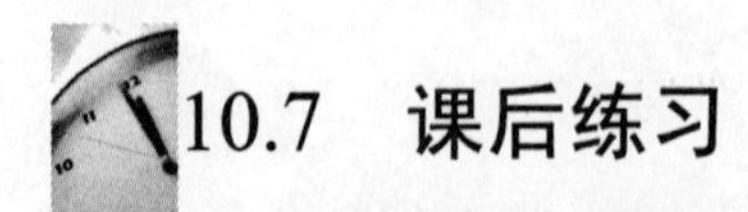

10.7 课后练习

1. Logo 规划需要考虑哪些要素？
2. Logo 制作步骤有哪些？
3. Banner 设计要点是什么？

第11小时　网站效果图的切图与布局

网页效果图出来之后，接着根据效果图去实现table表格化或者DIV+CSS版式，这个中间过程就需要用到切图，规划良好的切图有时可以直接作为最终的table化页面的结果。

11.1　切图基础与技巧

制作网页时，首先需要将网页要展现的样式分为几块，也就是通常所说的切图功能。

11.1.1　切图的概念

制作网页，很多时候，首先要用图片处理软件制作出网页的效果图。效果图做好是一幅完整的图片，不可能把这一整张的图片都用在网页中。把效果图中有用的部分剪切下来作为网页制作时的素材，这个过程就是切图。

11.1.2　切图的意义

切图在网站制作过程中扮演一个效果图到页面转换的过程，归纳起来有以下作用：

- 实现效果图到HTML页面或者DIV+CSS过程的转换。
- 加快网页浏览的速度，如果网页中一个图片过大，影响网页打开速度，把大图切成小图后可以提高网页打开速度。
- 切图可以把设计过程中的文字信息和图片信息进行分开。

11.1.3　切图原则技巧

切图像其他工作一样，也是讲求一定的原则和技巧，只有掌握和运用这些技巧，才能提高工作效率和达到理想的结果。

- 图切的尽可能小。
- 一行一行地切。
- 背景切成小条条。
- 切片尽可能少。

注意：图片应该是平均切，而不是大一块，小一块的，以免图片出现速度不平衡，切图切的好不好，在我们打开这个站点时看到图片出来的先后顺序和速度是可以发觉的。

11.2 PhotoShop 切图步骤

最常用的切图工具还是 Photoshop，在掌握切图原则后，就可以动手实际操作。主要有以下 4 步。

1. 用 Photoshop 打开需要切图的图片文件

Step 01 打开 Photoshop，选择【文件】→【打开】菜单命令，如图 11.1 所示。

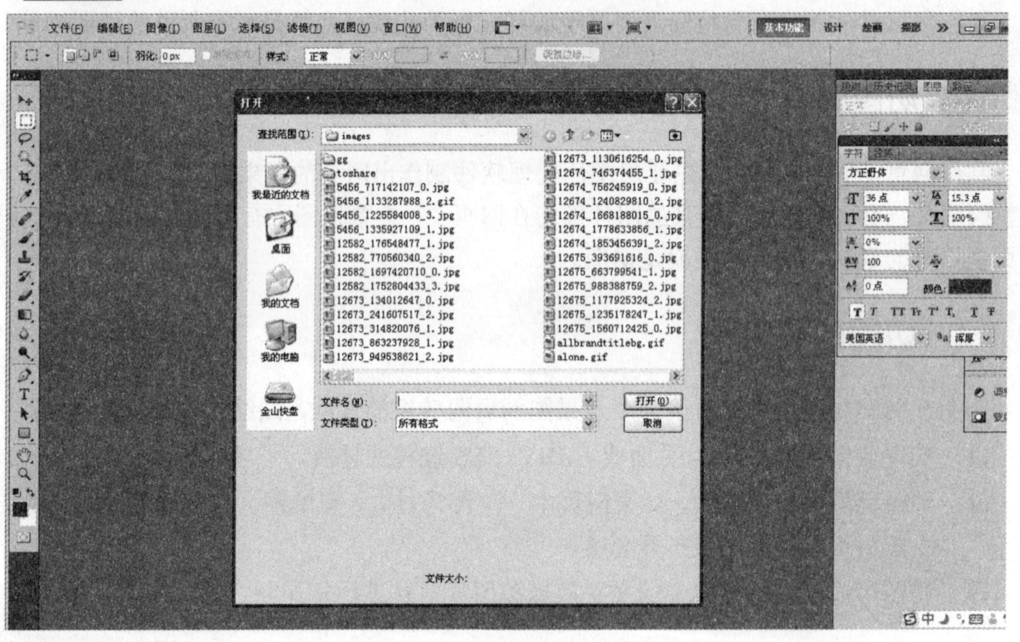

图 11.1

Step 02 选择需要切图的文件，单击【打开】按钮。

2. 使用 Photoshop 切片工具进行切图

在 Photoshop 左侧的工具栏中选择切图工具，根据事先的规划进行切图，效果如图 11.2 所示。

3. 保存为 html 格式

Step 01 切图完成后，选择【文件】→【存储为 Web 所用格式】菜单命令，如图 11.3 所示。

图 11.2

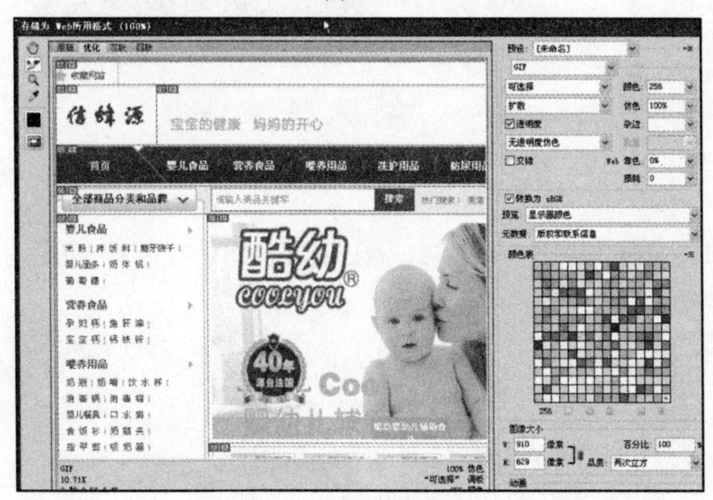

图 11.3

Step 02 单击【完成】按钮即可。

如果是使用 table 表格，还需要用 Dreamweaver 进行调整生成的表格。

提示：在切图过程中，如果有格式一致的重复项，我们只需切一次，其他重复项通过调整 table 表格，使它正常。这样做的好处有两点，一是避免重复劳动，二是保证每个重复项表格图片大小统一一致。

11.3 使用 DIV+CSS 来实现切图

信蜂源孕妇商城设计的效果图如图 11.4 所示。

图 11.4

通过使用 Photoshop 切图进行切图后，然后书写的 DIV+CSS 样式表。

部分样式表如下：

```
/* ====================
公共样式
==================== */
body{background:#fff; font-size:12px; font-family:"宋体",Verdana, Arial; line-height:150%;
margin:0px 0 0 0; padding:0; color:#363636;}
div{margin:0 auto; padding:0;}
h1,h2,h3,h4,h5,h6,ul,li,dl,dt,dd,form,img,p{
margin:0; padding:0; border:none; list-style-type:none;
}
.block{
  width:990px; height:auto;
}
.indexOuter{width:990px; margin:0px auto 0px auto; }
.f_l{float:left;}
.f_r{float:right;}
.tl{ text-align:left;}
.tc{ text-align:center;}
```

```
.tr{ text-align:right;}
.dis{display:block;}
.inline{display:inline;}
.none{display:none;}
.dashed{background:url(images/lineBg.gif) repeat-x left top; color:#3f3f3f; padding:2px 0
3px 12px;}
.clearfix:after{
content:"."; display:block; height:0; clear:both;
visibility:hidden;
}
*html .clearfix{
 height:1%;
}
*+html .clearfix{
 height:1%;
}
/* 英文强制换行 */
.word{word-break:break-all;}

  /* 边框 */
  .B_blue{border:1px solid #e2e2e2;}
  .B_input{border:1px solid #ccc;}
  .inputBg{border:1px solid #b3b3b3; background:url(images/inputbg.gif) repeat-x left top;
height:18px;}
  /* 字体颜色 ecmoban.com */
  .f1{color:#df0032; font-weight:bold}
  .f2{color:#666666; font-weight:bold; margin-right:15px;}
  .f3{color:#9e9e9e;}
  .f4{color:#DC0000;}
  .f4_b{color:#DC0000; font-weight:bold;}
  .f5{ font-size:14px; font-weight:bold;}
  .f6{color:#006bd0;}
  .market{ font-size:12px; text-decoration:line-through; color:#999}
  .shop{color:#DC0000; font-size:14px; font-weight:600;}
  .market_s{text-decoration:line-through; color:#878787;}
  .shop_s{color:#DC0000; font-weight:bold}
.clear{clear:both; }
/* 字体颜色 */
.font_gary{ color:#878787; }
.font_black{ color:#333; }
.font_red{ color:#dc0000; font-family:"Arial"; }
.font_blue{color:#0068ae; }
.font_yellow{ color:#fc8c00; }
.font_green{ color:#090; font-family:"Arial"; }
/* 链接颜色 */
a{color:#333; text-decoration:none; }
```

```
a:hover{color:#dc0000; text-decoration:underline; }
a.yel{color:#f2ab12; text-decoration:none; }
a.yel:hover{color:#f2ab12; text-decoration:underline; }
a.white{color:#fff; text-decoration:none; }
a.white:hover{color:#fff; text-decoration:none; }
a.red{color:#cc0000; text-decoration:underline; }
a.red:hover{color:#cc0000; text-decoration:underline; }
a.blue{color:#005687; text-decoration:underline; }
a.blue:hover{color:#005687; text-decoration:underline; }
  /* 按钮部分 */
  .bnt_blue{
background:url(images/bg.gif) no-repeat 0px 0px; width:52px; height:21px;
text-align:center;    line-height:22px;    color:#333;    border:none;    cursor:pointer;
overflow:hidden
  }
  .bnt_blue_1{
background:url(images/bg.gif) no-repeat 0px -663px; width:77px; height:21px;
text-align:center;          line-height:22px;          color:#333;          border:none;
cursor:pointer;overflow:hidden
  }
  .bnt_blue_2{
background:url(images/bg.gif) no-repeat 0px -696px; width:139px; height:21px;
text-align:center;          line-height:22px;          color:#333;          border:none;
cursor:pointer;overflow:hidden
  }
  .bnt_bonus{
background:url(images/bg.gif) no-repeat -56px 0px; width:52px; height:21px;
text-align:center;          line-height:22px;          color:#333;          border:none;
cursor:pointer;overflow:hidden
  }
  /*box from ecmoban*/
  .box{ overflow:hidden;}
  .box_1{border:1px solid #E8E8E8; background-color:#fff;}
  .box_2{border:1px solid #d2d2d2; background:url(images/box_2Bg.gif) repeat-x top left;
  background-color:#edf8fe;  overflow:hidden;
  }
  .boxCenterList{padding:8px;}
```

更多具体样式请查看 CSS 目录下的 style.css 文件。

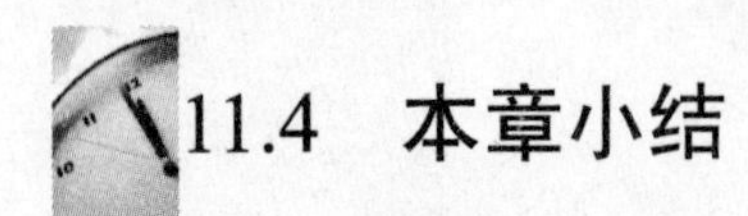

11.4 本章小结

本章主要介绍两部分内容：切图的原则和技巧，切图的步骤。重点掌握切图的原则和技巧，以及切图步骤。

11.5 课后练习

1．切图的意义是什么？

2．切图有什么原则和技巧需要遵循？

第12小时　动态网站数据库的规划与设计

如果要创建动态网站，那么数据库就是动态网站的灵魂，没有数据库，建立的网站就仅仅是一个或几个网站页面的组合。本章主要对数据库及库中各表的创建方法进行学习。

12.1　熟悉数据库

信蜂源孕妇商城使用 Access 2003 作为数据库平台，它提供了 7 种用于构造数据库系统的对象，将数据储存、查询操作、用户界面操作、报表打印等设计工作规范化，使数据库系统开发人员能够快速、方便地制作出符合要求的数据库系统。

12.1.1　Access 2003 的常用对象类型

Access 2003 的常用对象类型如下：

- 表对象：数据库最主要的基本对象，用来存储数据信息，是整个数据库系统的数据源。
- 查询对象：Access 将用户建立的查询准则作为对象保存下来。查询的结果是一种临时表，查询的数据来源是表或其他查询。查询主要用来检索和查看数据。
- 窗体对象：用户自己定义的窗口称为窗体。用户可以在窗体中显示表的信息，通过增加命令按钮、文本框、标签等对象，方便地为用户提供操作界面和显示数据。
- 报表对象：报表可以将数据库中的数据以设定的格式进行显示和打印，同时提供一定的计算功能。

12.1.2　创建新的数据库

创建数据库是用 Access 进行数据处理的第一步。Access 2003 提供了以下两种创建数据库的方法。

1．创建空数据库

先创建一个空的数据库，然后再添加表、窗体、报表及其他对象。

2．使用数据库向导

使用“数据库向导”，仅一次操作就可以为所选择的数据库类型创建所需的表、窗体及报表，这是开始创建数据库最简单的方法。不管使用哪一种方法，在创建数据库后，在任何时候都可以修改或扩展数据库。

Step 01 选择【文件】→【新建】菜单命令，在弹出的右侧选择新建空数据库，如图 12.1 所示。

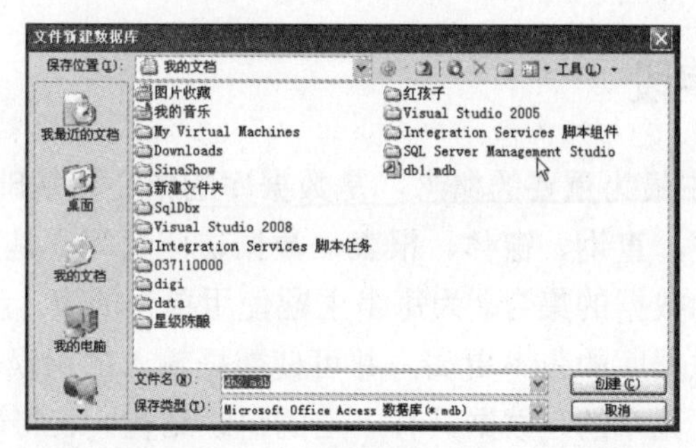

图 12.1

Step 02 输入数据库名 db2.mdb，单击【创建】按钮，数据库便创建成功，如图 12.2 所示。

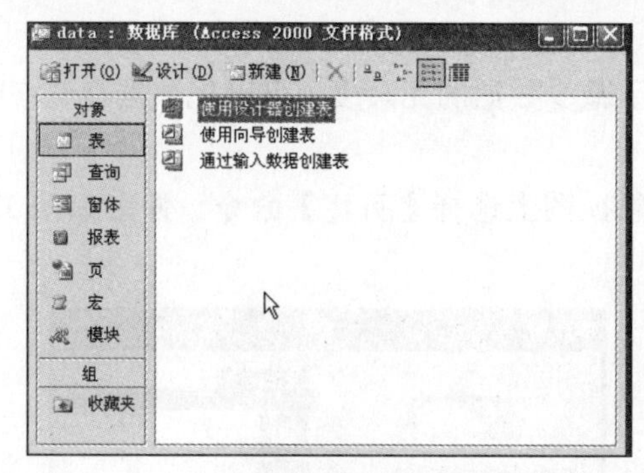

图 12.2

Tips 知识链接

数据库窗口工具栏中的命令介绍如下：

- 【打开】按钮：单击此按钮．打开选定的数据库对象。
- 【新建】按钮：单击此按钮，新建已选定类型的数据库对象。
- 【设计】按钮：单击此按钮，打开选定数据库对象的设计视图。
- 【删除】按钮：单击此按钮，删除选定的数据库对象。
- 【大图标】按钮：单击此按钮，以大图标的形式列出与选定对象类型相符的数据库对象。
- 【小图标】按钮：单击此按钮，以小图标的形式列出与选定对象类型相符的数据库对象。
- 【列表】按钮：单击此按钮，以小图标的形式列出与选定对象类型相符的数据库对象，并以列表的形式列出。
- 【详细信息】按钮：单击此按钮，列出与选定对象类型相符的数据库对象的详细信息、名称、说明、最近修改日期、创建日期、类型、所有者。

对数据库对象进行切换时，单击对象控制面板上的相应对象类型即可。加边框的即为选中的数据库对象类型。

12.1.3 创建表和字段

表是 Access 数据库中最为重要的概念，是数据库的核心和基础。在 Access 数据库中，所有的数据都存储在表中，查询、窗体、报表、数据访问页等都是建立在数据表的基础上。每一个表都是一个主题的数据的集合。为每个主题使用单个的表，意味着用户仅需要存储数据一次，这样做可以使数据库的效率更高，并可使数据输入的错误较少。

表中的数据不是杂乱无章的，数据具有一定的组织结构。表将数据组织到行（记录）和列（字段）中。其中，一个记录代表一个实体，每个字段存储着对应于实体的不同属性的数据信息。在每一个表中有关键字，可以是一个字段或者是多个字段的组合。关键字用来区分不同的记录。

在一个数据库中，为了减少数据的冗余度，可以把数据存储在不同的表中，以关系来表示表和表之间的联系。

Step 01 在数据库对象视图上选择【新建】命令，弹出如图 12.3 所示的【新建表】对话框。

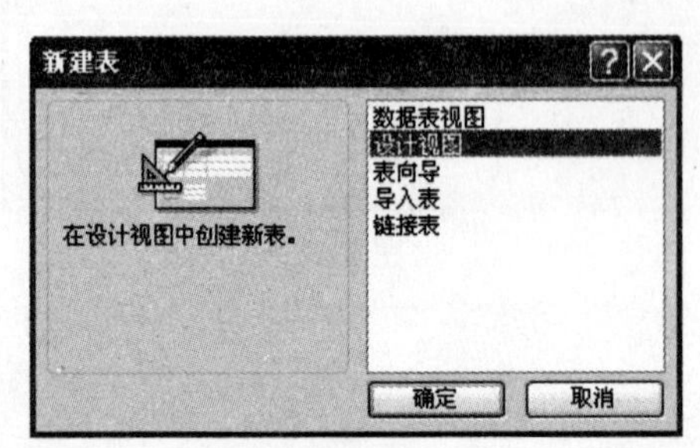

图 12.3

Step 02 选择设计试图，单击【确定】按钮，如图 12.4 所示。

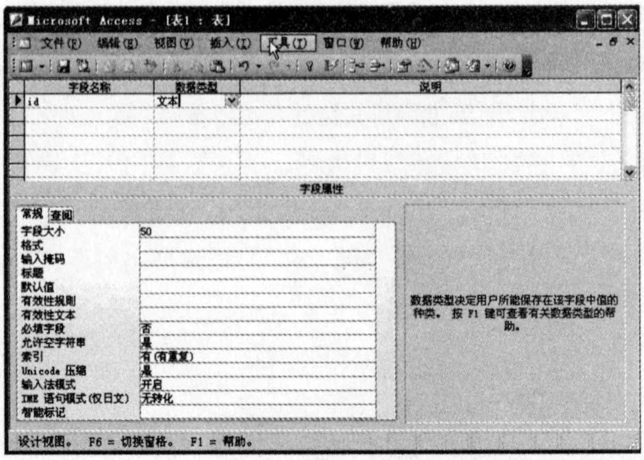

图 12.4

Step 03 创建管理员表，它有三个字段，id,username,password，在图 12.3 中依次输入，选择合适数据类型，单击【保存】按钮，在提示保存名称中输入 admin，这样第一个表便创建好了，根据需要依次创建其他数据表，如图 12.5 所示。

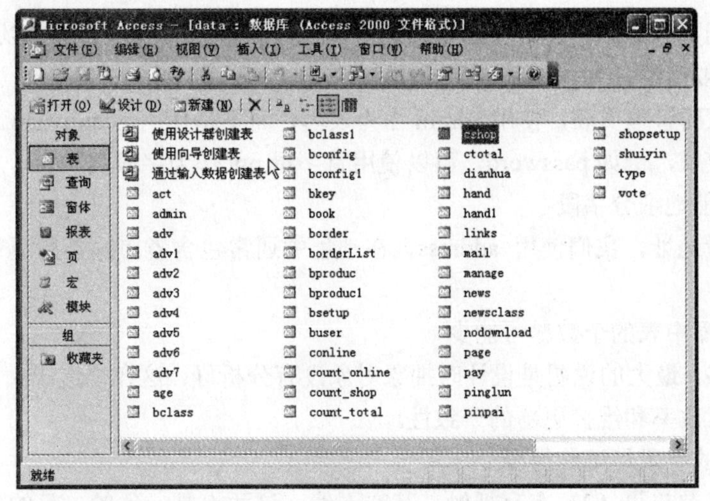

图 12.5

12.1.4　定义主关键字

在创建表时，还有一项工作是定义主关键字，在设计视图模式下，打开 admin 表，选中 username 字段行，单击菜单上的钥匙按钮，如图 12.6 所示。

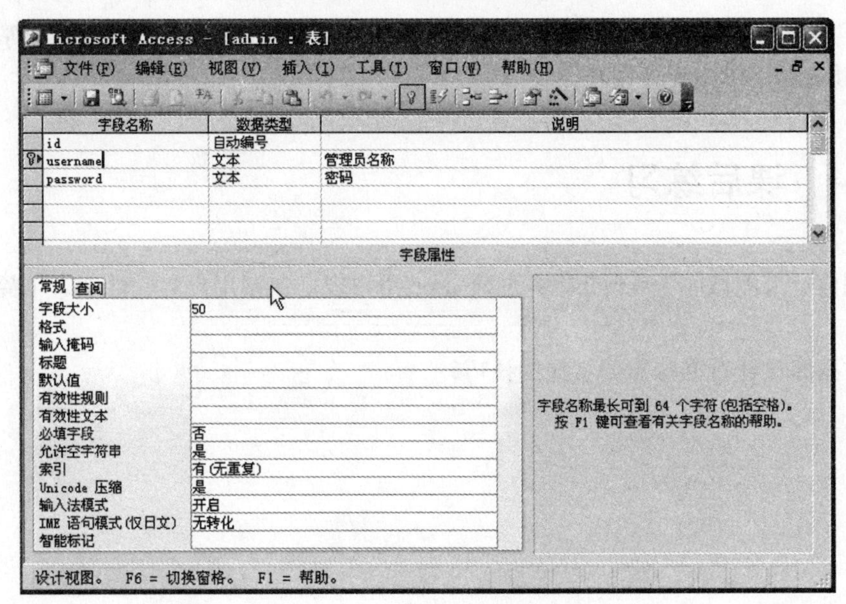

图 12.6

然后保存，其他表根据使用情况，用同样的步骤依次创建主键。

12.2 数据库设计技巧

为了使数据更有效率，提高数据检索速度，在设计数据表时可以参考以下技巧：

（1）命名要简洁，并体现其应用或功能

例如，这里的管理员表，使用admin作为表名，而不是使用guanliyuan这样的名称。另外有些词语比较长，例如password，可以使用首字母pw作为字段名。

（2）尽可能地细分字段

例如，收货地址，我们使用 address，在地址中通常包含省市区县街道号，这就是我们拆分的依据。

（3）数据库中表的个数尽可能少

表的个数多，最大的说明是设计时抽象对象没有分析好，这样会造成大量重复数据，不利用数据库检索效率和维护更新的一致性。

（4）表中的字段尽可能得少

初看这点好像与第（2）点有抵触，其实不然，这两点是一致的，目的是让细分字段保证独立性、完整性和有意义性。

12.3 本章小结

本章主要介绍两部分内容：Access数据库的创建设计和设计技巧。需要重点掌握的是数据库的创建表和字段与设计技巧。

12.4 课后练习

1．创建一个测试库test.mdb，并创建user用户表，包括用户名、性别、年龄、住址、联系方式。

2．数据库设计有哪些需要掌握的技巧？

第 13 小时　构建动态网站运行环境

在动手制作动态页面之前还需要关键的一步，动态 Web 服务器平台搭建。动态网页之所以能被解释执行，是因为 Web 服务器在进行处理。本章主要讲解 IIS 服务器平台搭建。

13.1　认识动态网页

所谓动态网页，是网页文件中不但含有 HTML 标记，而且是建立在 B/S（浏览器与服务器）架构上的服务器端脚本程序。在浏览器端显示的网页是服务器端程序运行的结果。动态网页文件的扩展名根据不同的程序语言来设定，如 ASP 文件的扩展名是.asp。

动态网页与网页中的无动画效果（如网页含有各种动画、动态图片、一些行为引发的动态事件等）无关。动态页面最主要的特点是结合后台数据库，自动更新页面。建立数据库的连接是页面通向数据的桥梁，任何形式的添加、删除、修改、检索等都是建立在连接的基础上的。

例如，网站中的信誉投票模块是一个通过在首页投票，并显示出投票结果的动态网页，如图 13.1 所示。

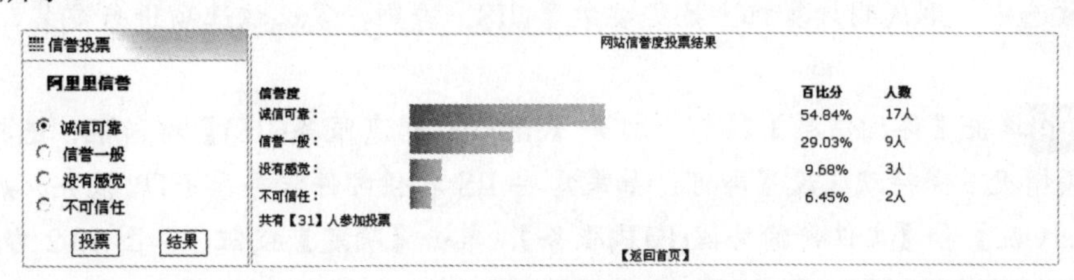

图 13.1

动态网页发布技术的出现使得网站从展示平台变成了网络交互平台。Dreamweaver 在集成动态网页的开发功能后，由网页设计工具变成了网站开发工具。Dreamweaver 提供众多的可视化设计工具、应用开发环境以及代码编辑支持，开发人员和设计师能够快捷地创建代码应用程序，集成程度非常高，开发环境精简而高效。

动态网页的特点可以归纳为以下几点。

- ❑ 交互性：动态网页会根据用户的需求和选择而发生改变和响应，将浏览器作为客户端界面。
- ❑ 自动更新：动态网页以数据库为基础，无须手动更新 HTML 文档，便会自动生成新的页面，可以大大降低维护网站的工作量。
- ❑ 因时因人而变：动态网页能够根据不同的时间、不同的访问者而显示不同的网页内容。根据用户的即时操作和即时请求，动态网页的内容会发生相应的变化，如常见的留言板、BBS、聊天室等就是用动态网页来实现的。

采用动态网站技术而生成的网页都称为动态网页。动态网站建设就是网站中的网页使用 ASP、PHP、ASP.NET、JSP 等程序语言进行编写，并且网页中某一部分或所有的内容通过数据库连接，然后将数据库中的数据显示在网页相应的位置上。

13.2 搭建服务器平台

目前，网站的服务器一般安装在 Windows NT、Windows 2000 Server 或 Windows XP 操作系统中，这 3 种系统中必须安装 IIS（Internet Information Server，互联网信息服务）才能运行动态网站。下面以 Windows XP 为例讲述 IIS 的安装和设置方法。

13.2.1 IIS 的安装

安装 IIS 组件的具体步骤如下。

Step 01 选择【开始】→【设置】→【控制面板】命令，打开【控制面板】窗口，在【控制面板】窗口中双击【添加或删除程序】，打开【添加/删除程序】窗口。

Step 02 在【添加/删除程序】窗口左侧单击【添加/删除 Windows 组件】按钮，启动 Windows 组件向导。

Step 03 在【Windows 组件向导】对话框中选中【Internet 信息服务(IIS)】选项，如该复选框已经被选中，则说明计算机上已经安装了 IIS。否则，复选该选项进行安装，如图 13.2 左所示。

Step 04 单击【详细信息】按钮，打开【Internet 信息服务(IIS)】对话框，选择 IIS 的子组件，一般情况下保持默认设置即可。如果需要 IIS 提供邮件服务和 FTP 服务，则可以选中【SMTP Service】和【文件传输协议(FTP)服务】，单击【确定】按钮，如图 13.2 右所示。

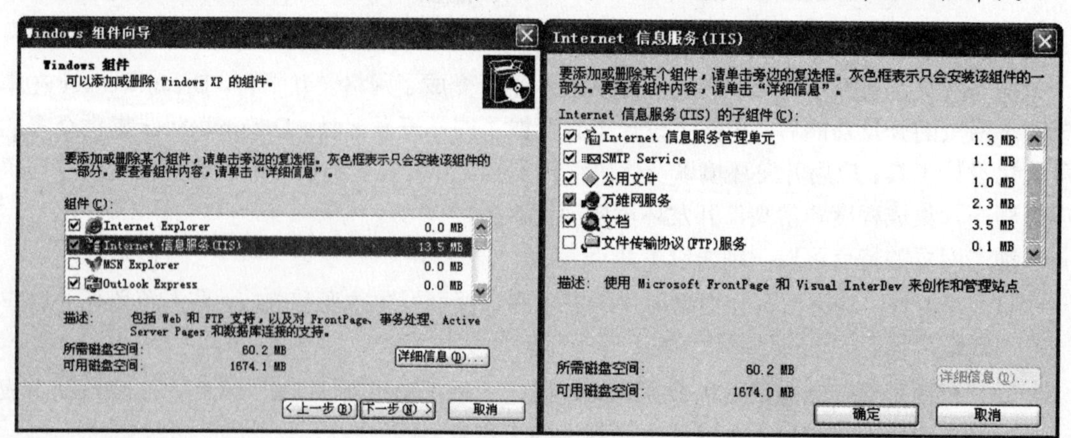

图 13.2

Step 05 然后在打开的对话框中单击【下一步】按钮开始安装，安装期间可能会要求插入系统安装盘。

Step 06 此时插入系统安装盘，然后单击【确定】按钮后，单击【浏览】按钮，选择安装盘目录下的“i386”目录，再单击【确定】按钮进行安装，即可完成安装步骤。

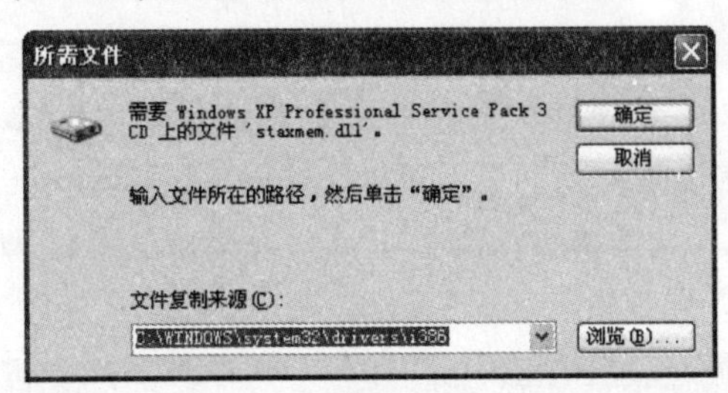

图 13.3

13.2.2　设置服务器

利用 Internet 信息服务（IIS）管理器，可以创建用来承载 ASP.NET Web 应用程序的本地网站。下面介绍如何创建本地网站以及如何将它配置为运行 ASP.NET 页，以在 Windows XP 中配置 IIS 为例介绍 IIS 的配置。

Step 01 在【控制面板】窗口中双击【管理工具】，然后再双击【Internet 信息服务(IIS)】选项，启动 IIS 管理器，如图 13.4 左所示。

> 提示：在 Windows XP 的 IIS 管理器中只有一个默认站点，不可以新建多个站点。在 Windows Server 版本中，可以新建多个站点。可以对默认站点的属性进行修改。

Step 02 展开【本地计算机】，再展开【网站】节点，选中【默认网站】选项，打开 Internet 信息服务本地网站窗口，如图 13.4 右所示。

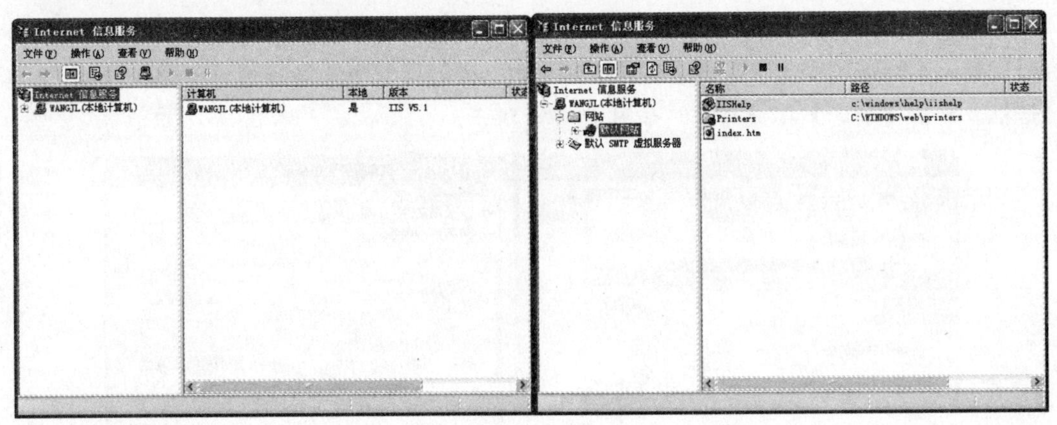

图 13.4

Step 03 单击鼠标右键，在弹出的快捷菜单中选择【属性】选项，打开【默认网站 属性】对话框。

Step 04设置站点的 IP 地址和端口。在【默认网站 属性】对话框的【网站】选项卡中，将【IP 地址】设置为“全部未分配”，【TCP 端口】设置为“80”，如图 13.5 左所示。

Step 05设置网站文件的目录位置和执行权限。单击【主目录】选项卡，在【连接到资源时的内容来源】中选中【此计算机上的目录】单选按钮，【本地路径】文本框中默认为“c:\inetpub\wwwroot”，这说明站点网页放置在 c:\inetpub\wwwroot 目录下。选中【脚本资源访问】和【读取】复选框，在【执行权限】下拉列表框中选择【脚本和可执行文件】选项，如图 13.5 右所示。

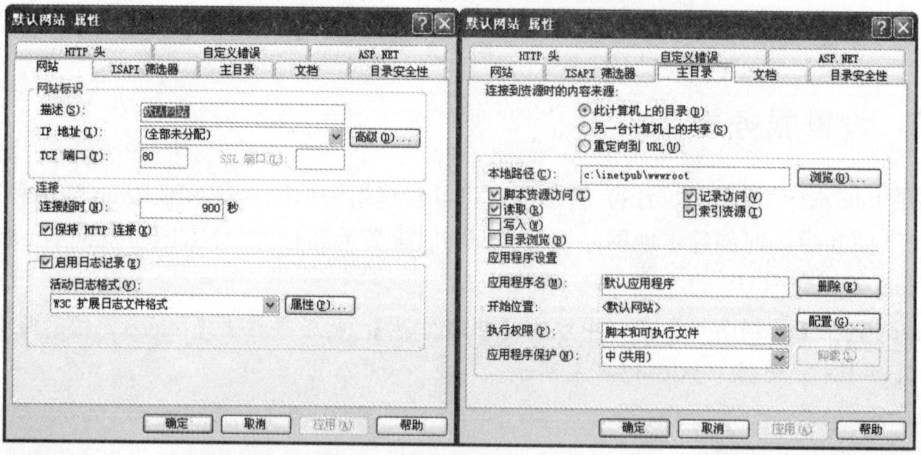

默认网站 属性
HTTP 头 自定义错误 ASP.NET
网站 ISAPI 筛选器 主目录 文档 目录安全性
网站标识
描述(S): 默认网站
IP 地址(I): (全部未分配) 高级(D)...
TCP 端口(T): 80 SSL 端口(L):
连接
连接超时(N): 900 秒
保持 HTTP 连接(K)
启用日志记录(E)
活动日志格式(V):
W3C 扩展日志文件格式 属性(P)...
确定 取消 应用(A) 帮助

默认网站 属性
HTTP 头 自定义错误 ASP.NET
网站 ISAPI 筛选器 主目录 文档 目录安全性
连接到资源时的内容来源:
此计算机上的目录(D)
另一台计算机上的共享(S)
重定向到 URL(U)
本地路径(C): c:\inetpub\wwwroot 浏览(O)...
脚本资源访问(T) 记录访问(V)
读取(R) 索引资源(I)
写入(W)
目录浏览(B)
应用程序设置
应用程序名(M): 默认应用程序 删除(E)
开始位置: <默认网站>
执行权限(P): 脚本和可执行文件 配置(G)...
应用程序保护(N): 中(共用) 卸载(L)
确定 取消 应用(A) 帮助

图 13.5

Step 06添加网站启动网页文件。单击【文档】选项卡，在该选项卡中添加打开网站后要启动的网页文件名即可。可以添加多个，网站启动时会在网站的主目录中从上到下搜索添加的启用默认文档，直到找到匹配的文档，然后打开该网页。这里添加 index. htm，删除所有其他的选项，如图 13.6 左所示。

Step 07添加匿名访问用户。选择【目录安全性】选项卡，单击【编辑】按钮，在【身份验证方法】对话框中选中【匿名访问】复选框，单击【确定】按钮返回【默认网站 属性】对话框，单击【确定】按钮即可，如图 13.6 右所示。

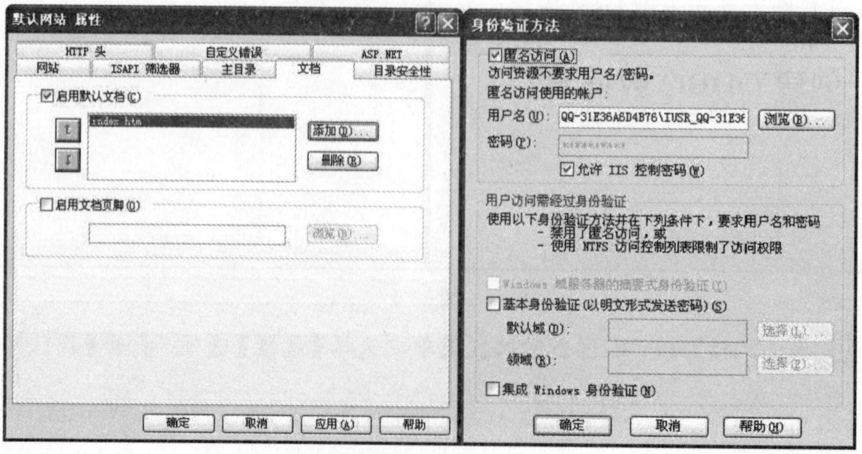

默认网站 属性
HTTP 头 自定义错误 ASP.NET
网站 ISAPI 筛选器 主目录 文档 目录安全性
启用默认文档(C)
index.htm 添加(D)... 删除(R)
启用文档页脚(O)
浏览(B)...
确定 取消 应用(A) 帮助

身份验证方法
匿名访问(A)
访问资源不要求用户名/密码。
匿名访问使用的帐户:
用户名(U): QQ-31E36A6D4B76\IUSR_QQ-31E3(浏览(B)...
密码(P):
允许 IIS 控制密码(W)
用户访问需经过身份验证
使用以下身份验证方法并在下列条件下，要求用户名和密码
- 禁用了匿名访问，或
- 使用 NTFS 访问控制列表限制了访问权限
Windows 域服务器的摘要式身份验证(I)
基本身份验证(以明文形式发送密码)(S)
默认域(D): 选择(L)...
领域(R): 选择(E)...
集成 Windows 身份验证(N)
确定 取消 帮助(H)

图 13.6

Step 08 单击【确定】按钮，关闭【默认网站 属性】对话框。打开 IE 浏览器，在地址栏中输入“http://localhost/”或“http://127.0.0.1/”，按【Enter】键，打开如图 13.7 所示的页面，说明 IIS 正常运行了。

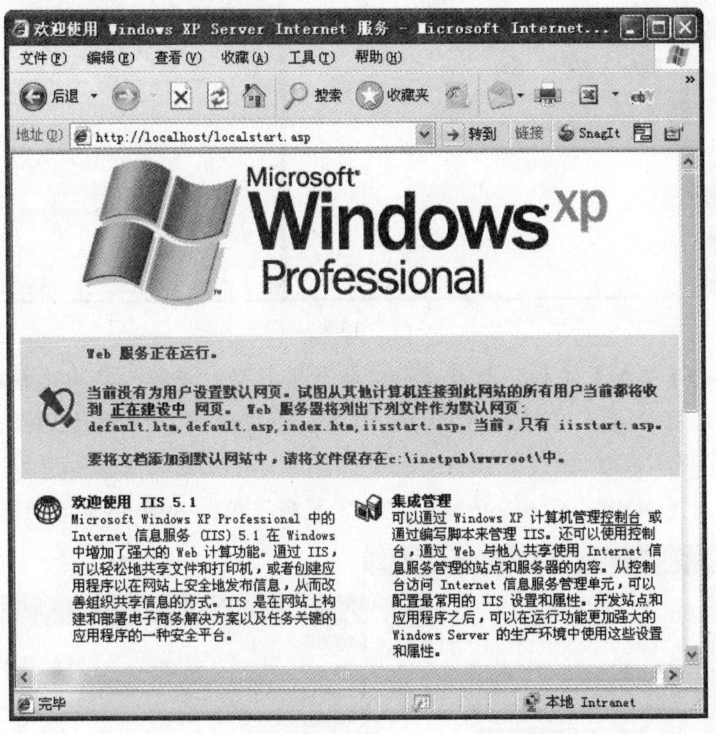

图 13.7

13.3　建立数据库连接

数据库的连接方法，可以分为通过 DSN 连接和不用 DSN 连接两种形式，下面分别讲述使用 DSN 连接数据库和不用 DSN 连接数据库的方法。

13.3.1　创建 ODBC 数据源

在动态网页中，通过开放式数据库连接（ODBC）驱动程序提供程序连接到数据库的，该驱动程序负责将运行结果送回应用程序。这里以 Access 数据库为例，讲述如何创建 ODBC 数据源。

Step 01 打开【控制面板】窗口，双击【管理工具】图标，打开【管理工具】窗口，如图 13.8 左所示。

Step 02 双击【数据源】图标，打开【ODBC 数据源管理器】对话框，单击【系统 DSN】选项卡，如图 13.8 右所示。

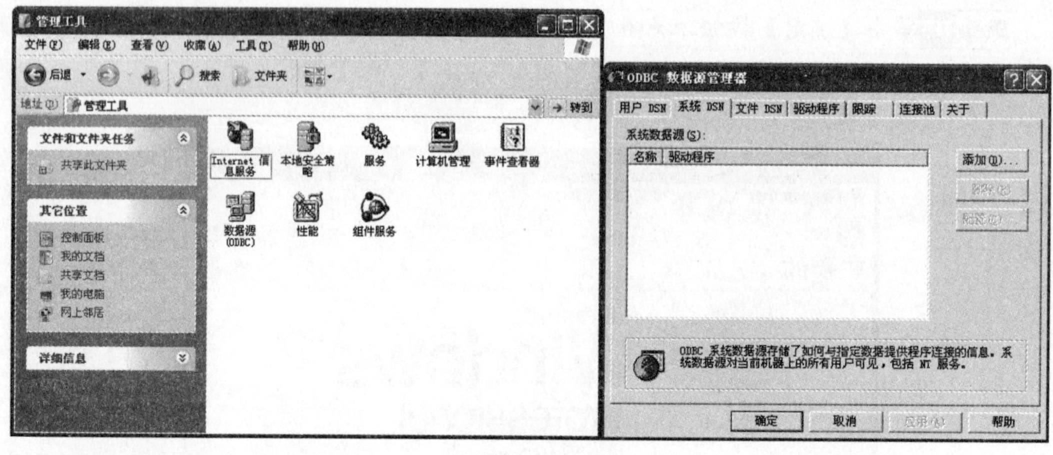

图 13.8

Step 03 单击【添加】按钮，打开【创建新数据源】对话框，从中选择数据源类型。例如要使用 Access，在列表框中选择【Microsoft Access Driver (*.mdb)】选项，然后单击【完成】按钮，如图 13.9 左所示。

Step 04 弹出【ODBC Microsoft Access 安装】对话框，如图 13.9 右所示。

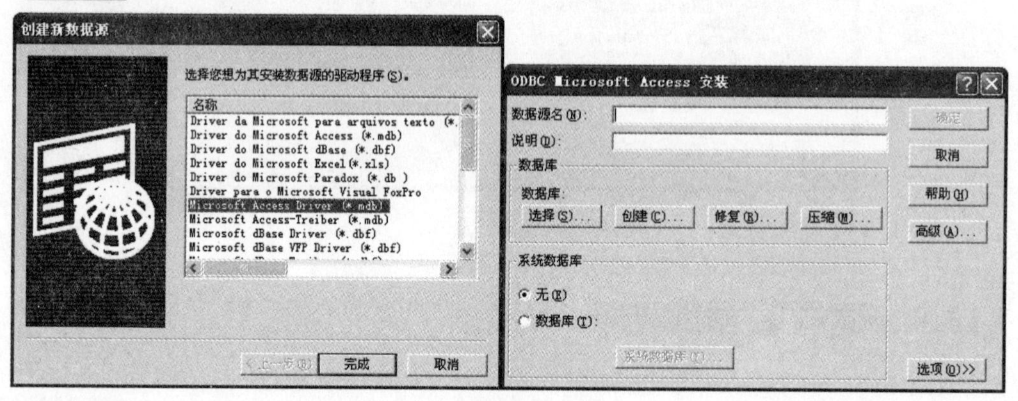

图 13.9

Step 05 在【数据源名】文本框中输入数据源的名称“DSCS3”（此名称在调用打开数据库时使用），在【说明】文本框中输入对该数据库的描述性的语言注释（如“网络投票系统数据库”），然后单击【选择】按钮，打开【选择数据库】对话框，根据需要选择数据库。例如，这里以选取 c:\toupiao\date \tVote.mdb 数据库为例，如图 13.10 左所示。

Step 06 完成数据库的选取后，返回设定 ODBC 数据源对话框，单击【确定】按钮，返回【ODBC 数据源管理器】对话框。此时，用户可以看到新增加了一个 ODBC 数据源，这为以后建立与数据库的连接做好准备，如图 13.10 右所示。

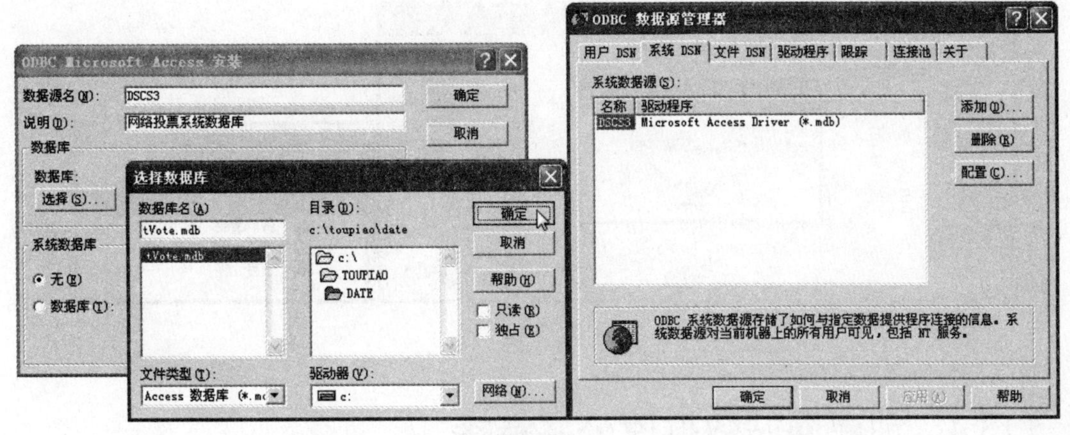

图 13.10

13.3.2　创建 DSN 连接并测试

要实现动态网页中的应用程序完成对数据库的读取、写入以及改写等操作，就必须先完成网页与数据库连接。完成网页与数据库连接的具体步骤如下。

Step 01 启动 Dreamweaver CS5 软件，选择【窗口】→【数据库】菜单命令，在打开的【应用程序】窗格中，切换到【数据库】选项卡，单击[+]按钮，在弹出的列表中选择【数据源名称(DSN)】选项，如图 13.11 左所示。

Step 02 弹出【数据源名称(DSN)】对话框，在【连接名称】文本框中输入数据源的连接名称【Connvote】，在【数据源名称(DSN)】下拉列表中选择前面已经创建的数据源名称【DSCS3】，选中【使用本地 DSN】单选按钮，然后单击【测试】按钮，如图 13.11 左所示。

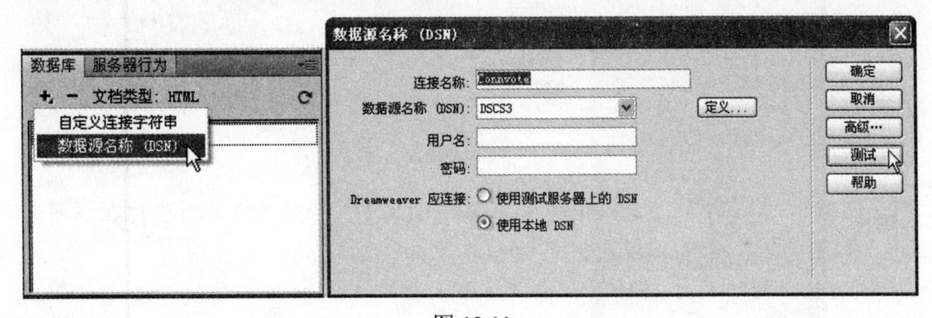

图 13.11

Step 03 系统如果弹出【成功创建连接脚本】提示框，则说明数据源连接成功，如图 13.12 左所示。

Step 04 单击【确定】按钮，关闭【数据源名称(DSN)】对话框，此时，在【数据库】选项卡中就可以看到创建的数据表了，如图 13.12 右所示。

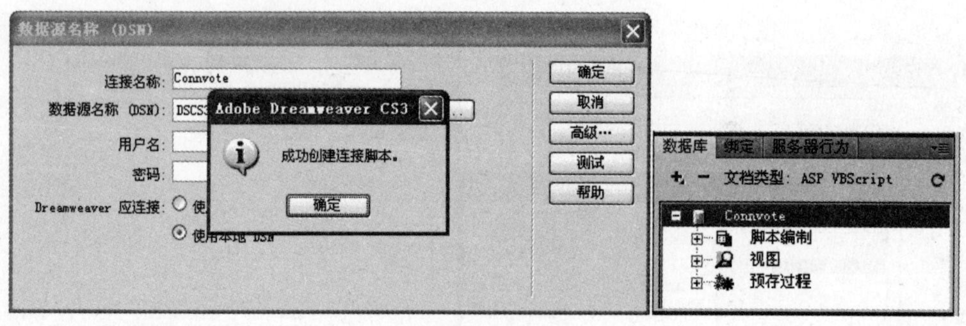

图 13.12

13.4 创建网站数据库公共链接

虽然使用 DSN 创建数据库的连接操作起来比较方便，但是，如果需要对数据库进行更改的话，就需要重新进行设置，从而显得有些麻烦了，而使用非 DSN 创建的数据库连接在这方面就体现出了自身的优越性，例如，如果需要更改连接的数据库，只需要在代码中更改 tatabase 属性值就可以了。下面通过非 DSN 方法讲解如何在信蜂源孕妇商城网站中连接至 Access 数据库中。

Step 01 在 Web 网站中新建一个 Conn 文件夹，用于存放连接数据库的连接文件，如图 13.13 所示。

图 13.13

Step 02 在 Conn 文件夹下，新建一个“conn.asp”页面文件，并使用 Dreamweaver CS5 软件打开，如图 13.14 所示。

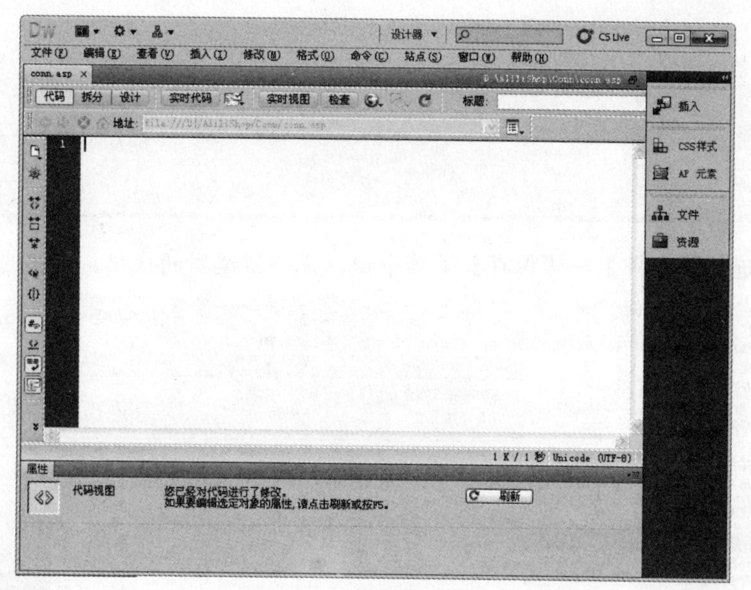

图 13.14

Step 03 在打开的“conn.asp”页面文件中，输入以下代码。

```
<%
  set conn=server.CreateObject("ADODB.Connection")
  sql="Driver={SQL Server};server=(local);uid=sa;pwd=123;database=AliliShop"
  conn.open(sql)
  setrs=server.CreateObject("ADODB.RecordSet")
  rs.Cursortype=adOpenStatic
%>
```

Step 04 输入代码后的“conn.asp”页面文件如图 13.15 所示。

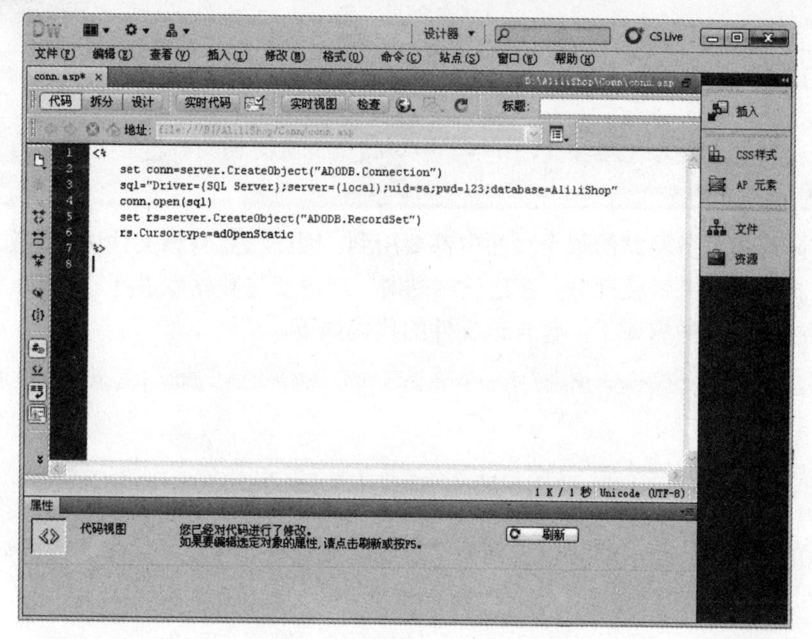

图 13.15

> 提示："conn"的作用是创建服务对象；"sql"的作用创建连接数据源的连接语句；"conn.open( )"的作用是打开数据源的连接，"rs.Cursortype"表示以静态的游标类型启动数据。

Step 05 选择【文件】→【保存】菜单命令，保存所编写的代码，如图 13.16 所示。

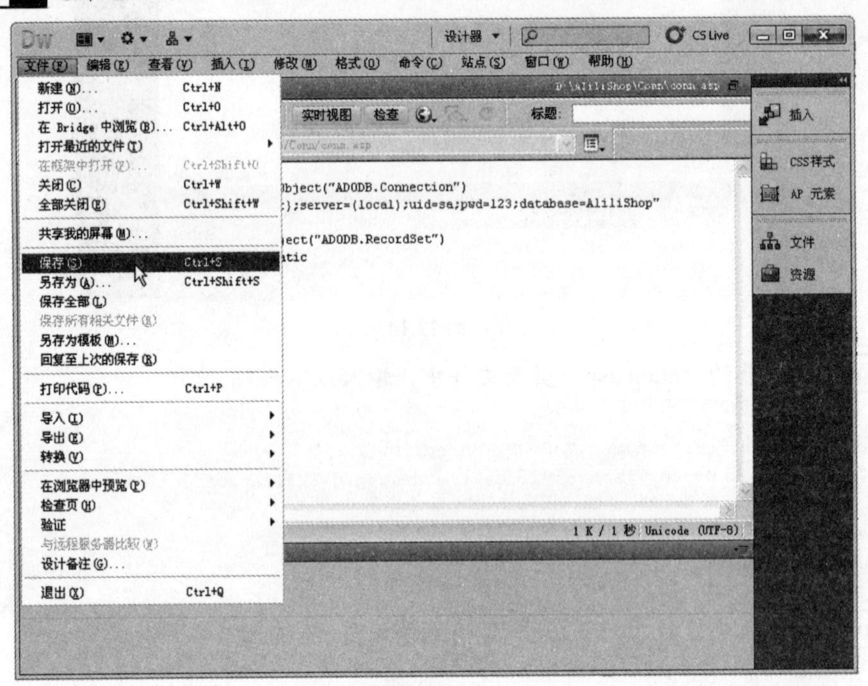

图 13.16

> 提示：读者也可以直接按【Ctrl+S】组合键来保存页面文件。

由于在阿里里商务网站的每个页面中都要用到，因此特意将该文件进行单独存放，创建成为网站数据库的公共链接部分。在建设网站时，当需要与数据库进行连接时，只需包含该文件即可连接和打开数据库了，包含该文件的代码如下。

```
<!-- #include file="Conn/conn.asp" --> /* 找到 Conn 文件夹并引用 conn.asp 页面文件中的代码 */
```

或

```
<!-- #include file="../Conn/conn.asp" -->   /* 在根目录中找到 Conn 文件夹并引用 conn.asp 页面文件中的代码*/
```

在后面的章节中，读者将可以看到如何正确连接数据库并显示表中的数据记录。

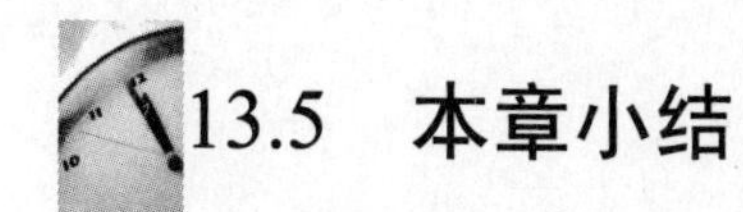

13.5　本章小结

本章主要介绍两部分内容：IIS 的安装设置和建立数据库连接。需要重点掌握的是 ISS 安装设置与公共数据库链接的创建。

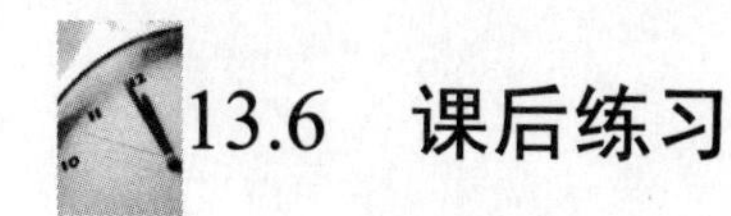

13.6　课后练习

1．安装并设置 IIS 服务器。
2．创建 DSN 链接并测试。

第4天

网站建设制作阶段

正式建设网站时，需要考虑首页的加载速度、商品的展示和购物车的便捷，以及后期的会员管理，支付、订单查询都需要仔细斟酌，从而让客户满意，才能最大地实现你的目的。

前端会员看到的信息，如果让后台能同步更新且动态跟进，那么网站后台的制作就变得尤为重要了，需要注意它们之间的链接与关系。

揭幕全新
PureSystems
预置的专家能力。为集成而设计。简化的 IT 体验。
今天就让我们见证 IT 的未来 →
IBM 新闻与时事通讯：推动智慧温州发展 成就企业智慧成长

➲

让我们共建智慧的地球
按行业和主题探索内容

智澜云动，睿冠无双
5月10日，IBM 智慧云数据中心高峰论坛将在北京盛大开启，即刻注册参与
社交云商务
移动定未来
2012 社交商务精英高峰论坛，诚邀您的加入

□制作动态网站首页面

□制作网站产品列表、内容和购物车页面

第14小时　制作动态网站首页面

DIV+CSS 样式表与数据库都已建立，今天进入网站首页制作过程，根据网站框架结构，我们把整个首页分为5个组成部分，分别是顶部（top.asp）、中左侧分类导航（left.asp）、中上搜索框（search.asp）、中部主体（middle.asp）、底部（help.asp,bottom.asp），下面将一一讲解。

14.1　制作网站顶部

信蜂源孕妇商城的顶部主要用来呈现网站 Logo、Banner、导航和一些常用功能，如注册、登录、收藏。注册、登录都是做链接方式，链接到另一个页面，Logo、Banner 直接用 Dreamweaver 进行插入图片，这里主要对收藏和导航实现代码进行讲解。

14.1.1　收藏

收藏功能在大多数网站的右上角都可以看到，主要是让那些对你的网站感兴趣的人把你的网站收藏到 IE 的收藏夹里，方便下次打开。这样做的好处是显而易见的，一般收藏里包含两个要素，网站名称和网站的链接，代码如下：

```
<script type="text/javascript">
functionaddFavorite() {
var a = document.title; '获取当前页面标题
 var b = location.href; '获取当前页面地址
try {
window.external.addFavorite(b, a) '添加
   } catch(c) {'重试
try {
if (document.all) {
window.external.addFavorite(b, a)
          } else {
if (window.sidebar) {
window.sidebar.addPanel(a, b, "")
                }
          }
      } catch(c) {
         alert("加入收藏失败，请使用 Ctrl+D 进行添加")'失败后提示
      }
   }
}
</script>
```

为了确保添加收藏成功，这里不仅使用重试，而且给出失败后解决的办法。

14.1.2　导航

导航对网站来说是至关重要的，导航的主要作用是要把网站中对访客最重要的东西展现出来，方便访客很快浏览。基于这点，对于一个网站有多个分类的情况，首先要确定哪些分类可以在导航中出现，出现的分类导航先后顺序也要根据主次进行排序。本站导航实现代码如下：

```
<%
dimi
i=0
set rs_2=server.createobject("adodb.recordset")
sql="select distinct top 6 LarCode,LarSeq from bclass order by LarSeq"
rs_2.Open sql,conn,1,1
  Do While Not rs_2.eof
  if i=0 then   '当是第一个导航时
  %>
<liclass="navFirst"><a                    href="class.asp?LarCode=<%=rs_2("LarCode")%>"
><%=rs_2("LarCode")%></a><li>
<%
elseifi=5 then '当是最后一个导航时
  %>
<li              class="navLast"><a        href="class.asp?LarCode=<%=rs_2("LarCode")%>"
><%=rs_2("LarCode")%></a><li>
<%
  else '中间其他导航
  %>
<li  ><a href="category.asp?class=<%=rs_2("LarCode")%>"  ><%=rs_2("LarCode")%></a><li>
<%
end if
  rs_2.movenext
i=i+1
 if rs_2.eof then exit do
loop
  rs_2.close
set rs_2=nothing
  %>
```

在效果图中可以看到，导航的第一个部分和最后一个部分都有个角，所以要把导航分为三部分，这样就需要定义一个变量 i 去记录哪个是第一个，哪个是最后一个。

14.2　制作网站左侧部分

网站左侧部分中主要实现对商品的分类导航。

在电子商务网站中，除了网站的主导航外，一般还有整站商品分类的类导航，这样做的优点是让访客浏览商品时更有针对性，能快速在网站中找到访问者所需的商品，如图 14.1 所示。

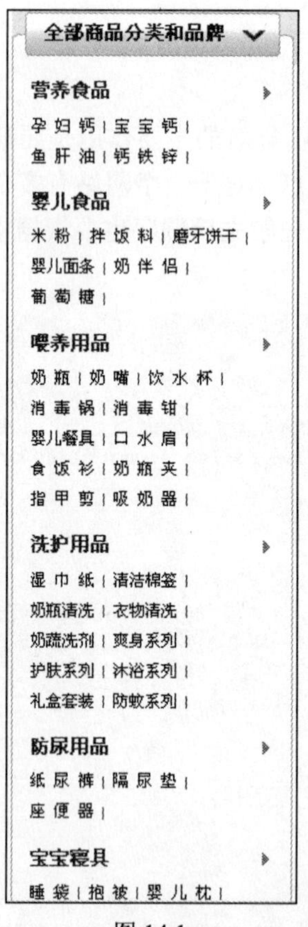

图 14.1

可以看到商品分类显示是先显示一个主分类，然后显示主分类下的小分类，再显示一个主分类，最后显示主分类下的小分类。这样的过程通过一个嵌套循环完成，代码如下：

```
<%
 sqlbiglar="select Distinct LarCode,LarSeq from bclass order by LarSeq"'读取打来
 Set rsprodbigtree=Server.CreateObject("ADODB.RecordSet")
 rsprodbigtree.Open sqlbiglar,conn,1,1
 ifrsprodbigtree.bof and rsprodbigtree.eof then
      response.write "对不起，本商城暂未开业"
      else
       Do While Not rsprodbigtree.eof
%>
<dl class="last" >
<dtonMouseOver="this.className='mhover'" onmouseout="this.className=''">
<div class="clear"></div>
<a
href="class.asp?LarCode=<%=rsprodbigtree("LarCode")%>"><%=rsprodbigtree("LarCode")%></a>
</dt>
  <%
        '是否显示中类
        '以下是根据前面读取的大类名称，读取各个大类下的中类
sqllar="select MIDCode,MIDSeq from bclass where larcode='"&rsprodbigtree("LarCode")&"' order
by MIDSeq"
        Set rsprodtree=Server.CreateObject("ADODB.RecordSet")
```

```
    rsprodtree.Open sqllar,conn,1,1
               Do While Not rsprodtree.eof
            %>
    <dd><a
href='class.asp?LarCode="<%=rsprodbigtree("LarCode")%>"&MidCode="<%=rsprodtree("midCode")%>"
'><%=rsprodtree("midCode")%></a></dd>
    <%
    rsprodtree.movenext
               Loop
    setrsprodtree=nothing
    setsqllar=nothing
            %>
    </dl>
    <%
                rsprodbigtree.movenext
                Loop
          end if
     setrsprodbigtree=nothing
     setsqlbiglar=nothing
    %>
```

嵌套循环的意思是一个循环中包含另一个循环，在这里，第一个循环选择出所有的商品大类，并把第一个循环检出的结果带到第二个检索中作为检索的条件，检索出商品大类的所有子类（商品子分类）。

14.3　制作网站搜索板块

对一个电子商城系统来说，商品少则几百，多则成千上万，这样一个分类可能产生几十个分页，根据访问习惯，大家一般只访问前 6 页，面对这个问题，分类导航就有点力不从心了。这样，有一个全站产品的搜索功能非常必要，访客可以根据产品分类，输入关键词去查找自己想购买的商品，实现效果如图 14.2 所示。

请输入商品关键字　搜索　热门搜索：美素 | 每伴 | 消毒 | NUK |

图 14.2

在搜索后边还有一些热门搜索的链接，这个功能对用户和网站运营者来说都很重要，对用户来说，可以让用户充分了解商城被关注产品情况，对网站运营者来说，这个搜索排行有助于调整产品库存和合理安排营销计划。

14.4　制作网站产品展示板块

网站产品展示板块是全站商品首页展示推广区域，相关数据表明，首页区域商品销售比率占全站商品销售比率的 80%，即网站的销售绝大部分都是由首页转换来的。所以如何制作一个合理的受用户欢迎的展示布局和合理安排推荐产品，对于网站成功营销是至关重要的。由于每个商家的主打产品不一样，商品推荐也不是一成不变的，通过总结有以下两个要点：

- 展示主打产品：主打产品是指在商家产品中重点推出的产品，该产品具有长久的赢利点。
- 产品展示要结合活动，展示形式要丰富：对今天的网络购物用户来说，普通简单的商品展示已激发不起他们的关注，而网络购物就是基于眼球经济的，如果首页商品激发不起关注，二级分类页面被访问的可能几乎不存在，这就意味着付出的努力毁于一旦，网络营销彻底失败。

下面介绍合理构建展示布局的实现。

14.4.1 幻灯广告区

幻灯广告区的图片尺寸一般都比较大，通常是为了一个活动或新品而费心做的广告图，与普通的商品图片比较，这里的图片更具有宣传性。常用来展示商城最新产品、最新活动产品、主打产品，如图 14.3 所示。

图 14.3

主要实现原理是通过 JavaScript 脚本控制 li 的切换，代码如下：

```
<div class="mod_slide">
<div class="main_slide" id="slide_lunbo_first">
<div class="widgets_box" style="OVERFLOW: hidden" name="__pictureLetter_12578" wid="12578">
<ul class="body_slide" id="slide_panel12578">
<li><a href='<%=hf5url%>' title='<%=hf5tit%>' target=_blank><img border=0 width=565
height=295 src='<%=hf5pic%>'></a></li>
<li><a href='<%=hf4url%>' title='<%=hf4tit%>' target=_blank><img border=0 width=565
height=295 src='<%=hf4pic%>'></a></li>
<li><a href='<%=hf3url%>' title='<%=hf3tit%>' target=_blank><img border=0 width=565
height=295 src='<%=hf3pic%>'></a></li>
<li><a href='<%=hf2url%>' title='<%=hf2tit%>' target=_blank><img border=0 width=565
height=295 src='<%=hf2pic%>'></a></li>
<li><a href='<%=hfurl%>' title='<%=hftit%>' target=_blank><img border=0 width=565 height=295
src='<%=hfpic%>'></a></li>
</ul>
</div>
```

```
<div class="bor_slide" name="__pictureLetter_12578" wid="12578">
<ul class="custom_slide" id=slide_nav12578>
<li class="current"><a href='<%=hf5url%>' target=_blank><%=hf5tit%></a></li>
<li  ><a href='<%=hf4url%>'   target=_blank><%=hf4tit%></a></li>
<li  ><a href='<%=hf3url%>'  target=_blank><%=hf3tit%></a></li>
<li  ><a href='<%=hf2url%>'   target=_blank><%=hf2tit%></a></li>
<li  ><a href='<%=hfurl%>' target=_blank><%=hftit%></a></li>
</ul>
</div>
</div>
</div>
<SCRIPT type=text/javascript>
$(document).ready(function(){
  // 主图片轮换展示
  varfirst_con_id = $("#slide_lunbo_first").children(".bor_slide").children
(".custom_slide").attr("id");
  $("#slide_lunbo_firstdiv:first").imgscroller({controllId:first_con_id});
  // 频道内图片轮换展示
  var slide_nav001 = $("#channel_slide_001").children(".bor_slide").children
(".custom_slide").attr("id");
  var slide_nav002 = $("#channel_slide_002").children(".bor_slide").
children(".custom_slide").attr("id");
  var slide_nav003 = $("#channel_slide_003").children(".bor_slide").children
(".custom_slide").attr("id");
  if(slide_nav001){
      $("#channel_slide_001 div:first").imgscroller({controllId:slide_nav001});
  }
  if(slide_nav002){
      $("#channel_slide_002 div:first").imgscroller({controllId:slide_nav002});
  }
  if(slide_nav003){
      $("#channel_slide_003 div:first").imgscroller({controllId:slide_nav003});
  }
  // 图片延迟加载
  $("img").filter(function(){
      return $(this).attr('realsrc') != null;
  }).lazyload({
      threshold: 300
      }
  );
  // 图片滚动显示
  widget_pic_slide(104);
//    widget_pic_slide_auto(104,5);
});
</SCRIPT>
```

14.4.2　精选热销

精选热销的目的是推荐当前商品库中热销的产品，把热销的几个主打产品提炼出来，让访客第一时间内看到，如图 14.4 所示。

图 14.4

图 14.4 下边的 go 图标可以链接到更多的热销商品列表。这个实现过程可以通过一个简单的循环处理，不再详述。

14.4.3 商品品牌区

商品具有品牌属性，而每个品牌都有自己的忠实用户，特别是那些知名品牌，它们对网站访客来说，具有很大的说服力，好的品牌一定要推荐出来，这些都会促成网站的销售额，如图 14.5 所示。

图 14.5

14.4.4 新品特价区

前边我们已经介绍了，新产品要特别推荐出来，要有各种商品促销活动，这样的网站布局安排，网站赢利才可能提升，如图 14.6 所示。

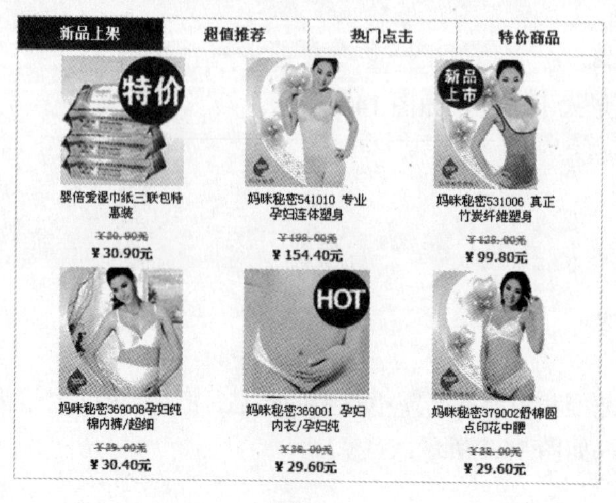

图 14.6

图 14.6 中设定新品上架、超值推荐、热门点击、特价商品 4 个功能，根据商品的不同情况，把受关注和需要关注的商品推荐出来，给访客了解。这是一个选项卡切换功能。这 4 个功能实现方式基本一样，只是 SQL 语句筛选条件不同的区别，新品上架实现代码如下：

```
<ol class="female">
<%
setrs=conn.execute("select top 6 * from bproduc where online=true  order by AddDatedesc")
ifrs.bof and rs.eof then
response.write " 暂时没有新上架商品"
else
   Do While Not rs.eof
 %>
<div class="index_fourFrameGoods">
<div class="goodsPic">
<a href=list.asp?ProdId=<%=rs("ProdId")%>><img  border=0 onload='DrawImage(this)'
alt='<%=rs("ProdName")%>'
src='<%=rs("ImgPrev")%>' style="height:120px; width:120px;"></a>
</div>
<div class="goodsName">
<a href='list.asp?ProdId=<%=rs("ProdId")%>'><%=lleft(rs("ProdName"),30)%></a>
</div>
 <div class="goodsPrice01">￥<%=FormatNum(rs("PriceOrigin"),2)%>元</div>
 <div class="goodsPrice02">￥<%=FormatNum(rs("PriceList"),2)%>元</div>
</div>
<%
 rs.movenext
 loop
end if
 setrs=nothing
 %>
</ol>
```

代码中 order by AddDatedesc 语句可以使商品按上架时间进行倒叙排列，这样最新添加的商品就被检索出来。另外，商品还设有会员价和市场价，这样鲜明的对比更能突出网站商品在价格上的优势，激发用户的购买力。

14.4.5　重点主分类商品推荐区

这部分对电子商务网站来说也是很重要的，它的实现方式与前边介绍的过知识点没有太大差别，主要是表现形式不一样，如图 14.7 所示。

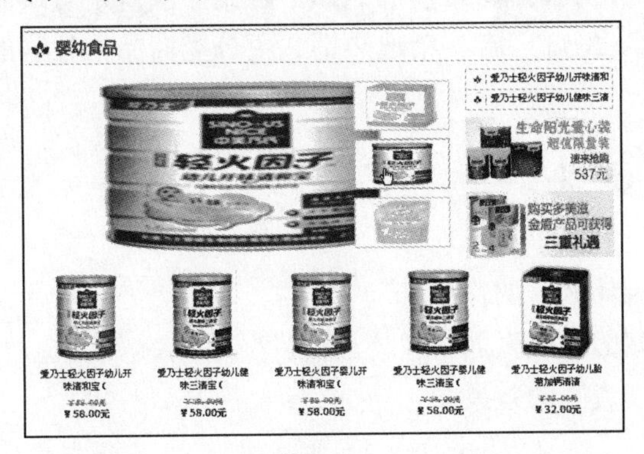

图 14.7

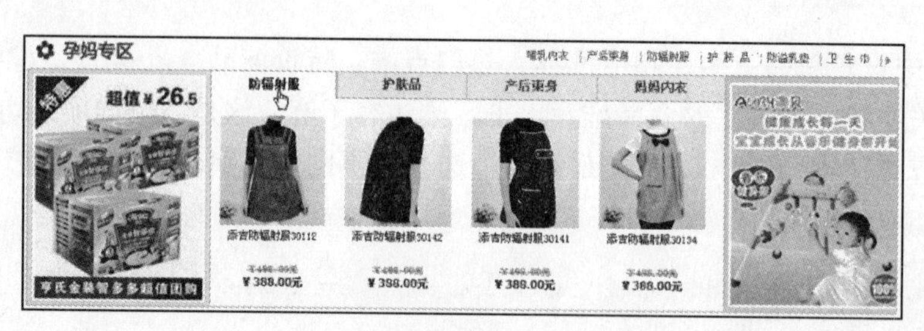

图 14.8

至此，首页主题功能实现完毕，在实现过程中我们使用了 4 个表现形式，分别是幻灯、列表、选项卡、广告栏，不管展现形式如何，都只是这几点知识的重用。

14.5 制作网站底部

网站底部区域在电子商务网站中常常被用来放购物指南和版权声明。相对来说，这部分内容基本不会有变化，不涉及语句，只是把需要做链接的地方做好链接就行，如图 14.9 所示。

图 14.9

14.6 本章小结

本章主要介绍五部分内容：网站顶部制作、网站产品展示版块制作、网站底部的制作。需要重点掌握的是导航、幻灯广告、精选热销、主分类商品推荐区的制作。

14.7 课后练习

1．导航对网站起到什么样的作用？

2．动手制作本网站的导航页面。

3．动手实现幻灯广告区的效果。

第 15 小时　制作网站产品列表、内容和购物车页面

第 14 小时介绍了首页实现布局安排和关键代码知识点，本章继续深入学习电子商城的列表页、内容页和购物车的实现过程。

15.1　制作商品列表页

在首页制作中，商品都是被分类的，这样每个分类下会有一定数量的商品，一屏已不能满足显示了，这就需要一种新的表现形式，那就是列表页，如图 15.1 所示。

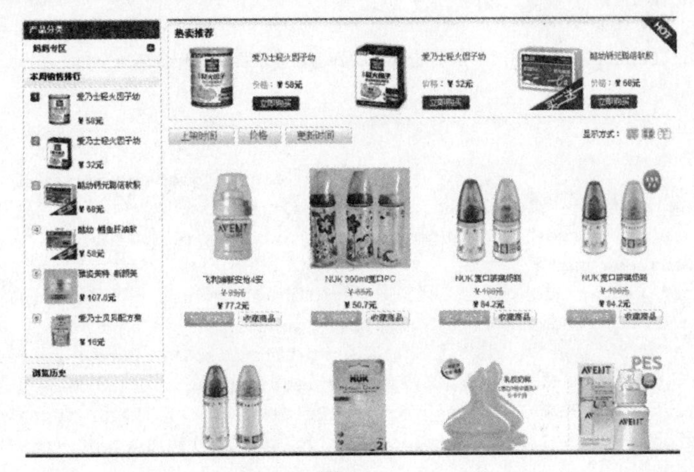

图 15.1

从图 15.1 中可以看到，在商品列表页主题也可以分为 3 部分，左侧小分类本周销售排行浏览记录、中部热卖推荐和商品列表。

15.1.1　分页实现

数据库中的记录分割成若干段“分页显示”，为什么叫“分页显示”显示，因为其实显示的原始页面只有 1 页，通过控制数据库显示，来刷新页面的显示内容。

- ❑ rs.pagesize--->定义一页显示记录的条数。
- ❑ rs.recordcount--->统计记录总数。
- ❑ rs.pagecount---->统计总页数。

- rs.absolutepage--->将数据库指针移动到当前页要显示的数据记录的第一条记录，比如有 20 条记录的一个数据库，我们分为 10 条记录显示一页，当你的页面为 2 时，通过使用 rs.absolutepage 将指针移动到第 11 条记录处，依次类推……

例如：

```
<%
 Set rsprolist=Server.CreateObject("ADODB.RecordSet")
 rsprolist.Open sqlprod,conn,1,1
 ifrsprolist.bof and rsprolist.eof then
      response.write "对不起，本商城暂未开业"
      else
rsprolist.pagesize=8   '定义一页显示的记录数目
tatalrecord=rsprolist.recordcount  '获取记录总数目
tatalpages=rsprolist.pagecount '获取分页的数目
rsprolist.movefirst
nowpage=request("page")   '用 request 获取当前页数，注意 page 是自己定义的变量并非函数
if nowpage&"x"="x" then   '处理页码为空时的情况
nowpage=1
else
nowpage=cint(nowpage)   '将页码转换成数字型
end if
rsprolist.absolutepage=nowpage    '将指针移动到当前显示页的第一条记录
n=1
  Do While Not rsprolist.eof and n<= rsprolist.pagesize
 %>
 <div                              class="globalProductWhitegoodsItem_res_w"
onMouseOver="this.className='globalProductGraygoodsItem_res_w'"
onmouseout="this.className='globalProductWhitegoodsItem_res_w'" >
<div class="goodsItem_res">
<a    href="list.asp?ProdId=<%=rsprolist("ProdId")%>"><imgsrc="<%=rsprolist("ImgPrev")%>"
alt="<%=lleft(rsprolist("ProdName"),15)%>" class="goodsimg" /></a><br />
<p><a                         href="list.asp?ProdId=<%=rsprolist("ProdId")%>"
title="<%=lleft(rsprolist("ProdName"),15)%>"><%=lleft(rsprolist("ProdName"),15)%></a></p>
<font class="market_s">￥<%=lleft(rsprolist("PriceOrigin"),5)%>元</font><br />
<font class="shop_s">￥<%=lleft(rsprolist("pricelist"),5)%>元</font><br />
<a
href=shop.asp?ProdId=<%=rsprolist("ProdId")%>target="_blank"><imgsrc="css/images/goumai.gif"
></a><a                        href=fav.asp?ProdId=<%=rsprolist("ProdId")%>
target="_blank"><imgsrc="css/images/shoucang.gif"></a>
</div>
 </div>
<%
 n=n+1
        rsprolist.movenext
        Loop
    end if
 setrsprolist=nothing
%>
</div>
<h4>
共 :<%=tatalpages%> 页 当 前 为 :<%=nowpage%> 页 <%if  nowpage>1  then%><a
href="class.asp?page=<%=nowpage-1%>">上一页</a><%else%>上一页<%end if%>
<%for k=1 to tatalpages%>
```

```
    <%if k<>nowpage then %>
    <a href="class.asp?page=<%=k%>"><%=k%></a><%else%><%=k%>
    <%end if%>
    <%next%>
    <%if nowpage<tatalpagesthen%><a href="class.asp?page=<%=nowpage+1%>">下一页</a><%else%>下一
页<%end if%>
    <%if nowpage<>1 then%><a href="class.asp?page=<%=1%>">首页</a><%else%>首页<%end if%>
    <%if nowpage<>tatalpages then %><ahref="class.asp?page=<%=tatalpages%>">末页</a><%else%>末
页<%end if%>
    </h4>
```

分页可以分为 4 个过程，首先建立数据连接，其次设置分页参数，再次读取数据，最后翻页设定。

15.1.2　浏览历史的实现

浏览历史功能可以方便购物者查看自己访问网站的记录，方便选择自己感兴趣的商品，给网络购物提供更多方便，代码如下：

```
    <div class="boxCenterListclearfix" id='history_list'>
            <!--最近浏览开始!-->
                    <table cellSpacing=0 cellPadding=0 width=178  >
                    <%
                    liulan = request.cookies("liu")
                    liuid = Request("Prodid")
                    If Len(liulan) = 0 Then
                    liulan = "'" &buyid& "', '1'"
                    ElseIfInStr(liulan, liuid ) <= 0 Then
                    liulan = liulan& ", '" &liuid& "', '1'"
                    End If
                    response.cookies("liu") = liulan
                    response.cookies("liu").expires=now()+365
                    %>
                    <%
                    setcqrsprod=conn.execute("select  *  from  bproduc  where  ProdId  in
("&liulan&") order by ProdId")
                    b=rsprod("PriceOrigin")-rsprod("PriceList")
                    s=1
                    Do While Not cqrsprod.eof
                    prodname=lleft(cqrsprod("ProdName"),23)
                    response.write         "<tr><td            class=tdl           height=30
>  <imgsrc='images/ico_"&s&".jpg'>  <a
href='list.asp?ProdId="&cqrsprod("ProdId")&"'>"&prodname&"</a></td></tr>"
                    response.write                  "<tr><td                        height=1
background=images/top/histroy_line.gif></td></tr>"
                    s=s+1
                    k=k+1
                    if k>renmen_num-1 then exit do
                    ifcqrsprod.eof then exit do
                    cqrsprod.movenext
                    loop
                    response.write "<tr><td height=5 ></td></tr>"
                    setcqrsprod=nothing
```

```
                        %>
                        </table>
                        <!--最近浏览结束!-->
    </div>
```

浏览记录的实现是用 Cookie 来记录访客的访问商品编号，然后进行商品检索，使用 Cookie 进行记录有两个好处，一是不增加数据库的负担，二是当 Cookie 过期后能自动清除。

15.2　制作商品内容页

商品内容页制作不仅要把商品展现出来，而且还要能与访客进行交互，可以增加顾客评论、购买记录、如何购买，还可以把相关商品推荐给访客，不仅方便购物，提高服务质量，而且可以把整个网站商品贯穿起来，如图 15.2 所示。

图 15.2

在商品详情页面中，除了以上几个工作要做，通常还要去记录商品的点击量，点击量好的商品，销售情况肯定差不了。具体代码如下：

```
    conn.execute "UPDATE bproduc SET ClickTimes ="&rsprod("ClickTimes")+1&" WHERE ProdId
='"&id&"'"
```

通过设置 ClickTimes 字段进行计数，在商品详情页被打开时，使 ClickTimes 自增 1。

15.3　制作网站购物车步骤

下面来说明如何制作购物车。

15.3.1　制作购物车

购物系统是购物网站中最核心的部分，如果商品不能实现网站购物，那么网站也就失去了基本功能与常见的特色。本节将会对购物车如何实现网上购物进行详细讲解。

用户单击商品展示页面中的【购买】按钮，系统会进行判断该用户是否已经登录，如果已经成功登录，那么可以将该商品添加至购物车中，购物车中的商品数量初始值为1。如果需要对该商品进行团购，可以在购物车页面中单击【修改】按钮，对商品购买数量进行修改，同时，也可以单击【删除】按钮，将商品移出购物车。如果需要将购物车中所有商品进行移除，可以单击【清空购物车】图标，如图15.3所示。

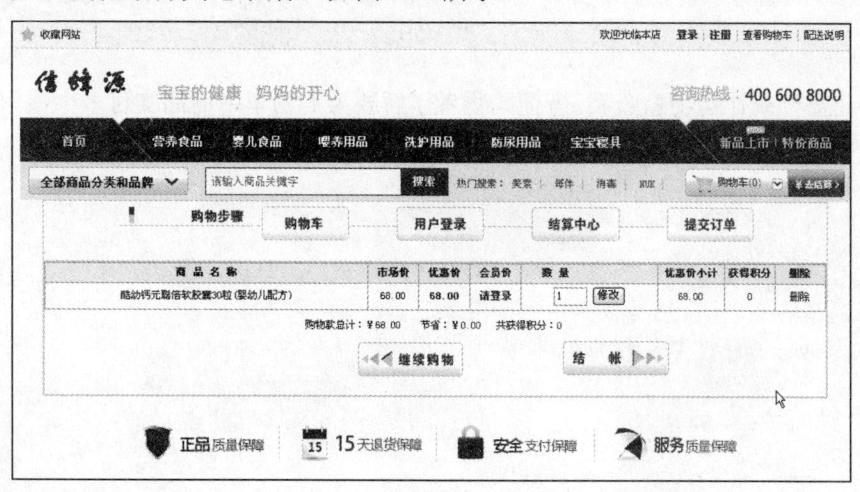

图15.3

购物车页面位于根文件夹下的check.asp页面文件中。下面对购物车页面的制作关键代码进行详细讲述。下面代码主要用来实现购物车添加商品，修改商品数量，删除购物车中的商品：

```
<%
buylist=request.cookies("buyok")("cart")'取Cookies记录所选代购商品
if trim(request("del"))<>"" then '删除购物车中某个商品
buylist=replace(buylist,trim(request("del")),"XXXXXXXX")
response.cookies("buyok")("cart")=buylist
end if
If Request("edit") = "ok" Then'修改购物车中商品数量
buylist = ""
buyid = Split(Request("ProdId"), ", ")
For I=0 To UBound(buyid)
```

```
ifi=0 then
buylist = "'" &buyid(I) & "', '"&request(buyid(I))&"'"
else
buylist = buylist& ", '" &buyid(I) & "', '"&request(buyid(I))&"'"
end if
Next
response.cookies("buyok")("cart") = buylist'把修改过的购物情况记录到 Cookies
End If
Set rs=conn.execute("select * from bproduc where ProdId in ("&buylist&") order by ProdId")
"从商品表中根据商品 ID 进行读取商品信息
%>
```

如果是已登录会员将显示会员价格，否则提示会员登录，代码如下：

```
<%
if request.cookies("buyok")("userid")="" then '使用 Cookies 进行判断会员是否登录
 response.write "<a href='alogin.asp'><font color=red>"&huiyuanjia&"</font></a><br>"
 else
 response.write"<font
color=red>"&FormatNum(rs("PriceList")*checkuserkou()/10,2)&"</font><br>"'已登录显示会员价格
 end if
%>
```

另外还需要统计购物总金额，方便购物者了解要为购物车中商品支付多少钱。代码如下：

```
<%
Sum = 0
While Not rs.eof'获取选购商品数量
buynum=split(replace(buylist,"'",""),", ")
fori=0 to ubound(buynum)
ifrs("prodid")=buynum(i) then
Quatity=buynum(i+1) '取得商品数量
exit for
end if
next
if not isNumeric(Quatity) then Quatity=1
If Quatity<= 0 Then Quatity = 1
Sum = Sum + csng(rs("PriceList"))*Quatity*checkuserkou()/10'合计商品总价
%>
```

checkuserkou 用来获取会员折扣。

15.3.2 制作结算中心

当确定要去结算时，单击购物车下方的【结账】按钮，进入【结算中心】，如图 15.4 所示。

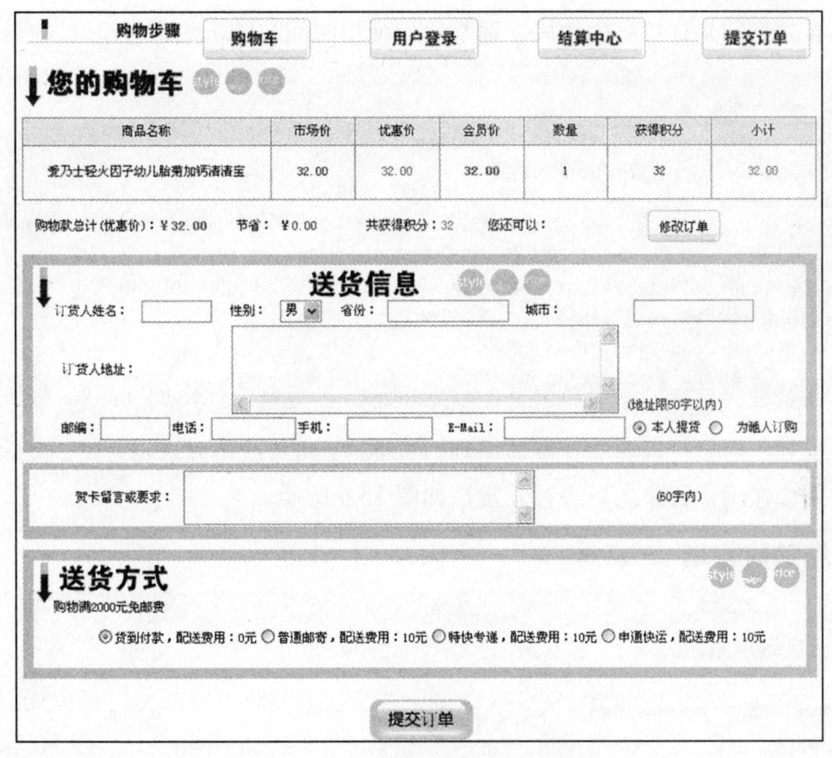

图 15.4

在结算中心可以看到购物车中的商品，并可以根据情况返回修改订单。但结算中心的主要目的是为了输入送货信息，包括订货人姓名、地址、电话和送货方式等。

15.3.3　制作生成订单

在确定购买商品和收货信息之后，就可以提交生成订单，如图 15.5 所示。

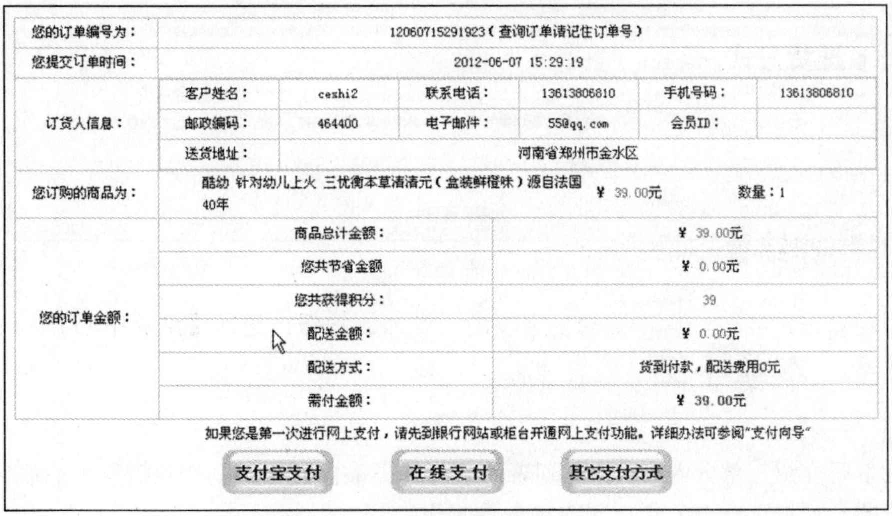

您的订单编号为：	12060715291923（查询订单请记住订单号）					
您提交订单时间：	2012-06-07 15:29:19					
订货人信息：	客户姓名：	ceshi2	联系电话：	13613806810	手机号码：	13613806810
	邮政编码：	464400	电子邮件：	55@qq.com	会员ID：	
	送货地址：	河南省郑州市金水区				
您订购的商品为：	酷幼 针对幼儿上火 三忧衡本草清清元（盒装鲜橙味）源自法国40年		￥ 39.00元		数量：1	
您的订单金额：	商品总计金额：		￥ 39.00元			
	您共节省金额		￥ 0.00元			
	您共获得积分：		39			
	配送金额：		￥ 0.00元			
	配送方式：		货到付款，配送费用0元			
	需付金额：		￥ 39.00元			

如果您是第一次进行网上支付，请先到银行网站或柜台开通网上支付功能。详细办法可参阅"支付向导"

支付宝支付　在线支付　其它支付方式

图 15.5

这里需要注意的是订单号的生成，通常我们使用时间与随机数进行组合，代码如下：

```
<%
Randomize'强制使用随机数
d=right("00"&int(99*rnd()),2) '生成一个两位随机数
yy=right(year(date),2) '获取年份的后两位
mm=right("00"&month(date),2) '获取月份
dd=right("00"&day(date),2) '获取日期
riqi=yy& mm &dd
xiaoshi=right("00"&hour(time),2) '获取小时
fenzhong=right("00"&minute(time),2) '获取分钟
miao=right("00"&second(time),2) '获取秒
inBillNo=yy& mm &dd&xiaoshi&fenzhong&miao& d'组合订单号
%>
```

生成订单号之后就可以提交订单数据到数据库表，然后就可以选择合适的支付方式进行付款了，商家会在确认订单之后进行发货，如图 15.6 所示。

您的购物车

商品名称	市场价	优惠价	会员价	数量	获得积分	小计
酷幼钙元聪倍软胶囊30粒(婴幼儿配方)	68.00	68.00	68.00	1	0	68.00

购物款总计(优惠价)：¥68.00　节省：¥0.00　共获得积分：0　您还可以：　修改订单

送货信息

订货人姓名：　性别：男　省份：　城市：

订货人地址：　(地址限50字以内)

邮编：　电话：　手机：　E-Mail：　本人提货　为他人订购

贺卡留言或要求：　(60字内)

送货方式

购物满2000元免邮费

货到付款，配送费用：0元　普通邮寄，配送费用：10元　特快专递，配送费用：10元　申通快运，配送费用：10元

提交订单

图 15.6

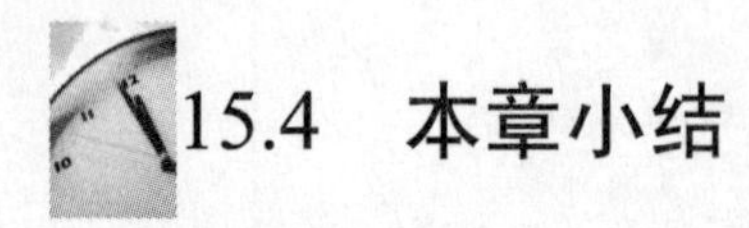

15.4　本章小结

本章主要介绍三部分内容：商品列表的制作和商品内容页的制作及购物车的制作。需要重点掌握的是列表页分页的实现和购物车的制作。

15.5　课后练习

1．动手实现本程序的列表页。
2．动手制作本程序的购物车。
3．动手制作结算中心。
4．动手制作订单生成。

第 16 小时　制作会员中心页面

会员中心也是购物网站中的常用功能，它不仅可以记录会员信息，而且可以提供订单管理，在订单没有被商家确认之前，进行订单的撤销，查看订单处理状态。会员中心可以增加用户对网站的黏合度。

16.1　制作会员登录步骤

在制作会员中心之前，我们必须要先制作会员注册和会员登录这两个页面，否则会员中心也就无法从页面到达。这一点很容易理解。

16.1.1　制作会员注册

从首页我们可以看到会员注册和会员登录、会员中心 3 个导航，它们的位置也是相当显眼的。在网站制作中，有一个原则，重要的信息一定要放在重要的位置，可以明白本章内容在电子商务网站中的地位。

会员注册页面在根目录下 reg_member.asp 页面中，效果如图 16.1 所示。

注册所需资料（带*为必填项）　注册步骤: 1.填写资料 2.注册成功

*通行证用户名　检测用户名　长度为4～16个字符，可使用数字、字母、中文，禁用特殊符号。为了避免重复，推荐您使用自己的电话号码，QQ号码

*输入登录密码
*登录密码确认　汉字以外的任何字符，长度为6～16个字符，英文字母需区分大小写；密码请不要与帐号名相同。

*邮箱地址　如果将来您忘记了二级密码，您可以通过邮箱重设。

真实姓名
联系电话
移动电话　收货人真实姓名，请准确填写！留下您的联系电话或移动电话，以备不时之需

联系地址
邮政编码　收货人的真实地址和邮政编码，请准确填写

推荐人　介绍您来我们网站的会员帐号，若没有可不填

提交注册　重填

图 16.1

在会员注册过程中，要先检测该会员名称是否已经注册过，然后再输入其他会员相关信息进行提交。会员检测实现代码如下：

```
<%
userid=request.ServerVariables("query_string")
ifuserid = "" then
 response.write "<img border=0 src=images/small/wrong.gif alt='出错了，您没有输入用户名，或者输入的用户名中含有非法字符'>"
 response.end
elseifbuyoktxtcheck(userid)<>userid then
 response.write "<img border=0 src=images/small/wrong.gif alt='出错了，您没有输入用户名，或者输入的用户名中含有非法字符'>"
 response.end
else
setrs = conn.execute("SELECT * FROM buser where UserId= '" &UserId& "'")
if not (rs.Bof or rs.eof) then
 response.write "<img border=0 src=images/small/no.gif alt='非常遗憾，此用户名已被他人注册，请选用其他用户名。'>"
else
 response.write "<img border=0 src=images/small/yes.gif alt='恭喜，您可以使用此用户名。'>"
end if
setrs=nothing
end if
conn.close
set conn=nothing
%>
```

在注册提交密码信息时，一般使用 MD5 对密码进行加密，增强用户信息的安全性，这个过程在注册信息保存页面 reg_save.asp 中处理，代码如下：

```
<!--#include file="include/md5.asp"-->引入 MD5 文件
<%
User_Password=request.form("pw1")'取得提交的密码信息
User_Password=md5(User_Password) '使用 MD5 进行加密获取到的提交密码信息
%>
```

16.1.2　制作会员登录

注册过会员信息之后，就可以进行会员登录，只有成功登录才能跳转到会员中心。会员登录的制作分为两步，第一步输入会员信息用户名、密码，第二步对输入信息进行验证，当输入有误时会提示相关信息，如图 16.2 所示。

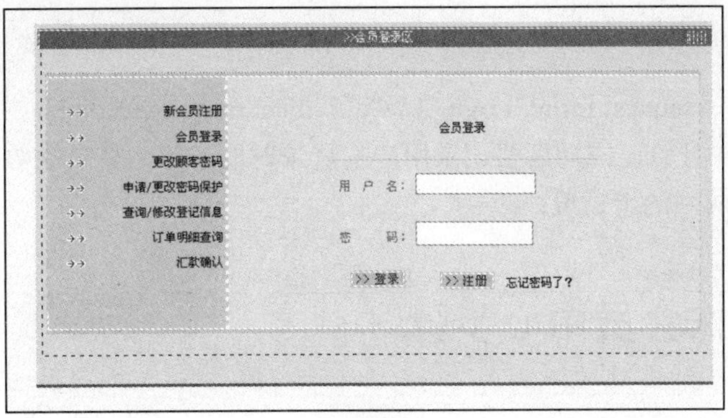

图 16.2

会员登录处理代码如下：

```
<%
Userid=trim(request.form("userid"))'取提交的用户名
Password=trim(request.form("password")) '取提交的密码
if request.form("Login")<>"ok" then response.redirect "index.asp"'判断提交动作不是 login 时，
返回首页
ifUserid = "" or Password ="" then response.redirect "error.asp?error=004"'判断输入为空时提示
信息
ifUserid = request.cookies("buyok")("userid") then response.redirect "error.asp?error=005"
'判断已登录时提示信息
sql = "select * from buser where userid='"&Userid&"'"'根据用户名进行检索用户表
Set rs=Server.CreateObject("ADODB.RecordSet")
rs.open sql,conn,1,3
if (rs.bof and rs.eof) then
 response.redirect "error.asp?error=003"'检索不到时提示信息
 response.end
end if
if rs("Status")<>"正常" and rs("Status")<>"1" then'如果用户状态不正常提示信息
response.write "<script language='javascript'>"
response.write "alert('出错了，您的会员号已被锁定或者未通过审核。');"
response.write "location.href='javascript:history.go(-1)';"
response.write "</script>"
response.end
end if
if  rs("UserPassword")<> md5(Password) then'比较输入的密码
session("login_error")=session("login_error")+1'记录用户登录次数
response.write "<script language='javascript'>"
response.write "alert('您输入的密码不正确，请检查后重新输入。\n\n 出错 "&session("login_error")&" 次');"
response.write "location.href='javascript:history.go(-1)';"
response.write "</script>"
response.end
else
 rs("lastlogin")=now()'记录用户登录时间
 rs("IP")=Request.serverVariables("REMOTE_ADDR")'记录用户登录 IP
 rs("TotalLogin")=rs("TotalLogin")+1'记录用户登录次数
 rs.update
 response.cookies("buyok")("userid")=lcase(userid) '验证成功后，设置用户 Cookies 信息
 ifrequest.form("cook")<>"0" then response.cookies("buyok").expires=now+cook
 response.write "<meta http-equiv='refresh' content='0;URL=user_center.asp'>"'返回会员中心
end if
rs.close
setrs=nothing
%>
```

在代码中使用 if request.form("Login")<>"ok" then response.redirect "index.asp"可以避免非法的 url 提交，并且验证成功后要记录用户的登录时间、IP、登录次数，方便统计分析用户的行为和用户对网站的忠诚度。

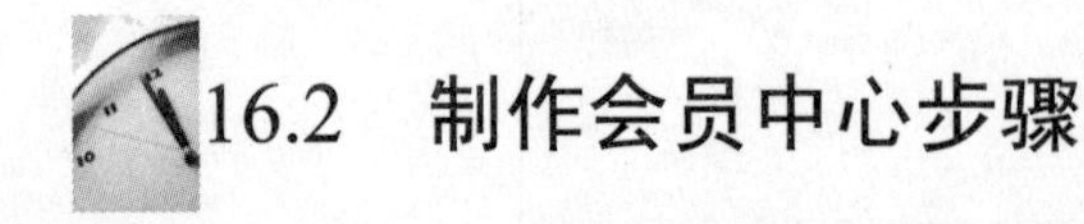

16.2 制作会员中心步骤

会员中心主要实现会员信息的维护、登录密码的修改、订单查询。

16.2.1　制作会员中心

登录之后，进入会员中心，界面如图 16.3 所示。

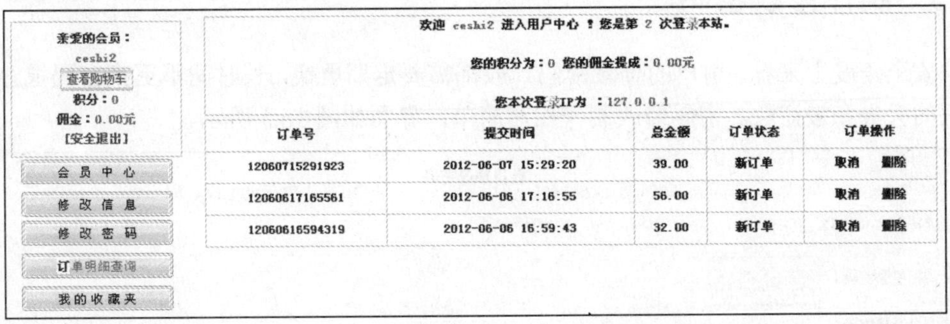

亲爱的会员：
ceshi2
查看购物车
积分：0
佣金：0.00元
[安全退出]
会 员 中 心
修 改 信 息
修 改 密 码
订单明细查询
我 的 收 藏 夹

欢迎 ceshi2 进入用户中心 ！您是第 2 次登录本站。

您的积分为：0 您的佣金提成：0.00元

您本次登录IP为 ：127.0.0.1

订单号	提交时间	总金额	订单状态	订单操作
12060715291923	2012-06-07 15:29:20	39.00	新订单	取消　删除
12060617165561	2012-06-06 17:16:55	56.00	新订单	取消　删除
12060616594319	2012-06-06 16:59:43	32.00	新订单	取消　删除

图 16.3

会员中心主界面分为 3 部分，左边导航，包括查看购物车、安全退出、会员中心、修改信息、修改密码、订单明细查询、我的收藏夹。右边上方是会员的个人信息，右下是最近的订单情况。

从会员中心的主体界面可以看出会员中心是会员快速了解个人购物积分、订单和个人登录信息的快捷方式。该功能的提供，可以提高用户的使用体验，使程序更加符合购物体验和使用习惯。

16.2.2　制作修改信息

修改信息的功能主要是用来变更用户个人信息，包括地址、电话等会员基础信息。用户通过维护自己的信息，在购物结算时就可以减少输入，如图 16.4 所示。

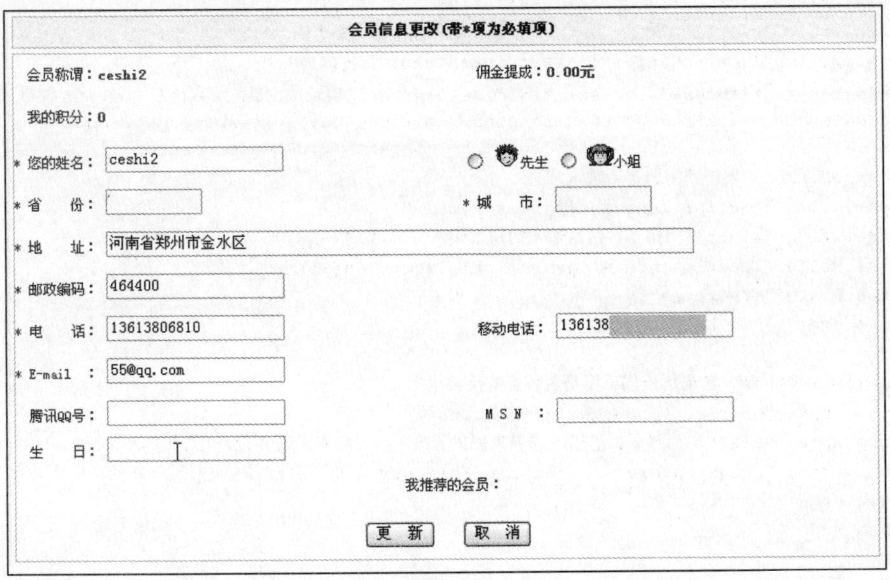

会员信息更改(带*项为必填项)

会员称谓：ceshi2　　佣金提成：0.00元

我的积分：0

* 您的姓名：ceshi2　　先生　小姐

* 省　份：　　* 城　市：

* 地　址：河南省郑州市金水区

* 邮政编码：464400

* 电　话：13613806810　　移动电话：136138

* E-mail ：55@qq.com

腾讯QQ号：　　M S N ：

生　日：

我推荐的会员：

更 新　取 消

图 16.4

制作这个页面时一般考虑验证邮政编码、电话、E-mail 是否符合特定的格式，提醒和保障用户提交信息的正确性。

16.2.3 制作修改密码

从安全角度上来看，用户的登录密码一般都需要定期更换，长时间不更换密码很容易造成密码的丢失和被盗取。密码修改制作相对简单，界面如图 16.5 所示。

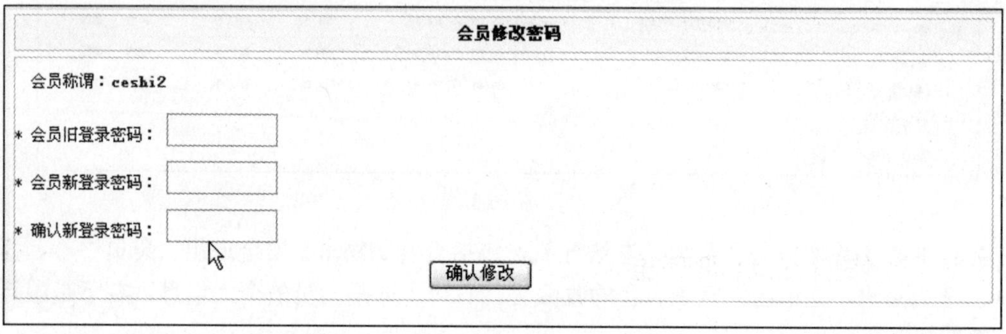

图 16.5

首先要提示输入旧密码验证用户修改密码权限，只有输入正确的旧密码才能更改新密码，这样做也是为了增强密码安全性。防止通过 url 地址的方式直接修改密码。检查验证代码如下：

```
<%
oldpassword=trim(request("oldpassword"))'获取旧密码
Pw1=trim(request("pw1"))'获取新密码
Pw2=trim(request("pw2"))
if oldpassword="" or Pw1="" or pw2=""  then '验证输入是否为空
response.write "<script language='javascript'>"
response.write "alert('出错了，填写不完整，请输入原密码及新密码。');"
response.write "location.href='javascript:history.go(-1)';"
response.write "</script>"
response.end
end if
if Pw1<>pw2 then '验证新密码是否输入准确
response.write "<script language='javascript'>"
response.write "alert('出错了，两次输入的新密码不符。');"
response.write "location.href='javascript:history.go(-1)';"
response.write "</script>"
response.end
end if
if llen(pw1)<6then '验证新密码长度是否符合安全要求
response.write "<script language='javascript'>"
response.write "alert('出错了，您输入的新密码的长度不够，要求最低 6 位。');"
response.write "location.href='javascript:history.go(-1)';"
response.write "</script>"
response.end
end if
setrs=conn.execute("select * from buser where UserId='"&request.cookies("buyok")("userid")&"'")
```

```
if rs("userpassword")<>md5(oldpassword) then '验证原密码是否正确
response.write "<script language='javascript'>"
response.write "alert('出错了，您输入的原密码不正确。');"
response.write "location.href='javascript:history.go(-1)';"
response.write "</script>"
response.end
end if
if ucase(request.cookies("buyok")("userid"))<>ucase(request.form("userid")) then'验证会员是否登录处于有效状态
response.write "<script language='javascript'>"
response.write "alert('出错了，您无权进行此操作。');"
response.write "location.href='javascript:history.go(-1)';"
response.write "</script>"
response.end
end if
%>
```

16.2.4　制作订单明细查询

在订单明细查询中，首先进行订单列表，然后可以单击查看具体某个订单的详细情况，进行取消订单、订单恢复或者订单删除等操作，如图 16.6 所示。

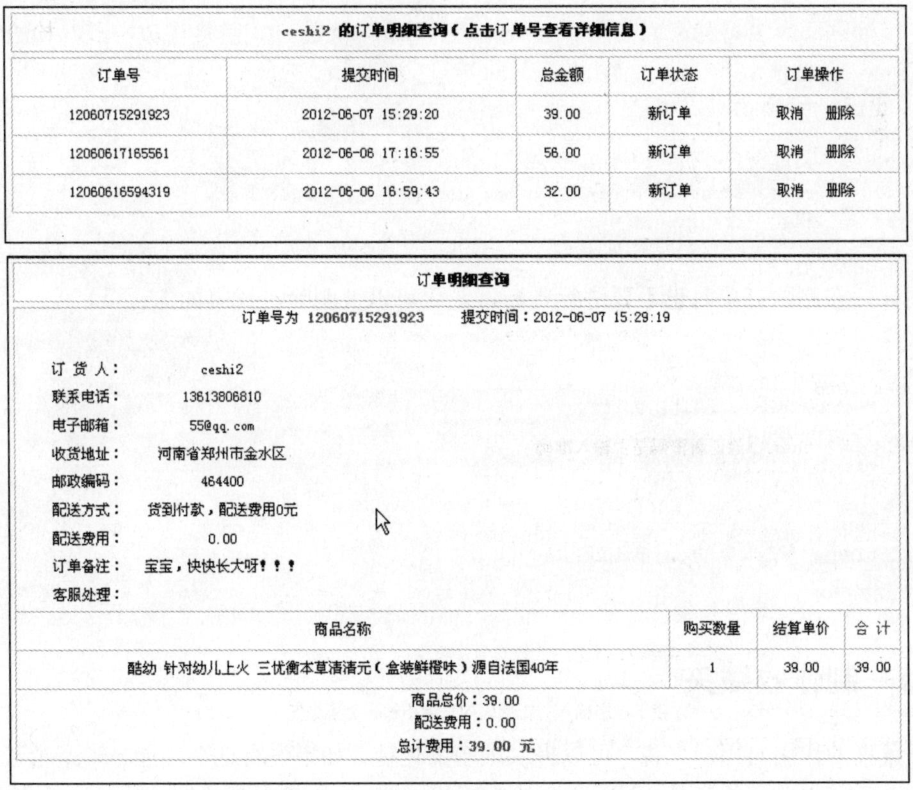

ceshi2 的订单明细查询（点击订单号查看详细信息）

订单号	提交时间	总金额	订单状态	订单操作
12060715291923	2012-06-07 15:29:20	39.00	新订单	取消　删除
12060617165561	2012-06-06 17:16:55	56.00	新订单	取消　删除
12060616594319	2012-06-06 16:59:43	32.00	新订单	取消　删除

订单明细查询

订单号为 12060715291923　　提交时间：2012-06-07 15:29:19

订 货 人：　ceshi2
联系电话：　13613806810
电子邮箱：　55@qq.com
收货地址：　河南省郑州市金水区
邮政编码：　464400
配送方式：　货到付款，配送费用0元
配送费用：　0.00
订单备注：　宝宝，快快长大呀！！！
客服处理：

商品名称	购买数量	结算单价	合 计
酷幼 针对幼儿上火 三忧衡本草清清元（盒装鲜橙味）源自法国40年	1	39.00	39.00

商品总价：39.00
配送费用：0.00
总计费用：39.00 元

图 16.6

订单明细中显示订单的详细情况，包括订货人、收货地址、购买商品等。在订单取消中需要附加判断，判断订单撤销是否由本人操作，订单状态是否容许取消（在订单被商家确认后不能被撤销），代码如下：

```
<%
sql="select * from bOrderList where OrderNum='"&request("cancel")&"'"
setrs=Server.Createobject("ADODB.RecordSet")
rs.Open sql,conn,1,3
 ifrs.eof and rs.bof then
      tishi="出错了，没有此订单！"
 elseifrs("userid")<>request.cookies("buyok")("userid") then'判断是否本人操作
      tishi="出错了，您不能操作此订单！"
 else
      if rs("Status")="11" then'订单处于 11 状态可以被恢复
      rs("Status")="0"
      rs.update
      tishi="操作成功，所选订单已被恢复！"
      elseifrs("Status")="0" then'订单状态值是 0 时可以被撤销
      rs("Status")="11"
      tishi="操作成功，所选订单已被取消！"
      rs.update
      else
      tishi="操作失败，此订单不能自行取消！"'如果订单状态不是 0,11 时订单不能被撤销
      end if
 end if
      rs.close
      setrs=nothing
 response.write "<script language='javascript'>"'操作提示
 response.write "alert('"&tishi&"');"
 response.write "location.href='my_order.asp';" '返回订单列表页
 response.write "</script>"
%>
```

同样，在删除订单时也不要进行判断，是否可以被删除，代码如下：

```
<%
 ifrs.eof and rs.bof then
      tishi="出错了,没有此订单！"
 elseifrs("userid")<>request.cookies("buyok")("userid") then
      tishi="出错了,您不能操作此订单！"
 else
      conn.execute("update bOrderList set del=true where OrderNum='"&request("Del")&"'")
      tishi="操作成功,所选订单已被删除！"
 end if
%>
```

16.2.5　制作收藏夹

收藏夹的作用对用户来说，可以提供很多的便捷，如果没有这个功能，辛辛苦苦找到的有兴趣以后还想购买的商品，下次还要从头再找一遍，多么费时费力呀。对网站运营者来说，这个功能能提高用户潜在的购买力。对用户来说，在登录的情况下，只需在发现感兴趣的商品时单击【收藏】按钮即可，操作非常便捷，如图 16.7 所示。

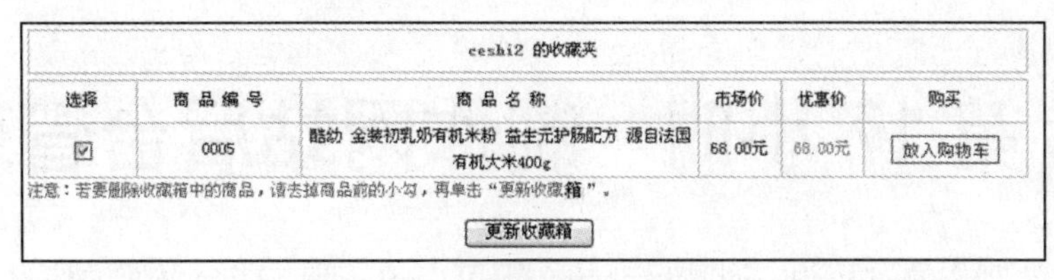

图 16.7

在需要购买时，只需勾选收藏夹中对应商品，点放入购物车就能进行购买操作。

16.3　本章小结

本章主要介绍两部分内容：会员登录的实现和会员中心的实现。需要重点掌握的是订单明细查询的实现和收藏夹的制作。

16.4　课后练习

1. 动手实现本程序的会员注册登录。
2. 动手实现会员中心的订单明细查询与收藏夹。

第17小时 制作网站后台管理系统

在动态网站制作的过程中，网站后台是必不可少的一步，前台页面的信息都是通过后台的操作进行维护更新，所以网站后台在满足功能的同时需要考虑安全性。

17.1 制作后台登录

后台登录过程制作与会员登录过程在原理和实现上是一样的，由于后台对于网站经营者相当重要，所以应该加强安全性建设。本例网站后台放在根目录 admin.asp 文件中，如图 17.1 所示。

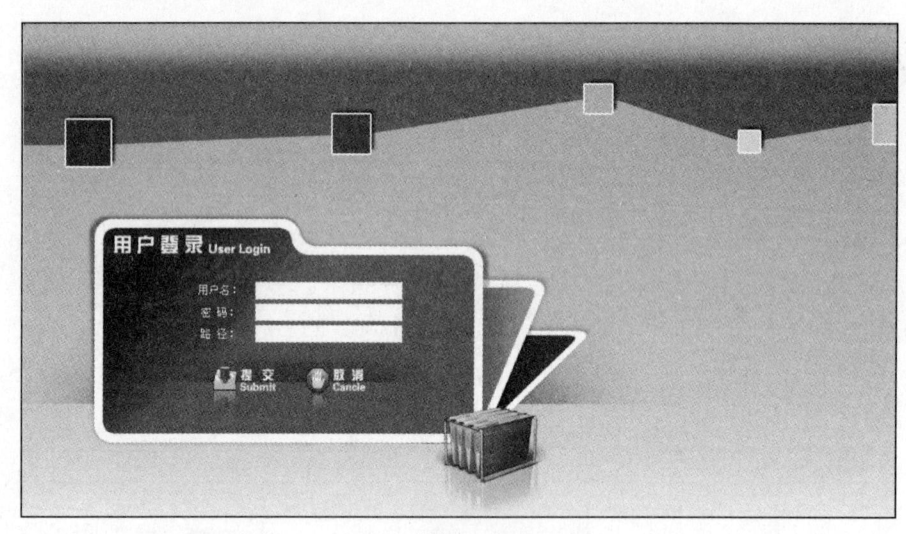

图 17.1

这里使用登录时输入后台路径进行安全性设定，这样我们把后台路径设定为一个不常见的个性的文件夹名称，能有效阻止一些人的恶意猜测登录。主要代码如下：

```
<%
if session("buyok_admin_login")>=5 then'判断登录次数，如果错误登录次数大于 5，记录 IP，锁定禁止登录
Set rs=Server.CreateObject("ADODB.RecordSet")
sql="select * from bconfig"
rs.open sql,conn,1,3
userip=Request.serverVariables("REMOTE_ADDR")
ifinstr(rs("ip"),userip)<0 then rs("ip")=rs("ip")&"@"&userip
rs.update
rs.close
setrs=nothing
response.write "<script language='javascript'>"
response.write "alert('您涉嫌非法登录网站后台，已被系统锁定。请与技术人员联系。');"
response.write "location.href='index.asp';"
```

```
    response.write "</script>"
    response.end
    end if

    path=trim(request("path"))'取得后台路径
    username=trim(request("username"))
    password=trim(request("password"))

     if                buyoktxtcheck(request("username"))<>request("username")               or
buyoktxtcheck(request("password"))<>request("password") then'验证登录用户名密码是否有非法字符，避免
sql 攻击
     response.write "<script language='javascript'>"
     response.write "alert('您填写的内容中含有非法字符，请检查后重新输入！');"
     response.write "location.href='javascript:history.go(-1)';"
     response.write "</script>"
     response.end
     end if

     if path = "" or username="" or password="" then'判断输入是否为空
         response.write "<script language='javascript'>"
         response.write "alert('填写不完整，请检查后重新提交！');"
         response.write "location.href='javascript:history.go(-1)';"
         response.write "</script>"
         response.end
     end if

     Set fso = Server.CreateObject("Scripting.FileSystemObject")'检查路径是否存在
         iffso.FolderExists(server.MapPath("./"&path))=false then
            session("buyok_admin_login")=session("buyok_admin_login")+1'记录登录次数
         response.write "<script language='javascript'>"
         response.write  "alert('您填写的目录不存在，请检查后重新提交。\n\n 提示：出错
"&session("buyok_admin_login")&"次');"
         response.write "location.href='javascript:history.go(-1)';"
         response.write "</script>"
         response.end
         end if
     setfso=nothing

     set  rs=conn.execute("select  *  from  manage  where  password='"&md5(password)&"'  and
username='"&username&"'")'判定用户名密码是否正确
     if not(rs.bof and rs.eof) then
         session("buyok_admin_login")=0
         Response.cookies("buyok")("admin")=username     '设置 cookies
         Response.Redirect (path&"/index.asp")      '登入真实后台
     else
         response.write "<script language='javascript'>"
            session("buyok_admin_login")=session("buyok_admin_login")+1'记录用户名密码错误次数
         response.write  "alert('您填写的用户名或者密码有误，请检查后重新输入。\n\n 提示：出错
"&session("buyok_admin_login")&"次');"
         response.write "location.href='javascript:history.go(-1)';"
         response.write "</script>"
         response.end
     end if
     setrs=nothing
```

```
  conn.close
  set conn=nothing
%>
```

总的来说，本例中使用 4 种安全措施保障后台安全有效登录：

- 后台路径判定。
- 用户名密码判定。
- 密码使用 MD5 加密技术。
- 锁定非法用户登录 IP。

当输入正确的用户名、密码后台地址之后，方可进入管理后台。

17.2 制作商品管理页面

商品管理是商城类网站后台的根本，前台的商品信息都是由商品管理功能进行维护更新，在本例中，实现以下几种功能。

- 商品分类管理：对商品类别进行维护，包括增加、删除、修改。
- 商品管理：对商品进行维护，包括增加、删除、修改。
- 品牌管理：对商品品牌进行维护，包括增加、删除、修改。

17.2.1 制作商品分类管理

通过前面的介绍我们知道，为了提高用户检索商品的效率，最方便快捷的方法就是把商品进行分类管理，这个功能的实现在目录 admin 的 prod0.asp 中，如图 17.2 所示。

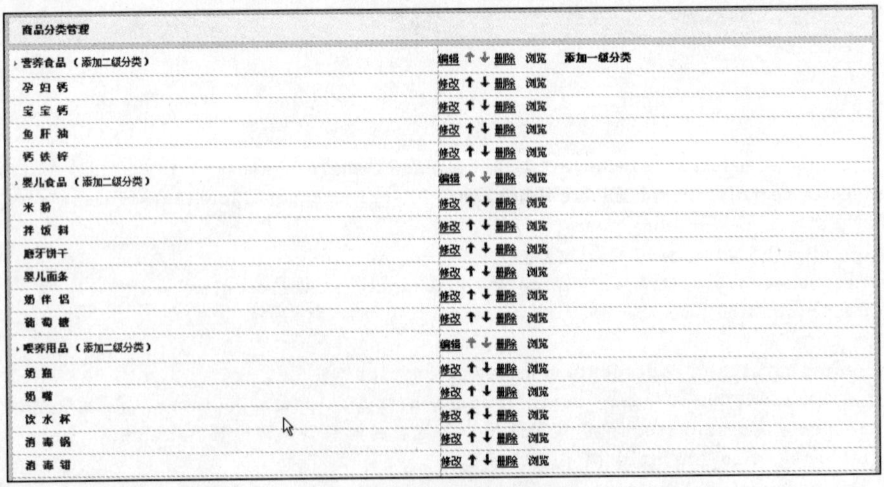

商品分类管理	
›营养食品（添加二级分类）	编辑 ↑ ↓ 删除 浏览 添加一级分类
孕妇钙	修改 ↑ ↓ 删除 浏览
宝宝钙	修改 ↑ ↓ 删除 浏览
鱼肝油	修改 ↑ ↓ 删除 浏览
钙铁锌	修改 ↑ ↓ 删除 浏览
›婴儿食品（添加二级分类）	编辑 ↑ ↓ 删除 浏览
米粉	修改 ↑ ↓ 删除 浏览
拌饭料	修改 ↑ ↓ 删除 浏览
磨牙饼干	修改 ↑ ↓ 删除 浏览
婴儿面条	修改 ↑ ↓ 删除 浏览
奶伴侣	修改 ↑ ↓ 删除 浏览
葡萄糖	修改 ↑ ↓ 删除 浏览
›喂养用品（添加二级分类）	编辑 ↑ ↓ 删除 浏览
奶瓶	修改 ↑ ↓ 删除 浏览
奶嘴	修改 ↑ ↓ 删除 浏览
饮水杯	修改 ↑ ↓ 删除 浏览
消毒锅	修改 ↑ ↓ 删除 浏览
消毒钳	修改 ↑ ↓ 删除 浏览

图 17.2

在本例中商品可以进行两级分类，一级分类的实现代码如下：

```
<%
subaddlarclass()
```

```
'增加一级分类
if request("add")="ok" then'验证是否是添加动作
If  trim(request("newclass"))=""  or  instr(request("newclass"),"&")>0  or
instr(request("newclass"),"%")>0  or  instr(request("newclass"),"'")>0  or
instr(request("newclass"),"&quot;")>0 then'验证输入是否完整
response.write "<script language='javascript'>"
response.write "alert('出错了，资料填写不完整或不符合要求，请检查后重新提交。');"
response.write "location.href='javascript:history.go(-1)';"
response.write "</script>"
response.end
end if
setrs=conn.execute("select * from bclass where LarCode='"&trim(request("newclass"))&"'")
if not (rs.eof and rs.bof) then'检查输入是否已经存在
response.write "<script language='javascript'>"
response.write "alert('出错了，已经有一个同名分类存在，请使用其他名称。');"
response.write "location.href='javascript:history.go(-1)';"
response.write "</script>"
response.end
end if
setrs=nothing
set rs=conn.execute("select * from bclass order by larseqdesc")'生成排序号
if not (rs.eof and rs.bof) then
count=clng(rs("larseq"))+1
else
count=1
end if
setrs=nothing
set rsadd=Server.CreateObject("ADODB.Recordset")'添加操作
sql="SELECT * FROM bclass"
rsadd.open sql,conn,3,3
rsadd.addnew
rsadd("LarSeq")=count
rsadd("MidSeq")=1
rsadd("LarCode")=trim(request.form("newclass"))
rsadd("MidCode")=trim(request.form("newclass"))
rsadd.update
rsadd.close
setrsadd=nothing
response.write "<script language='javascript'>"
response.write "alert('操作成功，已添加一级分类“"&trim(request.form("newclass"))&"”，及一个同名
的二级分类。');"
response.write "location.href='prod0.asp';"
response.write "</script>"
response.end
else
….
End if
End sub
%>
```

二级分类添加实现过程与一级分类一样。另外在分类管理中还有个功能是对分类进行排序，在前面介绍过，重要的信息总要显示在重要的位置，商城中主打产品分类同样也要进行优先显示，这就需要通过后台进行排序操作，一级分类排序提升的代码如下：

```
<%
'一级分类向上提升
if action="larup" then'判断是否提升动作
LarCode=request("LarCode")'获得要提升的类名
i=0
setrs=server.createobject("adodb.recordset")
sql="select * from bclass order by LarSeqasc, MidSeqasc"'对类别按照大类排列
rs.open sql,conn,1,3
old=""
do while not rs.eof'循环取得待排序在检索结果中的序号
ifrs("larcode")<>old then i=i+1
ifrs("larcode")=larcode then
g=i'把序号赋给变量 G
exit do
end if
ifrs.eof then exit do
old=rs("larcode")'用 old 记录下一个类名
rs.movenext
loop
rs.movefirst'移动指针到记录集首行
i=0
old=""
do while not rs.eof
ifrs("larcode")<>old then i=i+1
if i=g-1 then'对排序在上边一位的排序字段加 1
rs("larseq")=i+1
elseifi>1 and i=g then'对待排序的排序字段减 1
rs("larseq")=i-1
else
rs("larseq")=I'除此之外的排序不变
end if
rs.update
ifrs.eof then exit do
old=rs("larcode")
rs.movenext
loop
response.Redirect "prod0.asp"
rs.close
setrs=nothing
end if
%>
```

这段代码的作用是把待提升排序商品类别的序号与原先排在它上一位商品类别的排序号进行交换，这样就达到提升排序的目的。另外，一级分类降序、二级分类升降序的实现过程都是一样的，不在一一介绍。

17.2.2 制作添加商品

商品的添加是在新商品入库的地方，具体实现在 admin 目录下 prod1.asp 文件中，如图 17.3 所示。

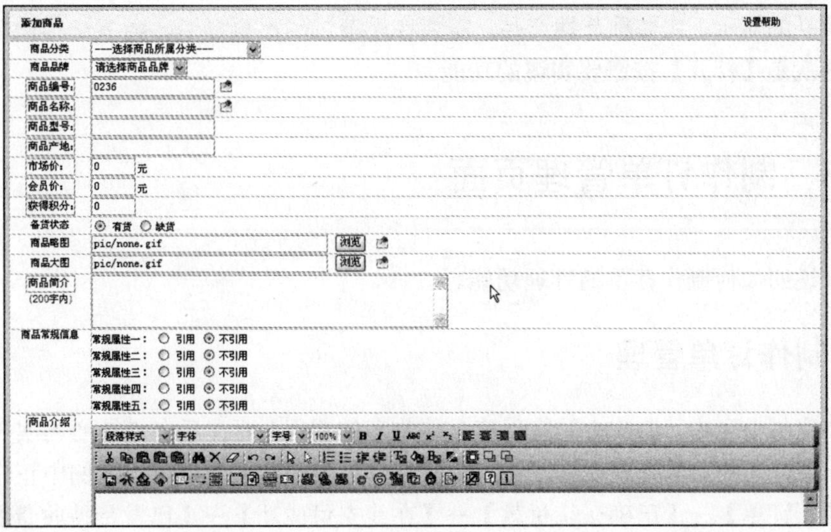

添加商品　　设置帮助

商品分类	---选择商品所属分类---
商品品牌	请选择商品品牌
商品编号：	0236
商品名称：	
商品型号：	
商品产地：	
市场价：	0 元
会员价：	0 元
获得积分：	0
备货状态	◉ 有货 ○ 缺货
商品略图	pic/none.gif 浏览
商品大图	pic/none.gif 浏览
商品简介 (200字内)	
商品常规信息	常规属性一：○ 引用 ◉ 不引用 常规属性二：○ 引用 ◉ 不引用 常规属性三：○ 引用 ◉ 不引用 常规属性四：○ 引用 ◉ 不引用 常规属性五：○ 引用 ◉ 不引用
商品介绍	段落样式 字体 字号 100%

图 17.3

只要根据数据库字段设定好要提交的表单进行提交编制、保存代码即可。

17.2.3　制作商品管理

商品管理实现对已保存在库的商品进行管理，包括编辑、删除、推荐、设为特价，如图 17.4 所示。

商品管理　　设置帮助

选	编号	名称 [点击名称预览该商品]	添加/提升日期	编辑			状态	点击数
□	0235	婴倍爱湿巾纸三联包特惠装	2011-05-05	编辑	设为推荐	设为特价	显示	21
□	0234	妈咪秘密541010 专业孕妇连体塑身衣	2011-05-05	编辑	设为推荐	设为特价	显示	23
□	0233	妈咪秘密531006 真正竹炭纤维塑身背	2011-05-05	编辑	设为推荐	设为特价	显示	20
□	0232	妈咪秘密369008孕妇纯棉内裤/超细棉	2011-05-05	编辑	设为推荐	设为特价	显示	19
□	0231	妈咪秘密369001 孕妇内衣/孕妇纯棉	2011-05-05	编辑	设为推荐	设为特价	显示	21
□	0230	妈咪秘密379002舒棉圆点印花中腰孕	2011-05-05	编辑	设为推荐	设为特价	显示	19
□	0229	妈咪秘密279002孕妇文胸 专业孕妇内	2011-05-05	编辑	设为推荐	设为特价	显示	21
□	0228	妈咪秘密769006专业孕妇家居服 孕妇	2011-05-05	编辑	设为推荐	设为特价	显示	20
□	0227	妈咪秘密769002专业孕妇家居服 孕妇	2011-05-05	编辑	设为推荐	设为特价	显示	20
□	0226	妈咪秘密769005专业孕妇家居服 孕妇	2011-05-05	编辑	设为推荐	设为特价	显示	18
□	0225	妈咪秘密769004专业孕妇家居服 孕妇	2011-05-03	编辑	设为推荐	设为特价	显示	17
□	0224	妈咪秘密211009孕妇文胸 哺乳文胸	2011-05-03	编辑	设为推荐	设为特价	显示	17
□	0223	妈咪秘密269005孕妇文胸 哺乳文胸	2011-05-03	编辑	设为推荐	设为特价	显示	15
□	0222	妈咪秘密229018孕妇文胸 哺乳文胸	2011-05-03	编辑	设为推荐	设为特价	显示	24
□	0221	妈咪秘密269010孕妇文胸 哺乳文胸	2011-05-03	编辑	设为推荐	设为特价	显示	14
□	0220	妈咪秘密269006孕妇文胸 哺乳文胸	2011-05-03	编辑	设为推荐	设为特价	显示	14
□	0219	妈咪秘密269003孕妇文胸 哺乳文胸	2011-05-03	编辑	设为推荐	设为特价	显示	14
□	0218	妈咪秘密269002孕妇文胸 哺乳文胸	2011-05-03	编辑	设为推荐	设为特价	显示	14
□	0217	贝彤婴幼儿竹炭净味隔尿垫 (大号标准	2011-05-01	编辑	设为推荐	设为特价	显示	17
□	0216	贝彤婴幼儿竹炭净味隔尿垫 (中号标准	2011-05-01	编辑	设为推荐	设为特价	关闭	20

□全选　删除　关闭　打开　添加商品

首页 上页 下页 末页　第1页 共12页　商品总数：233　每页商品数：20

图 17.4

单击【编辑】按钮可以对商品进行编辑，通过【设为推荐】按钮可以把该商品推荐到首页推荐区，通过单击【设为特价】按钮可以控制商品在首页特价区进行显示，【关闭】按钮是停止该商品的显示，比如季节性产品，需要在季节过后不再显示，当下一年销售季节来时在显示，这就是【打开】按钮要实现的功能。

17.3 制作订单管理页面

下面来说明如何制作订单的管理功能。

17.3.1 制作订单管理

在购物商城前台中，最核心的实现就是购物车的实现，而在后台最核心的实现就是订单的管理，一个合理的订单管理流程，能大大提高订单处理和发货速度。本例中正常订单管理的流程是【新订单】→【已确认待付款】→【在线支付成功】→【已发货待收货】→【订单完成】，另外，当用户自行取消订单时显示【会员自行取消】，当审核信息不全无法更正时要作为【无效单已取消】进行处理，如图 17.5 所示。

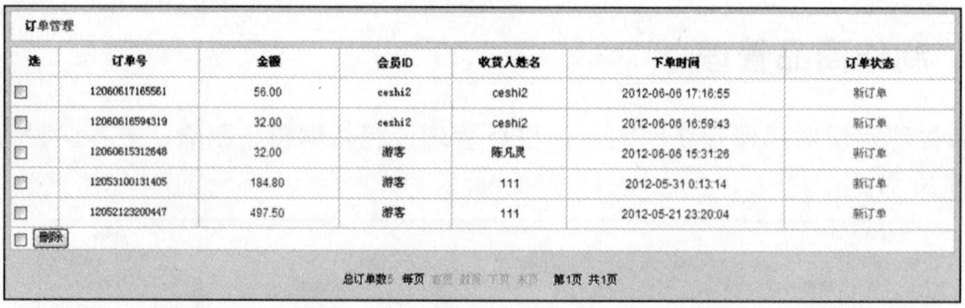

订单管理

选	订单号	金额	会员ID	收货人姓名	下单时间	订单状态
□	12060617165561	56.00	ceshi2	ceshi2	2012-06-06 17:16:55	新订单
□	12060616594319	32.00	ceshi2	ceshi2	2012-06-06 16:59:43	新订单
□	12060615312648	32.00	游客	陈凡灵	2012-06-06 15:31:26	新订单
□	12053100131405	184.80	游客	111	2012-05-31 0:13:14	新订单
□	12052123200447	497.50	游客	111	2012-05-21 23:20:04	新订单

□ 删除

总订单数5 每页 首页 前页 下页 末页 第1页 共1页

图 17.5

订单管理的实现在 admin 目录 order1.asp 中，在订单管理中可以更改订单的各种状态和删除订单。在进行相关操作前需要先检测用户是否有权限处理，权限检测实现代码如下：

```
<%
subcheckmanage(str)
Set mrs = conn.Execute("select * from manage where username='"&request.cookies("buyok")("admin")&"'")
if not (mrs.bof and mrs.eof) then
manage=mrs("manage")
ifinstr(manage,str)<=0 then
response.write "<script language='javascript'>"
response.write "alert('警告：您没有此项操作的权限！');"
response.write "location.href='quit.asp';"
response.write "</script>"
response.end
else
session("buyok_admin_login")=0
end if
else
response.write "<script language='javascript'>"
response.write "alert('没有登录，不能执行此操作！');"
```

```
response.write "location.href='quit.asp';"
response.write "</script>"
response.end
end if
setmrs=nothing
end sub
%>
```

订单修改过程实现还是比较简单的，需要注意的是，如果采取会员积分，就需要在订单状态更改后处理，代码如下：

```
<%
userid=rs("userid")
OrderNum=rs("OrderNum")
if request.form("edit")="ok" then'修改订单状态
 setrs=Server.Createobject("ADODB.RecordSet")
 sql="select * from bOrderList where OrderNum='"&OrderNum&"'"
 rs.Open sql,conn,1,3
 rs("LastModifytime")                                    = now()
 if trim(request("Memo"))      <>"" then rs("Memo")        = trim(request("Memo"))
 if trim(request("Status"))     <>"" then rs("Status")      = trim(request("Status"))

setrstjr=conn.execute("select * from buser where UserId='"&userid&"'")
setrsjifensum=conn.execute("select * from bOrder where OrderNum='"&OrderNum&"'")
 if request("Status")="99" then'如果订单完成，更新会员积分
 conn.execute("update    buser    set    totalsum=    totalsum+"&rs("ordersum")&"    where
userid='"&userid&"'")
 conn.execute("update buser set jifen= jifen+"&rs("ordersum")&" where userid='"&userid&"'")
 conn.execute("update   buser   set   jifensum=   jifensum+"&rsjifensum("jifensum")&"   where
userid='"&userid&"'")
end if
 rs.update
 rs.close
 setrs=nothing
 response.write "<script language='javascript'>"
 response.write "alert('操作成功，您已经修改一个订单。');"
 response.write "location.href='order1.asp?action=list&id="&request("ID")&"';"
 response.write "</script>"
 response.end
end if
%>
```

17.3.2　制作订单搜索

订单搜索功能对订单管理来说也是必不可少的，在数量数以千计的情况下，依靠分页进行检索订单是不现实的。订单搜索实现就是通过对订单过程中的几个主要字段进行组合条件在数据库中筛查条件匹配的订单，如图 17.6 所示。

筛选条件包括订单状态、订单号、会员名、收货人姓名、联系电话、订单提交时间等。通过这些关键条件，能快速检索需要查找的订单。

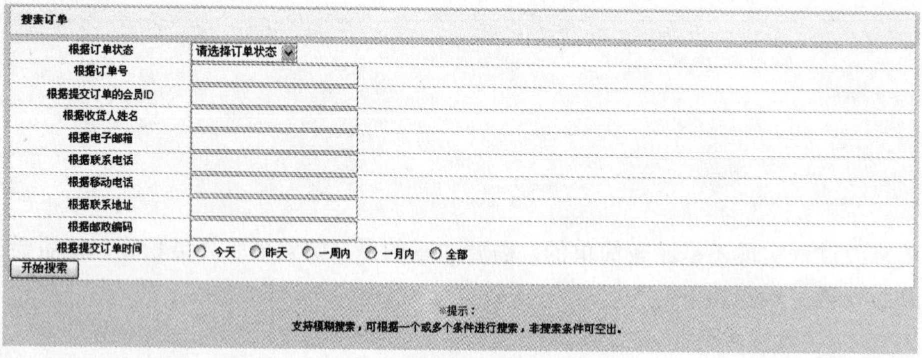

搜索订单

根据订单状态	请选择订单状态
根据订单号	
根据提交订单的会员ID	
根据收货人姓名	
根据电子邮箱	
根据联系电话	
根据移动电话	
根据联系地址	
根据邮政编码	
根据提交订单时间	○ 今天 ○ 昨天 ○ 一周内 ○ 一月内 ○ 全部

开始搜索

※提示：

支持模糊搜索，可根据一个或多个条件进行搜索，非搜索条件可空出。

图 17.6

17.3.3 制作订单打印

在电子商务活动中，货物配送人员只有收到打印出来的订单凭证才能发货，所以订单打印功能也很重要。订单打印实现文件在 admin 目录下 order4.asp 中，如图 17.7 所示。

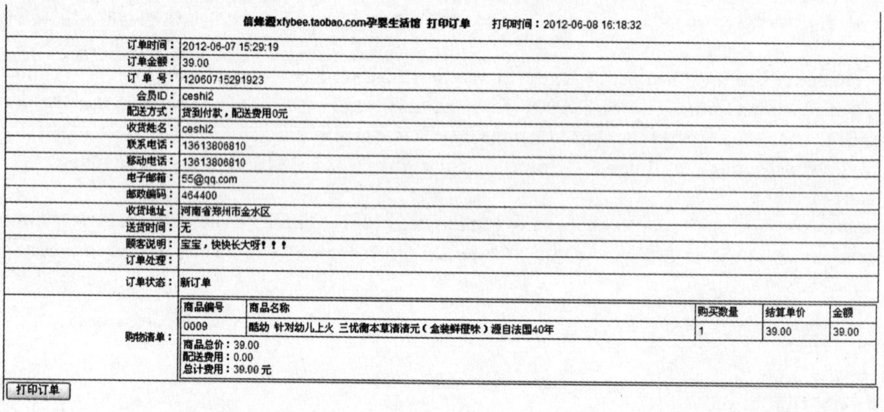

信蜂源xfybee.taobao.com孕婴生活馆 打印订单　　打印时间：2012-06-08 16:18:32

订单时间：	2012-06-07 15:29:19
订单金额：	39.00
订 单 号：	12060715291923
会员ID：	ceshi2
配送方式：	货到付款，配送费用0元
收货姓名：	ceshi2
联系电话：	13613806810
移动电话：	13613806810
电子邮箱：	55@qq.com
邮政编码：	464400
收货地址：	河南省郑州市金水区
送货时间：	无
顾客说明：	宝宝，快快长大呀！！！
订单处理：	
订单状态：	新订单

购物清单：

商品编号	商品名称	购买数量	结算单价	金额
0009	酷幼 针对幼儿上火 三忧衡本草清清元（盒装鲜橙味）源自法国40年	1	39.00	39.00

商品总价：39.00
配送费用：0.00
总计费用：39.00 元

打印订单

图 17.7

通过调整表格布局和定义表格的样式，使表格符合打印格式，最后通过 window.print()函数进行 Web 页打印。

17.4 后台其他功能介绍

作为一个完善的网站，电子商城网站还要具有管理员管理和管理员权限设定管理，图片广告管理等功能，如图 17.8 所示。这些功能都可以在网站后台左侧导航中找到，这里不再具体介绍。

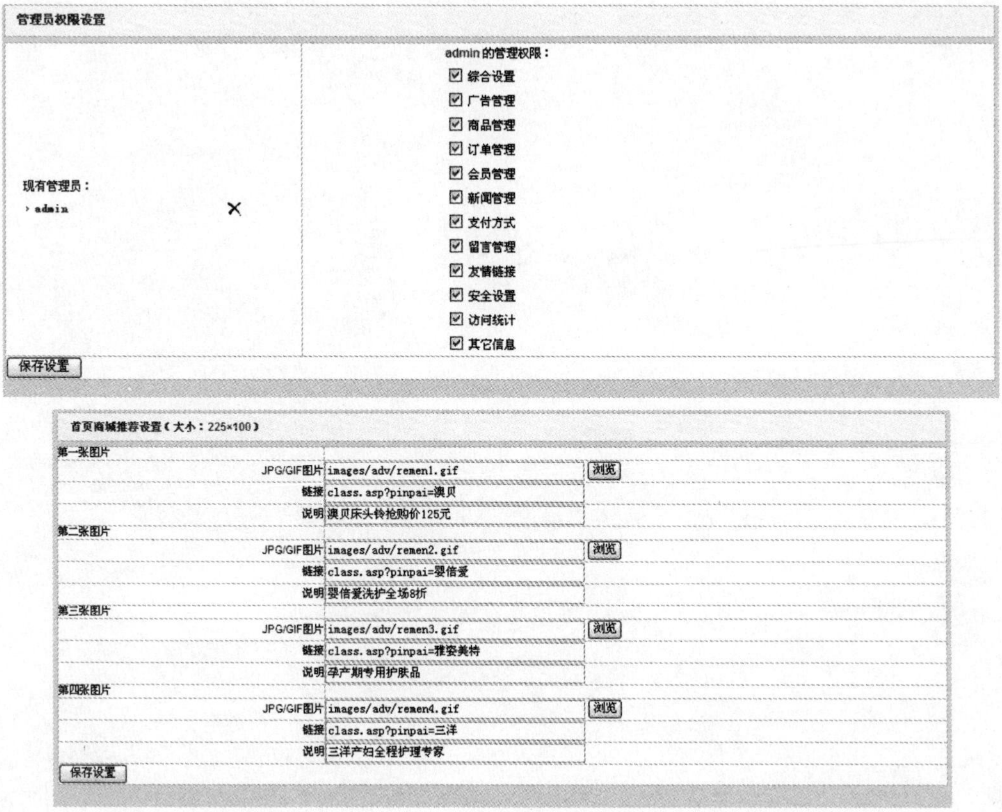

图 17.8

17.5　本章小结

本章主要介绍三部分内容：后台登录安全的实现和商品管理、订单处理的实现。需要重点掌握的是后台登录安全实现和订单管理。

17.6　课后练习

1．在实例中后台登录通过哪几种方式保障数据安全性？

2．动手实现商品管理的添加和维护。

3．动手实现订单管理。

本章小结

第5天

网站建设完成阶段

制作网页非常简单，但是否能达到预期目的？后期的发布和网站测试就变得很重要。网站发布，首先需要国家网络中心的备案才行。

网站发布了并没有完结，为了预防攻击和各种问题，网站的维护和备份就变成日常工作的一部分，特别是数据的保护非常重要。CSDN 的注册用户泄漏案你肯定不想再遇到，那就需要好好学习。

➲

- □网站的测试与发布
- □给网站一个合法身份——网站备案
- □网站的安全维护与数据备份

第 18 小时　网站的测试与发布

网页制作好后需要发布才能被别人访问。可以用来发布网站页面的软件有很多，但原理基本一样。这里介绍 Dreamweaver CS5 和 CuteFtp 如何进行网站发布，希望大家触类旁通，举一反三。

18.1　本地测试站点及文档清理

在将网站发布到网络服务器之前，最好对网站的整体进行测试，然后再进行网站上传。在上传之后，如果发现错误，必须先将网站下载后进行修改，然后再进行上传，这样会很麻烦。

18.1.1　测试兼容性

为了方便网站的阅读，在进行网站设计时就必须考虑网站的兼容性，不同的平台和不同的浏览器，或者是相同浏览器的不同版本，在显示网站页面时，总是会有或大或小的差别，因此，网站在上传网站之前需要注意兼容性的测试工作。

1．平台测试

由于市场上存在 Windows、UNIX、Macintosh、Linux 等很多不同的操作系统类型。而 Web 应用系统的最终用户究竟使用哪一种操作系统，取决于用户系统的配置。这样，就可能会发生兼容性问题，同一个网站在某些操作系统下能正常打开浏览器页面，但在另外的操作系统下就可能无法打开。因此，在 Web 系统发布之前，需要在各种操作系统下对 Web 系统进行兼容性测试。

2．浏览器测试

浏览器是 Web 客户端的核心构件之一，来自不同厂商的浏览器对 Java、JavaScript、ActiveX、plug-ins 或不同的 HTML 规格有不同的支持。例如，ActiveX 是 Microsoft 公司的产品，是为 InternetExplorer 而设计的，JavaScript 是 Netscape 公司的产品，Java 是 Sun 公司的产品等。

另外，框架和层次结构风格在不同的浏览器中也有不同的显示，更有甚者有的就无法显示。同时，不同的浏览器对安全性和 Java 的设置也不一样。

因此，测试浏览器兼容性的方法是创建一个兼容性矩阵。在这个矩阵中，测试不同厂商、不同版本的浏览器对某些构件和设置的适应性。

在 Dreamweaver CS5 中进行浏览器测试的步骤如下：

Step 01 打开网站首页，选择【文件】→【检查页】→【浏览器兼容性】菜单命令，如图 18.1 所示。

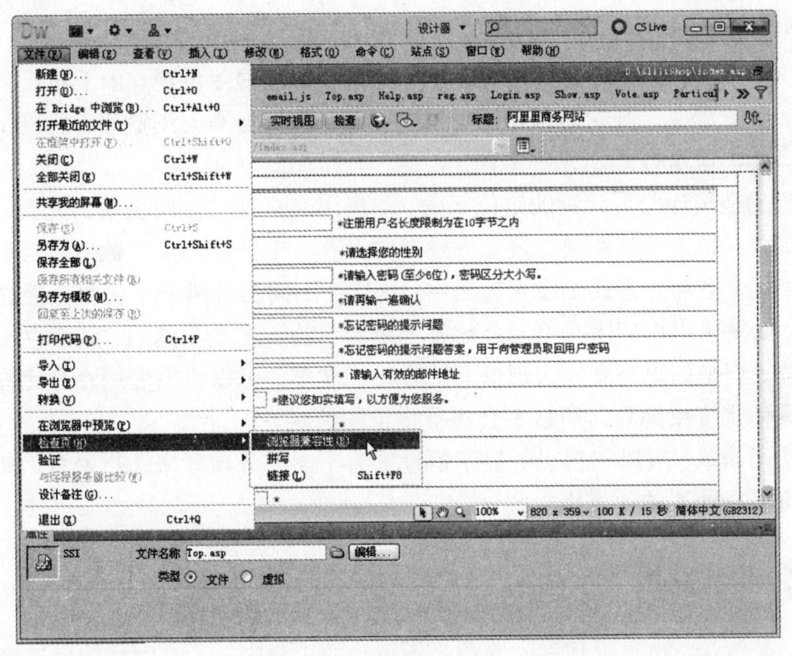

图 18.1

Step 02 在 Dreamweaver CS5 设计器的下端弹出【浏览器兼容性】面板，并给出默认浏览器及浏览器版本的检测结果，如图 18.2 所示。

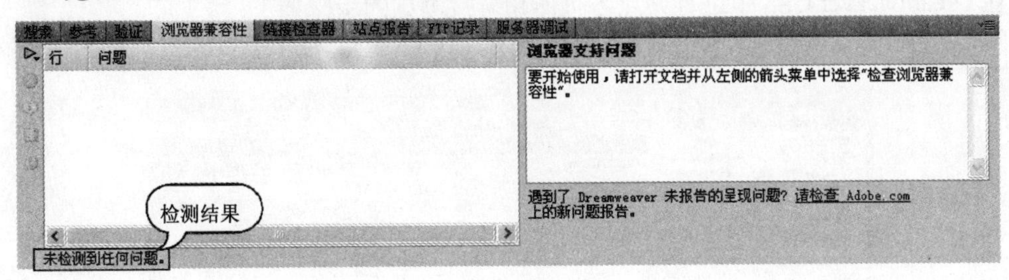

图 18.2

Step 03 如果需要检测其他浏览器及浏览器不同版本时，单击左侧的 ▷ 按钮，在弹出的下拉菜单中选择【设置】命令，弹出【目标浏览器】对话框，如图 18.3 左所示。

Step 04 根据需要测试不同浏览器及不同浏览器的版本，如图 18.3 右所示选择【Internet Explorer】浏览器 7.0 版本的兼容性。

图 18.3

Step 05 单击【确定】按钮进行测试，测试完成后在【浏览器兼容性】面板底部显示测试结果。

3．分辨率测试

不同分辨率的测试，就是测试网页在不同分辨率下的显示情况。由于在设计网页时通常使用的是同一种分辨率，可能显示和运行都很正常。但是当别人浏览和运行网页时，由于分辨率的不同，会出现这样或那样的错误。

需要注意的是设计网页元素的定位问题。如果用表格来控制网页中的元素，需要注意表格的宽度和单位；如果表格在最外层，一般需要设置一个具体的宽度数值以及单位，单位多用于像素，并且表格对齐方式要设置为居中，这样在不同的分辨率下仍将按照这个值和对齐方式来显示。如果使用百分比在不同分辨率下所显示的宽度是不同的，从而也影响到表格内部元素的定位。但是如果是表格内部嵌套的表格的宽度，可以将宽度用百分比设置，因为有外部表格的具体宽度束缚着，所以不会出现错位的情况。

测试方法很简单，可以将自己的显示器设置为不同的分辨率来运行网页，来查看是否存在问题，也可以在他人的计算机上测试。

18.1.2　测试超链接

测试网站超链接，也是上传网站之前必不可少的工作之一。对网站的超链接逐一进行测试，不仅能够确保访问者能够打开链接目标，并且还可以使超链接目标与超链接源保持高度的统一。测试超链接的方法如下。

在 Dreamweaver CS5 中进行站点各页面超链接测试的步骤如下：

Step 01 打开网站首页，选择【文件】→【检查页】→【链接】菜单命令，如图 18.4 所示。

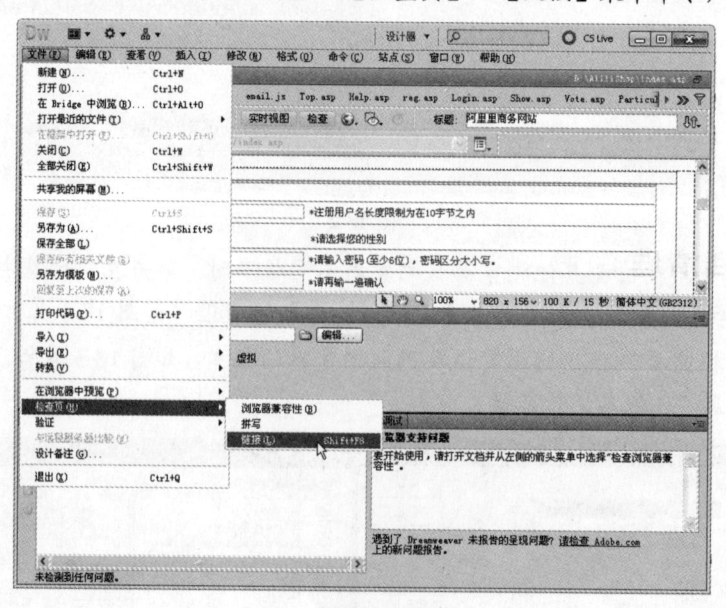

图 18.4

Step 02 在 Dreamweaver CS5 设计器的下端弹出【链接检查器】面板，并给出本页页面的检测结果，如图 18.5 所示。

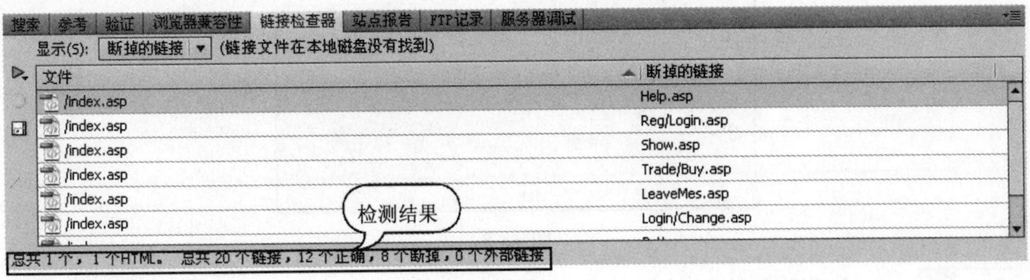

图 18.5

Step 03 如果需要检测整个站点的超链接时，单击左侧的 ▷ 按钮，在弹出的下拉菜单中选择【检查整个当前本地站点的链接】命令，如图 18.6 所示。

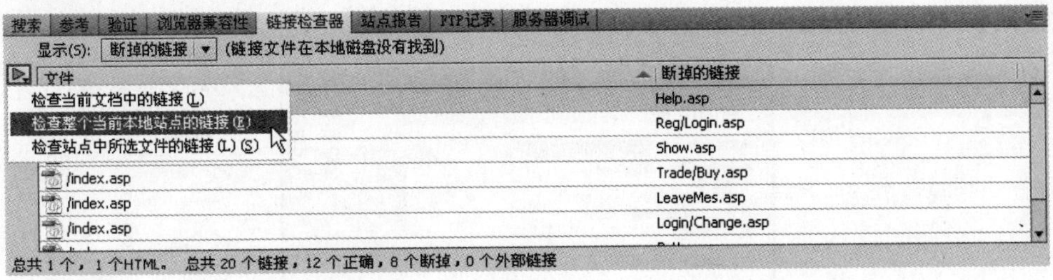

图 18.6

Step 04 在【链接检查器】底部弹出整个站点的检测结果，如图 18.7 所示。

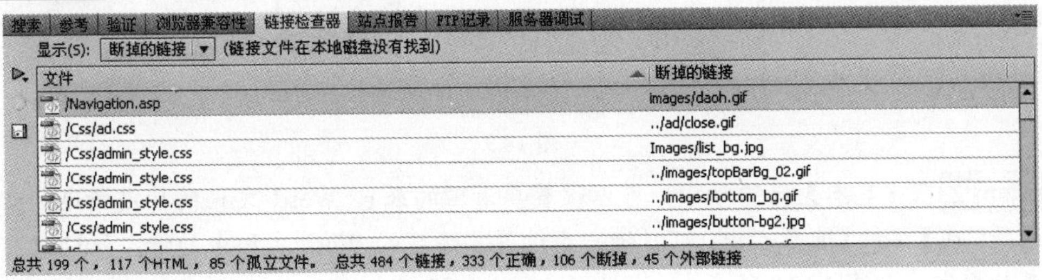

图 18.7

18.1.3　文档清理

测试完超链接之后，还需要对网站中每个页面的文档进行清理，在 Dreamweaver CS5 中，可以清理一些不必要的 HTML，也可以清理 Word 生成的 HTML，以此增加网页打开的速度。具体的操作步骤如下。

1. 清理不必要的 HTML

Step 01 选择【命令】→【清理 XHTML】菜单命令，弹出【清理 HTML/XHTML】对话框。

Step 02 在【清理 HTML/XHTML】对话框中，可以设置对【空标签区块】、【多余的嵌套标签】和【Dreamweaver 特殊标记】等内容的清理，具体设置如图 18.8 所示。

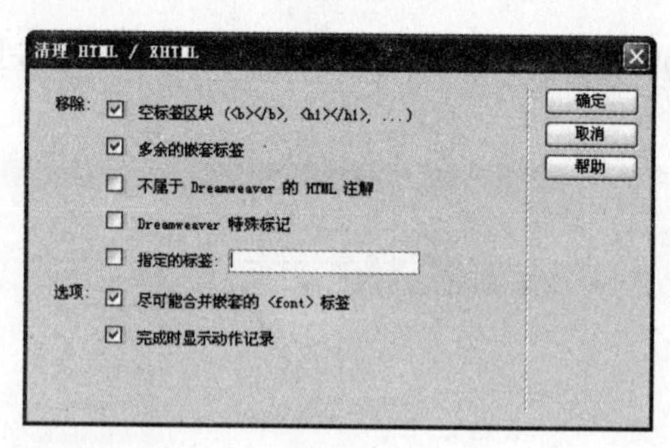

图 18.8

Step 03 单击【确定】按钮，即可完成对页面指定内容的清理。

2．清理 Word 生成的 HTML

Step 01 选择【命令】→【清理 Word 生成的 HTML】菜单命令，打开【清理 Word 生成的 HTML】对话框，如图 18.9 所示。

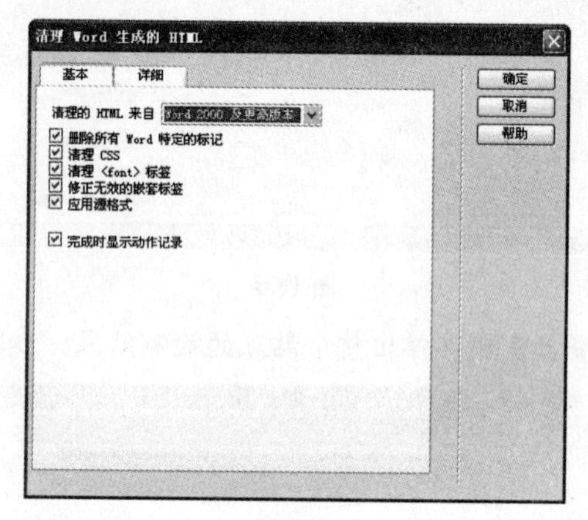

图 18.9

Step 02 在【基本】选项卡中，可以设置要清理的来自 Word 文档的特定标记、背景颜色等选项；在【详细】选项卡中，可以进一步设置要清理的 Word 文档中的特定标记以及 CSS 样式表的内容，如图 18.10 所示。

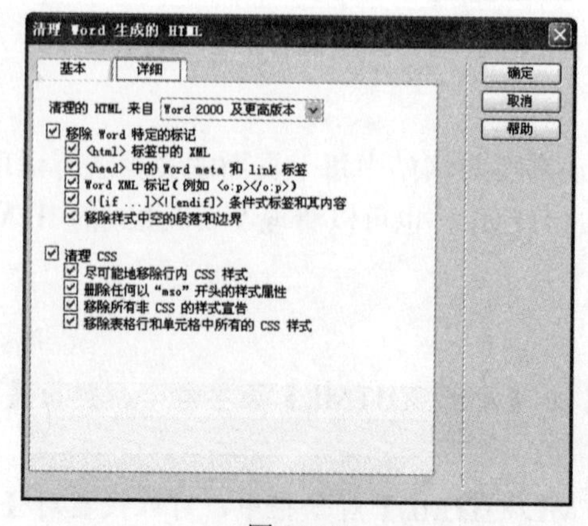

图 18.10

Step 03 单击【确定】按钮，即可完成对页面中由 Word 生成的 HTML 的内容的清理。

18.2　使用相应软件发布站点

网站测试好以后，接下来最重要的就是上传网站。只有将网站上传到远程服务器上，才能让浏览者浏览。设计者可以利用 Dreamweaver 软件自带的上传功能上传，也可以利用专门的 FTP 软件上传。

18.2.1　使用 Dreamweaver CS5 发布网站

为了确保远端站点上始终出现的是最新版本的文件，保持本地站点和远端站点同步是非常重要的。在 Dreamweaver CS5 中，用户可以随时查看本地站点和远端站点中存在着哪些新文件，并可利用相应的同步命令使它们同步。

使用 Dreamweaver CS5 发布网站并使其同步上传的步骤如下。

Step 01 单击【文件】面板中的【上传文件】按钮，如果没有指定服务器，系统会弹出如图 18.11 所示的对话框。

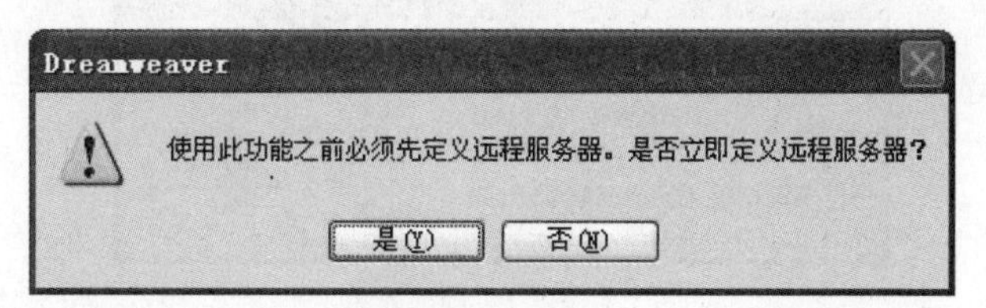

图 18.11

Step 02 单击【是】按钮，弹出【站点设置对象 AliliShop】对话框，如图 18.12 所示。

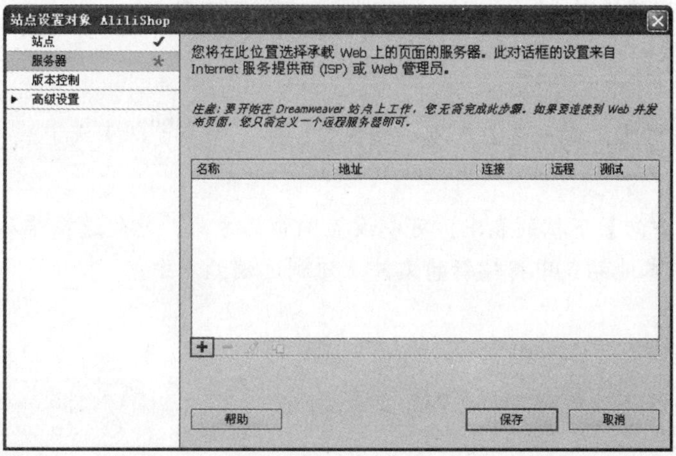

图 18.12

Step 03 在【服务器】选项卡右侧的页面中单击按钮。弹出服务器设置对话框，然后输入服务器名称、连接方法、FTP 地址、用户名、密码及根目录等信息，如图 18.13 所示。

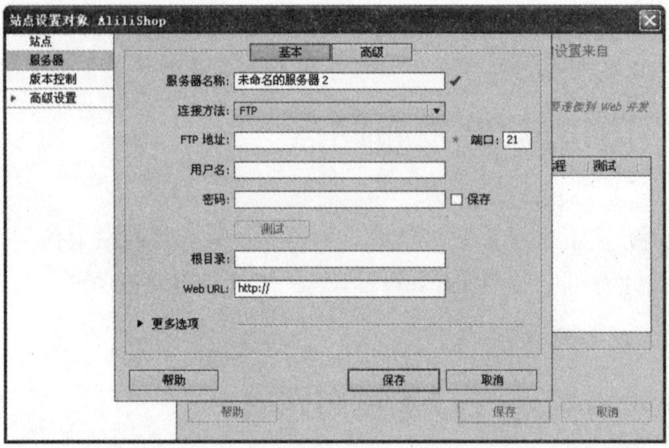

图 18.13

Step 04 配置好信息后单击【保存】按钮，然后在站点窗口中选中希望同步的文件或文件夹。

Step 05 在窗口中选择【站点】→【同步站点范围】菜单命令，打开【同步文件】对话框，如图 18.14 所示。

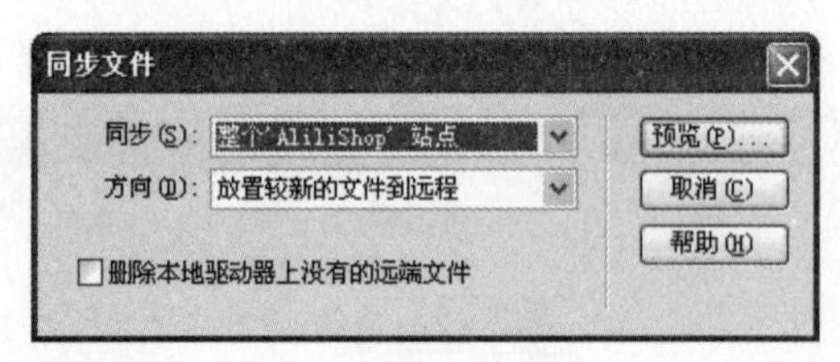

图 18.14

Step 06 在【同步】下拉列表中，选择同步的范围。此处选择“【整个‘我的站点’站点】选项”，将整个站点进行同步。

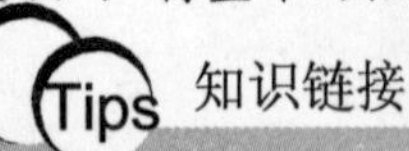
知识链接

选择【仅选中的远端文件】选项，则仅仅同步在站点窗口中选中的文件。

Step 07 在【方向】下拉列表中，可以设置同步的方向。此处选择【放置较新的文件到远程】选项，即从本地站点中将较新的文件上传到远端站点中。

知识链接

- 选择【从远程获得较新的文件】选项，则将远端站点中较新的文件下载到本地站点中。
- 选择【获得和设置较新的文件】选项，则同时进行较新的文件的上传和下载操作，以确保两个站点一致。

Step 08 如果选中【删除本地驱动器上没有的远端文件】复选框，则表明从站点中删除那些在两个站点中没有关联的文件。删除操作是双向的。如果用户上传较新的文件，该操作就会在远端站点中删除那些和本地站点没有关联的文件；如果用户下载较新的文件，该操作就会从本地站点中删除那些和远端站点没有关联的文件。

Step 09 设置完毕单击【预览】按钮，即可进行文件同步，这时 Dreamweaver CS5 会首先对本地站点和远端站点进行扫描，确定要更新的信息并显示对话框，然后提示用户选择要同步更新的文件。

Step 10 选中相应的文件即可更新该文件，取消选中相应的文件则不更新该文件。单击【确定】按钮，即可开始真正的更新过程。

Step 11 更新完毕，会在对话框中显示更新后的状态。单击 日志... 按钮，可以将更新的信息保存在一个日志文件里。单击 关闭 按钮，则可关闭对话框。

18.2.2　使用 CuteFTP 网络软件发布站点

还可以利用专门的 FTP 软件上传网页，具体操作步骤如下（本节以 Cute FTP 8.0 为例进行讲解）。

Step 01 启动 FTP 软件，选择【站点管理器】选项卡，如图 18.15 所示。

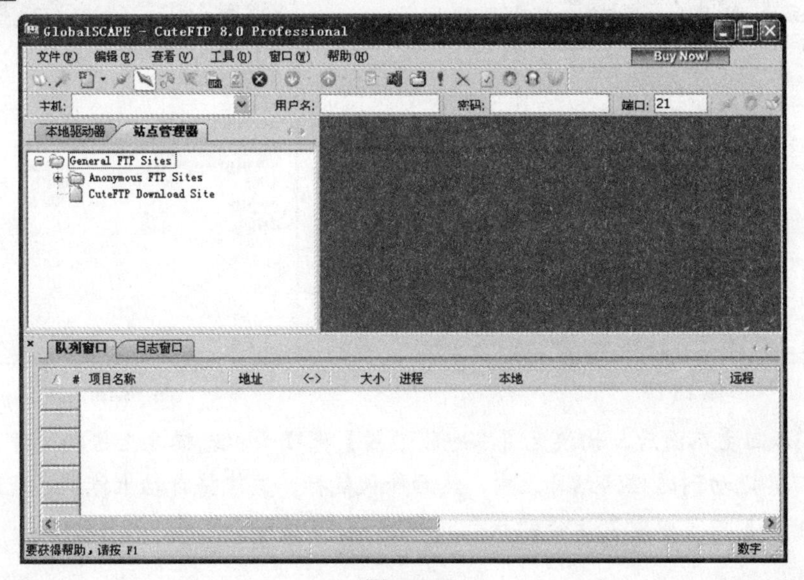

图 18.15

Step 02 在【General FTP Sites】上右击，在弹出的快捷菜单中选择【新建】→【FTP 站点】菜单命令，如图 18.16 所示。

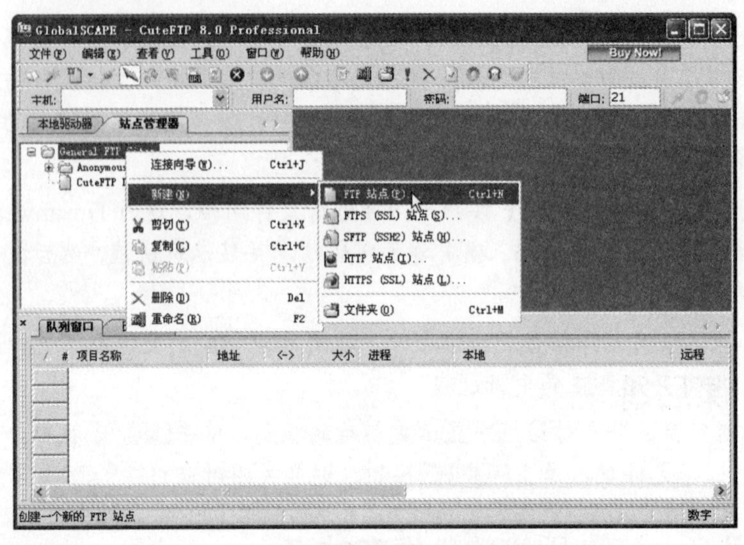

图 18.16

Step 03 弹出【站点属性：未标题(1)】对话框，如图 18.17 所示。

Step 04 在【站点属性：未标题(1)】对话框中根据提示输入相关信息，然后单击【连接】按钮，连接到相应的地址，如图 18.18 所示。

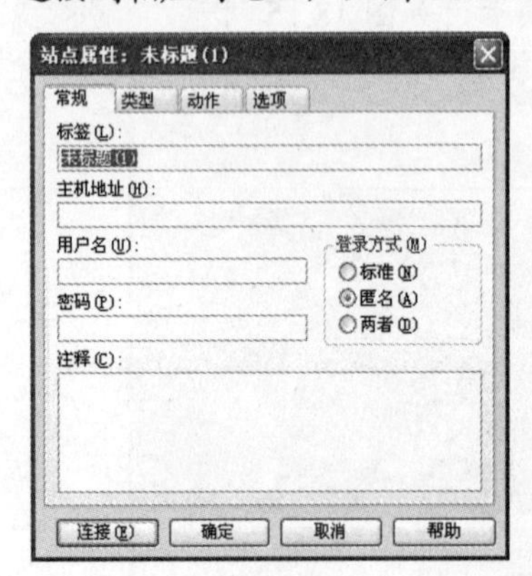

图 18.17

图 18.18

Step 05 返回主界面后，切换至【本地驱动器】选项卡，选择要上传的文件，按住鼠标左键不放，将其拖动到远程网站目录中，然后释放鼠标，文件将自动上传到远程服务器，同时在【队列窗口】中可以看到上传的状态，如图 18.19 所示。

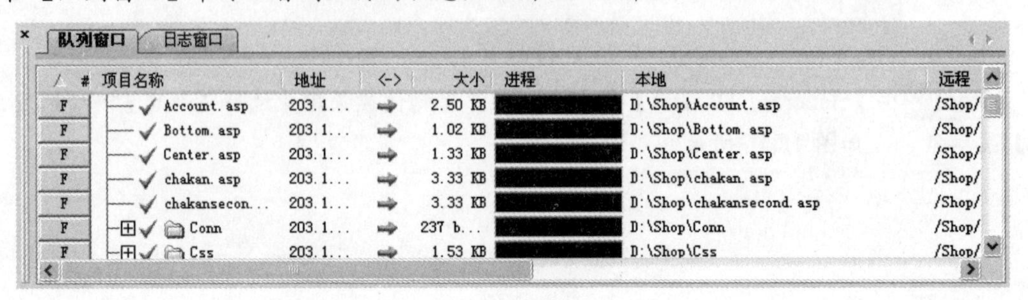

图 18.19

Step 06 上传完成后，用户即可在外部进行查看。

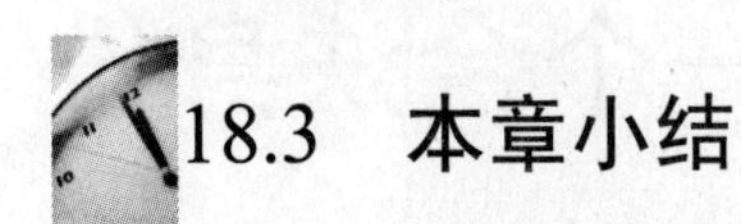

18.3　本章小结

本章主要介绍两部分内容：本地测试站点和发布网站的方法。需要重点掌握的是兼容性测试、使用 CuteFTP 进行发布网站。

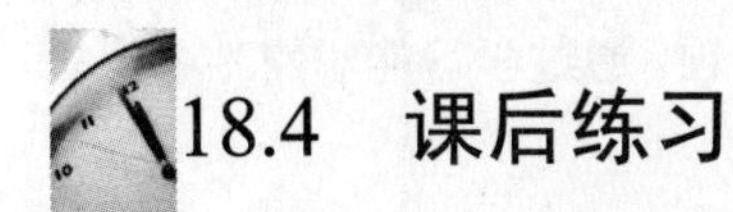

18.4　课后练习

1．兼容性测试包括哪几个方面？

2．使用 CuteFTP 发布站点的步骤有哪些？

3．加载 CSS 样式的方式有哪些？如何使用？

第 19 小时　给网站一个合法身份——网站备案

网站完成后，需要为自己网站在互联网中申请一个合法的身份，就是进行网站备案。我们将一起讨论网站备案以及不同类型网站备案的方法和注意事项。通过学习能对网站备案有个完整系统的理解。

19.1　什么是网站备案

根据中华人民共和国信息产业部第十二次部委会议审议通过的《非经营性互联网信息服务备案管理办法》规定，在中华人民共和国境内提供非经营性互联网信息服务，应当办理备案。未经备案，不得在中华人民共和国境内从事非经营性互联网信息服务。而对没有备案的网站将予以罚款和关闭。

网站备案的目的是为了防止不法用户在网上从事非法的网站经营活动，打击不良互联网信息的传播。

知识链接

非经营性网站自主备案是不收任何手续费的，所以建议大家可以自行到备案官方网站去备案。

从事互联网信息服务的企事业单位，必须取得互联网信息服务增值电信业务经营许可证或办理备案手续。互联网信息服务，是指通过互联网向上网用户提供信息的服务活动。

互联网信息服务可分为经营性信息服务和非经营性信息服务两类。

- 经营性信息服务：是指通过互联网向上网用户有偿提供信息或者网页制作等服务活动。凡从事经营性信息服务业务的企事业单位应当向省、自治区、直辖市电信管理机构或者国务院信息产业主管部门申请办理互联网信息服务增值电信业务经营许可证。申请人取得经营许可证后，应当持经营许可证向企业登记机关办理登记手续。
- 非经营性互联网信息服务：是指通过互联网向上网用户无偿提供具有公开性、共享性信息的服务活动。凡从事非经营性互联网信息服务的企事业单位，应当向省、自治区、直辖市电信管理机构或者国务院信息产业主管部门申请办理备案手续。非经营性互联网信息服务提供者不得从事有偿服务。

19.2　完整备案基本流程

自主备案分为两部分：注册过程、备案过程。

19.2.1　注册过程

Step 01 首先打开 IE 浏览器（建议使用 IE 8）登录工业和信息化部网站（http://www.miibeian.gov.cn），如图 19.1 所示。

图 19.1

Step 02 在图 19.1 的自行备案中选择接入商所在省份，比如河南，输入接入商名称，又如郑州市景安计算机网络技术有限公司，输入验证码点进入，如图 19.2 所示。

图 19.2

Step 03 单击【郑州市景安计算机网络技术有限公司】链接，打开【景安互联网数据中心备案系统】，如图 19.3 所示。

图 19.3

Step 04 单击“用户登录备案系统”中的【注册】按钮，弹出【会员注册】页面，如图 19.4 所示。

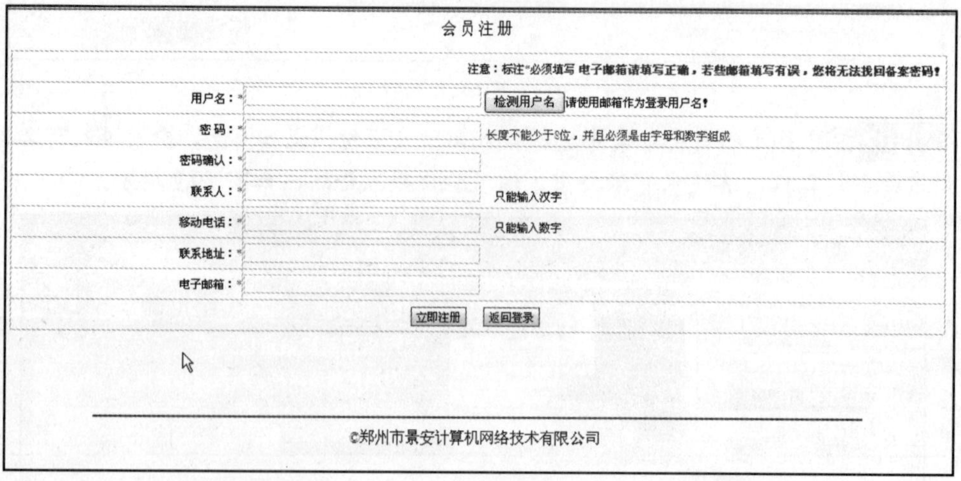

会员注册

注意：标注*必须填写 电子邮箱请填写正确，若些邮箱填写有误，您将无法找回备案密码！

用户名：* 检测用户名 请使用邮箱作为登录用户名！

密码：* 长度不能少于8位，并且必须是由字母和数字组成

密码确认：*

联系人：* 只能输入汉字

移动电话：* 只能输入数字

联系地址：*

电子邮箱：*

立即注册 返回登录

©郑州市景安计算机网络技术有限公司

图 19.4

Step 05 请仔细阅读屏幕中的提示信息，并按照屏幕中的提示依次填写信息。输入用户名、密码、联系方式后，单击【立即注册】按钮，系统便出现注册成功的提示，如图 19.5 所示。

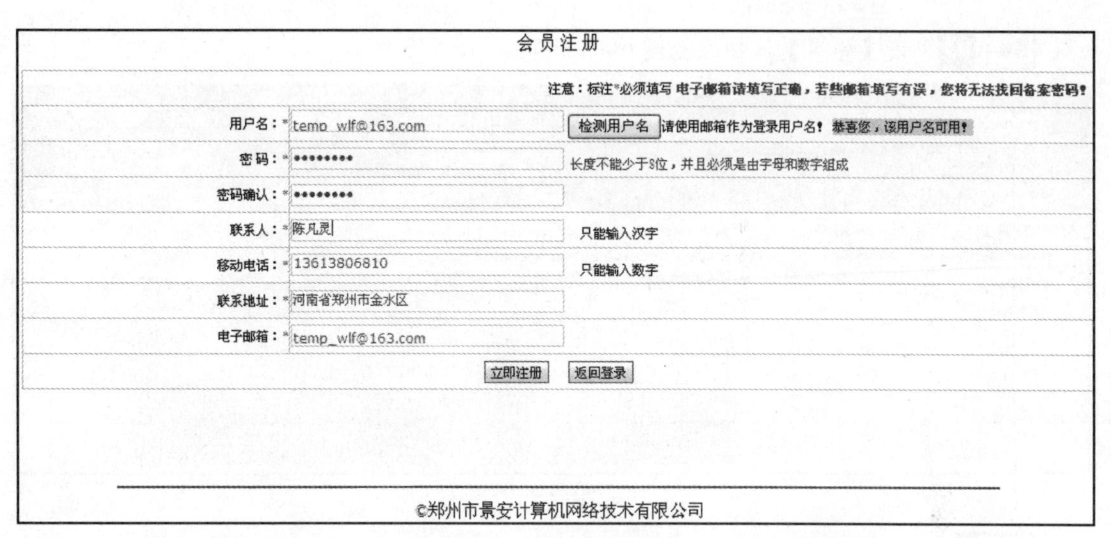

图 19.5

Step 06 在弹出的对话框中，单击【确定】链接完成网站所有者的注册操作。

19.2.2　备案过程

凡是自主备案的网站，不论是经营性还是非经营性的，其网站的备案过程基本一致，具体操作步骤如下：

Step 01 登录你所在地区网站，接入商备案系统网站首页面，然后在【用户名】和【密码】处输入注册的用户名和密码，在验证码处根据屏幕提示输入正确的当前验证码，如图 19.6 所示。

图 19.6

Step 02 单击【登录】按钮，如图 19.7 所示。

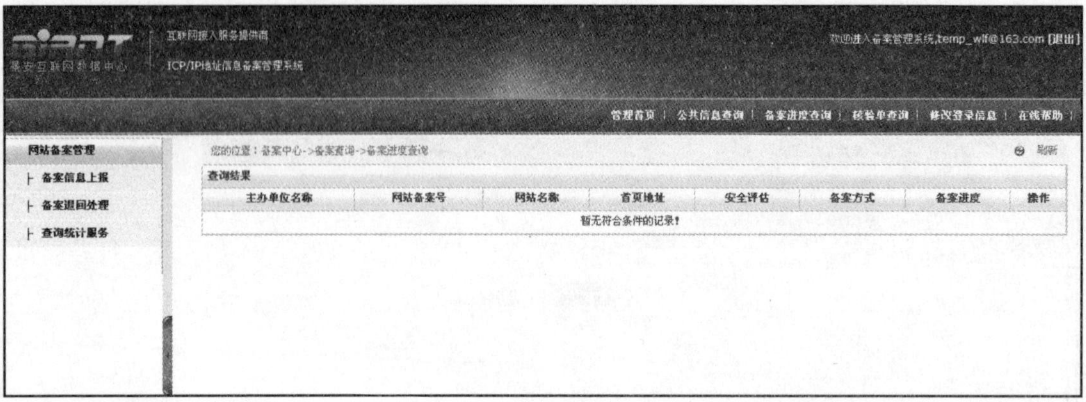

图 19.7

Step 03 单击屏幕左侧树形菜单上的【备案信息上报】，展开【备案信息录入】菜单，如图 19.8 所示。

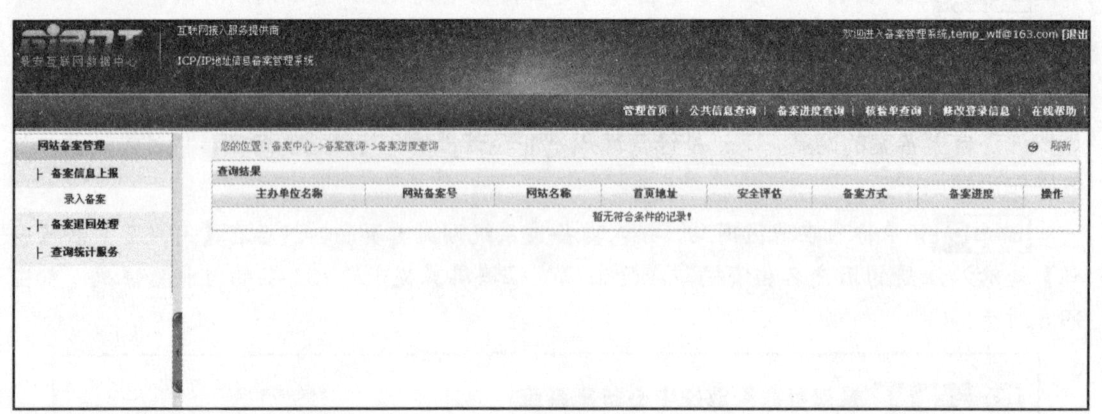

图 19.8

Step 04 单击【录入备案】菜单项，如图 19.9 所示。

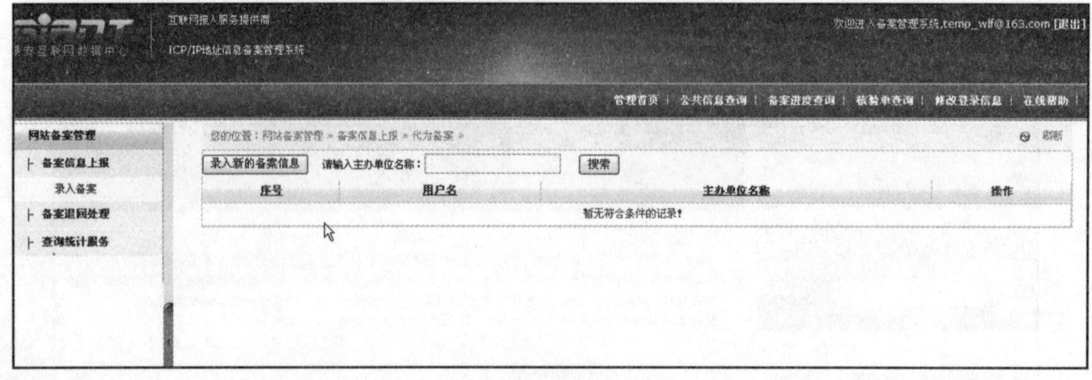

图 19.9

Step 05 单击【录入新的备案信息】按钮，打开【录入新的备案信息】页面，如图 19.10 所示。

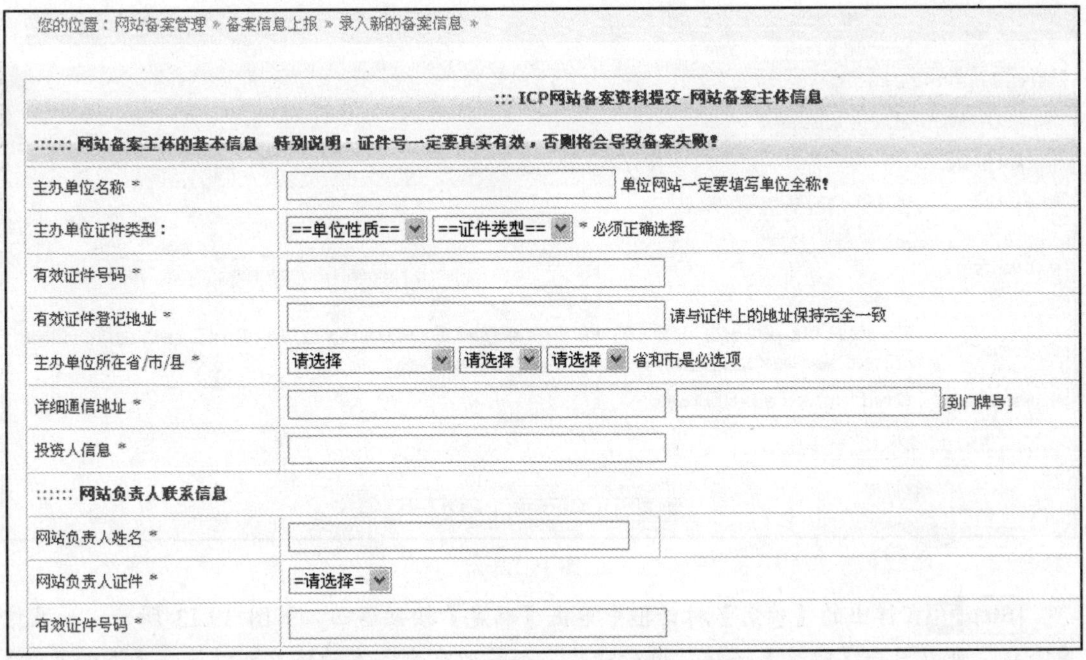

您的位置：网站备案管理 » 备案信息上报 » 录入新的备案信息 »

::: ICP网站备案资料提交-网站备案主体信息	
:::::: 网站备案主体的基本信息　特别说明：证件号一定要真实有效，否则将会导致备案失败！	
主办单位名称 *	单位网站一定要填写单位全称！
主办单位证件类型：	==单位性质==　==证件类型==　* 必须正确选择
有效证件号码 *	
有效证件登记地址 *	请与证件上的地址保持完全一致
主办单位所在省/市/县 *	请选择　请选择　请选择　省和市是必选项
详细通信地址 *	[到门牌号]
投资人信息 *	
:::::: 网站负责人联系信息	
网站负责人姓名 *	
网站负责人证件 *	=请选择=
有效证件号码 *	

图 19.10

Step 06 认真填写所有选项，单击【确认提交，进行下一步】按钮，如图 19.11 所示。

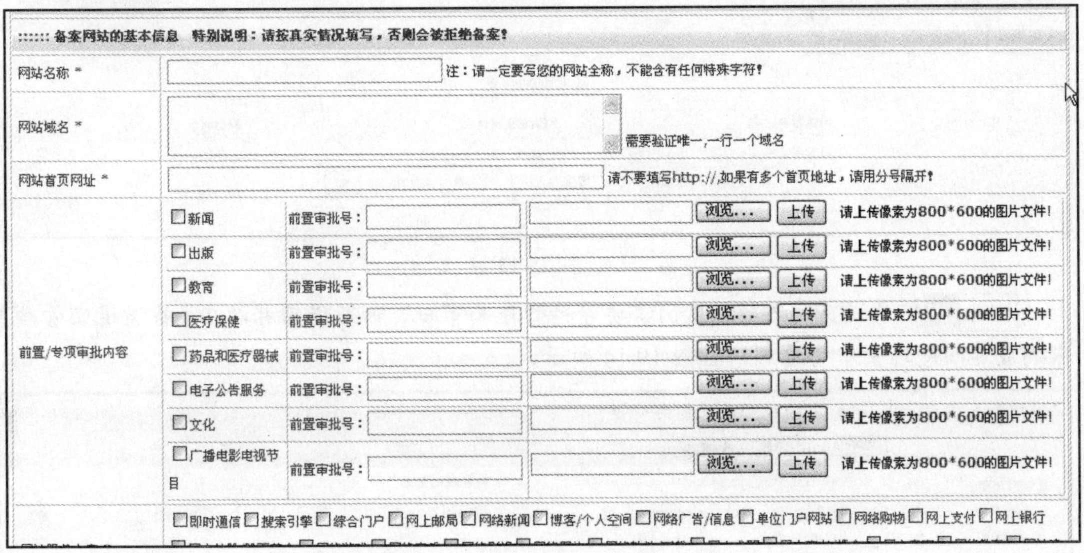

:::::: 备案网站的基本信息　特别说明：请按真实情况填写，否则会被拒绝备案！			
网站名称 *	注：请一定要写您的网站全称，不能含有任何特殊字符！		
网站域名 *	需要验证唯一，一行一个域名		
网站首页网址 *	请不要填写http://，如果有多个首页地址，请用分号隔开！		
前置/专项审批内容	□新闻	前置审批号：	浏览…　上传　请上传像素为800*600的图片文件！
	□出版	前置审批号：	浏览…　上传　请上传像素为800*600的图片文件！
	□教育	前置审批号：	浏览…　上传　请上传像素为800*600的图片文件！
	□医疗保健	前置审批号：	浏览…　上传　请上传像素为800*600的图片文件！
	□药品和医疗器械	前置审批号：	浏览…　上传　请上传像素为800*600的图片文件！
	□电子公告服务	前置审批号：	浏览…　上传　请上传像素为800*600的图片文件！
	□文化	前置审批号：	浏览…　上传　请上传像素为800*600的图片文件！
	□广播电影电视节目	前置审批号：	浏览…　上传　请上传像素为800*600的图片文件！
	□即时通信 □搜索引擎 □综合门户 □网上邮局 □网络新闻 □博客/个人空间 □网络广告/信息 □单位门户网站 □网络购物 □网上支付 □网上银行		

图 19.11

Step 07 请仔细阅读右侧的提示，然后依次填写网站信息，填写完毕后，单击【确认提交】按钮进行保存，如图 19.12 所示。

网站负责人MSN	temp_wlf@163.com
网站负责人QQ	temp_wlf@163.com 选填内容
网站负责人证件 *	身份证
网站负责人证件号码 *	413022197804063531
:::::: 网站接入信息	
接入服务商 *	郑州市景安计算机网络技术有限公司
接入IP地址信息 *	123.10.33.213 *注：多个IP间请用回车分开,如果IP信息为IP地址段，则起始IP和终止IP间用"-"分隔.
服务器放置地 *	□安徽 □北京 □重庆 □福建 □广东 □甘肃 □广西 □贵州 ☑河南 □湖北 □河北 □海南 □黑龙江 □湖南 □吉林 □江苏 □江西 □辽宁 □内蒙古 □宁夏 □青海 □四川 □山东 □上海 □陕西 □山西 □天津 □新疆 □西藏 □云南 □浙江
接入服务方式 *	□专线 □主机托管 ☑虚拟主机 □其他方式
备注（可选）	

确认提交　返回网站列表　返回上一页

图 19.12

Step 06 在弹出的【确定】对话框中单击【确定】按钮返回，如图 19.13 所示。如果信息有误，可以单击【修改】链接，进行修改。如果还有要备案的信息可以单击【添加网站】按钮，再次添加新的网站信息。

图 19.13

Step 07 信息提交完之后，我们需要等待管理局审批，如果退回可以在【备案退回管理】中的【退回处理】中查看到，如图 19.14 所示。

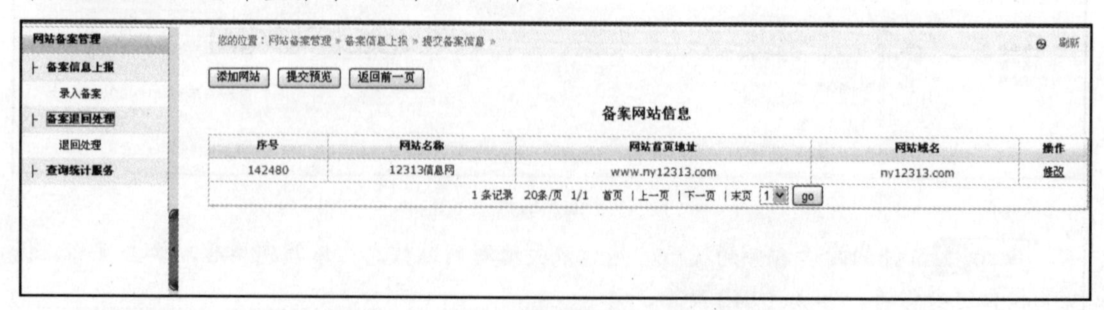

图 19.14

Step 08 我们还可以在【查询统计服务】一栏中查看我们提交的申请状态，如图 19.15 所示。

网站备案管理
备案信息上报
录入备案
备案退回处理
退回处理
查询统计服务
备案进度查询
公共信息查询

查询条件

备案类型：	请选择	备案阶段：请选择	
主办单位名称：		精确查找	模糊查找
主体备案号/许可证号：		精确查找	模糊查找
网站备案号/许可证号：		精确查找	模糊查找
主单位性质：	请选择		
主办单位有效证件号码：		精确查找	模糊查找
投资者或者上级主管单位：		精确查找	模糊查找
网站负责人姓名：		精确查找	模糊查找
网站负责人联系电话：		精确查找	模糊查找
网站负责人有效证件号码：		精确查找	模糊查找
网站名称：		精确查找	模糊查找
网站首页网址：		精确查找	模糊查找
网站域名：	www.	精确查找	模糊查找
主办单位所在地：	请选择省份 省/ 请选择市 市		
网站IP地址：			

图 19.15

Step 09 输入相关信息，单击【查询】按钮，完成操作。

Step 10 如果备案返回成功，我们可以在网址 http://www.miibeian.gov.cn/publish/query/indexFirst.action 上查询到我们的备案地址，如图 19.16 所示。

图 19.16

Step 11 单击【备案查询】下的【备案信息查询】，如图 19.17 所示。

当前位置：公共查询 -> 备案查询 -> 备案信息查询

请仔细填写您所要查询的内容（此项查询要求条件精确匹配）

◉ 网站名称：		* 网站名称必须输入
○ 网站域名：		
○ 网站首页网址：		
○ 备案/许可证号：		
○ 网站IP地址：		
○ 主办单位名称：		
○ 证件类型：	请选择 请选择 证件号码：	
输入验证码：	abcd12	

提交 重置

图 19.17

Step 12 输入域名或其他相关信息后输入验证码，单击【提交】按钮，如我们输入 jaspic.net，返回结果如图 19.18 所示。

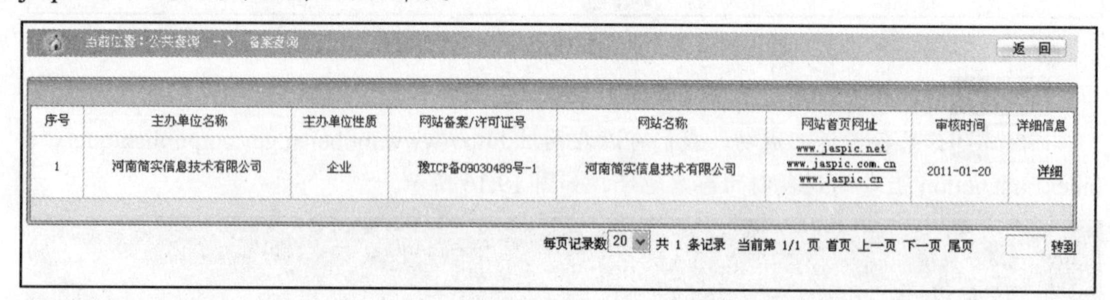

当前位置：公共查询 -> 备案查询　　返 回

序号	主办单位名称	主办单位性质	网站备案/许可证号	网站名称	网站首页网址	审核时间	详细信息
1	河南简实信息技术有限公司	企业	豫ICP备09030489号-1	河南简实信息技术有限公司	www.jaspic.net www.jaspic.com.cn www.jaspic.cn	2011-01-20	详细

每页记录数 20 共 1 条记录 当前第 1/1 页 首页 上一页 下一页 尾页 转到

图 19.18

19.3 营业性网站备案

经营性网站备案需要注意以下问题。

19.3.1 经营性网站备案须知

申请经营性网站备案应当具备以下条件：

（1）网站的所有者拥有独立域名，或得到独立域名所有者的使用授权。

（2）网站的所有者取得各地电信管理机关颁发的《电信与信息服务业务经营许可证》（以下简称《ICP 许可证》）。

网站有共同所有者的，全部所有者均应取得《ICP 许可证》。

（3）网站所有者的《企业法人营业执照》或《个体工商户营业执照》中核定有“互联网信息服务”或“因特网信息服务”经营范围。

网站有共同所有者的，全部所有者的《企业法人营业执照》或《个体工商户营业执照》中均应核定有“互联网信息服务”或“因特网信息服务”经营范围。

19.3.2　经营性网站名称规范

1．经营性网站的名称

经营性网站的名称要符合下列要求：

（1）每个经营性网站只能申请一个网站名称。

（2）经营性网站备案名称以通信管理部门批准文件核准为主要依据。

（3）经营性网站名称不得含有下列内容和文字：

① 有损于国家和社会公共利益的。

② 可能对公众造成欺骗或者使公众误解的。

③ 有害于社会主义道德风尚或者有其他不良影响的。

④ 其他具有特殊意义的不宜使用的名称。

⑤ 法律、法规有禁止性规定的。

2．禁止使用的名称

使用以下名称的经营性网站备案申请不予受理：

（1）网站名称与已备案的经营性网站名称重复的。

（2）使用备案失效后未满 1 年的网站名称的。

（3）违反本办法第三条规定的。

备案经营性网站名称含有驰名商标和著名商标的文字部分（含中、英文及汉语拼音或其缩写），应当提交相关证明材料。

19.3.3　经营性网站备案基本流程

经营性网站备案按照以下程序进行。

1．前期准备

（1）申请者向通信管理部门申领《ICP 许可证》。

（2）申请者取得《ICP 许可证》后，向工商行政管理机关申请增加“互联网信息服务”或“因特网信息服务”的经营范围。

2．在线提交申请

（1）登录工商行政管理局的网上工作平台，进入“网站备案”系统中的“备案申请”模块。

（2）在《经营性网站备案申请书》的栏目中，填写网站的名称、域名、IP 地址、管理负责人、ISP 提供商、服务器所在地地址、联系办法等相关内容。

（3）在线提交《经营性网站备案申请书》。

（4）打印《经营性网站备案申请书》。

3．准备书面材料

（1）加盖网站所有者公章的《经营性网站备案申请书》。

（2）加盖网站所有者公章的《企业法人营业执照》或《个体工商户营业执照》的复印件。

如果网站有共同所有者，应提交全部所有者《企业法人营业执照》或《个体工商户营业执照》的复印件。

（3）加盖域名所有者或域名管理机构、域名代理机构公章的《域名注册证》复印件，或其他对所提供域名享有权利的证明材料。

（4）加盖网站所有者公章的《ICP 许可证》复印件及相关批准文件的复印件。

（5）对网站所有权有合同约定的，应当提交相应的证明材料。

（6）所提交的复印件或下载的材料，均应加盖申请者的公章。

19.4 安装备案电子标识

安装备案电子标识的具体方法如下。

- 备案证书文件 bazx.cert 放到网站的 cert/目录下。该文件必须可以通过下列地址 http://网站域名/cert/bazs.cert 访问，其中网站域名是指网站的 Internet 域名。
- 备案号/经营许可证号显示在网站首页底部的中间位置，如果当地电管局另有要求，则以当地电管局要求为准。
- 网站的页面下方已放好的经营许可证号的位置做一个超链接。

19.5 本章小结

本章主要介绍两部分内容：网站备案流程和安装备案电子标识。需要重点掌握的是经营性网站备案的过程和怎样安装备案电子标识。

19.6 课后练习

1．什么是网站备案？
2．经营性网站备案的基本流程有几步？
3．怎样安装电子标识到网站？

第20小时　网站的安全维护与数据备份

网站投入运营后，除了日常更新信息外，最重要的问题就是安全与维护问题。网络在为用户进行提供方便的同时，也会带来一些烦恼，例如数据的丢失会使整个网站瘫痪，从而使网站无法正常运营，而做好数据备份可以对这种问题防患于未然。

20.1　维护自己的网站

网站做好后，需要对网站进行相应的维护，主要是对网站硬件和软件的维护。

20.1.1　网站硬件维护

硬件中最主要的是服务器，一般要求使用专用的服务器，不要使用PC代替。因为专用的服务器中有多个CPU，并且硬盘各方面的配置也相对较好。如果其中一个CPU或硬盘坏了，别的CPU和硬盘还可以继续工作，不会影响到网站的正常运行。

网站机房通常要注意室内的温度、湿度以及通风性，这些将影响到服务器的散热和性能的正常发挥。如果有条件，最好使用两台或两台以上的服务器，所有的配置最好都是一样的，因为服务器经过一段时间要进行停机检修，在检修时可以运行别的服务器工作，这样不会影响到网站的正常运行。

20.1.2　网站的软件维护

软件管理也是确保一个网站能够良好运行的必要条件，通常包括服务器的操作系统配置、网站的定期更新、数据的备份以及网络安全的防护等。

1．服务器的操作系统配置

一个网站要能正常运行，硬件环境是一个先决条件。但是服务器操作系统的配置是否可行和设置的优良性如何，则是一个网站能否良好长期运行的保证。除了要定期对这些操作系统进行维护外，还要定期对操作系统进行更新，使用最先进的操作系统。

一般来说，操作系统中软件安装的原则是少而精，就是在服务器中安装的软件应尽可能得少，只要够用即可，这样可防止各个软件之间相互冲突。因为有些软件还是不健全的、有漏洞的，还需要进一步地完善，所以安装的越多，潜在的问题和漏洞也就越多。

2．网站的定期更新

网站的创建并不是一成不变的，还要对网站进行定期的更新。除了更新网站的信息外，还要更新或调整网站的功能和服务。对网站中的废旧文件要随时清除，以提高网站的精良性，从而提高网站的运行速度。不要以为网站上传、运行后便万事大吉，与自己无关了，其实还要多光顾自己的网站，可以作为一个旁观者来客观地看待自己的网站，评价自己的网站与别的优秀网站相比还有哪些不足，有时自己分析自己的网站往往比别人更能发现问题，然后再进一步地完善自己网站中的功能和服务。还有就是要时时关注互联网的发展趋势，随时调整自己的网站，使其顺应潮流，以便给别人提供更便捷和贴切的服务。

3．数据的备份

所谓数据的备份，就是对自己网站中的数据进行定期备份，这样既可以防止服务器出现突发错误丢失数据，又可以防止自己的网站被别人“黑”掉。如果有了定期的网站数据备份，那么即使自己的网站被别人“黑”掉了，也不会影响网站的正常运行。

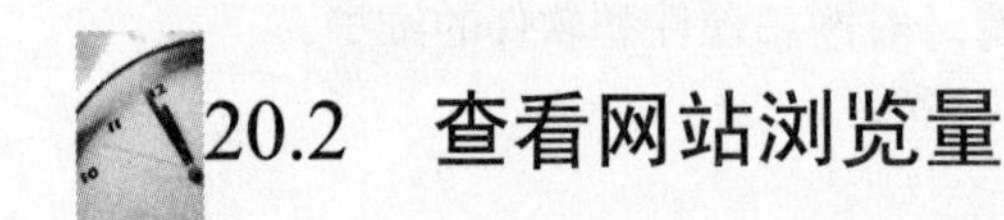

20.2　查看网站浏览量

通过查看网站的浏览量，可以准确地掌握总结网站每天的访问量，便于辅助定位和调整网站的内容，以提高自己网站的知名度。

Step 01 在IE浏览器中输入网址：http://www.cnzz.com/，打开“CNZZ数据专家”网的主页。

Step 02 单击【立即免费注册】按钮进行注册，进入创建用户界面，如图20.1左所示。

Step 03 根据提示输入相关信息，如图20.1右所示。

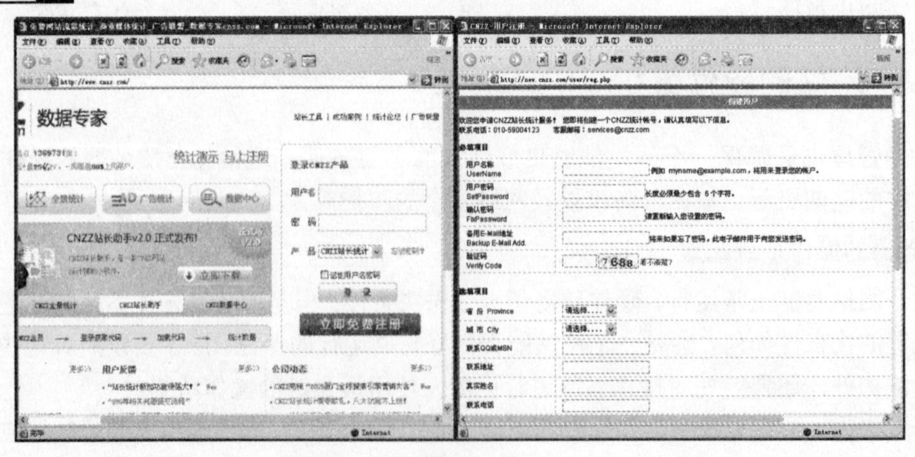

图20.1

Step 04 在【查看并接受协议】界面中查看协议，然后单击【我同意 创建我的账户】按钮，进入【注册成功】界面，如图20.2左所示。

Step 05 单击“点击此处添加您的站点”，进入【添加下属站点】界面，如图20.2右所示。

Step 06 在【添加下属站点】界面中输入相关信息，然后单击【添加】按钮，如图 20.3 左所示，弹出【添加统计站点成功!】界面，单击【确定】按钮。

Step 07 进入【获取代码】界面，单击【复制到剪贴板】按钮，根据需要复制代码（此处选择“图片样式 1”），如图 20.3 右所示。

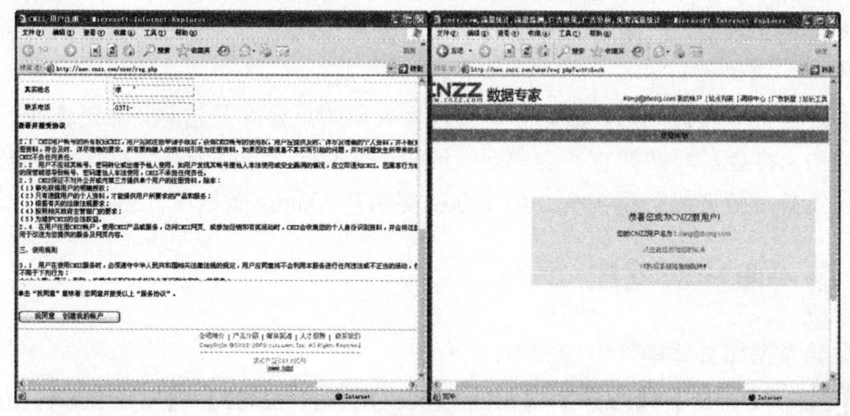

图 20.2

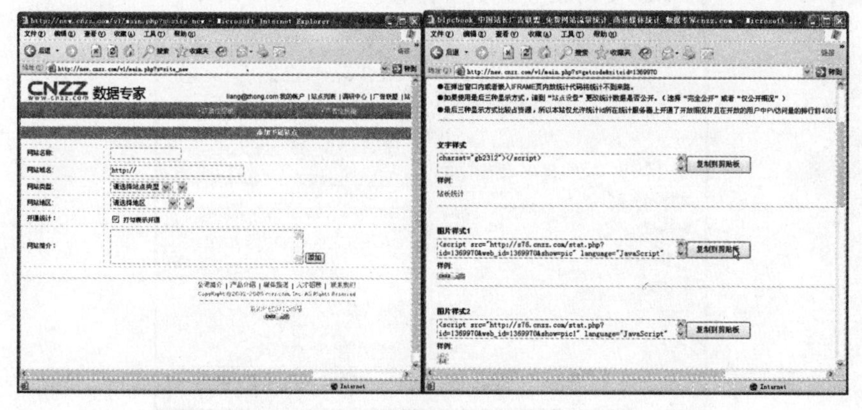

图 20.3

Step 08 将代码插入到网站首页面的源码中，保存并预览。单击【站长统计】按钮，便可进入【查看用户登录】界面，如图 20.4 左所示。

Step 09 进入查看界面，即可查看网站的浏览量，如图 20.4 右所示。

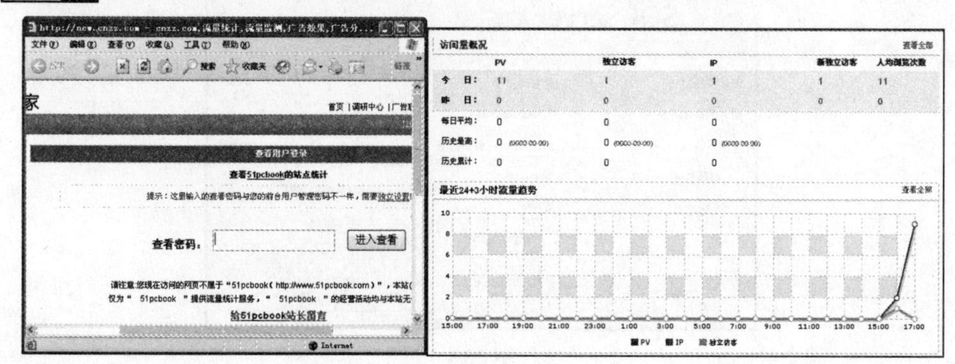

图 20.4

20.3 备份 MS SQL 数据库

数据库备份分为原始数据库备份和已使用的网站数据库备份两种，其中原始数据库即上传网站前的数据库备份；已使用的网站数据库是在上传网站后，经过一定时间段后对数据库的备份操作。

网站通过运行一段时间后，数据库中会包含大量的重要客户信息，如果这些信息丢失或遭到黑客攻击，将会对网站拥有者造成很大的损失，因此，最好能在定期内对数据库进行备份，以防止意外事故造成数据丢失。如果你的网站是 Access 数据库，可以跳过此步。

20.3.1 备份原始数据库

备份原始数据库具体操作步骤如下：

Step 01 选择【开始】→【程序】→【Microsoft SQL Server2005】→【SQL Server Management Studio】菜单命令，弹出【连接到服务器】对话框，如图 20.5 所示。

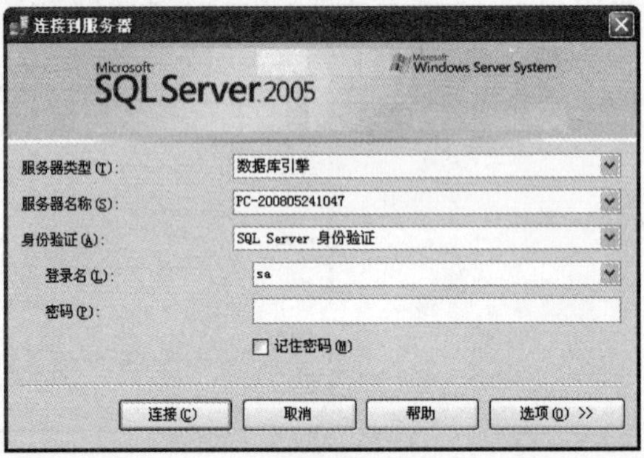

图 20.5

Step 02 在【连接到服务器】对话框中输入【登录名】和【密码】，如图 20.6 所示。

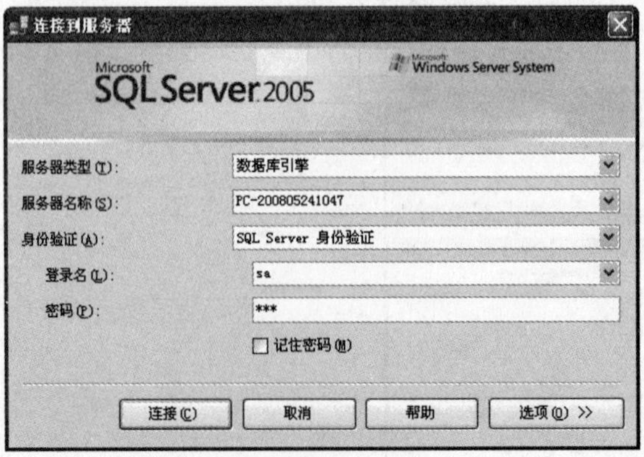

图 20.6

Step 03 单击【连接】按钮，进入 Microsoft SQL Server Management Studio 的图形界面，如图 20.7 所示。

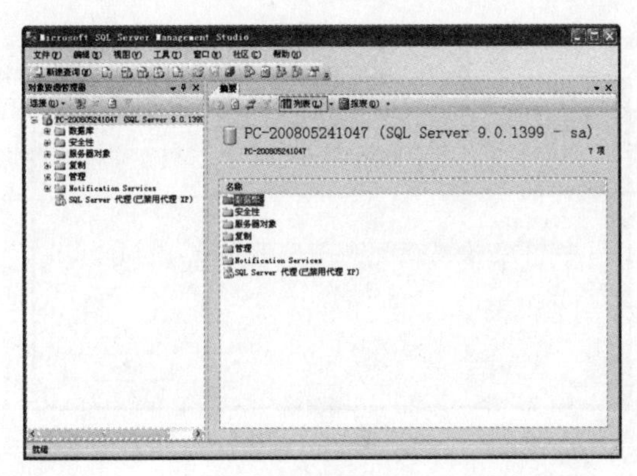

图 20.7

Step 04 在左侧的【对象资源管理器】窗口中用鼠标单击【数据库】文件夹前的⊞按钮，展开该文件夹下的所有子文件，如图 20.8 右所示。

Step 05 在【data】数据库上右击，在弹出的快捷菜单中选择【任务】→【备份】菜单命令，如图 20.9 所示。

图 20.8

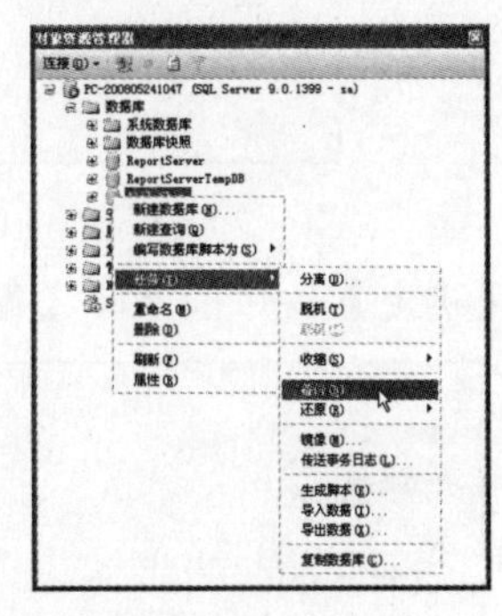

图 20.9

Step 06 打开【备份数据库】对话框，如图 20.10 所示。

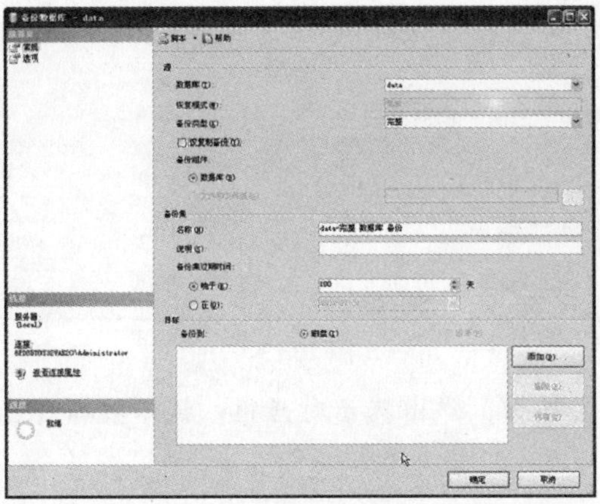

图 20.10

Step 07在打开的【备份数据库】对话框中，选择备份【类型】为“完整”，输入【备份集】名称为“data-完整数据库备份”，输入【备份集过期时间】为“100 天”，然后单击【添加】按钮，打开【选择备份目标】对话框，如图 20.11 所示。

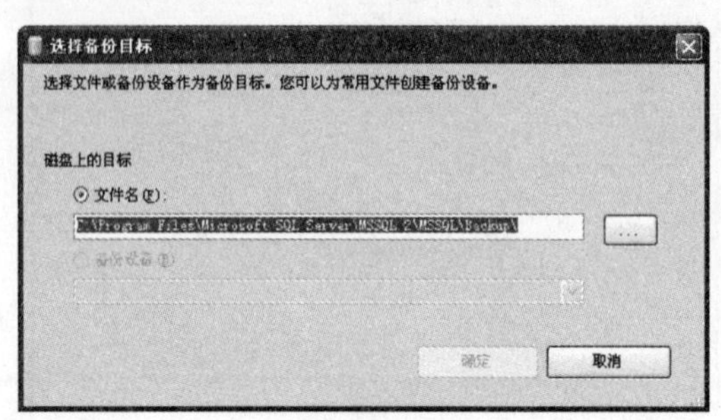

图 20.11

Step 08选择好备份的数据库路径，如图 20.12 所示。

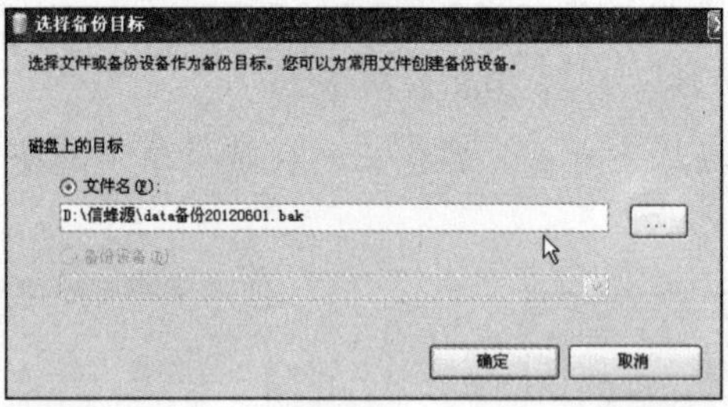

图 20.12

Step 09单击【确定】按钮，返回【备份数据库】对话框，如图 20.13 所示。

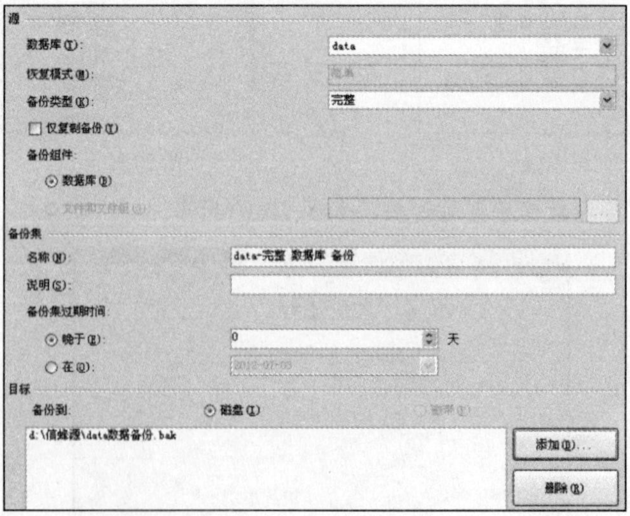

图 20.13

Step 10单击【确定】按钮，弹出提示对话框，提示数据库已成功备份，如图 20.14 所示。

图 20.14

Step 11 单击【确定】按钮，返回 Microsoft SQL Server Management Studio 的图形界面，完成所有操作，如图 20.15 所示。

图 20.15

Step 12 打开所备份数据库的文件夹，可以看到备份的数据库，如图 20.16 所示。

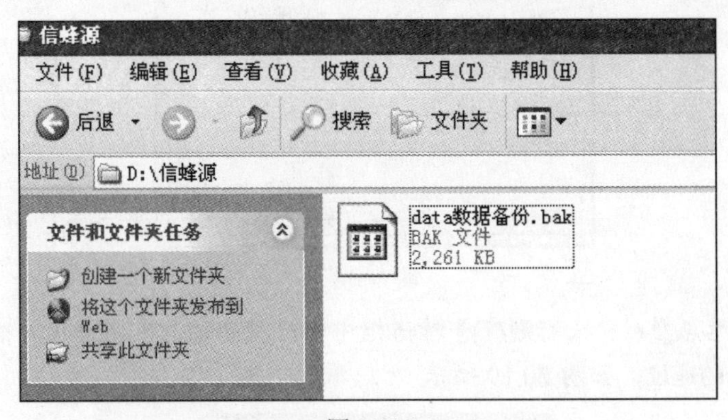

图 20.16

20.3.2　备份使用中的数据库

如果数据库正在网站中使用，可以使用 FTP 软件将数据库下载并进行保存，当数据发生错误或出现问题时，可以将数据库再进行上传即可。

Step 01 启动 FTP 软件，选择【站点管理器】选项卡，并在【General FTP Sites】上右击，在弹出的快捷菜单中选择【新建】→【FTP 站点】菜单命令，如图 20.17 所示。

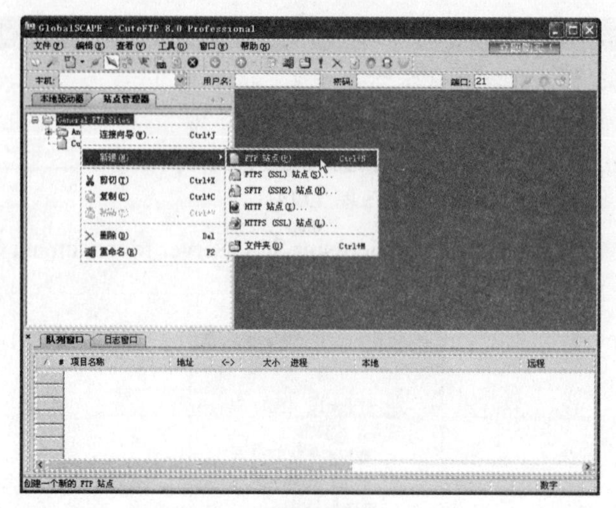

图 20.17

Step 02 弹出【站点属性：未标题(1)】对话框，如图 20.18 所示。

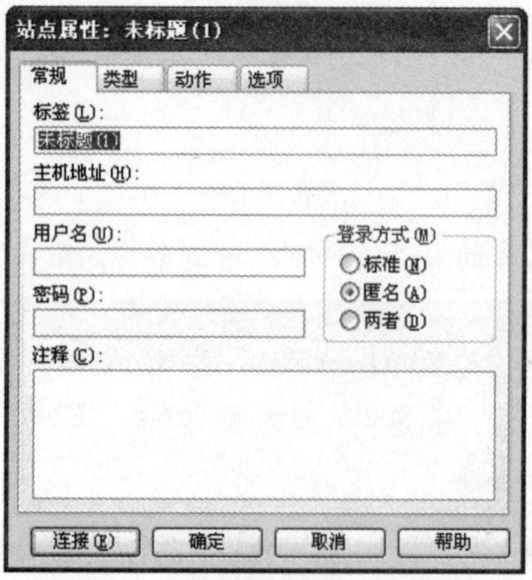

站点属性：未标题(1)
常规 类型 动作 选项
标签(L):
未标题(1)
主机地址(H):
用户名(U):
登录方式(M)
○标准(N)
⊙匿名(A)
○两者(B)
密码(P):
注释(C):
连接(E) 确定 取消 帮助

图 20.18

Step 03 在【站点属性：未标题(1)】对话框中根据提示输入相关信息，然后单击【连接】按钮，连接到相应的地址，如图 20.19 所示。

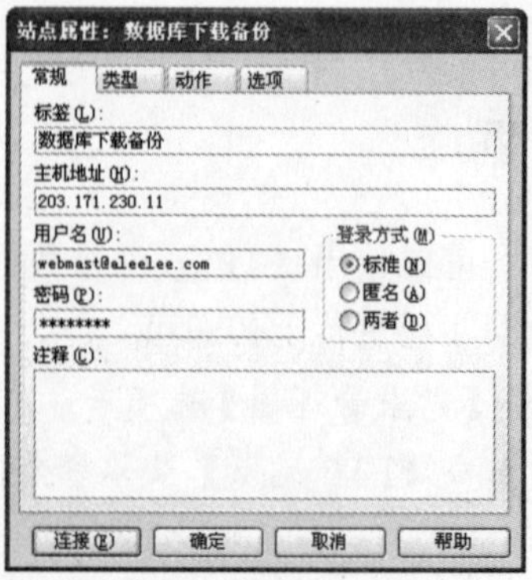

站点属性：数据库下载备份
常规 类型 动作 选项
标签(L):
数据库下载备份
主机地址(H):
203.171.230.11
用户名(U):
webmast@aleelee.com
登录方式(M)
⊙标准(N)
○匿名(A)
○两者(B)
密码(P):
****
注释(C):
连接(E) 确定 取消 帮助

图 20.19

Step 04 返回主界面后，切换至【本地驱动器】选项卡，选择将要备份的数据库文件夹，从远程服务器中选择数据库，按住鼠标左键不放，将其拖动到本地磁盘相应的文件夹中，然后释放鼠标，数据库便可被下载保存。在【队列窗口】中可以看到下载数据库并进行保存的进度状态，如图20.20所示。

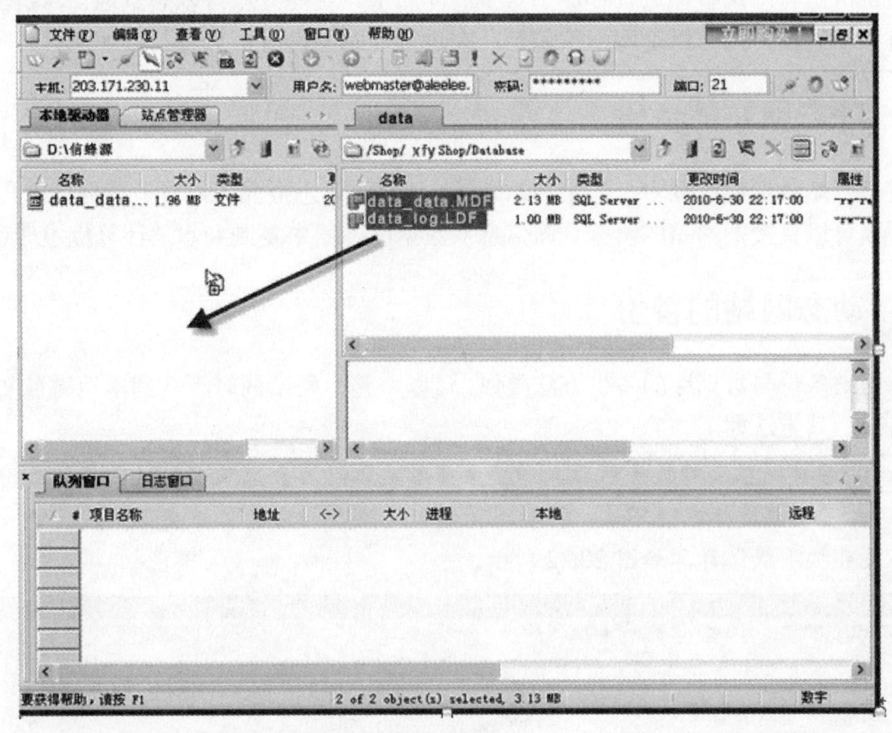

图20.20

Step 05 备份后信蜂源数据库文件夹如图20.21所示。

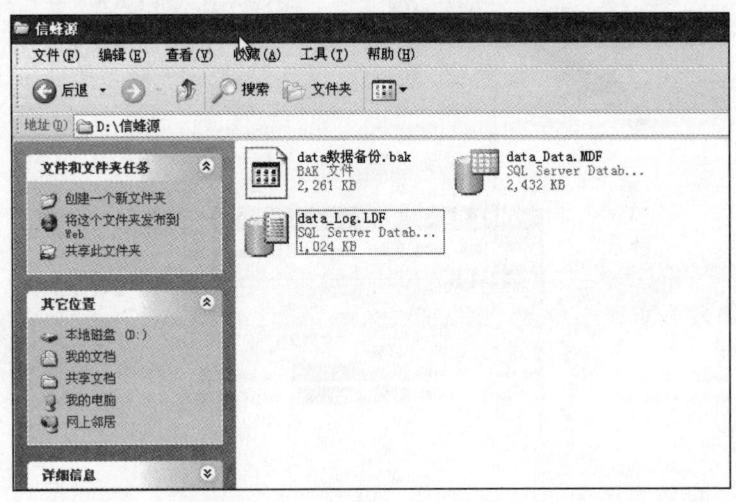

图20.21

20.4　备份网站

网站备份是将网站整体进行存储于安全的介质中，这些介质可以是本地计算机的磁盘，也可以是移动硬盘，还可以是网络邮箱等，在进行网站备份时可以分为以下两种。

20.4.1　静态网站的备份

在进行网站备份的过程中，如果网站是纯 HTML 表态页面，而没有任何动态程序和数据库，那么可以直接把网站的所有页面信息从数据服务器中复制到本地计算机中即可。

20.4.2　动态网站的备份

动态网站备份与数据库的备份方法类似，可以将整个网站同时下载到本地磁盘文件中进行数据备份。其方法如下。

Step 01 连接到相应的服务器后，切换至【本地驱动器】选项卡，选择将要备份的网站数据文件夹，，按住鼠标左键不放，将其拖动到本地磁盘相应的文件夹中，然后释放鼠标，网站程序便可被下载保存，如图 20.22 所示。

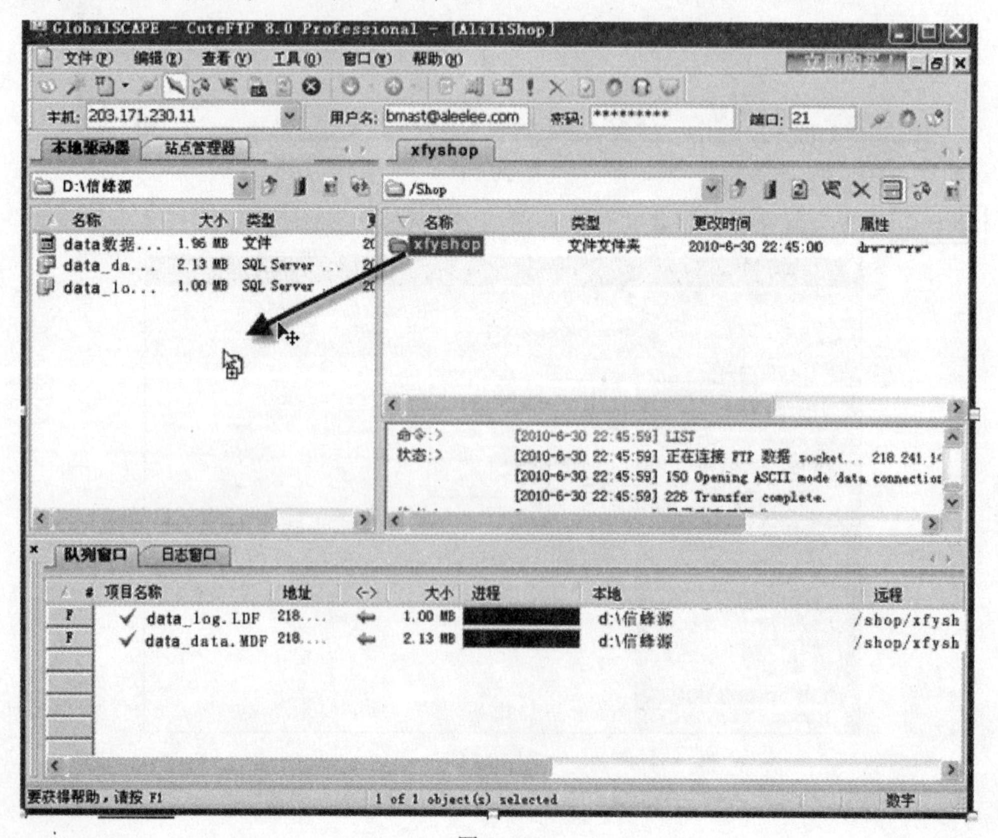

图 20.22

Step 02 待下载成功后，在【队列窗口】中可以看到如图 20.23 所示的下载状态。

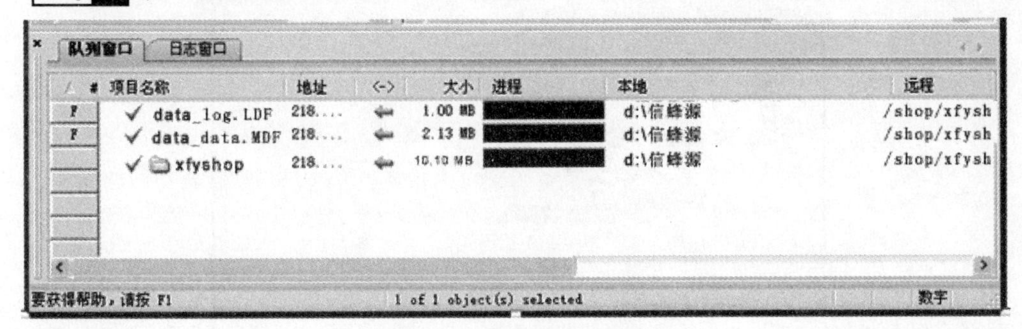

图 20.23

Step 03 下载后的文件夹如图 20.24 所示。

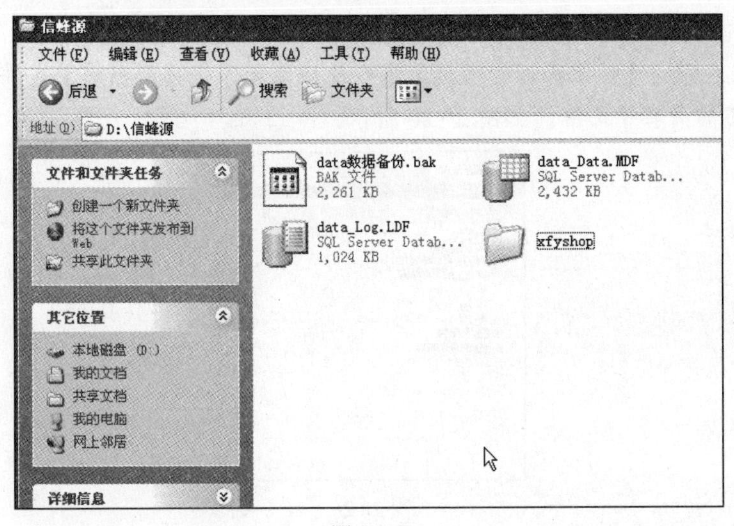

图 20.24

20.4.3　网站的原始备份

网站在上传之前如果有需要，可以对网站进行原始备份，在对网站进行原始备份之前，如果使用的是 SQL Server 数据库，则需要对数据库进行分离，然后才可以进行备份。

> 提示：对 Access 数据库而言，由于 Access 数据库本身就是一种文件型数据库，因此可以直接对 Access 数据库的网站进行直接备份。

MSSQL 数据库网站进行原始备份的操作具体步骤如下。

Step 01 进入 Microsoft SQL Server Management Studio 的图形界面，如图 20.25 所示。

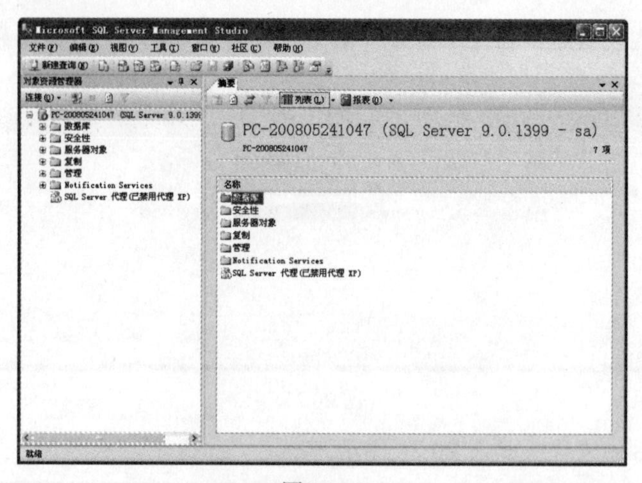

图 20.25

Step 02 在左侧的【对象资源管理器】窗口中用鼠标单击【数据库】文件夹前的⊞按钮，展开该文件夹下的所有子文件，如图 20.26 所示。

图 20.26

Step 03 在【data】数据库上右击，在弹出的快捷菜单中选择【任务】→【分离】菜单命令，如图 20.27 所示。

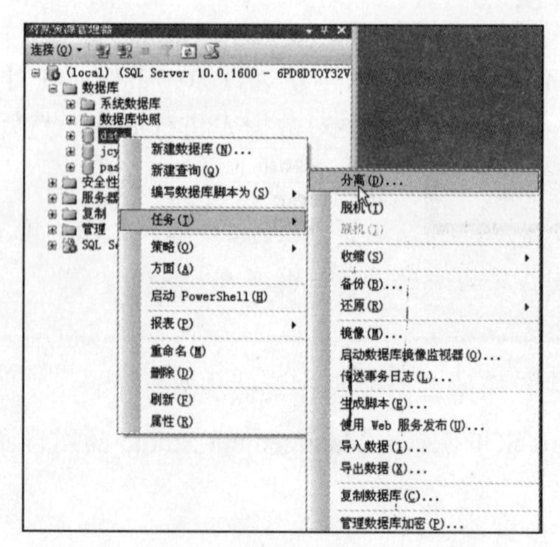

图 20.27

Step 04在弹出的【分离数据库对话框】中单击【确定】按钮，完成数据库的分离操作，如图 20.28 所示。

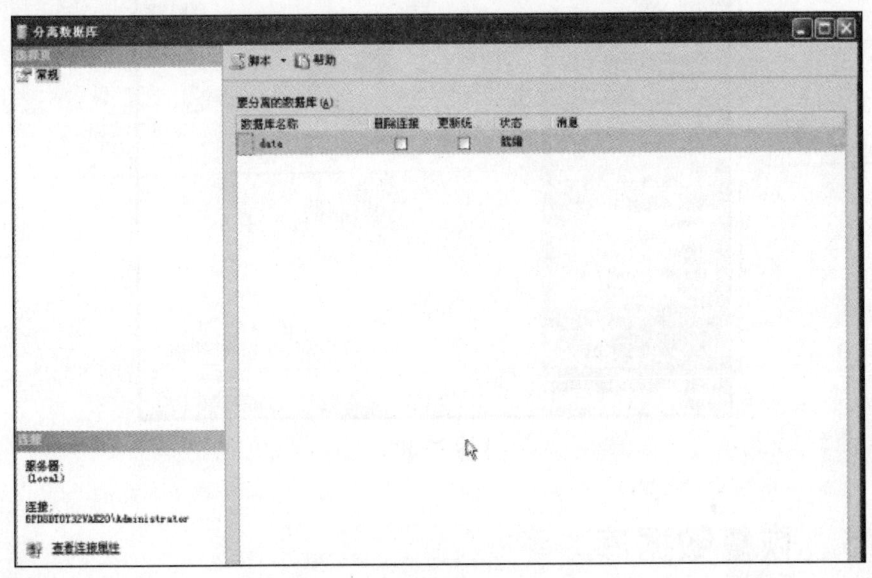

图 20.28

Step 05找到存放网站数据库和源程序的文件夹，并在该文件夹上右击，在弹出的快捷菜单中选择【添加到 "Shop.rar"】命令，如图 20.29 所示。

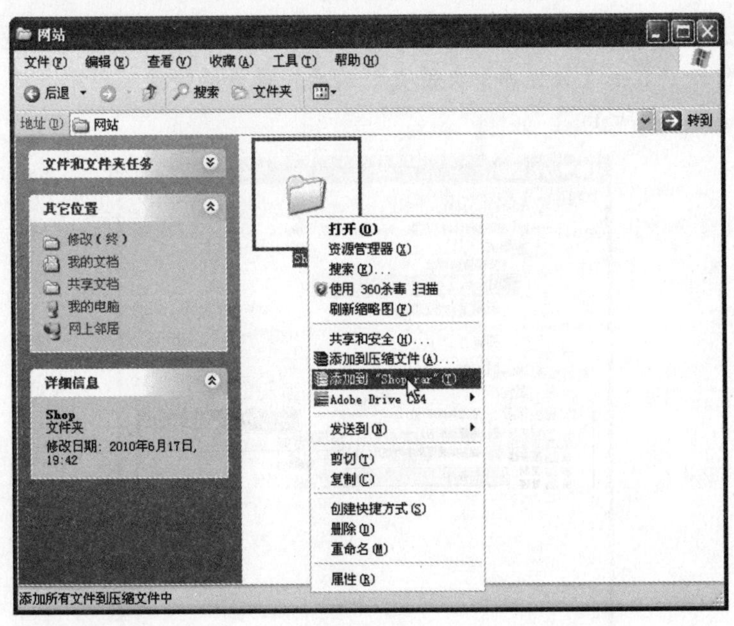

图 20.29

Step 06此时便将网站进行了原始备份，并将备份后的网站保存在本地计算机的磁盘文件中，如图 20.30 所示。

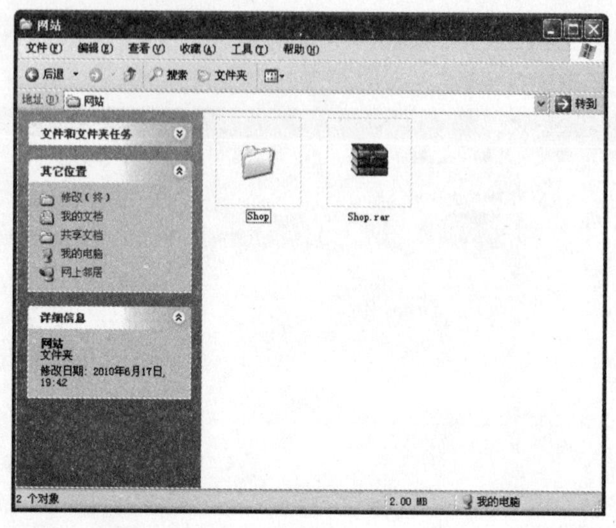

图 20.30

20.5 恢复数据库

如果网站中的数据信息在刚上传不久，同时又没有很重要的客户信息在数据库中时，可以将原始数据库进行恢复，并重新上传，其详细步骤如下。

Step 01 进入 Microsoft SQL Server Management Studio 的图形界面，并在左侧的【对象资源管理器】窗口中右击【数据库】文件夹，然后在弹出的快捷菜单中选择【还原数据库】菜单命令，如图 20.31 所示。

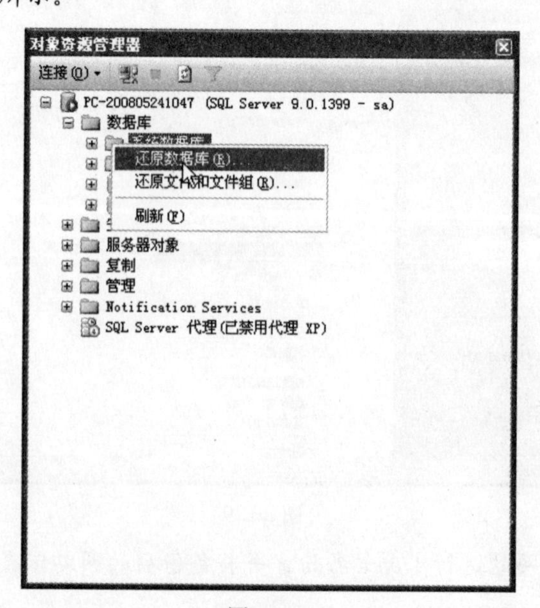

图 20.31

Step 02 打开【还原数据库】对话框，如图 20.32 所示。

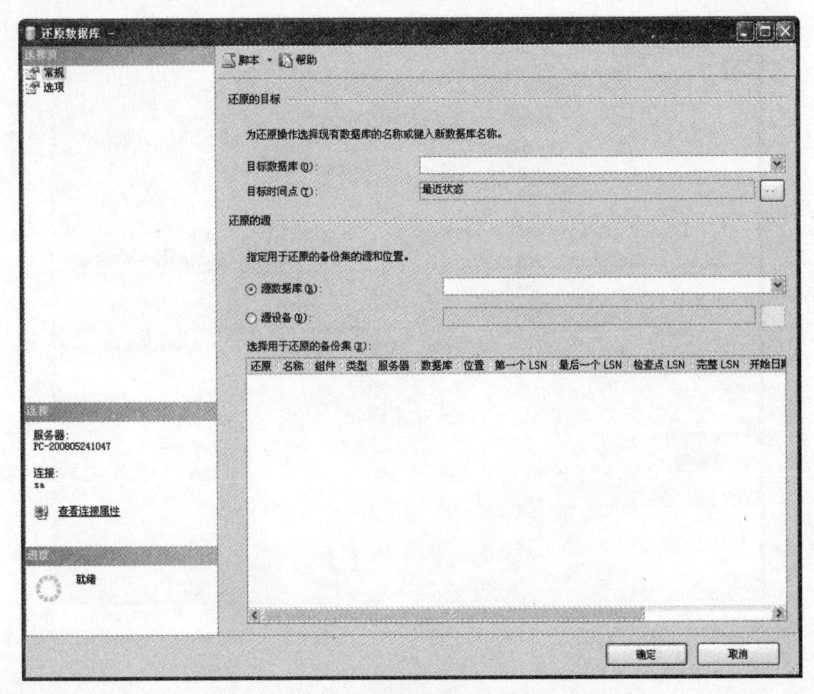

图 20.32

Step 03 在打开的【还原数据库】对话框的【目标数据库】后的文本列表框中输入“data”文本信息，如图 20.33 所示。

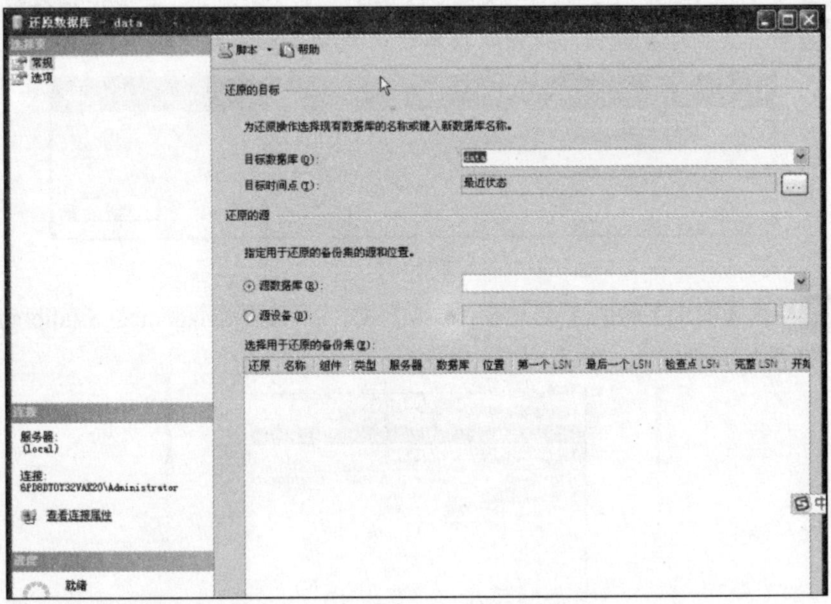

图 20.33

Step 04 在【目标数据库】后的文本列表框中选择“data”选项，如图 20.34 所示。

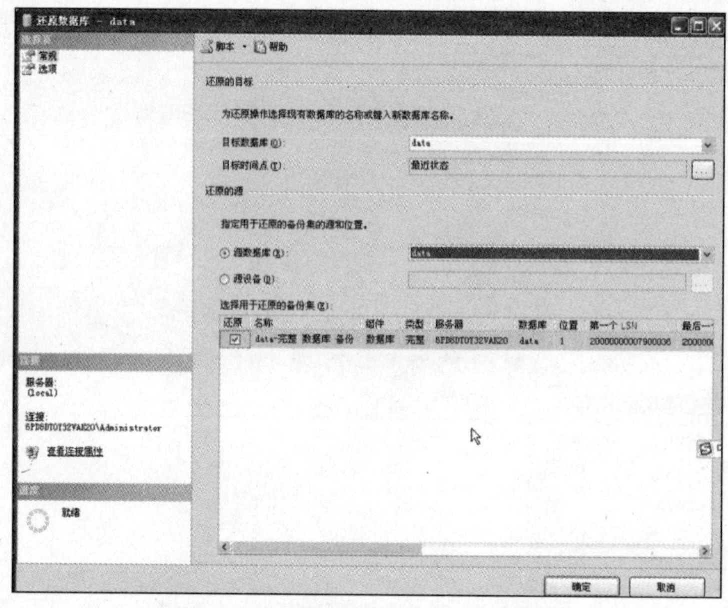

图 20.34

提示：如果备份有多个数据库，则在列表项中会列出所有备份的数据库文件名。

Step 05 此时在【选择用于还原的备份集】(E)】的列表项中，会给出相关的列表信息。

Step 06 单击【确定】按钮，弹出数据库还原成功的相关提示信息，如图 20.35 所示。

图 20.35

Step 07 单击【确定】按钮，返回 Microsoft SQL Server Management Studio 的图形界面，可以看到数据库已进行恢复，如图 20.36 所示。

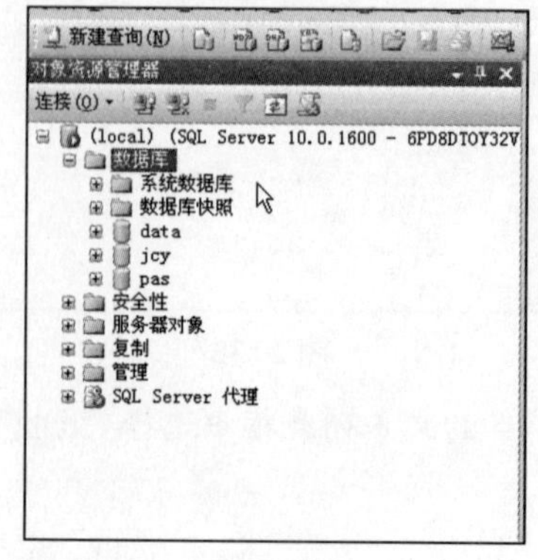

图 20.36

20.6　还原网站

还原网站，即将网站进行再次上传，在上传网站的过程中，程序将会用最新上传的网站对原有服务器中的网站进行覆盖。其具体步骤如下。

Step 01 启动 FTP 软件，选择【站点管理器】选项卡，并在【General FTP Sites】上右击，在弹出的快捷菜单中选择【新建】→【FTP 站点】菜单命令，如图 20.37 所示。

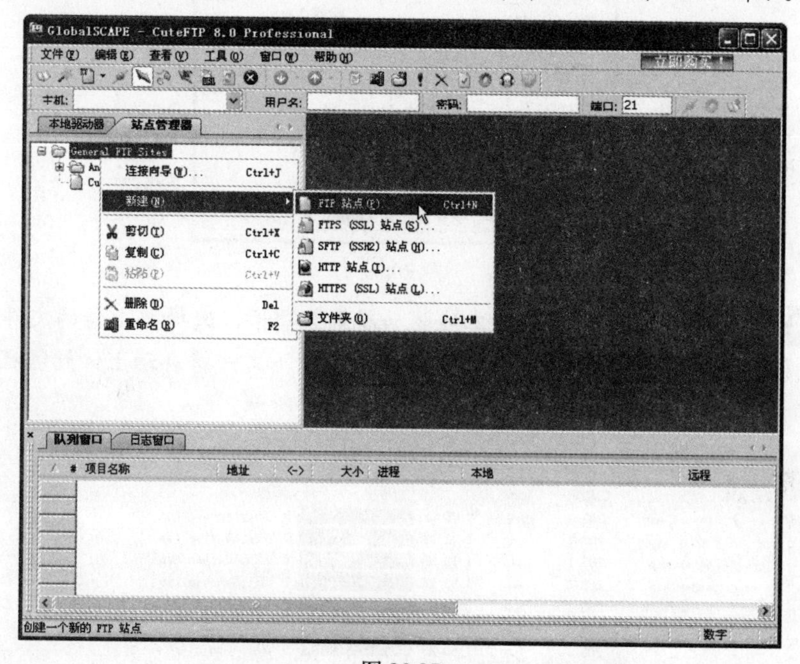

图 20.37

Step 02 弹出【站点属性：未标题(1)】对话框，如图 20.38 所示。

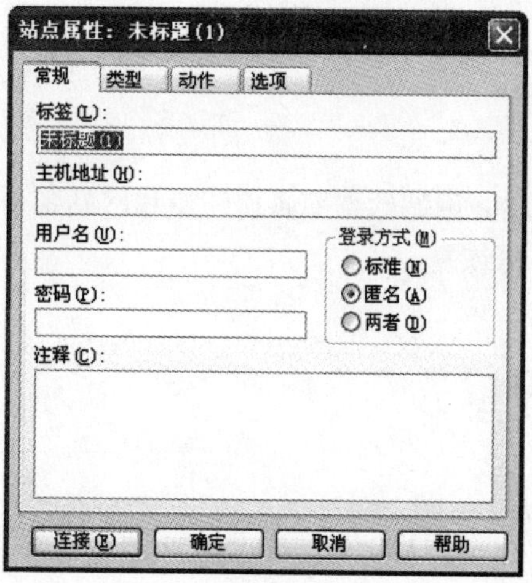

图 20.38

Step 03 在【站点属性：未标题(1)】对话框中根据提示输入相关信息，然后单击【连接】按钮，连接到相应的地址，如图 20.39 所示。

图 20.39

Step 04 返回主界面后，切换至【本地驱动器】选项卡，选择要上传的文件，按住鼠标左键不放，将其拖动到远程网站目录中，然后释放鼠标，文件将自动上传到远程服务器，同时在【队列窗口】中可以看到上传的状态，如图 20.40 所示。

图 20.40

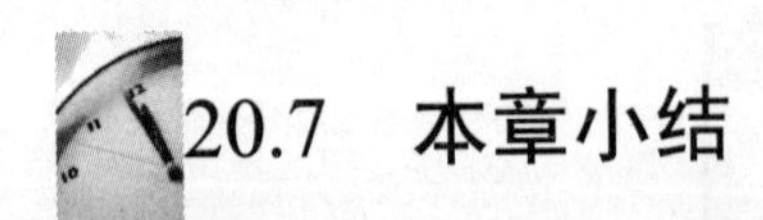

20.7 本章小结

本章主要介绍两部分内容：网站数据库备份还原和网站备份还原。需要重点掌握的是数据库的备份恢复和网站的备份恢复。

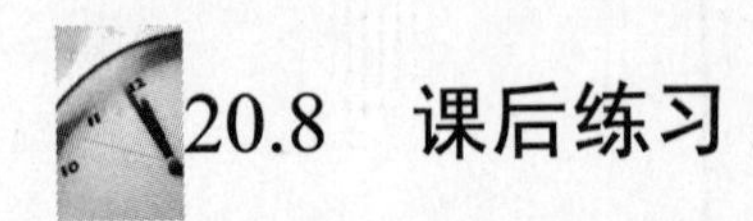

20.8 课后练习

1. 怎样备份网站数据库？
2. 怎样备份网站？

第6天

网站营销与推广

好的网站是根本，但“酒香也怕巷子深”，网站针对搜索引擎的优化会让 Google 和百度等网站蜘蛛更好地为你服务。

与其被动等待，不如主动出击，现今的微博广告满天飞，你也可以利用它来给你的网站推广“加一把火”。

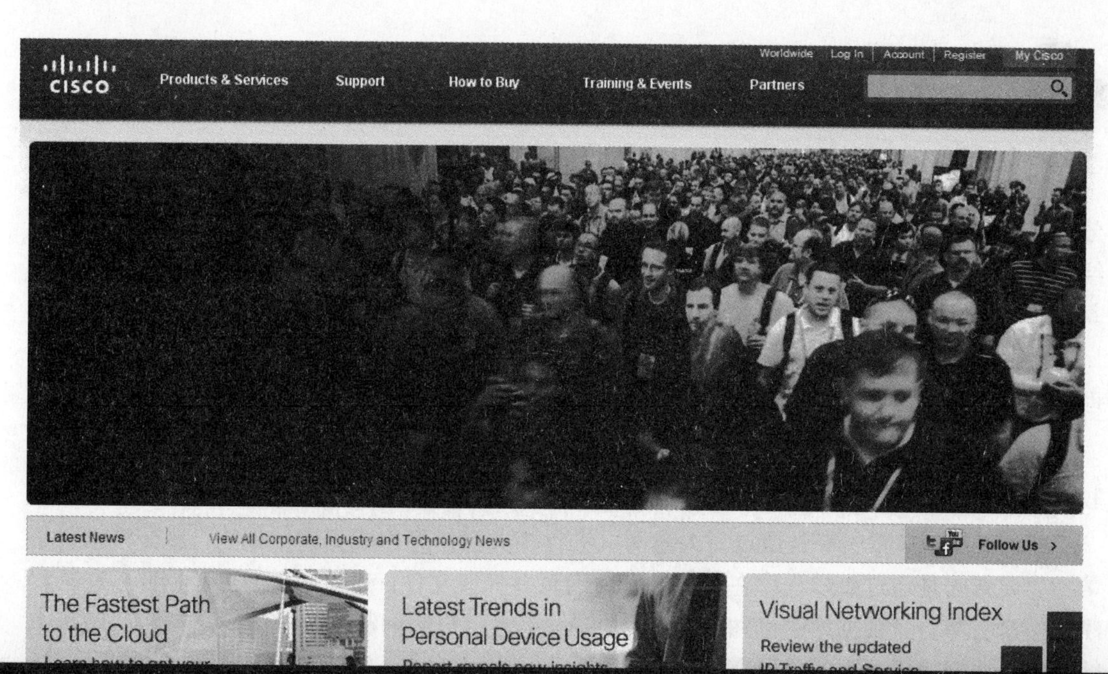

第21小时　网站搜索引擎优化（SEO）

搜索引擎优化是目前被广为关注的网络营销手段，无数企业和个人站长参与其中，对大多企业来说，搜索引擎优化是其网站扬名天下的法宝。针对搜索引擎优化新手，在踏入搜索引擎优化技术殿堂之前，首先充分了解搜索引擎优化的基本定义、方向、优势和误区等方面的内容，对搜索引擎优化岗位职责有一个清楚的认知，对以后的实际操作是否有益有评估价值和指导意义。

21.1　初识搜索引擎优化

搜索引擎优化（Search Enging Optimization，SEO）由“搜索引擎”和“优化”两个部分组成，其中“搜索引擎”是平台，“优化”是动作。通俗地讲，搜索引擎优化就是通过总结搜索引擎的排名规律，对网站进行合理优化，使你的网站在搜索引擎搜索结果排名提高，让搜索引擎给你带来客户。

做搜索引擎优化虽然不需要会编程，也不需要技术细节，但理解搜索引擎的基本工作原理是必需的，从这个原理出发，才可以摸索出搜索引擎优化更深层次的内涵。

通常情况下，搜索引擎的工作大体上可以分为以下4个阶段。

1. 爬行和抓取

我们知道，搜索引擎是通过对大量网页进行相关性排序生成查询结果的，那么搜索引擎第一步要做的是通过蜘蛛程序在网上发现新网页并抓取文件，建立海量网页数据库。这个程序从搜索引擎自身数据库中已知的网页出发，像正常用户的浏览器一样访问已存在的网页上的链接，并把访问返回的代码存入数据库。

蜘蛛在访问已知的网页后，会跟踪网页上的链接，从一个页面爬到下一个页面，整个过程像蜘蛛在蜘蛛网上移动一样，这就是搜索引擎蜘蛛名称的由来。当通过链接发现有新的网址时，蜘蛛就把新的网址记入搜索引擎自己的数据库，等待抓取。

整个互联网是由无数相互链接的网站及页面组成，从理论上说，蜘蛛从任何一个页面出发都可以爬行抓取到所有页面，搜索引擎蜘蛛抓取的页面文件，往往与用户浏览器中看到的页面大不相同，蜘蛛会将这些抓取的网页文件存入数据库，以待后用。

提示：理论上蜘蛛能爬行和抓取所有页面，实际上这样做并不可行。一般来说，蜘蛛只抓取它认为重要的页面，包括网站和页面权重高、更新速度快、存在导入链接、与首页点击距离近等因素，搜索引擎优化的工作也要从这几方面考虑，才能吸引蜘蛛抓取。

2．索引

蜘蛛抓取的原始页面并不能直接用于查询和排序，而是另一个程序进行网页文件分解、分析，并以某种特定的形式存入自己的庞大数据库，这个过程就是索引。

在索引数据库中，网页的文字内容、关键词出现的位置、字体、颜色等信息都有相应的记录。索引一般包括以下过程：提取文字、分词处理、去停止词、消除噪声、去重复、建立索引库。

3．搜索词处理

经过索引蜘蛛抓取的页面，搜索引擎就可以随时处理用户的搜索了。用户在搜索引擎界面输入关键词，单击“搜索”按钮后，搜索引擎程序即对输入的搜索词进行处理，如图 21.1 所示。

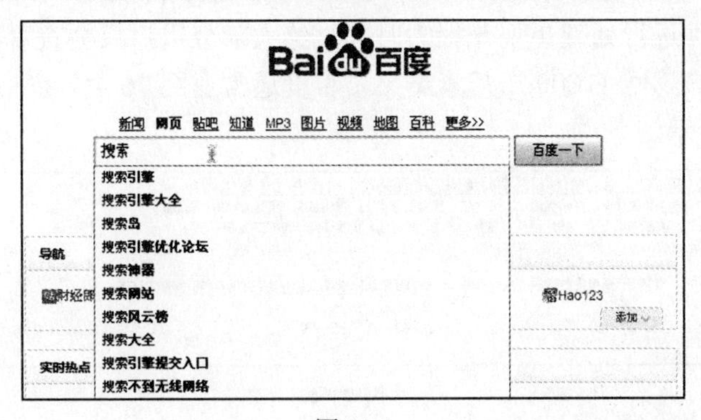

图 21.1

这个处理过程很烦琐，而且中间的过程对用户而言是不可见的，也是搜索引擎的核心机密之一。常见的搜索词处理包括中文的分词、去除停止词、拼写错误矫正、触发整合搜索等，如图 21.2 所示。

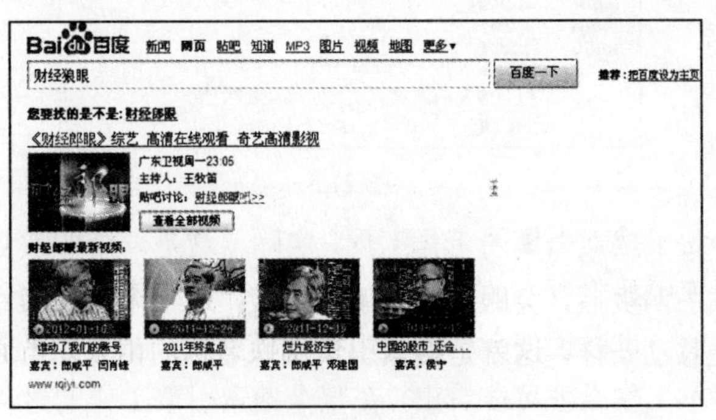

图 21.2

4．排序

对搜索词进行处理后，搜索引擎排序程序开始工作：从索引数据库中找出所有包含搜索词（或称关键词）的网页页面，并且根据搜索引擎自己的排名算法，计算出哪些网页应该排在搜索结果的前面，哪些网页应该靠后。然后搜索引擎会按一定格式，将这些经过排序的网页输出到“搜索结果”页面，提供给用户作为最终的搜索结果。

通常情况下，主流搜索引擎的排序过程只需极短的时间，如 0.16 秒，如图 21.3 所示。

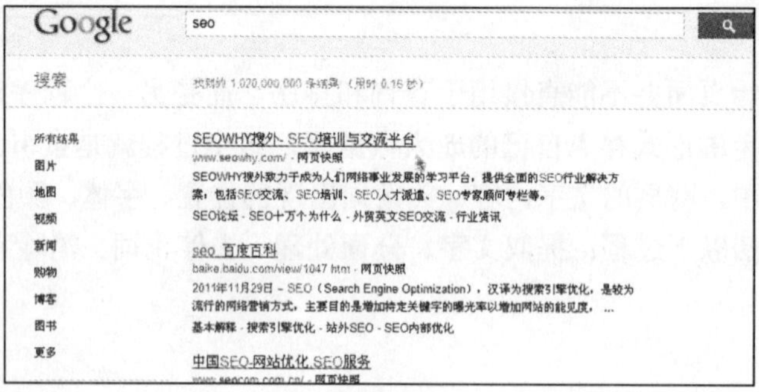

图 21.3

在图 21.3 中我们看到找到结果 1 020 000 000 条，但实际上用户并不需要这么多，排序程序要对这么多文件进行处理也要花很大时间，绝大部分用户只会查看前两页的搜索结果，所以搜索引擎一般只返回 1 000 个搜索结果，百度通常返回 76 页，Google 返回 100 页，如图 21.4 和图 21.5 所示。

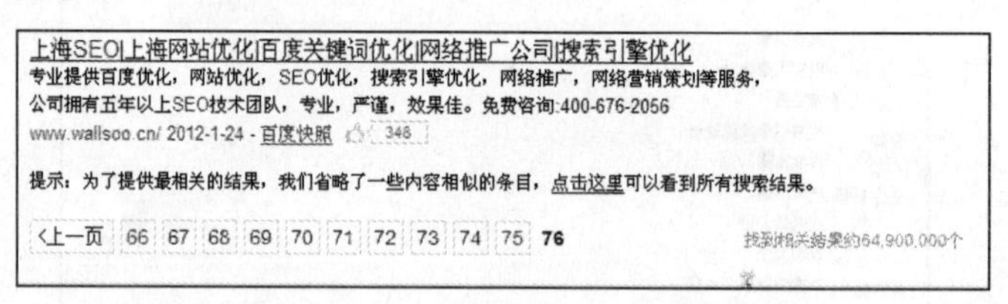

图 21.4

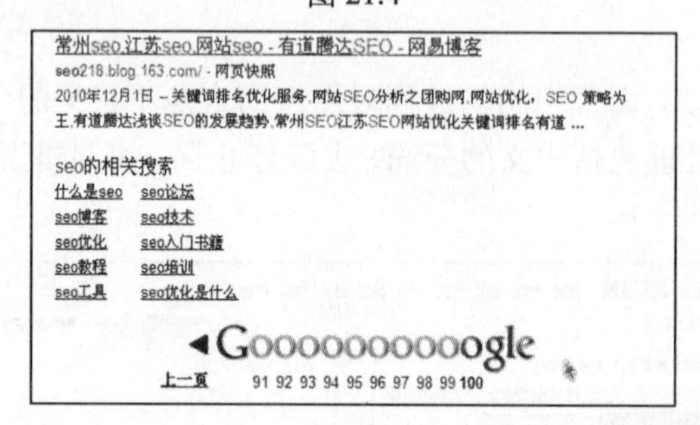

图 21.5

上面我们简单介绍了搜索引擎的工作工程，实际上这是一个非常复杂的过程：排序算法需要实时从索引数据库中找出所有的相关页面、实时计算相关性和加入过滤算法等，其复杂程度是外人无法想象的。可以说搜索引擎是当今规模最大，最复杂的计算系统之一。

从搜索引擎的基本工作原理可以看出，在整个搜索引擎工作的过程中，虽然搜索引擎有足够多抓取的网页、有自己非常好的排名算法、有很强的运算能力，但是它仍然是个“程序”，并不具备人的思维能力，所以对网页内容的理解和辨别是非常困难的。这也就是为什么很多时候使用搜索引擎往往得不到自己确切想要的信息的原因。

从搜索结果的不准确出发，搜索引擎很需要优化，因为搜索引擎优化从侧面讲，就是为帮助搜索引擎正确的返回最相关、最权威和最有用的网页信息。从目的上讲搜索引擎优化的工作就是让用户在搜索某些关键词的时候，在返回的结果中，尽量让自己网站（网页）的排名靠前，以获得更多的点击，获得更多用户的访问。

21.1.1　搜索引擎优化的含义

知道搜索引擎的工作原理后，再来理解搜索引擎优化就比较容易。

搜索引擎优化，是指通过采用易于搜索引擎索引的合理手段，使网站各项基本要素适合搜索引擎的检索原则并且对用户更友好（Search Engine Friendly），从而更容易被搜索引擎收录及优先排序从属于 SEM（网络营销）。通俗地讲，通过总结搜索引擎的排名规律，对网站进行合理优化，使你的网站在百度和 Google 的排名提高，让搜索引擎给你带来客户。如图 21.6 所示。

图 21.6

> 提示：搜索引擎优化是一种思想，而不仅仅是对针对搜索引擎进行单一的排名优化。搜索引擎优化思想应该贯穿在网站策划、建设、维护全过程的每个细节中，需要网站设计、开发和推广的每个参与人员进行充分了解，并且在自己日常的工作中体现出搜索引擎优化细节，养成自然的优化习惯。

21.1.2　搜索引擎优化是吸引潜在“眼球”的最佳方法

在网络中，“眼球效应”就是基本法则，能吸引眼球就意味着能带来收益的可能，搜索引擎优化正是吸引“眼球”的最佳方法。

在目前的网络中，搜索引擎无疑是最易于引导用户行为的媒介，因为用户往往是产生需求，才会使用搜索引擎搜索自己想要的内容，而搜索引擎的目标则是将整个互联网中的信息汇总起来，给用户返回需要的信息，便于用户进行访问——正是基于这样的模式，搜索引擎优化的基本目标就是获得相关关键词的优秀排名，以便于让用户快速、直接的寻找到自己想要的内容。

21.2 搜索引擎优化的目标

如果只是简单地理解搜索引擎优化的目标，其实就是获得更好的排名，但是这样片面的理解是不利于深入学习搜索引擎优化技术的。

总体而言，搜索引擎优化的目标是“通过过程贯彻思想”：从网站策划、网站建设到网站运营，整个过程都离不开搜索引擎优化，每个环节都应该具备优化思想。

21.2.1 提升网站访问量

提升网站访问量最简单的办法是使自己的网页排名靠前，这也是搜索引擎优化最常见的目标，就是在搜索引擎许可的优化原则下，通过对网站中代码、链接和文字描述的重组优化，加上后期对该优化网站进行合理的反向链接操作，最终实现被优化的网站在搜索引擎的检索结果中得到更靠前的排名，进而提高点击率，让产品展示在用户面前。

通过搜索排名的不断提升，网站可以获得更多的流量，让更多有需要的用户进行访问，如图21.7所示。

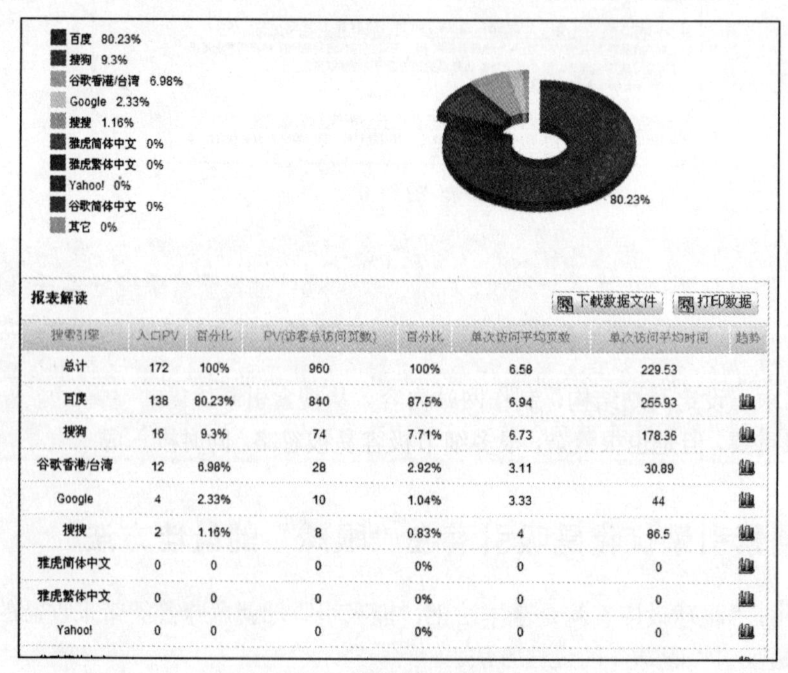

搜索引擎	入口PV	百分比	PV(访客总访问页数)	百分比	单次访问平均页数	单次访问平均时间	趋势
总计	172	100%	960	100%	6.58	229.53	
百度	138	80.23%	840	87.5%	6.94	255.93	
搜狗	16	9.3%	74	7.71%	6.73	178.36	
谷歌香港/台湾	12	6.98%	28	2.92%	3.11	30.89	
Google	4	2.33%	10	1.04%	3.33	44	
搜搜	2	1.16%	8	0.83%	4	86.5	
雅虎简体中文	0	0	0	0%	0	0	
雅虎繁体中文	0	0	0	0%	0	0	
Yahoo!	0	0	0	0%	0	0	

图21.7

需要特别指出的是，好的排名不一定产生较好的流量，经常会有排名一样的网站，有的网站点击转化率高到5%，而有的不到0.5%，这也敦促我们要改变以排名为目的的思想。

21.2.2　提升用户体验

除获得更多的访问量外，搜索引擎优化还需要通过对网站功能、网站结构、网页布局、网站内容等要素进行合理设计，使得网站内容、功能、表现形式等方面，更好地满足用户体验的需求，让访问者和潜在客户获得自己想要的信息，从而突出网站自身的价值。

用户体验方面的优化点很多，大概而言，经过用户体验优化的网站，访问者可以方便地浏览网站的信息、使用网站的服务。具体表现形式很广，如以用户需求为导向的网站设计、网站导航的方便性、网页打开速度更快、网页布局更合理、网站信息更丰富、网站内容更有效和网站形象更有助于用户产生信任等方面。

21.2.3　提高业务转化率

搜索引擎优化的最终目标还是在优化的过程提高业务转化率，给企业带来生意，提升企业的利润。这一点是最重要的，特别是一些搜索引擎优化新手，往往只是考虑排名或者用户体验，而忽视了根本目的，至关重要的是排名和用户体验都要为业务转化让步。

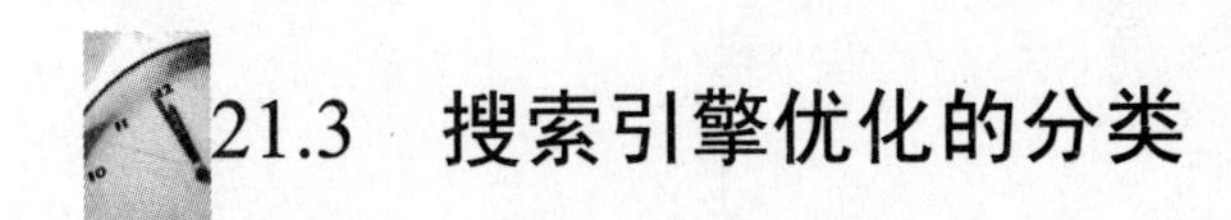

21.3　搜索引擎优化的分类

目前搜索引擎还不能实现搜索结果与用户的意图准确相关，搜索引擎各种算法技术还在不断提升中，从而促使搜索引擎优化技术不断进步、不断改变，但基本原理短时间内不可能有根本性的变化，所以优化还是有迹可循。从目前搜索引擎自身技术的发展来看，可以笼统地将搜索引擎优化分为站内搜索引擎优化和站外搜索引擎优化两部分。

21.3.1　站内搜索引擎优化

站内搜索引擎优化，简单地说就是在网站内部进行搜索引擎优化。

对网站所有者来说，站内搜索引擎优化是最容易控制的部分，因为网站是自己的，可以根据自己的需求，设定网站结构，制作网站内容。从搜索引擎优化的整体效果来看，站内搜索引擎优化很重要，但是也很繁杂，很多细节极容易被忽略。同时投入成本也是可以控制的。

站内搜索引擎优化大体分为以下几个部分：

- 关键词策略。
- 域名空间优化。
- 网站结构优化。
- 内容策略。
- 内部链接策略。
- 页面代码优化。

提示：上述各个站内优化方法、策略，将在本书的以后章节进行详细介绍。

21.3.2 站外搜索引擎优化

与站内搜索引擎优化相比，站外搜索引擎优化相对而言更单一，但是难度更大，效果也更直接。

站外搜索引擎优化，顾名思义，就是除站内优化以外其他途径的优化方法。与站内搜索引擎优化相比，站外搜索引擎优化相对而言更单一，效果也更直接。缺点是难度较大，有很多外部因素是超出站长的直接控制的，如图 22.6 所示。

指向您网站的链接	
页数	外部链接数 (36,580)
http://www.[illegible].com/	36,569
news/article_405.html	2
wenzhang/article_417.html	2
cdrfc/article_619_28.html	1
cdrfc/article_624_10.html	1
wenzhang/article_165.html	1
wenzhang/article_1846.html	1
wenzhang/article_1850.html	1
wenzhang/article_1854.html	1
wenzhang/article_214.html	1

图 21.8

互联网的本质特征之一是链接，毫无疑问，外部链接对于一个站点的抓取、收录、排名都起到非常重要的作用。

21.4 搜索引擎优化的误区

搜索引擎优化从本质而言，是一种提高网站自身质量，提升内容含金量的技术，但是由于受到的关注比较多，人气比较热，网络上的论点也比较繁杂，所以导致很多想学习搜索引擎优化的新手进入误区。

21.4.1 为了搜索引擎而优化

搜索引擎优化很多时候只是一种手段，一种策略，它的目标表面上看是搜索引擎排名，但是实际上最终由访客判断是否是自己的需求。

有一些 SEO 新手，抱着“我就是为了搜索引擎而进行的优化！”的态度，他们不站在来访用户的角度看问题，不考虑来访者阅读体验、浏览习惯，采用很多“貌似”有利于搜索引擎的技术，单纯地为了搜索引擎而进行优化，这种没有把握本质的做法，是走不远的。

“为了优化而优化”的例子很多，比如时下火热的“伪原创”就是很好的例子：搜索引擎已经越来越重视原创的内容，但是很多网站主并没有能力、精力、时间去为自己的网站原创一些内容，所以就采用伪原创程序，为自己的网站制作可以欺骗搜索引擎的伪原创内容，如图 21.9 所示。

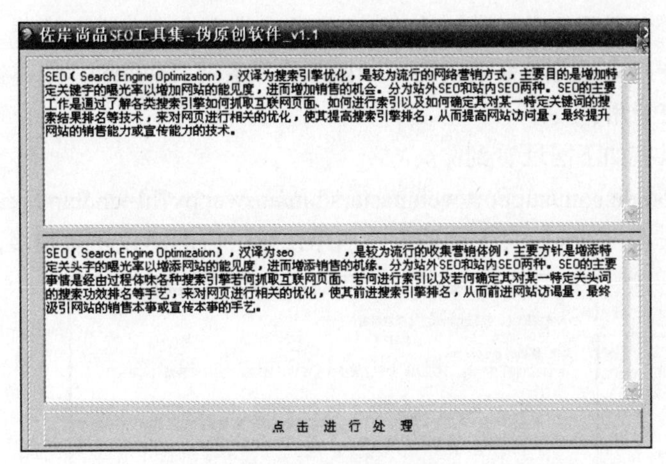

图 21.9

所谓“伪原创”，就是把一篇文章用程序进行再加工，使其让搜索引擎认为是一篇原创文章，从而提高网站权重。这些伪原创工具，通常通过非常生硬的词语替换、段落调整、语句顺序变换等方式，将一篇文章改的面目全非。这样的文章，从某种意义上说，的确是原创的，但却是任何人都读不明白的拼凑产品，这样的文章对一个营销网站而言，除了遭人厌烦，没有什么意义。

21.4.2　听信虚假广告

在百度和 Google 网站上，可以找到官方给出的搜索引擎优化、网站建设建议，相同的一点是：不要听信那些虚假的搜索引擎优化广告！

在百度官方的站长 FAQ 中，关于 SEO 虚假广告，有这样的内容：

不要因为搜索引擎优化以下的说法，而冒险将自己的网站托付给他们随意处置：

A. 我和百度的人很熟，想怎么干就怎么干，没风险

B. 我是搜索引擎专家，对百度的算法一清二楚，玩玩火也不要紧

C. 我把 xxx、yyy、zzz 这些关键词都搞到第一了，所以我是牛人啊

上述内容可以在 http://www.baidu.com/search/guide.html#2 查到，如图 21.10 所示。

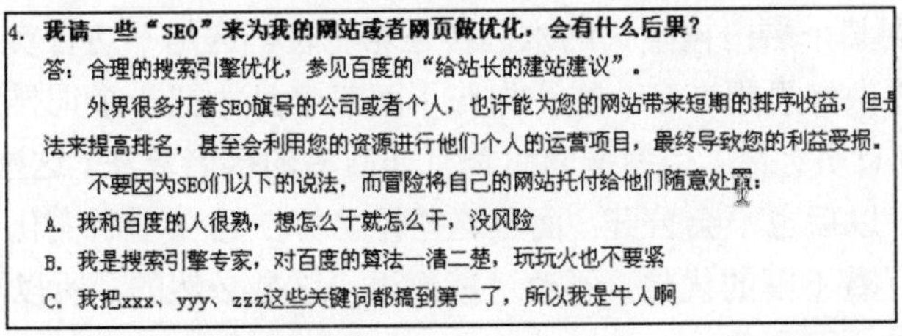

4. **我请一些“SEO”来为我的网站或者网页做优化，会有什么后果？**

答：合理的搜索引擎优化，参见百度的“给站长的建站建议”。

外界很多打着SEO旗号的公司或者个人，也许能为您的网站带来短期的排序收益，但

法来提高排名，甚至会利用您的资源进行他们个人的运营项目，最终导致您的利益受损。

不要因为SEO们以下的说法，而冒险将自己的网站托付给他们随意处置：

A. 我和百度的人很熟，想怎么干就怎么干，没风险

B. 我是搜索引擎专家，对百度的算法一清二楚，玩玩火也不要紧

C. 我把xxx、yyy、zzz这些关键词都搞到第一了，所以我是牛人啊

图 21.10

在 Google 官方的网站管理员指南中，同样可以看到类似关于虚假搜索引擎优化广告的内容：

没有人可以保证在 Google 排名第一。

如果 SEO 宣称可以确保您名列前茅，或声称与 Google 有特殊关系，可以优先向 Google 提交您的网站，千万不要相信。Google 从来都没有优先提交一说。实际上，向 Google 直接提交网站的唯一方式就是通过我们的添加网址页或提交 Sitemap。您可以自己完成这些工作，无须支付任何费用。

上述内容可以在如下网址看到：

http://www.Google.com/support/webmasters/bin/answer.py?hl=cn&answer=35291

除上面的这一点，Google 关于虚假搜索引擎优化广告的建议还有很多，如图 21.11 所示。

- **对突然向您发送电子邮件的 SEO 公司和网络顾问或代理机构，您应保持警惕。**

  令人吃惊的是，我们也收到过这类垃圾邮件：

  > *"尊敬的 google.cn：*
  > 我访问了贵网站，发现大多数的主要搜索引擎和目录都没有将将贵网站列入其中…"

  不要轻易相信那些涉及搜索引擎的垃圾邮件，它们就像"让脂肪在睡眠时燃烧"的减肥药丸和帮助下台的独裁者转移资金的请求一样可疑。

- **没有人可以保证在 Google 搜索结果中排名第一。**

  如果 SEO 宣称可以确保您名列前茅，或声称与 Google 有特殊关系，可以优先向 Google 提交您的网站，千万不要相信。Google 从来都没有优先提交一说。实际上，向 Google 直接提交网站的唯一方式就是通过我们的添加网址页或提交网站地图。您可以自己完成这些工作，无需支付任何费用。

- **如果一个公司遮遮掩掩，或不明确说明自己的意图，请多加小心。**

  如果有任何不明白之处，都应当要求对方解释。如果 SEO 为您制作了一些欺骗性或误导性内容，如桥页或"一次性"域名，则您的网站可能会彻底从 Google 索引中删除。归根结底，您要对所雇用公司的行为负责，因此，您最好弄清楚他们打算采用何种方法来"帮助"您。如果 SEO 可以通过 FTP 访问您的服务器，则他们应该乐于向您解释对您的网站所做的任何更改。

- **不要链接到 SEO。**

图 21.11

目前，在中国，有很多从事搜索引擎优化的公司，这些公司良莠不齐，有非常优秀的专业搜索引擎优化团队，也有无数号称"给多少钱就可以排在某某搜索引擎第一位、第一页"的皮包公司。作为网站站长、公司负责人，最明智的做法就是不要听信这些虚假广告，对搜索引擎优化有个正确的认识，在这个路上没有捷径，没有途径可以达到"多快好省"的目的。

21.4.3 急于求成

搜索引擎优化是一个比较缓慢、需要坚持不懈的行为，一般从建站到收录可能在 1 个月左右，对于一个不出名、权重不高的站点，搜索引擎不会每天都光顾，妄想十天半月就能通过搜索引擎优化排到某个热门搜索词的永远排在第一位，这是不切合实际的。如果你要对你网站进行优化，请你做好思想准备，往往你花了两三个月才把一个词排到首页，可能第二天它又名落孙山，跌到首页之外。因为搜索引擎有非常多的排名算法，这些算法都是商业机密，以前不会彻底公布，以后也不会公开。而且这些排名算法还在不断变化中，对于热门关键词又有很多公司在进行着不懈的优化，不改进就倒退，这是必然的，所以用急于求成的心态去面对搜索引擎优化是不可取的。

对那些有足够的资金预算，并且准备利用搜索引擎做营销的网络营销者（公司）来说，最好的方法是直接做付费的搜索引擎广告，这样即使是一个今天刚刚推出的网站，明天就可以出现在某些搜索词的结果的第一位。当然是直接采用搜索引擎官方的广告合作方式，而不是找一个中介公司去做这些事情，比如直接参与 Google 的 AdWords 或者百度推广，如图 21.12 和 21.13 所示。

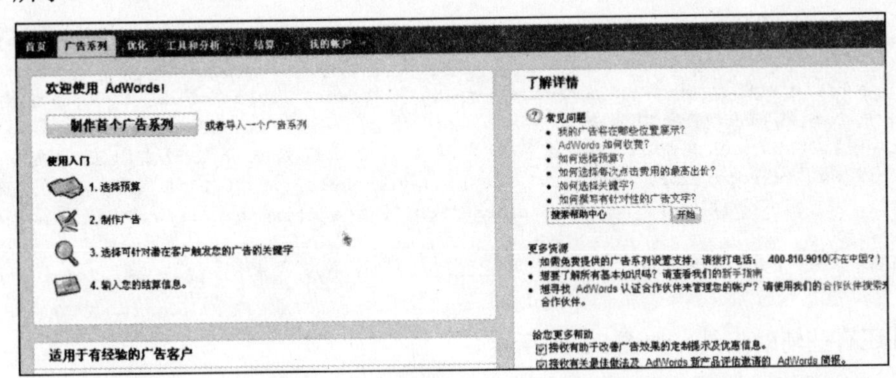

图 21.12

图 21.13

对普通的网站站长而言，在没有太多预算的情况下，通过自己的双手进行合理的搜索引擎优化，是最方便也是最好的推广手段——在养成搜索引擎优化思想之后，你会发现即使花费较少的投入，也可以获得很好的优化效果。

21.4.4　采用黑帽手法

黑帽手法是指使用作弊手段或一些可疑手段进行搜索引擎优化，相应搜索引擎优化也被分为黑帽 SEO 和白帽 SEO 两种。

黑帽 SEO 存在也是迎合了部分网站所有者低投入高回报的心理需求，有些搜索引擎优化从业者为短期利益而采用作弊方法影响搜索引擎的排名结果，但随时会因为搜索引擎算法的改变、搜索引擎发现作弊手法而面临惩罚，对网站所有者来说是得不偿失。

搜索引擎最大的机密在于排名算法，而这些算法不可能是绝对完美的，很可能在偶然的情况下被人发现缺陷。利用搜索引擎算法的缺陷，就可能在短期内获得非常好的排名——但这绝对不长久。

常见的黑帽搜索引擎优化手法有隐藏网页、关键词堆砌、垃圾链接、桥页、群发链接等，如下代码通过隐藏链接进行作弊：

```
<div class="show mt8"><div class="xxccvv" id="xxccvv"><script>document.write('<style> .Fgb798 { display:none; }</style>')</script>
<p> <a href='http://www.xxx.com/gznz/' target='_blank' style='color:#000000'>肛周脓肿</a>通常是由于不合理的生活习惯造成的。<a href='http://www.xxx.com/gznz/' target='_blank' style='color:#000000'>肛周脓肿</a>的临床表现是什么？这是大家比较关注的问题，了解<a href='http://www.xxx.com/gznz/' target='_blank' style='color:#000000'>肛周脓肿</a>的临床表现可以进行自我诊断，及早到正规医院进行治疗。<div class='Fgb798'><a href="http://www.xxx.com/glu/">肛瘘</a></div></p>
<p>  <div class='Fgb798'><a href="http://www.jngcyy.com/glu/">肛瘘</a></div></p>
</div>
```

另外还有些辅助工具，如图 21.14 所示。

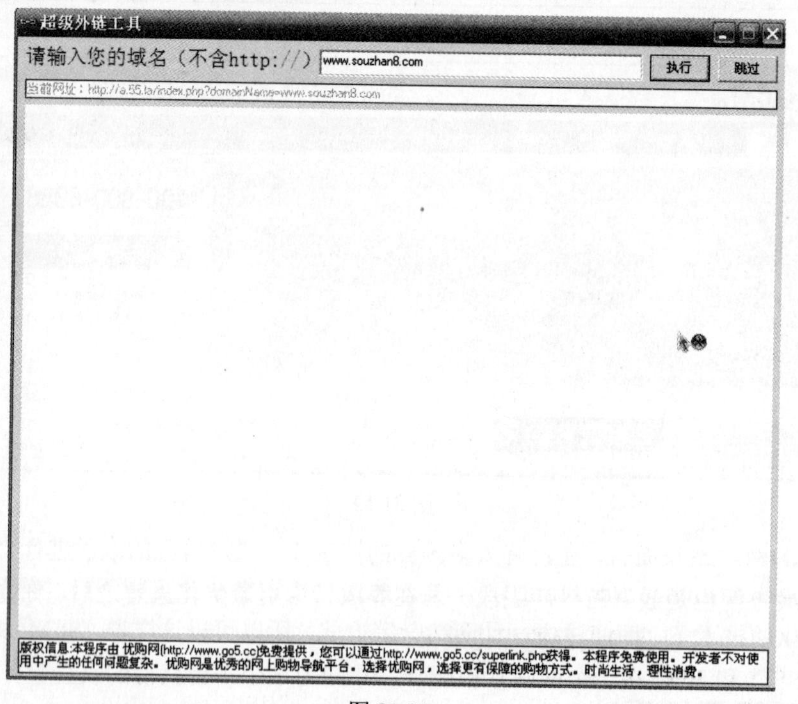

图 21.14

针对搜索引擎优化作弊，每个搜索引擎都有一套自己的发现、惩罚机制，也提倡所有搜索引擎使用者举报作弊站点。

千万不要以为搜索引擎不会发现你的作弊方法，在过去的无数黑帽搜索引擎优化例子中，搜索引擎的反应速度都是极为快速的。一旦被搜索引擎确定为作弊，搜索引擎可能对你的网站进行降权处理、或者删除收录、以后不再收录等惩罚措施。对一个想要长期、稳定进行运营的网站而言，这样的结果无疑是不能承受的。

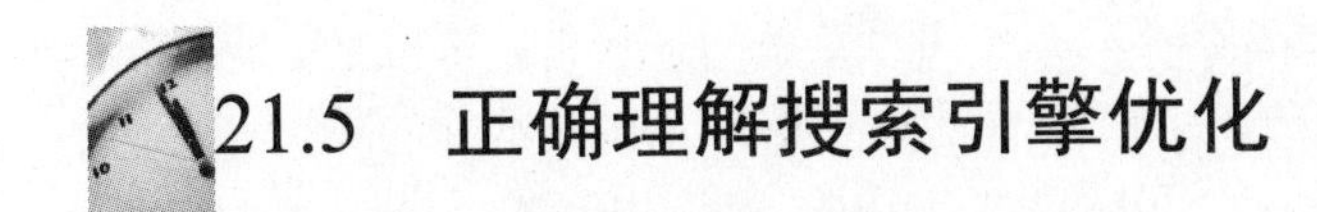

21.5　正确理解搜索引擎优化

搜索引擎优化之所以在目前的网络上如此火热，搜索引擎对网民的引导作用是原因之一，另外，非常重要的一方面在于任何网络营销者、网站站长都可以参与到搜索引擎优化中，并通过自己的优化，提升营销业绩，推广网站品牌，相比搜索引擎广告投入而言，这种投入产出是很吸引人的。

21.5.1　搜索引擎优化不是作弊

搜索引擎优化给人的第一印象就是网上大量的广告链接，和留言板里让人生厌的广告垃圾，大家都认为这是搜索引擎优化干的，就连一些从事互联网行业的人也持有这样的观点。这就是早期搜索引擎优化作弊泛滥给大家造成的不好印象，真的搜索引擎优化不是作弊，是受搜索引擎欢迎的，是搜索引擎的朋友，一个高质量的稿件被正确推荐出来，也正是搜索引擎想要实现的目的。关键在于我们优化的内容是否其如其分地体现稿件的价值。值得一提的是，Google 有很多员工在博客、论坛中很活跃，发布信息、回答问题，积极参与搜索引擎营销行业大会，以某种形式指导站长做搜索引擎优化。百度也于 2010 年 4 月开通了半官方的百度站长俱乐部，针对搜索引擎优化有关问题做出回答。

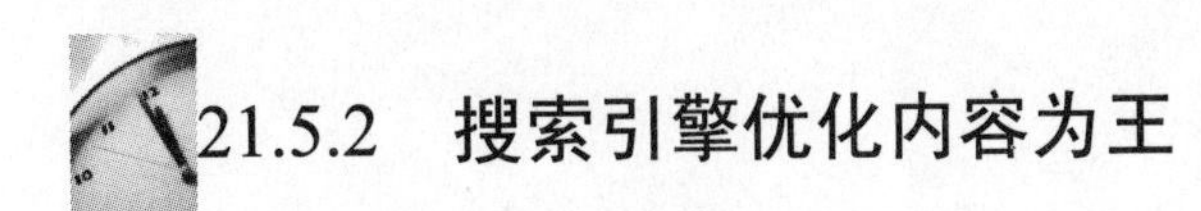

21.5.2　搜索引擎优化内容为王

搜索引擎优化以内容为基础，无论你怎么优化提升排名，如果你的内容与你的关键词没有很强的关联，对促进业务的转化是没有任何益处的，反而浪费你宝贵的带宽和流量资源，只有你有优秀的内容，再加上恰如其分地优化处理，这样才能被来访者使用。

21.5.3　搜索引擎优化与搜索引擎营销的关系

SEM（Search Engine Marketing），中文意思是“搜索引擎营销”，SEO 现在已经不仅是一种网站优化的技术了，而演进成一种网络营销方式，所以可以这样说，SEM=SEO+PPC 类付费推广，SEO 和 PPC 在一个网站互相配合，共同为这个平台获得的收益服务。所以很多资源都可以共享，如关键词库等。SEO 和 PPC 的目的都一样，只是一个投入技术资源，一个投入钱。这样看来搜索引擎优化适合那些资金不宽裕的小公司，搜索引擎营销适合资金充裕有一定实力的公司。

21.5.4　搜索引擎优化与竞价推广的关系

前面已经介绍了搜索引擎优化与搜索引擎营销的区别，竞价推广也是搜索引擎营销付费营销的一个方法，实施效果明显、快捷，与搜索引擎优化也是相互协同的关系，共同为网站营收服务。

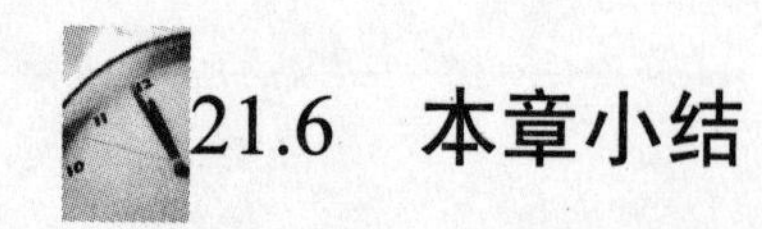

21.6 本章小结

本章主要介绍搜索引擎优化的基本概念，包括搜索引擎优化的定义、目标、分类、误区等内容，同时介绍主流搜索引擎的工作原理和步骤，提出搜索引擎优化适合的范围，并带领大家正确认识搜索引擎优化。

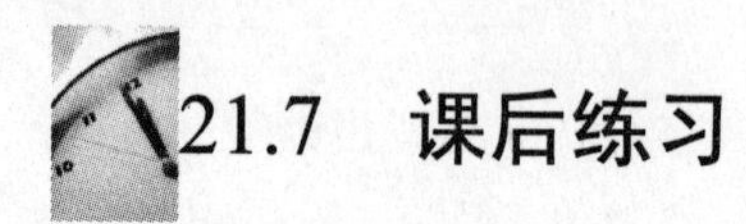

21.7 课后练习

1. 搜索引擎优化的目标有哪些？
2. 搜索引擎优化分为哪些类别？
3. 搜索引擎优化的误区有哪些？

第 22 小时　网站推广与营销策略

俗话说“酒香也怕巷子深”。一个再好的网站如果埋没在互联网中，不进行任何的宣传，要想被人发现是非常困难的。本章主要介绍网络营销推广的常用方法和技巧，为网站脱颖而出，创造价值做好准备。

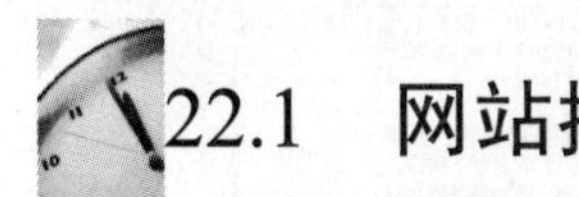

22.1　网站推广的常用方法

很多网站制作者花费了很多时间精力去制作网站，结果网站发布之后，每天的访客没有几个，根本带不来商业机会，究其原因就是因为没有做好宣传推广。在当今互联网信息爆炸的时代，推广宣传对网站是否能运作下去是至关重要的。

22.1.1　什么是网站推广

网站推广即是网络推广，就是在网上把自己的产品利用各种手段、各种媒介推广出去，使自己的企业能获得更多更大的利益。

22.1.2　网站营销推广的方法

1．搜索引擎营销

搜索引擎营销包括两个方面，一个是付费搜索引擎广告，另一个是免费搜索引擎优化。

搜索引擎优化是近年来较为流行的网络营销方式，主要目的是在搜索引擎中增加特定关键字的曝光率以增加网站的能见度，进而增加销售的机会。

一般情况下，搜索引擎优化分为站外搜索引擎优化和站内搜索引擎优化两种。搜索引擎优化的主要工作是通过了解各类搜索引擎如何抓取互联网页面、如何进行索引，以及如何确定其对某一特定关键词的搜索结果排名等技术来对网页进行相关的优化，使其提高搜索引擎排名，从而提高网站访问量，最终提升网站的销售能力或宣传能力的技术。

搜索引擎营销是一种网络营销的模式，目的在于推广网站，增加知名度，通过搜索引擎返回的排名结果来获得更好的销售或者推广渠道。

简单来说，搜索引擎营销就是基于搜索引擎平台的网络营销，利用网民对搜索引擎的依赖和使用习惯，在检索信息时尽可能将营销信息传递给目标客户，如图 22.1 所示。

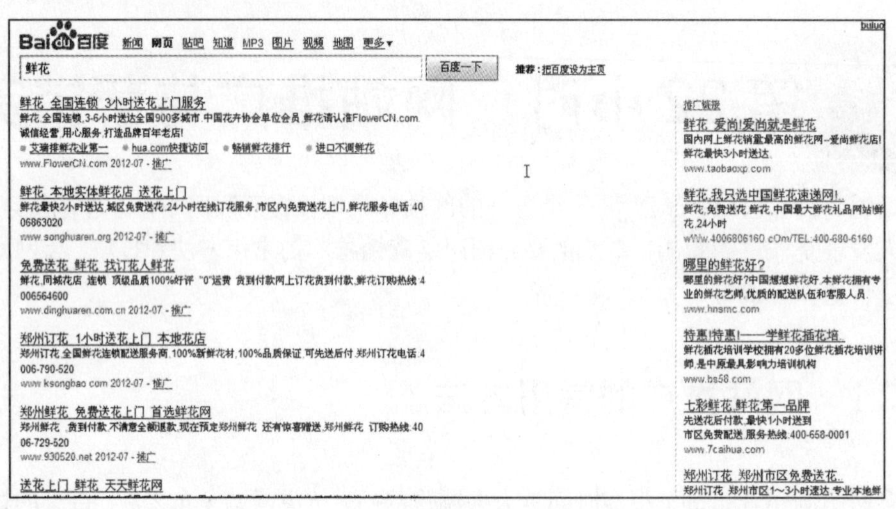

图 22.1

2. 网站广告

在网站上做 Banner、Flash 广告推广，是一种传统的网络推广方式。此类广告，宣传目标人群面比较广，不像搜索竞价那样能锁定潜在目标客户群。目前，网站广告是国内新浪、搜狐、网易等门户网站主要赢利的网络营销方式之一。图 22.2 所示为搜狐网站。

图 22.2

3. 网络新闻

网络新闻是突破传统的新闻传播概念，在视、听、感方面给受众全新的体验。它将无序化的新闻进行有序的整合，并且大大压缩了信息的厚度，让人们在最短的时间内获得最有效的新闻信息。不仅如此，未来的网络新闻将不再受传统新闻发布者的限制，受众可以发布自己的新闻，并在短时间内获得更快的传播，而且新闻将成为人们互动交流的平台。网络新闻将随着人们认识的提高向着更深的层次发展，这将完全颠覆网络新闻的传统概念。

最成功案例之一是“封杀王老吉”的网络新闻了，如图 22.3 所示。

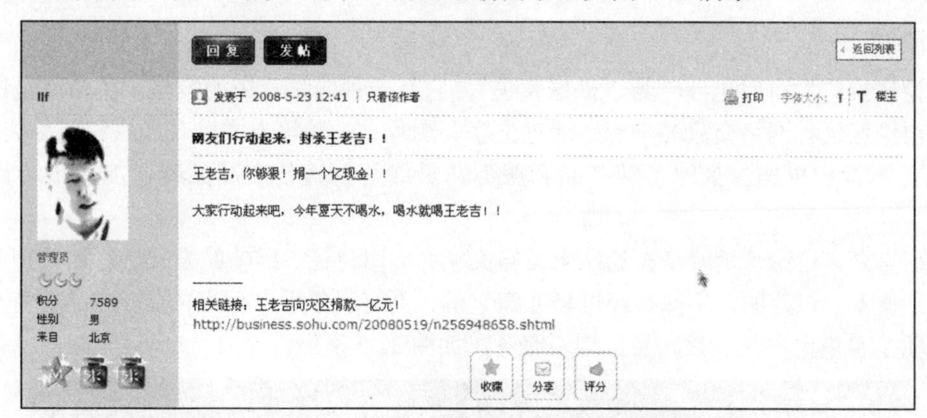

图 22.3

2008 年 5 月 18 日晚，央视举办了“爱的奉献——2008 抗震救灾募捐晚会”，王老吉向地震灾区捐款 1 亿元人民币，创下国内最高单笔捐款额度。王老吉相关负责人表示，“此时此刻，加多宝集团、王老吉的每一名员工和我一样，虔诚地为灾区人民祈福，希望他们能早日离苦得乐”。此后，关于“王老吉捐款 1 亿元”的新闻迅速出现在各大网站，成为人们关注的焦点。在各大论坛上也遍布“让王老吉从中国的货架上消失！封杀他！”为标题的帖子。“王老吉，你够狠”，网友称，生产罐装王老吉的加多宝公司向地震灾区捐款 1 亿元，这是迄今国内民营企业单笔捐款的最高纪录，“为了‘整治’这个嚣张的企业，买光超市的王老吉！上一罐买一罐!”虽然题目打着醒目的“封杀”二字，但读过帖子的网友都能明白，这并不是真正的封杀，而是“号召大家去买，去支持”。甚至有网友声称“要买的王老吉在市场脱销，加班加点生产都不够供应”。

4．微博推广

微博营销是刚刚推出的一个网络营销方式，随着微博的火热，即催生了有关的营销方式，就是微博营销。由于微博兴起不久，很多营销技巧还没有被验证，所以造成很多人进入微博营销的误区，不但没有获得好的营销效果，还往往适得其反，如图 22.4 所示。

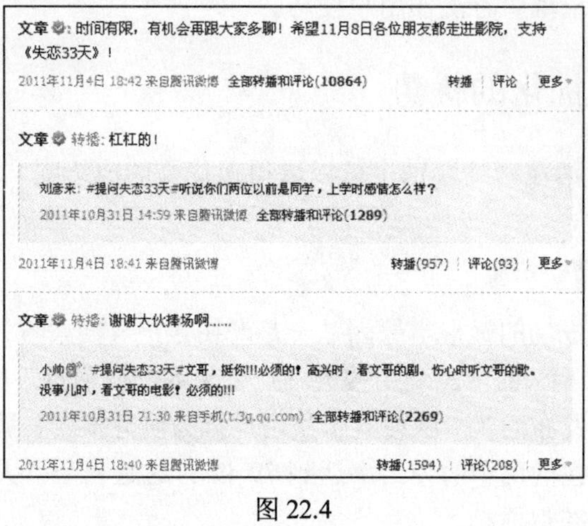

文章：时间有限，有机会再跟大家多聊！希望11月8日各位朋友都走进影院，支持《失恋33天》！
2011年11月4日 18:42 来自腾讯微博　全部转播和评论(10864)　转播 | 评论 | 更多
文章 转播：杠杠的！
刘彦来：#提问失恋33天#听说你们两位以前是同学，上学时感情怎么样？
2011年10月31日 14:59 来自腾讯微博　全部转播和评论(1289)
2011年11月4日 18:41 来自腾讯微博　转播(957) | 评论(93) | 更多
文章 转播：谢谢大伙捧场啊……
小帅：#提问失恋33天#文哥，挺你!!!必须的！高兴时，看文哥的剧。伤心时听文哥的歌。没事儿时，看文哥的电影！必须的!!!
2011年10月31日 21:30 来自手机(t.3g.qq.com)　全部转播和评论(2269)
2011年11月4日 18:40 来自腾讯微博　转播(1594) | 评论(208) | 更多

图 22.4

通过微博营销，《失恋33天》电影大获成功。

5. 论坛推广

“论坛推广”有时也被称为“论坛营销”，它是一种网络营销的策略。实质就是网络营销者利用论坛这种网络交流的平台，通过文字、图片、视频等方式发布产品和服务的信息，从而让目标客户更加深刻地了解产品和服务，最终达到宣传产品品牌、加深市场认知度的目的。

简而言之，论坛营销就是在论坛上发布文章，并用讨论、跟帖的方式进行用户引导，这些发布的文章、讨论的文字都是经过精心策划的，具有引导用户行为、推广产品等特点，最后的目的是希望用户区了解产品、购买服务，如图22.5所示。

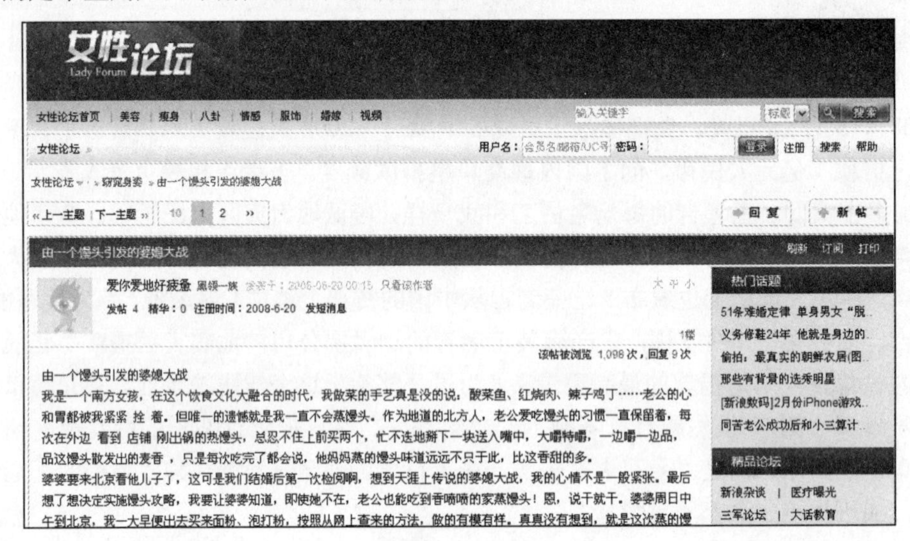

图22.5

安琪酵母公司通过策划《一个馒头引发的婆媳大战》事件，利用网友的争论以及企业有意识的引导，把产品的特性和功能诉求详细地告知潜在的消费者，激发他们关注和购买。

当然还有很多其他推广方法，这里不一一列举了。下面我们着重介绍搜索引擎优化、网络新闻、微博推广、论坛推广方法作用和技巧。

22.1.3 搜索引擎优化的优势

为什么搜索引擎营销在网络营销中可以取得很优秀的成绩呢？这要从搜索引擎营销的优势说起。

1. 潜在客户都在使用搜索引擎

搜索引擎营销获得成功的最根本原因之一是潜在客户（搜索者）会购买产品。33%的搜索者在进行购物，并且44%的网民利用搜索站点来为购物做调查。根据2011年中国互联网络信息中心（CNNIC）发布的《中国搜索引擎用户行为研究报告》显示，中国搜索引擎用户规模达5亿，搜索引擎在网民中的使用率达到79.4%。这是一个巨大的市场，谁能在这场营销中占得先机，谁就能获得成功。

2．搜索引擎营销 SEM 的成本低，效率高

在国内，企业为付费搜索产生的每次点击付出约为 1 元，并且成本可控，随时可以取消竞价，相比其他传统媒体动辄数以万记的投资，搜索引擎营销凸显其投入成本和转化率在各种广告形式中都处于比较靠前的优秀位置。

目前，在所有营销手段中，搜索引擎营销产生的每个有效反馈的成本最低。

3．搜索引擎营销是一种趋势

互联网堪称是 20 世纪以来影响整个世界的最伟大发明。在互联网的带动下，人们一下子进入了一个崭新的信息爆炸时代，各种各样的知识和信息层出不穷，令人眼花缭乱。面对浩瀚的信息海洋，人类所面临的最大困扰是：如何在尽可能短的时间里，找到最想要的东西？

搜索引擎技术的出现和发展，让这一切变得简单。

借助搜索引擎，知识的获取过程变得容易起来，每个人都可以轻而易举地在互联网上找到所求，这些知识涉及社会和自然科学的方方面面。可以说，搜索引擎的问世，拉近了各种地域、阶层和职业的人们与信息之间的距离，在消除信息鸿沟和加速知识进化过程中发挥着越来越重要的作用；可以肯定地说，搜索引擎将成为社会和自然科学研究的重要平台，在推进传统经济向数字化经济迈进的过程中贡献出了巨大力量。

另外，来自艾瑞咨询的数据也从整体上肯定了国内搜索行业的表现。根据艾瑞的报告，以运营商营收总和计算，仅第三季度国内搜索市场规模就达到 18 亿元，同比增长了 75%。在这样的情况下，几乎所有行业的营销人员都加入各种形式的搜索引擎营销，如果想要在激烈的商业竞争中脱颖而出，进行搜索引擎营销是必需的。

22.2　如何进行搜索引擎营销

因为搜索引擎营销分为免费的搜索引擎优化和付费的搜索广告，所以对网络营销者而言，进行搜索引擎营销也有 3 种选择：

- 有搜索引擎优化技术的，可以免费进行搜索引擎优化，获得搜索引擎营销的助力。
- 有资金预算的，可以参与付费的搜索引擎广告进行搜索引擎营销。
- 有技术又有一定资金的，可以采取搜索引擎优化和进行搜索引擎营销同步进行。

下面来说明如何对应网站进行搜索引擎的优化。

22.2.1　搜索引擎优化的常规方法

搜索引擎优化既是一项技术性较强的工作，也是一项同产品特点息息相关，需要经常分析和寻求外部合作的工作。

实践证明，搜索引擎优化不仅能让网站在搜索引擎上有良好的排名表现，而且能让整个网站看上去轻松明快，页面高效简洁，目标客户能够直奔主题，网站更容易发挥沟通企业与客户的最佳效果。

搜索引擎优化从总体技术而言，可以分为两个方面进行，分别是站内搜索引擎优化和站外搜索引擎优化。

1．站内搜索引擎优化

站内搜索引擎优化，简单地说就是在网站内部进行搜索引擎优化。

对网站所有者来说，站内搜索引擎优化是最容易控制的部分，因为网站是自己的，可以根据自己的需求，设定网站结构，制作网站内容。从搜索引擎优化的整体效果来看，站内搜索引擎优化很重要，并且投入成本也可以控制。但是知识点比较繁多，有很多细节比较容易被忽略。

站内搜索引擎优化大体分为以下几部分。

（1）关键词策略

我们知道，在搜索引擎中检索信息都是通过输入查找内容的关键词或句子，然后由搜索引擎进行分词在索引库中查找来实现的。因此关键词在搜索引擎中的位置至关重要：它是整个搜索过程中最基本也是最重要的一步，也是搜索引擎优化中进行网站优化、网页优化的基础。这样的定位描述凸显了关键词的作用。

关键词确定应考虑以下几个因素：内容相关、主关键词不可太宽泛、主关键词不要太特殊、站在访客角度思考、选择竞争度小搜索次数多的关键词。

（2）域名优化

域名在网站建设中拥有很重要的作用，它是联系企业与网络客户的纽带，就好比一个品牌、商标一样拥有重要的识别作用，是站点与网民沟通的直接渠道。所以一个优秀的域名应该能让访问者轻松地记忆，并且快速地输入。一个优秀的域名能让搜索引擎更容易的给予权重评级，并连带着提升相关内容关键词的排名。所以说，选了一个好域名，能让你的企业在建站之初抢占先机。选择域名应选择易记忆、有内涵、易输入的域名。

（3）主机优化

主机是网站建立必须的一个环节。特别是虚拟主机更需要进行优化，通常我们选择主机时考虑以下几点因素：安全稳定性、连接数、备份机制、自定义404页面、服务。

（4）网站结构优化

网站结构是搜索引擎优化的基础。常常搜索引擎优化人员对页面问题讨论比较多，比如页面关键词分布等，而对网站结构讨论比较少，其实网站结构的优化比页面优化更重要，也更为复杂。另一个原因是搜索引擎优化人员对网站程序代码熟悉不多，没法深层次地优化调整。

在网站结构优化过程中，我们应该注意以下几点：用户体验提升、权重分配、锚文字优化、网站物理结构优化、内部链接优化。

（5）内容策略

如果你的网站上提供的内容和别的站点上的一模一样，没有丝毫新意，甚至是抄袭的，这样的内容无疑很难留住有需求的潜在客户——要知道网络的开放性决定任何客户都可以极为方便地进行各种信息比较，没有价值的复制内容很难让客户产生信任并继续浏览下去。相反，如果你的网站上提供的内容都是独特的，有价值的，能切实满足潜在客户某方面需求，能将价值中肯地表达出来，这样的内容往往能获得潜在用户的支持、信任，最终为提高转化率加分，并逐渐形成自己的权威品牌，进入网站良性发展的轨道。

内容优化时我们应遵循以下原则：坚持原创、转载有度、杜绝伪原创。

（6）内部链接策略

对搜索引擎优化新手而言，或多或少都知道网站外部链接可以提高网站权威，进而促使排名，这是正确的观点。但是，很多 SEO 将外部链接当成网站优化的全部，这就是非常错误的观点。

合理安排内部链接，合理的内部链接策略可以极大地提升网站的 SEO 效果（尤其是大型网站），搜索引擎优化不应该忽略站内链接所起到的巨大作用。

内部链接优化应该注意以下几点：尊重用户的体验、URL 的唯一性、尽量满足 3 次点击原则、使用文字导航、使用锚文本。

（7）页面代码优化

网站结构的优化是站在整个网站的基础上看问题，而页面优化是站在具体页面上看问题，因为网页是构成网站的基本要素，只有每个网页都得到较好的优化，才能带来整个网站的优化成功，也才能带来更多有用的流量。

页面代码优化时我们通常考虑以下几点：页面布局的优化、标签优化、关键词布局与密度、代码优化、URL 优化。

2．站外搜索引擎优化

站外搜索引擎优化，顾名思义，就是除站内优化以外其他途径的优化方法，也可以说是脱离站点自身的搜索引擎优化技术，命名源自外部站点对网站在搜索引擎排名的影响。与站内搜索引擎优化相比，站外搜索引擎优化相对而言更单一，效果也更直接。缺点是难度较大，有很多外部因素是超出站长的直接控制的。

最有用、功能最强大的外部优化因素就是反向链接，即通常所说的外部链接，如图 22.6 所示。

Links to your site

Domains	Total links
cnr.cn	7,570
xyvtc.cn	282
hnlungcancer.com.cn	272
99.com.cn	183
goodjk.com	165

More »

图 22.6

互联网的本质特征之一就是链接，毫无疑问，外部链接对于一个站点的抓取、收录、排名都起到非常重要的作用。

实际上，外部链接表达的是一种投票机制，也就是网站之间的信任关系。比如，网站A的某个页面中有一个指向网站B中某个页面的链接，则对搜索引擎来说，网站A的这个页面给网站B的页面投一票，网站A的页面是信任网站B的这个页面的。

搜索引擎在抓取互联网繁多页面的基础上，根据网页之间的链接关系，统计出每个网站的每个网页得到的外部链接投票数量，从而可以计算出页面的外部链接权重：

- 页面得到的外部链接投票越多，其重要性就越大，外部链接权重就越高，同等条件下关键词排名就越靠前；
- 页面得到的外部链接投票越少，其重要性就越小，外部链接权重就越低，同等条件下关键词排名就越靠后。

因为搜索引擎认为外部链接是很难被肆意操控的，所以目前的搜索引擎都将外部链接的权重作为主要的关键词排名算法之一。也正是因为搜索引擎的投票机制，所以就导致外部链接在搜索引擎优化中起到最重要的一个作用：提高网页权重。

外部链接经常使用在线工具、新闻诱饵、创意点子、发起炒作事件、幽默笑话等方法。

22.2.2 黑帽手法的风险

22.2.1节我们讲解了搜索引擎优化的常规方法，这些方法都是遵循搜索引擎的规则而采取的手段，现在还有一些用黑帽手法进行搜索引擎优化。

作为网站运营者来说，要树立正确的观点，不要心存侥幸，以为搜索引擎不会发现你的作弊方法，在过去的无数黑帽SEO例子中，搜索引擎的反应速度都是极为快速的。一旦被搜索引擎确定为作弊，搜索引擎可能对你的网站进行降权处理，或者删除收录，以后不再收录等惩罚措施。这样的结果，对一个想要长期、稳定的进行运营的网站而言，是无法承受的。

22.2.3 付费搜索引擎营销的4个关键步骤

与免费的搜索引擎优化相比，付费搜索引擎营销更适合那些有一定预算和投入的网络营销者，不过投入后得到的效果也不错。

通常情况，付费搜索引擎营销包含以下4个步骤，如图22.7所示。

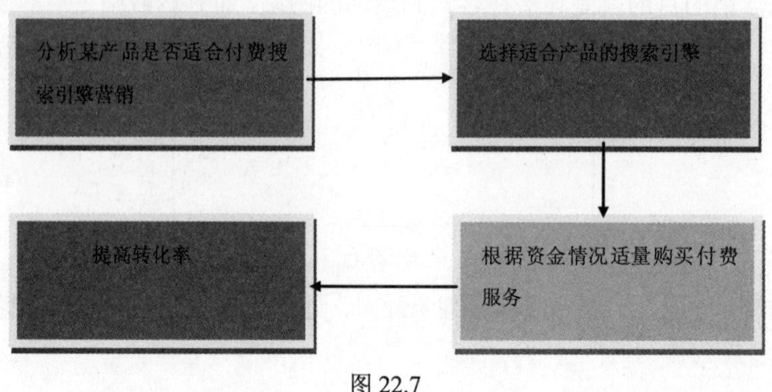

图22.7

1．分析某产品是否适合付费搜索引擎营销

不管是竞价排名也好，关键词广告也好，本身并不能决定交易过程的实现，只是为潜在客户发现产品信息提供一个渠道或者机会。由此可见，网站、网店建设是网络营销的平台基础，没有扎实的基本功，什么先进的网络营销手段都不会产生明显的营销效果。

所以在决定要投入费用进行付费搜索引擎营销之前，应该首先考虑的问题是自己的网站、网店是否已经做了基础的建设？是否可以卖出产品？如果答案是否定的话，应该在调整好网站之后，再进行付费搜索引擎营销。

另外，某些行业由于受国家直接控制，基本上属于垄断性的行业，比如石油和煤炭行业，像这些行业的开发生产型企业就没有必要做竞价排名和关键词广告。而网络服务、IT 产品生产和销售等企业最适合做付费搜索引擎营销。

2．选择适合产品的搜索引擎

在同样的价格条件下，应尽量选择用户数量比较多的搜索引擎，这样被检索和浏览的效率会高一些，但如果同一关键词参与竞价的网站数量较多，如果排名靠后，反而会降低营销效果，因此还应综合考虑多种因素来决定性价比最高的搜索引擎。

就目前的搜索引擎营销来看，选择的余地无外乎就百度和 Google，具体选择方法，营销者可以通过实际测试，看具体效果进行选择。

在可能的情况下，也可以同时在若干个搜索引擎同时开展竞价排名，这样更容易比较各个搜索引擎的效果。

3．根据资金情况适量购买付费服务

实际上，即使在同一个行业，由于用户使用一个关键词也是有一定分散性的，仅仅选择一个关键词所能产生的效果是有限的，比较理想的方式是，如果营销预算许可，选择 3~5 个用户使用频率最高的关键词同时开展竞价排名活动，这样有可能覆盖 60%以上的潜在用户，取得收益的机会将大为增加。

此外，在关键词的选择方面也应进行认真的分析和设计，热点的关键词价格较高，如果用几个相关但价格较低的关键词替代，也不失为一种有效的方式。

4．提高转化率

搜索引擎营销的目的就是让潜在客户到达你的网站，而到达网站之后的事情就需要网站自身具备一定的质量了。在付费搜索引擎营销中，如何恰当地提高点击率，吸引最有希望产生购买的客户是很重要的功课。

在目前的付费搜索引擎营销中，有以下几个方面能比较有效地提高点击率与销售的转化率：

- 做好网站（网店）：在网络营销中，营销平台的选择绝对是非常重要的，也是我们一再强调的重点。有一个确实能很方便地让潜在客户在买到自己需要产品的网站基础上，再做付费搜索引擎营销是提高转化率的最佳方法。
- 精准定位：所谓精准定位是指搜索引擎营销中出现的广告，点击之后应该直接到达和搜索关键词想匹配的页面。在搜索引擎营销中，网页内容与搜索关键词具有相关

性极为重要，如果在百度或 Google 上就某些关键词进行宣传，在用户输入那些关键词并登录网站后，应该能正确地进入与关键词相关的网页的位置。因此，如果用户在百度中输入“鲜花”，你的广告就会显示出来，继续点击就可以进入一个涉及并出售“鲜花”的网页上，而不应是在网站的主页或者与鲜花无关的网页上。

- 跟踪与分析：网络广告的特点是可以很方便地跟踪广告效果，通过网络营销软件、网站流量分析系统等，网络营销人员应该监控搜索引擎营销报告，并找出那些转换率较高的搜索词、删除那些转换率低的搜索语。

在实际的付费搜索引擎营销中，网络营销人员应该反复进行上述各个步骤，不断提高转化率，用最少的资金投入，获取最大的利润。

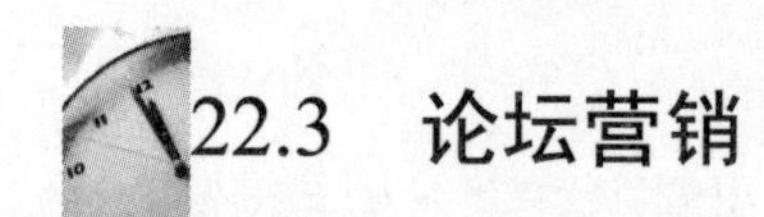

22.3 论坛营销

下面介绍如何进行论坛营销。

22.3.1 论坛营销的五大特点

综合而言，论坛营销有如下特点。

1. 利用论坛人气推广传播

利用论坛的超高人气，可以有效地为网络营销者提供传播、推广服务。由于论坛话题的开放性，几乎网络营销者所有的营销诉求都可以通过论坛传播得到有效的实现。

2. 综合运用各种论坛表现形式

论坛营销往往都具有专业的论坛帖子策划、撰写、发放、监测、汇报流程，并且综合运用各种论坛的置顶帖、普通帖、连环帖、论战帖、多图帖、视频帖等方式进行。

3. 论坛营销具有很强的互动性

论坛营销具有强大的聚众能力，网络营销者可以利用论坛作为平台，举办各类踩楼、灌水、贴图、视频等活动，调动网友与品牌之间的互动。

4. 论坛营销往往会借助事件进行炒作

在论坛营销中，不管是针对热点事件，还是小范围内的事件，都会和网络事件扯上关系。网络营销者通过炮制网民感兴趣的事件，将品牌、产品、活动内容植入论坛帖子，并展开持续的传播效应，引发新闻事件，导致传播的连锁反应。

5. 论坛营销会借助搜索引擎扩张

论坛营销会运用搜索引擎为自己的推广服务，不仅使内容能在论坛上有好的表现，在主流搜索引擎上也能够快速寻找到发布的帖子，吸引更多的潜在用户关注。

论坛营销发展到今天，已经创造了许多神话般的成功案例，让人记忆犹新的经典案例“天仙妹妹”就是其中之一，一个羌族美少女仅用了一个月的时间就迅速抓住了成千上万网民的眼球，成为网络红人，网友们称她为“天仙 MM”。天仙 MM 的横空出世源于一组在网上转帖率极高的照片，如图 22.8 所示。

图 22.8

2005 年 8 月 7 日，国内某著名网站的汽车论坛出现了一个名为“单车川藏自驾游之惊见天仙 MM 的主题帖”，发帖人“浪迹天涯何处家（网名）”以文配图的形式发布了一组四川理县羌族少女的生活照，立刻在论坛引起轰动。照片中的羌族少女一袭民族盛装，以其自然清新的面容、略显神秘的气质引来无数网友的赞叹。照片拍摄者“浪迹天涯何处家”更是在帖子中写满了溢美之词：“无论远看近视，羌妹子举手投足都有一种美感，与所处环境对比，给人一种严重而且强烈的不真实感”。

没过多久，此帖就开始在各大论坛之间流传开，并广为转载。一些网站在没有“加精”、“直顶”的情况下，帖子点击数在一天内竟超过了 10 万次。为方便网友参与讨论，腾讯公司还特地为“天仙 MM”提供了两个新 QQ 号，作为她与网友直接交流的一个专用平台。此后一些门户网站也被“天仙 MM”的人气所折服，纷纷在首页辟出专栏隆重推出。在网络的推动下，“天仙 MM”迅速成为网络红人。

天仙 MM 的超强人气引发了巨大的商业价值。2005 年 9 月份，“天仙 MM”接受四川省理县政府的邀请担任理县旅游大使，此后的 10 月 2 日，理县接待来自全国各地的旅游者约 13 000 人次，创造了理县旅游日接待人数的新高。10 月份，“天仙 MM 又成为中国电信四川阿坝州分公司代言人以及西南最大门户网站天府热线网站代言人。”2006 年 3 月，天仙 MM 正式成为国际品牌索尼爱立信手机形象代言人，到今天天仙 MM 在多个电视剧里参演，这也是网络红人成功走入国际品牌商业领域的第一人，天仙 MM 凭借她独特的气质做到了“有价有市”。

22.3.2　论坛营销的五大优势

对网络营销者来说，论坛营销具有非常多的优点，这些优点绝大部分都适用于任何网络营销者，包括刚刚起步的网络营销新手。

1. 目标群体庞大

根据CNNIC的数据统计，中国拥有约200万个BBS论坛，2010年论坛社区的用户将达到1.4亿。中国论坛数量为全球第一，论坛已经成为中国网民最常用的一种沟通平台，有近50%的中国网民经常使用论坛。

以“百度贴吧”为例，网民可以随时为某一话题设立专门的论坛，任何对此事件感兴趣的网民都可以到论坛发表言论和图片，平均每天发布新帖200多万条。

现在的论坛，几乎每条受网民关注的话题后面都有跟帖，热门事件、焦点新闻的跟帖经常突破几十万条。比如，红极一时的“贾君鹏事件”，在短短的时间内，仅是百度贴吧中的贾君鹏吧，就拥有主题数12 705个，贴子数209 188篇，访问者更是不计其数，如图22.9所示。

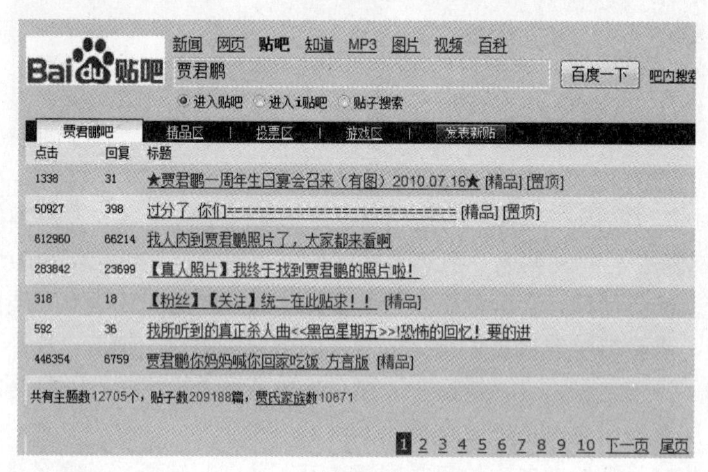

图22.9

2. 受众精准

网络论坛都有自己的主题，如关注手机、关注母婴、关注时事等，这些有明确方向的论坛聚集起来的访问者无疑也是具有精确目标的访问者。所以论坛营销可以以明确的受众作为基础，避免在不适合的地方出现不适合的内容。

另一方面，论坛用户中年轻网民的比例非常之高，上班族、学生是绝对的中坚力量——这些年轻群体正是网络购物的核心受众，他们普遍有不错的收入来源，购买力强，消费需求也很旺盛，绝对是最容易转化的潜在客户。

3. 成本低廉

论坛营销与传统营销相比，成本低廉到难以想象的地步。

如果厂商想要在电视节目上投放广告，花费无疑是巨大的，要知道某些电视频道的黄金时间广告价格，高到让人吃惊的地步，如图22.10所示。

2012年CCTV-1综合频道时段刊例价格

单位：人民币元/次

时段名称	播出时间	5秒	10秒	15秒	20秒	25秒	30秒
天天饮食后	约06:09	10,700	16,000	20,000	27,200	32,000	36,000
朝闻天下前	约06:56	19,200	28,800	36,000	49,000	57,600	64,800
上午精品节目一	约08:32	20,300	30,400	38,000	51,700	60,800	68,400
第一精选剧场第一集贴片	约09:20	23,700	35,600	44,500	60,500	71,200	80,100
第一精选剧场集间一	约10:12	27,200	40,800	51,000	69,400	81,600	91,800
第一精选剧场第二集贴片	约10:14	27,700	41,600	52,000	70,700	83,200	93,600
第一精选剧场集间二	约11:04	32,500	48,800	61,000	83,000	97,600	109,800
新闻30分前	约11:57	45,900	68,800	86,000	117,000	137,600	154,800
今日说法前	约12:32	45,900	68,800	86,000	117,000	137,600	154,800
今日说法后	约13:05	40,000	60,000	75,000	102,000	120,000	135,000
下午精品节目前	约13:08	40,000	60,000	75,000	102,000	120,000	135,000
第一情感剧场第一集贴片	约13:59	31,700	47,600	59,500	80,900	95,200	107,100
第一情感剧场集间一	约14:52	30,400	45,600	57,000	77,500	91,200	102,600
第一情感剧场第二集贴片	约14:53	31,700	47,600	59,500	80,900	95,200	107,100
第一情感剧场集间二	约15:47	30,400	45,600	57,000	77,500	91,200	102,600
下午精品节目一	约16:42	26,000	39,000	48,800	66,400	78,100	87,800
下午精品节目二	约17:03	26,000	39,000	48,800	66,400	78,100	87,800
下午精品节目三	约17:23	26,000	39,000	48,800	66,400	78,100	87,800
下午精品节目四	约17:40	30,400	45,600	57,000	77,500	91,200	102,600
下午精品节目五	约17:57	31,700	47,600	59,500	80,900	95,200	107,100
黄金档剧场第一集贴片	约20:01	91,700	137,600	172,000	233,900	275,200	309,600
黄金档剧场第一集下集预告前	约20:50	84,300	126,400	158,000	214,900	252,800	284,400
黄金档剧场集间	约20:52	82,700	124,000	155,000	210,800	248,000	279,000
黄金档剧场第二集贴片	约20:56	85,300	128,000	160,000	217,600	256,000	288,000
黄金档剧场第二集下集预告前	约21:50	75,700	113,600	142,000	193,100	227,200	255,600
黄金档剧场后	约21:53	71,500	107,200	134,000	182,200	214,400	241,200
名牌时间	约21:56	69,300	104,000	130,000	176,800	208,000	234,000

图 22.10

提示：图 22.10 为中央电视台 CCTV-1 的部分广告报价，在 CCTV 官方网站上提供公开查询，有兴趣的读者可以下载研究。

仔细看这个报告，可以看出：在 CCTV-1 晚上 20:00~22:00 之间，5 秒广告的最高价格是 91 700 元，最低是 69 300 元；30 秒广告最高价格是 309 600 元，最低是 234 000 元。

这种营销成本对一般的小企业、个人网络营销者来说，无疑是无法承受的“痛”！但是，如果采用论坛营销，如果将整个中国网民群体和电视观众相比，受众范围也并不小，而且优势是几乎不需要任何成本。

对大品牌的公司来说，找到有经验的专业论坛营销公司，推广某种产品，往往价格并不高，服务却非常好；对普通的个人网络营销者而言，要推广自己网站、网店上的产品，每天抽出几十分钟，成本几乎可以忽略不计。

4．传播迅速

论坛营销中，参与的每个网民不仅是信息的接收者，同时还是信息传递的节点——“一传十，十传百”就是这个意思。

以前要传递某种新鲜事物，往往借助报纸、电视等传统传播渠道，但是网络发展越来越快之后，网络的传播速度无疑已经成为最快的途径。比如，汶川大地震，第一个传递出消息的是一个名不见经传的小网站，随后各大主流门户网站、电视媒体才跟进。

在论坛营销中，如果内容恰到好处，引起很多网民的共鸣，这些网民会无私地将这个内容共享给自己的朋友圈子，或者将这个内容发布在自己的博客、空间中——这种传播方式是极为夸张的几何递增，其速度和效率是恐怖的。

时下网络上各种“门”、各种“哥”、各种“姐”非常多，一旦一个拥有足够焦点的“门事件”见诸网络，无数网友就会有意无意地立即传播，扩散速度绝对可以比得上病毒。

以前的“天仙 MM”、“犀利哥”和“凤姐”都是网络传播的产物，而且最为常见的传播形式，论坛传播无疑在中间发挥了极大的作用。

5. 便于引导

论坛营销因为本身的受众就比较精确，再辅以一定的手段，浏览者的行为就会变得很容易引导。

对习惯网络购物的年轻网民来说，很多时候因为自身的购买力足够，浏览某些专业论坛，目的之一就是要寻找自己想要的产品建议、推荐、评价等。论坛营销正是基于这样的条件，在用户引导上拥有强悍的先天优势。比如，在瑞丽论坛上，如果网络营销者在论坛策划一个论坛营销，出售某种美容产品，往往会取得非常好的效果，如图 22.11 所示。

由内而外重现肌肤的清澈透白光彩。

并不是广告做的好，而是实际疗效真的不错。

maggie在冬季，皮肤暗淡无光，干燥，有小细纹滋生。肌肤真的是有些糟糕。

那么现在就和**maggie**一起进行护肤保养吧。

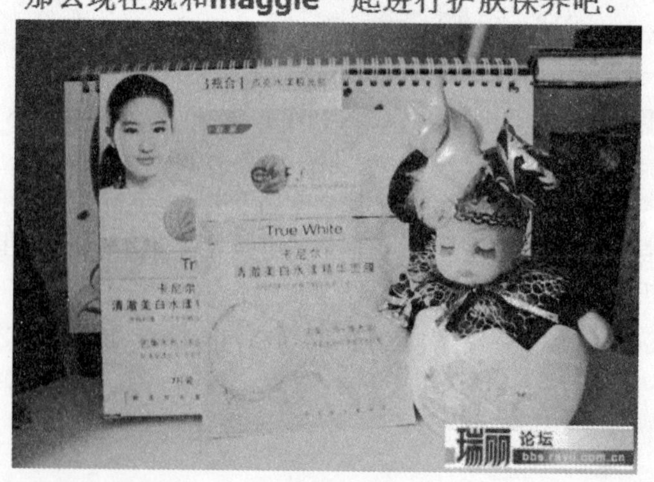

图 22.11

如果在母婴论坛上进行某种幼儿奶粉的销售，对用户的引导作用就非常直接。

22.3.3　论坛营销的三大要点

通过前面的介绍，不难看出，论坛营销是一种适合网络营销新手进行的推广策略，在具体进行论坛营销时，要注意以下要点。

1．找到目标用户高度集中的行业和专业论坛

论坛都是按行业或兴趣来建立的，有一些主题高度集中，有一些主题相当松散。在进行论坛营销时，主题越集中，效果越好。举例来说，如果网络营销者推销的是搜索引擎优化、虚拟主机、网站建设等相关产品、服务，站长聚集的论坛就是个好地方，比如站长网，如图 22.12 所示。

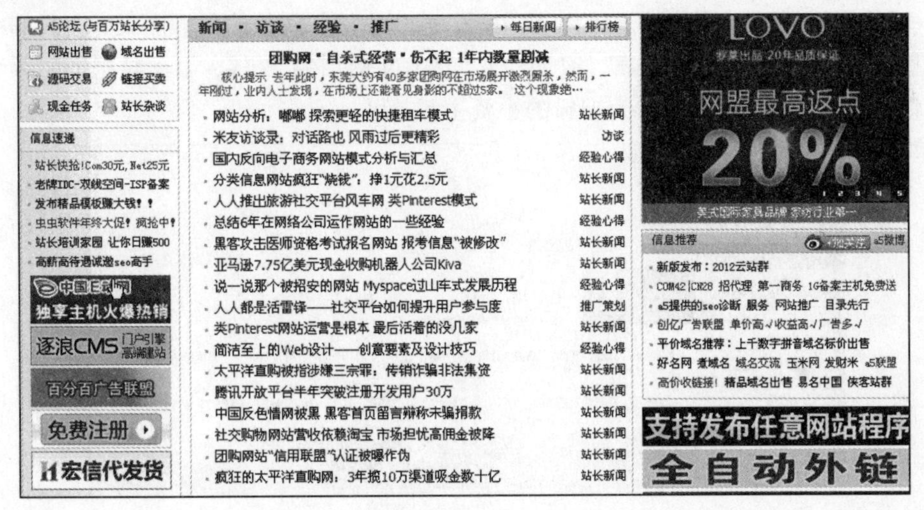

图 22.12

相反，如果在一些主题相对较弱的地方，往往不容易建立专家地位。所以网络营销者在进行论坛营销之前，要花一些时间，搞清楚所在的行业在网上有哪些著名的论坛，而不必大海捞针去很多论坛浪费时间。

2．不要直接发广告，不要发太假的软文

论坛里的用户对发广告发软文已经司空见惯，不要假设你的广告或软文能引起他们的注意。

在论坛中不发广告是基本的礼节，很多论坛会员很排斥发广告发软文的行为，有的论坛有可能封你的账号。

3．融入论坛，帮助别人，建立威信

即使网络营销者的目的是为进行论坛营销，也应该在论坛中积极参与讨论，注意看其他会员的疑难问题，并积极帮忙，建立威信。

通过互助，会很快让营销者融入网友群体，当需要进行论坛营销时，网友看到你的帖子，首先信任度就高很多，如果再配合适当的策略，引导用户行为就是比较简单的事情。

22.3.4　论坛营销推广的三大步骤

论坛营销成本低、传播效力大的特点吸引众多网络营销者的目光，不少营销者都开始尝试这一网络营销利器。然而从实际操作情况来看，一些网络营销者的论坛营销效果并不佳，原因是什么呢？其实主要原因就在于实施论坛营销时，没有掌握好关键的 3 个步骤。

1．选择精准的目标论坛

网络营销者在实施论坛营销时，一定要根据产品的特点，选择合适的论坛，最好是目标客户群体聚集的专业论坛。

举例来说，如果要推广一种白领阶层使用的产品，那么在选择营销论坛时，就要选择白领们常去的论坛及板块，比如新浪的资讯生活、时尚生活、网易的白领丽人、搜狐的小资生活、健康社区、TOM 的健康之家、时尚沙龙、21CN 的白领 E 族、百度帖吧的白领吧以及瑞丽女性论坛等。图 22.13 所示为搜狐的小资生活社区。

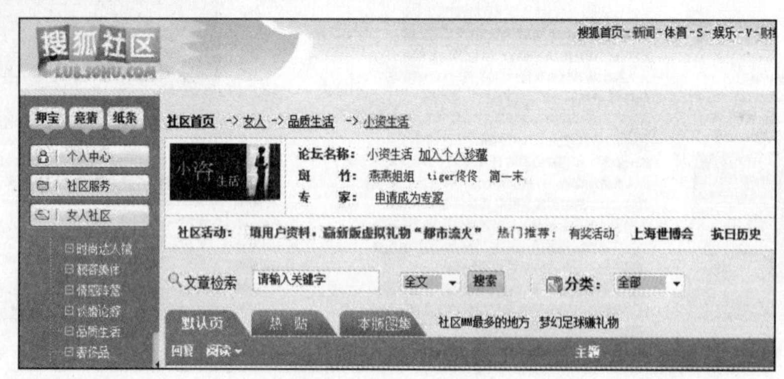

图 22.13

在实际操作过程中，有的网络营销者在实施论坛营销时，片面追求论坛的人气，而不去考虑所发布的信息与论坛板块是否相符，以为人气越高，关注产品信息的人就越多，其实这是误区。

如果人气太旺，营销者所发布的帖子很快就被淹没，无法有效地让潜在用户看到。另外，如果帖子内容与论坛板块不符，很难引起网民的关注，有时甚至会令网友反感。

2．发布设计好的帖子

作为传递产品信息的载体，信息传达的成功与否主要取决于网络营销者发布帖子的标题、主帖与跟帖。如果一个帖子能够吸引网民点击，又巧妙地传递产品的信息，同时让网民感受不到广告帖的嫌隙，那么可以说这帖子就是成功的论坛营销帖子。

关于帖子的标题、内容，前文在分析网站内容建设时，针对“标题党”的很多有益的编写方式进行归纳，这些方法是运用在论坛营销上的最好方法。

这里需要了解的是“跟帖”，也就是网络营销者用非发帖人的身份编写的“回复”。

回帖的内容在正常情况下，一般是网民对主题内容的“主观”评论。当网民被标题、主帖吸引，继续往下查看回复时，就是帖子“真实身份”曝光的最大危机——拙劣的回复会令网民一眼察觉整个帖子的“广告”意图，影响产品传达效果，甚至直接关掉页面。

网络营销者在撰写回复时，要采取发散性思维，声东击西，为产品信息做掩护，并且将网民可能产生的负面情绪降到最低。

3. 维护发布的帖子

在论坛营销中，帖子发出后，如果不去进行后期的跟踪维护，那么可能很快就沉下去，尤其是人气很旺的论坛。沉下去的帖子显然是难以起到营销作用的，因此帖子的后期维护就显得尤为重要。

对网络营销者来说，经常性地换不同的“马甲”进行回帖、顶贴是必需的，也是论坛营销推广的必要手段。及时的顶帖、回帖，可以使帖子始终处于论坛或者板块的首页显著位置，进而让更多的网民看到产品信息。

从实际操作细节来看，维护帖子时，网络营销者最好不要一味地从正面角度去回复，适当从反面角度去辩驳、挑起争论，可以把帖子“炒热”，从而吸引更多的网民关注——当然，千万不要矫枉过正，让原本是推广的帖子变成批判的帖子就麻烦。

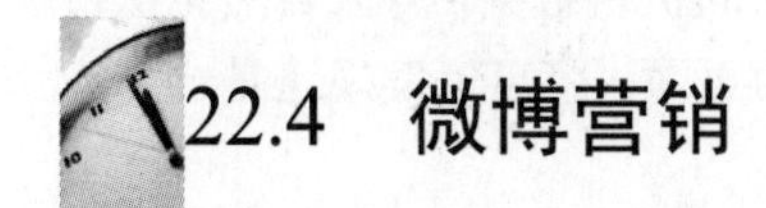

22.4 微博营销

微博营销是当前新生事物，随着微博的发展，微博营销也越来越被人重视。

22.4.1 微博营销的6个特点

微博其实只是另一种博客而已，所以在微博基础上诞生的微博营销，自然也具备博客应用的特点。

1. 灵活性高

微博营销和传统网站相比，灵活性非常高，可以采用各种各样的内容题材和形式进行内容的发布，而正是这种多样性，微博营销相对而言更容易受到用户的欢迎。

微博文章的信息发布与供求信息发布是完全不同的表现形式，微博文章并不是简单的广告信息，实际上单纯的广告信息发布在微博网站上也起不到宣传的效果，所以微博文章写作与一般的商品信息发布是不同的，在一定意义上可以说是一种公关方式，只是这种公关方式完全是有企业自行操作的，而无须借助于公关公司和其他媒体。

2. 低成本

微博营销因为是基于微博的，所以完全可以做到没有任何费用，是最低成本的推广方式。

这一点很容易理解，因为如果网络营销者要建立一个自己的专门网站做网络营销，还需要域名、网络空间等的投入，但是如果采用微博进行营销的话，完全不需要这些费用，因为现在的主流微博系统都是免费注册、免费使用的，如图22.14所示。

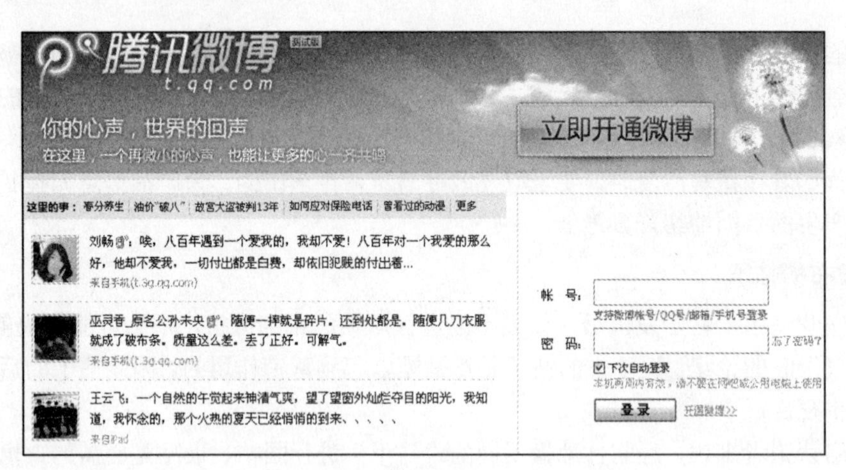

图 22.14

3．快速吸引眼球

网络营销的重点环节之一就是吸引眼球，而微博往往是庞大的微博平台提供的，这些平台本身就拥有非常庞大的访问量，所以微博营销很容易先在微博平台中取得一定的效果，吸引一定的访问者的注意。

以国内新浪微博平台为例，每天具体的微博访问量是人家的机密数据，外人自然无法得知。但是，如果细心地查一下新浪微博每天被搜索引擎抓取的页面，就可以发现这是一个庞大的数量，如图 22.15 所示。

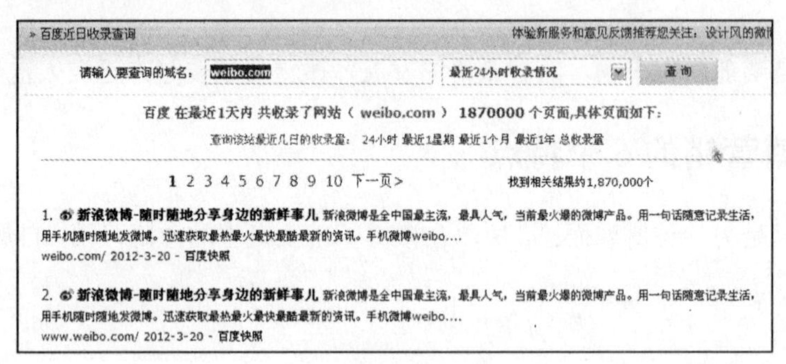

图 22.15

这个数据反映的是百度 24 小时内收录新浪微博的条目数量：187 万，大概意思是说 24 小时内，新浪微博平台至少发布、或者更新 187 万条博文——由此可以推测，访问量肯定要数倍、数十倍的大于这个数量。

微博营销正是因为微博提供平台就聚合很多人气，所以完全可以借助这个平台吸引很多眼球。

4．较高的可信度

对普通网民来说，微博上发布的文章，具有比较好的可信度。微博文章比一般的论坛信息发布所具有的优势在于：由于文字所限，博文主题更加突出，微博文章很容易被搜索引擎收录和检索，这样使得微博文章具有长期被用户发现和阅读的机会，一般论坛的文章读者数量通常比较少，而且很难持久，几天后可能已经被人忘记。相对于论坛那种随意的聊天方式，微博如果发布专业的知识，获得的用户认可也更多。

5．互动性强

能与粉丝即时沟通，及时获得用户反馈。

6．针对性强

关注企业或者产品的粉丝都是本产品的消费者或者是潜在消费者。企业可以其进行精准营销。

22.4.2　微博写作的 7 个法则

微博文章的写作方法，完全可以等同于独立网站的内容建设方法，不清楚的网络营销者可以翻看前文的详细介绍。这里大体罗列基本的微博文章写作法则。

1．内容简明扼要

微博写作不像博客那样没有篇幅限制，所以来你尽可能直奔主题，访问者不可能看一个连载的微博，如图 22.16 所示。

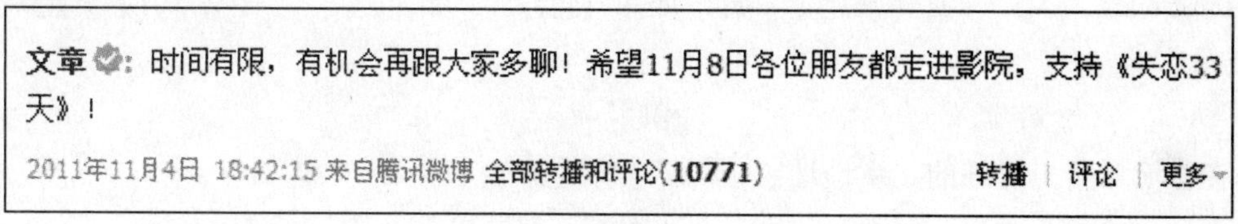

文章：时间有限，有机会再跟大家多聊！希望11月8日各位朋友都走进影院，支持《失恋33天》！

2011年11月4日 18:42:15 来自腾讯微博 全部转播和评论(10771)　转播 | 评论 | 更多

图 22.16

直接明了的招呼粉丝去走进影院观看《失恋 33 天》。

2．灵活的表达方式

网民都喜欢有新闻价值、有趣和幽默诙谐的内容，所以微博文章的写作上，也应该尽量加入这些元素，以便让更多的读者产生下次再来的想法，如图 22.17 所示。

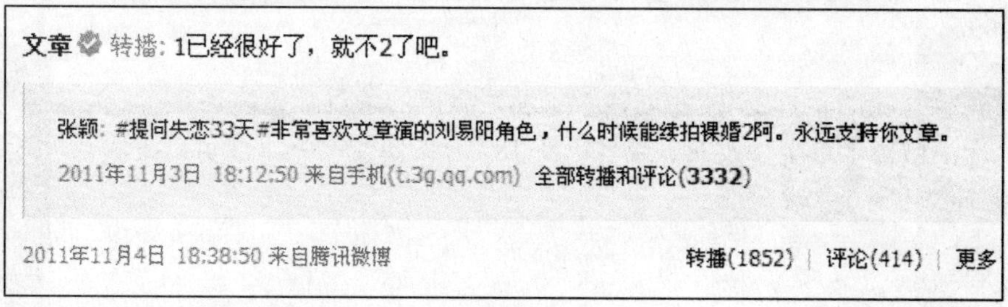

文章 转播：1已经很好了，就不2了吧。

张颖：#提问失恋33天#非常喜欢文章演的刘易阳角色，什么时候能续拍裸婚2阿。永远支持你文章。

2011年11月3日 18:12:50 来自手机(t.3g.qq.com) 全部转播和评论(3332)

2011年11月4日 18:38:50 来自腾讯微博　转播(1852) | 评论(414) | 更多

图 22.17

3．提供有用内容

“有用”是任何网络应用中最重要的根本，作为微博营销的微博，提供有用的内容是必须贯彻和坚持的基本法则，如图 22.18 所示。

文章：聽說很多影院為33天加場，真的很開心！今天廣州明天深圳後天成都，終點站是家鄉西安！送上王先生的定裝照！

图 22.18

4. 用第一人称

这一点可能是微博写作与其他写作的最大区别。在一般的出版物中，惯例是保持作者中立，但微博不同，你就是你，带着千万个个性化的偏见，越表达出自己的观点越好——网上有上百万的微博，你很难做到很特别，除非你写出独一无二的内容，那就是你自己。

5. 延续链接

微博虽然在网络门户里是独立并自成体系，但也是互联网的一部分，应该充分利用这个好处。让其他文章为你的大作提供知识背景，让读者通过链接继续深入阅读，尽量为他们提供优秀的链接——这些链接可以是你以前发布的某个微博文章，也可以是你的销售网站上的某个地址，更可以是同类的优秀微博，如图 22.19 所示。

郎咸平：#空间日志#谁摧毁了中国的个体零售业？ http://url.cn/2ABk5l

6月26日 08:51:15 来自QQ空间日志 全部转播和评论(1367) 转播 | 评论 | 更多

图 22.19

在微博后给出详细的文章地址。

6. 巧妙利用模板

一般的微博平台都会提供一些模板给用户，我们可能选择与行业特色相符合的风格来，这样更贴切微博的内容。当然，如果你有能力自己设计一套有自己特色的模板风格也是不错的选择，如图 22.20 所示。

图 22.20

7. #与@符号的灵活运用

微博中发布内容时，两个“#”间的文字是话题的内容，我们可以在后面加入自己的见解。如果要把某个活跃用户引入，可以使用“@”符号，意思是“向某人说”。比如：“@微博用户欢迎您的参与”。在微博菜单中点击“@我的”，也能查看到提到自己的话题，如图 22.21 所示。

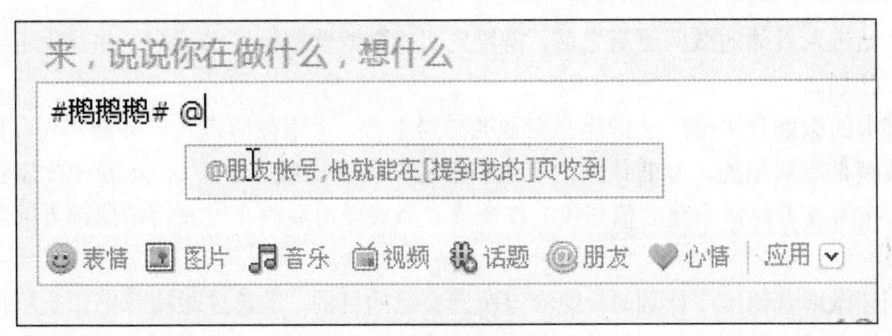

图 22.21

22.4.3　微博营销典型操作的 5 个步骤

微博营销的操作方式与传统营销有所区别，而且其易操作性以及最初的低投入成本使得微博营销具有非常大的可实施性。下面以如何利用第三方微博平台的微博文章发布功能开展网络营销活动为例，介绍微博营销推广的典型操作步骤。

1. 选择微博平台，创建微博

简单来说，网络营销者如果要进行微博营销推广，应该首先选择适合网络营销的微博平台，并获得发布微博文章的资格，也就是注册并创建微博。一般来说，当下国内的微博平台都比较火，人气也很旺，网络营销者应该选择和自己销售产品的潜在受众比较吻合的微博平台。

在人气选择方面，如果要选择访问量比较大以及知名度较高的微博平台，可以借助 Alexa 排名做一个大概的比较。网站的 Alexa 排名可以到 www.alexa.com 进行查询。比如要查询新浪微博的大概每日访问量，可以先到 Alexa 中查询新浪微博在整个新浪网的访问中所占的比率，如图 22.22 所示。

根据 网站排名 统计数据估算网站 IP & PV 值，以下数据仅做参考之用、根据网站用户类型和比例不同会产生不同误差率

日均 IP 访问量[一周平均]	日均 PV 浏览量[一周平均]
≈ 17,580,000	≈ 202,345,800

网站排名 统计的 新浪微博-随时随地分享身边的新鲜事儿 国家/地区排名、访问比例 列表

国家/地区名称 [6 个]	国家/地区代码	国家/地区排名	网站访问比例	页面浏览比例
中国	CN	6	94.4%	93.2%
日本	JP	173	1.1%	1.3%
美国	US	654	0.8%	1.1%
中国香港	HK	19	0.7%	0.9%
韩国	KR	96	0.7%	0.6%
O	O	--	2.3%	2.9%

图 22.22

从图 22.22 中可以看出，新浪一天的微博的独立 IP 量大概是 1 758 万人，通过上述方法，可以大概确定网站的访问人数。另外，对某一领域的专业微博网站来说，则应在考虑其访问量的同时还要考虑其在该领域的影响力，影响力较高的网站，其微博内容的可信度也相应较高。

2．确定微博营销目标，制订微博营销推广计划

在开始进入具体的微博更新之前，需要先明确微博营销推广的目标，并且确定一个微博营销推广计划。

本书中的微博营销推广是指建立专业的微博平台，运用微博宣传产品或宣传品牌。真正的微博营销是靠原创的、专业化的内容吸引潜在购买者（或者客户），培养一批忠实的微博阅读者，在阅读者群体中建立信任度、权威度，形成微博品牌，进而营销阅读者的思维和购买决定。

在制订微博营销推广计划时，就应该明确自己的目的，是通过微博营销影响用户购买行为？还是为自己的品牌推广做铺垫？只有确定自己的目标后，后续的博文编写、用户引导才会有的放矢。

另外，这个计划的主要内容应该包括从事微博写作的人员计划、每个人的写作领域选择、微博文章的发布周期等。由于微博写作内容有较大的灵活性和随意性，因此微博营销计划实际上并不是一个严格的“企业营销文章发布时刻表”，而是从一个较长时期来评价微博营销工作的一个参考，如图 22.23 所示。

图 22.23

3．博文写作与坚持更新

确定微博营销的目标之后，就可以着手开始进行微博文章的写作。当微博建立好后、博文准备好之后，就需要按照上一步中的微博营销推广计划开始坚持更新。

在微博写作方面，可以参考本书前面章节中介绍的内容建设方法，选择好的标题、内容，采用清晰的结构，优秀的排版等方式，将自己的微博文章写作做到足够优秀。

在微博更新方面，无论一个人还是一个微博团队，要保证发挥微博营销的长期价值，就需要坚持不懈的写作，微博偶尔发表几篇新闻或者文章是不足以达到微博营销的目的的。从另一方面讲，有规律、稳定的微博更新，也更能及时地抓住市场的趋势，为营销带来更大的助力，如图 22.24 所示。

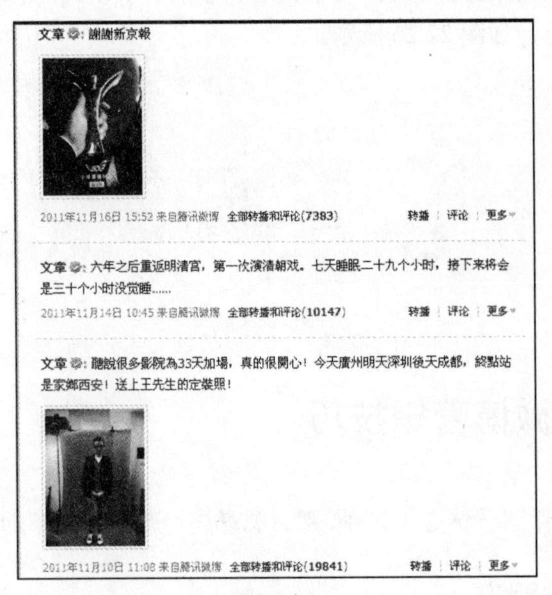

图 22.24

4．将微博营销与其他资源向结合

微博营销虽然比较适合一般的网络营销者采用，但是并不代表微博营销应该是独立的。相反，优秀的微博营销一定会借助其他的营销资源来达到更好的营销效果。

通常情况下，将微博文章内容与产品销售网站的内容策略和其他媒体资源相结合，加入、建立微博圈子，找到更多的同类博友都是不错的资源结合方式，如图 22.25 所示。

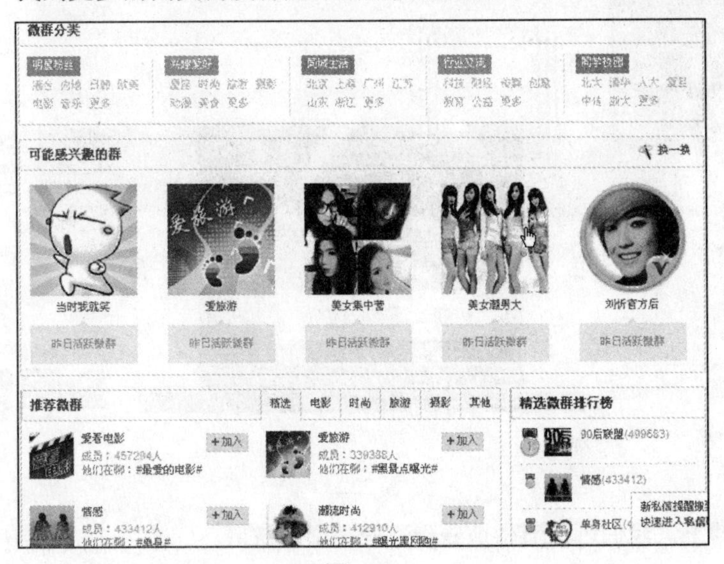

图 22.25

5．对微博营销的效果进行评估

与其他营销策略一样，对微博营销的效果也有必要进行跟踪，并根据发现的问题不断完善微博营销计划，让微博营销在营销策略中发挥应有的作用。

至于对微博营销的效果评价方法，目前没有完整的评价模式，不过可参考网络营销其他方法的评价方式来进行，如图 22.26 所示。

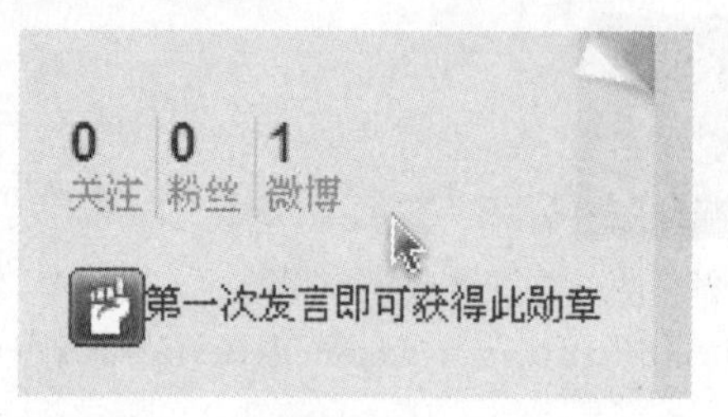

图 22.26

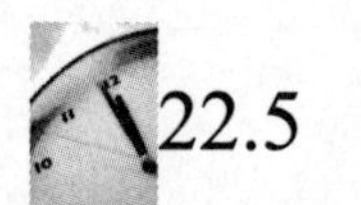22.5　企业微博营销技巧

想做大公司，企业微博营销必不可少，那么怎样进行营销呢？下面将介绍一些营销技巧。

22.5.1　与粉丝做朋友

企业微博建立之初，首先要考虑定位的问题，而核心就是要通过微博说点什么。一个比较明确的官方定义就是企业微博主要用于快速宣传企业新闻、产品、文化等的互动交流平台。同时，对外提供一定的客户服务和技术支持反馈，形成企业对外信息发布的一个重要途径。但这种表述并不清晰，我们不妨通过春秋航空的微博进行分析，如图 22.27 所示。

图 22.27

在这个微博上，我们可以清楚地看到不同类型的微博。

1. 企业活动信息发布

例如，图片上第一条微博，春秋航空打出了手机订购机票的特惠战略，通过精要文字+深入阅读的活动网址+巧妙释义的图片对自己企业近期的活动做了一个发布。但较之前面提到的国际商会的微博，在文字上春秋航空注意了结合时下流行的网络词汇“out”，从而让本来很刻板的打折信息，因为最后一句的点睛之笔而活泼了许多。

2. 客服互动咨询

在其后的 3 条微博都可以归纳在此，即针对不同的微博用户提出的各种问题，进行有针对性的答复。而 3 条微博中，有两条微博为对话，一条为转发，这其中其实是有讲究的。即转发的那条微博是春秋航空想通过用户咨询，让更多的微博听众接收到的信息——半月秒杀和亲情套票，通过巧妙地以答疑解问的方式出现，比单纯地自己打广告，更容易被粉丝接受。而另外两个以对话形式出现的微博，则主要针对单个用户并不具备普遍性的问题进行解答，以半公开的形式出现，这样既不会让其他粉丝感觉到被打扰，又可以很好地回答客户疑难。

3. 人性化体验

在春秋航空的两条对话微博上，我们都能看到一个笑脸的标志，因为是对话，更加强调对单个粉丝的点对点沟通，加入笑脸这么一个小小的图标，其实可以极大地削弱企业微博的官样面孔，让对话者感觉是在和一个朋友进行交流，倍感轻松之余，也会提升对春秋航空的好评度。这种拟人化、富有情感的微博发布方式，其实是目前企业微博最应该掌握的核心所在。让企业微博更像个人微博，淡化一点企业色彩，能够更好地增强和粉丝之间的沟通。

在信息的发布上，企业微博要注重与微博用户的互动性，不能唱“独角戏”，在发布企业广告、产品信息时要站在用户的角度考虑，发布一些具有娱乐性和分享价值的信息，组织一些让用户感兴趣的话题，并积极参与回复讨论。

做朋友绝对比做老板好，千万别和自己的粉丝拉开一道天然的鸿沟，而是要不断地亲近他，让他对你没有那么强的戒备之心，这样企业微博就算成功了。

有调查显示，微博用户最关注的品牌/产品微博：①科技数码（67%）；②家电产品（51%）；③食品（49%）；④服装（48%）；⑤汽车（48%）。如果你的企业属于其中，那还犹豫什么？再不创建微博，你将落后别人不止一步。

22.5.2　发广告要有技巧

很多企业微博在创立之后，总有一个认定，那就是尽可能多地通过微博去发布活动，做好营销公关，让网民通过微博来购买自己的服务（产品），希望通过微博来实现消费桥梁的直接沟通。因此，在企业微博上，充斥了大量的产品信息和促销公告，而时下最流行的就是那些转发或购物能中大奖的微博内容了。

当然，促销信息要发，企业新闻也要有，但这样的内容最多只能占 1/3，而另外的 2/3 则要通过微博来树立企业品牌形象，尤其是亲民的那种形象。

东航凌燕就是一个很生动的例子，如图 22.28 所示。

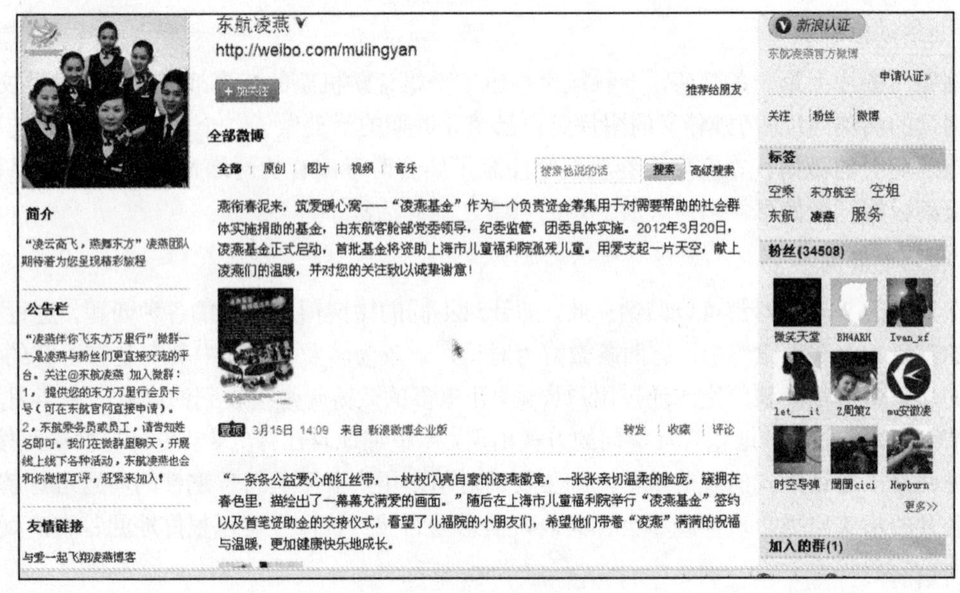

图 22.28

这个典型的企业微博通过空姐这一载体，直接拉进了和微博用户的距离，同时大量发布空姐的工作生活常态，从而将自己的品牌特色以最潜移默化的方式营销出去。以微博来树立品牌而不是做销售，其中比较经典的是《新周刊》的微博。

从常理上来说，作为媒体类的微博，其实是最好推广的，因为每天（周/月）刊物上都会有大量的新闻信息，只要巧妙地将这类信息的关键内容发布出来，然后附带上相关网址，就可以让微博用户们趋之若鹜，想要了解更多内容。至于文字，当然不用担心，媒体上有最给力的文字高手，足以让你感受到文字之美。而很多媒体的微博确实也如此去做了，并且收效不错，特别是一些社会新闻类媒体，通过及时发布信息，甚至比自己媒体刊发时间更早，实现微博传递，比如在新闻发布会现场直接传递微博，达到了极佳的影响效果。

22.5.3　企业做好微博的八大要点

1. 学习其他企业的做法

学习别人的成功经验永远是最有效和最直接地提高自身微博营销水平的办法。特别是发促销信息，太多的企业集中在以大奖诱惑请人转发的层面上，用户仅仅是为了和企业无关的大奖来互动，而不是真心实意地去和企业互动。这一方面日本的优衣库在互动上有过极佳的案例。

一次优衣库在 Twitter 上陈列了 10 件衣服，规定“越多评论，价格越低”。如果有用户进入评论系统，网站就会告诉用户目前这件衣服有多少条评论，售价已经下降多少，距离最低价格还差多少评论。如果你也写上一段评论，系统就会提示“在你的努力之下，价格又下降了”。

2．每日笔耕不辍

很多企业微博都陷入了历史周期律之中。开始时很勤奋，但毕竟起步阶段并不会有多少影响力。久而久之就懈怠了，甚至于很久才发布一条微博。结果呢，很多好不容易吸引来的粉丝，也会因为你的懈怠而同样不把你当回事。

当然，企业微博不一定每天都有新鲜事可以发布，但为什么不学习《新周刊》那样做好分享呢？固定一两个人专门维护微博，假如你是一个服装企业，在推销自己服装的同时，完全可以分享一些时尚流行风，放上一些名模图片，让自己成为微博的服装时尚方舟，把巴黎时装周的最新动态、国外品牌的新款服饰都带入进来。让别人在分享美的同时，也记住你产品的名字，下次购物时遇见了，就可能不会再错过了。

3．主动互粉核心用户

很多企业微博也很注意互动，但却不注重互粉。当然，一个企业微博可能会有数以万计的粉丝，统统互粉当然也不现实，也会显得比较掉价。但观察大多数企业微博，它所关注的很多都没有超过三位数，而且大多是媒体、企业或者是实名认证的知名微博。

企业微博也要讲求关注普通微博，只是这个关注是有讲究的。要对那些经常转发自己微博的人以关注，转发在五次以上的、积极参加讨论的，通常都是关注这个企业的核心粉丝。尽管对方的微博影响力可能微不足道，但请不要太势利。关注他，你将能用一个小小的鼠标轻轻一点，赢得潜在客户的心。更重要的是，也会让他有荣誉感，或许线下他会主动为你做口碑宣传。

4．主动上门服务

企业微博应该擅长使用微博检索工具，对与品牌、产品相关的话题进行监控，你不能指望别人主动找上门来和你交流。如果你放下身段，主动去和微博用户进行沟通，效果将会很明显。其实这对个人微博来说也一样适用。

当然，这种诚恳的态度也会通过转发功能呈现在我个人的微博上，从而让我自己的粉丝看见，并且进行直接和有针对性的互动，也会博取更多人的好感。最起码，别人会觉得我对这本书真的很上心。

5．做读者守望的微博时报

在企业微博信息发布上，其实完全可以突破个人微博的瓶颈，而选择制度化一点。如《新周刊》的早晚安一样，每日在特定的时段发布特定的流行信息，这样更加容易巩固读者的阅读激情，哪怕是每日（周）秒杀、打折、抢购信息，也可以选择在一个特定时间节点上发布，而不是在任意时段不经意地出现。特定时间的发布，可以让读者规划好时间前来守望并且转发，效果更佳。

6．让粉丝“加盟”企业

产品信息不是不能上微博，但发布时还是需要包装的。企业微博忙不迭地将一大堆产品以说明书简介+图片的形式发布出去，会显得很傻。讲求迂回，往往能够获得更好的效果。

比如，让粉丝和你的产品互动，对某个新产品举行一个定价微博听证会，希望微博们对某个产品提出修改意见，邀请粉丝为自己的产品做个设计，择优录取，甚至提供工作岗位等。

其实有很多方法来做迂回，尽管表面上看起来没有直接打广告，但在微博上，最关键的还是做品牌，而不是卖产品，产品广告用别的平台发布更好。

7．让自己的员工一起微博

这样做有两个好处。一个是加强微博用户对企业的个性化体验，比如，东航凌燕的团队微博和各种以凌燕为名的东航空姐个人微博，从而用散打的方式，让更为广泛的微博用户了解企业品牌，加深对企业的认识和黏合度。另一个则是加强企业员工对企业的认同感，甚至通过微博找到自己所在职位的最佳创意和方案。

全球最大家用电器和电子产品零售集团百思买的微博营销案例颇为值得借鉴。

喜欢科技的客户常常很享受使用和学习产品功能的细节、好处，并喜欢分享时那种头脑风暴带来的挑战。百思买想了个独特的方法，它组织起几千名员工利用 Twitter 直接与消费者进行实时互动。这个技术支持服务团队被形象地称为“蓝衫军”——因为所有参与这个项目的雇员都身着蓝色 T 恤衫。他们共同为@twelpforce 账户工作，消费者可以用自己的 Twitter 账户直接向@twelpforce 账号提问，任何百思买的员工都能通过@reply（Twitter 上回复某人的方式）的方式来回复顾客的提问。

这样做，一方面用户得到了最快速的信息反馈，甚至是直接深入到某一部门某一职员的，而不是停留在并不一定了解情况的客服专员那里，市场部门的 25 颗脑袋一下子变成全公司 15 万员工的集体智慧；另一方面，利用网络模糊市场营销与客户服务的界限，有效动员百思买的员工积极参与到在线客户信息服务中，从而让企业更加互动和有活力。

8．做好危机公关

微博是一个双刃剑，但也是将互联网危机在第一时间消弭于无形的利器。主动找上门来的或在自己微博上发牢骚的微博用户，企业应该第一时间贴上去，用尊重用户的方式，去了解问题的始末由来，态度诚恳地解决问题，切勿引起争辩。甚至可以用敢于主动解决问题的方式来提高企业品牌美誉度。要以德服人，而以势压人、打压或者通过公关公司删除负面信息的方式是绝不可取的。

2010 年 7 月，霸王洗发水被报“致癌风波”。霸王在第一时间开启微博，通过官方微博发布 29 条信息做出相关说明。霸王凭借微博公布信息，将媒体集中到微博上，减少了猜测，提高了危机公关的效率，这其实是非常有借鉴意义的。

总之，对企业微博来说，尽量不要利用微博去卖产品，微博应当承载的是一个品牌形象推广和监测的功能。企业可以通过这个平台直接获取消费者对品牌的感受以及最新的需求，从而为企业获取市场动态及进行危机公关提供依据。

9．善于回复粉丝们的评论

我们要积极查看并回复微博上粉丝的评论，被关注的同时也去关注粉丝的动态。既然是互动，那就得相互动起来，有来才会有往。如果你想获取更多评论，就要用积极的态度去对待评论，回复评论也是对粉丝的一种尊重。

10．确保信息真实与透明

我们搞一些优惠活动、促销活动时，当以企业的形式发布，要即时兑现，并公开得奖情况，获得粉丝的信任。微博上发布的信息要与网站上一致，并且在微博上及时对活动跟踪报道。确保活动的持续开展，以吸引更多客户的加入。

22.5.4　个人微博“企业化”

让企业员工的个人微博成为企业品牌树立的一个标杆，在很大程度上能够填补企业官方微博的不足。特别是企业高层微博，他可以很生活化，记述自己在生活中的所见所闻所感，也可以很职业化，讲述最近在工作中的麻烦。闲谈之间，就拉近了原本在网民看来比较神秘的企业老总和自己的距离。

在国外，这已经是一个非常普遍的现象。

以网上卖鞋起家，现在已经变成了一个名副其实的网络百货商场。Zappos 的客户是一群年轻并蜗居于网络的人。其首席执行官 Tony Hsieh 以 CEO 的名义开了 Twitter 账户，其拥有 169 万之多的追随者，表明了 Zappos 乐于接近客户、理解客户的态度（在交流中建立开放诚实的关系），他非常坦诚地与用户进行沟通，给整个公司的品牌带来了积极的影响。

而在国内，企业+个人的微博模式，突出体现在互联网企业，特别是游戏公司，不仅游戏公司高层开设微博和普通用户互动，就连中高层也通过微博为企业品牌不断加分。

但凡一款新游戏发布前夜，都会引发不少玩家在微博上的讨论。这时，一个已经模式化的微博营销方式就是：不少游戏的设计主管会在关键时刻分享一些最新的设计内容和某些产品趣闻，甚至部门之间的负责人还会在微博上为某个产品打一下口水战。尽管无法确知是不是营销行为，但总能吸引到不少关注度。而带有企业印记的个人微博，无论是哪一阶层，其实都在或明或暗地彰显着企业文化。在这方面加强引导，让个人微博为企业品牌加分，又不让其失去独立性，则有聚沙成塔的效果。

而比较经典的案例发生在世界杯期间。

4399 游戏网站站长蔡文胜发了一条微博：“为感谢博友们的支持，配合世界杯和大家互动一下。大家可以竞猜世界杯最后四强排名。一、只要评论我这条微博，写出四强顺序，如例：1 阿根廷，2 德国，3 巴西，4 英格兰，并转发到你自己微博留底。二、从现在开始 72 小时内回复有效。会以最先回复时间来计算前 32 位猜中者，送出 32 部 iPhone4。”简单的一个活动，收获了 30 万人参与，同时这几十万人也把蔡文胜和“4399”记住了。其实蔡文胜并没有在这个活动中为自己的网站做任何显性宣传，无招胜有招罢了。

当然也有比较失败的案例，比如互联网企业老总之间为了产品之争而进行的骂战，通过他们自己的微博发布，且不断地传播，被微博用户所熟知，并被传统媒体和大量网络媒体所引用，其结果是骂人的无论再有理，最后依然把自己企业的品牌深深伤害了。

22.5.5 精确瞄准目标用户

不管是哪一种企业微博推广模式，企业微博的推广营销一定要精准。没有哪一家互联网企业不想将企业的声音传递到最应该传达到的受众身上，这可以广义地理解为信息对于目标用户的“精准递送”。如果这种信息传播没做到精准性，那么这次推广就和目标人群发生了信息传递不匹配，就不会形成有效的反馈、互动。类似“问题传播”的结果只能用失败去定义。

因而，企业在策划其相应的微博营销活动之前，就应该明确该活动的信息如何才能利用最有效的信息传输渠道，并负载简明扼要的信息，精准传递到更具有传播效用的目标用户手中。这里我们举一个成功的微博营销的例子。

作为一个全新的互联网传播载体，微博的应用其实还有极其广阔的海洋。而时至今日，真正在国内非常成功的微博案例并不算多。究其原因，还是在于微博营销尽管如同论坛话题、网络新闻等一样，可以具备极强的瞬间爆发力，但它同时也是一个长期且系统的工程，一两个话题引爆并不代表一个微博的成功，长时间潜心积累和耕耘，实现微博传播从量变到质变的奇特效果，真正达到六度空间理论的口碑神话从而点亮社群才是微博营销成败的关键。这一点对于个人乃至企业都是一样的。

22.6 网络新闻营销

从前述中我们可以看出网络新闻比传统新闻的强势之处，相信任何人都有欲望去开展这样一场成本低廉、效果永久且威力强大的网络新闻营销了。下面让我们看看网络新闻区别于其他传统媒体的几大突出特征。

22.6.1 强悍的时效性

与传统媒体相比，网络的时效性是有目共睹的。纸质媒体的出版周期常以天或周计，像杂志则是半月刊或月刊或季刊，电视、广播的周期以天或小时计算，一般还得根据不同时段的节目设置来安排，而网络新闻的更新周期却是以分钟甚至秒来计算的。通过互联网进行电子传播的网络媒体比通过传统的实质性载体进行物质级别传播的传统媒体的传输成本更低，速度也更快。

网络传播所需的是一台个人计算机，一台调制解压器，但却可以实时地把消息送上网络，而且网络传播是流动的，没有特定的出版时间，随时可以插播新的信息，这就决定了网络即时传播的可能。

2008 年 5 月 12 日汶川大地震，给所有中国人的心上都留下了一道深深的伤痕。在汶川大地震中，我们可以看到，在地震发生以后，各大网站都反应迅速，5 月 12 日 14:46，新华网最早发出快讯：四川汶川发生 7.6 级地震。15:02 央视播出了第一条地震消息，比网络慢了 16 分钟，而最快的报纸也只能是当天的晚报了。从时间的对比上可以看出，网络新闻确实在快速反应、即时更新方面有着传统媒体难以比肩的优势。

而这一时效性有着强大的信息容量。过去的通讯社也能达到超快的时效性，能够做到和时间同步，但绝对是一句话新闻、一条简讯，之后也很难迅速对内容进行填充。而网络新闻则不同，网络容量之大，任何其他媒介都无可企及。在传统的新闻媒体上，如报纸的版面，电视、广播的时间都是有限的，而面对这样一个信息爆炸的时代，传统版面的信息量是完全不能满足现代社会受众需要的。但网络新闻就很轻松地解决了这一问题。网络新闻的超链接方式使网络新闻的内容在理论上具有无限的扩展性与丰富性。只要是信息，并且传播者觉得对受众有帮助，便可以将这一信息放在互联网上，而不需要受到别的限制。

22.6.2　猛烈的传播力

据新浪网公布数字显示，2011 年 11 月 1 日，在“神八”发射当天，该网站所制作的专题浏览量达到 4.5 亿人次，超过当天所有国内报纸读者总和。值得注意的是，在这次新闻报道过程中，新浪网综合了几乎所有大众传媒信息传播手段，文字报道、视频、音频、手机短信，而不是像以前经常采用的单纯的文字滚动报道，进而大获成功。

这就是网络新闻的传播力，是任何报纸都无法达到的。网络媒体传播空间不分地域、没有疆界，可以说，全球互通互连的电子网络有多大，网络媒体的传播空间就有多大。传播空间的无限广阔，这是报纸等传统媒体望尘莫及的。迄今为止，没有发行量达到这个数量的报纸，国内顶级大报发行量过百万，即使是《南方周末》这样的一直风行的媒体，其数百万发行量，外加其宣称的传阅达到 5 次，也至多不过千万而已。仅仅新浪网在一个专题上的影响力就足以媲美十多家主流大报，其传播力可见一斑。

而这种传播力甚至成就了一些传统媒体的辉煌，让他们在大本营的传统媒体上所没有获得的影响力，在网络上获得了。比较经典的是《联合早报》，作为新加坡和东南亚地区销量最大的华文日报，每天的发行量超过 20 万份。1995 年电子版开始上网发行，至 1997 年 9 月电子版的月阅览次数突破 1000 万，成为新加坡第一份月阅览总数超过千万次的网上报纸。美国媒体业权威杂志《多样化》发表的调查表明，网络新闻媒体阅读率直线上升，如 CNN 新闻网的收视率增加了 10 倍；日本《朝日新闻》1995 年 8 月 10 日上网，第一周浏览人数便达到 100 万，到 1997 年 1 月 13 日上网访问的人次累积已达 5 亿；我国的《电脑报》电子版自 1997 年 2 月 21 日开通以来，不到一个月，上网访问人数超过 2 万，现正以每天 500 人次以上的纪录往上攀升，成为网上颇有影响的中文电子媒体。有的报刊原先名不见经传，因为上了因特网，阅读率直线上升，知名度大大提高。

这种直接的对比几乎让传统媒体都自觉地向网络媒体的传播力投降，自叹不如。

22.6.3　轻松、自主

与传统新闻比较，网络新闻更具可读性、知识性、趣味性，更平民化。这让网络新闻的读者要比传统新闻多，毕竟谁都愿意听朋友说话，多有趣多生活化啊，难道你很喜欢一天到晚看着老师板着脸教导你这样做那样做吗？在潜意识里，我们会把网络新闻当朋友，而把传统媒体当老师。亲近程度自然不一样。

网络新闻在语言表述上更为口语化，轻松活泼，许多新闻幽默、犀利，可读性极强。网络新闻语言的这些特点的形成大致源于以下原因：

- 网络新闻要求极快的更新速度，因而需要使用简明易读的语言。
- 网络新闻的互动性与自主性，使得新闻语言的表达趋于口语化和易交流性。
- 与传统媒体点对面的单向传输不同，网络传播是点对点进行的，具有交互性。

要调动受众参与的积极性，就必须使新闻稿件的现场感增强，行文生动，可读性强，或较为口语化，幽默轻松，使受众有交流的渴望，愿意往各网站设置的论坛、博客上发发帖子，写点博文，一吐为快。

而且，网络新闻与传统新闻比较，新闻信息的联结不再仅仅是线性的，而是网状的；新闻报道与写作的文本结构不再仅仅是线性文字的，而是超文本结构的。即它不仅有文字文本，而且有声音文本、图画文本、动画文本甚至影视文本。这使得网络新闻其实具备了报纸、电视、广播乃至动漫的色彩，是当之无愧的全媒体，可以全面兼容其他所有媒体的特征，化为己用，从而最大限度地满足所有读者的需求。如果你不想看文字，那么你可以看图说话，如果连图也不想看，可以考虑看看视频，要是连视频都不看，那还有其他选择，如果啥都不选，那你不是网络新闻的受众，也没必要被网络新闻照顾了。不过这样的人要么不懂得用计算机，要么连传统媒体也不太关注。

所以，网络新闻具有丰富多彩的立体性和艺术性，简洁明快的生活化，自在平等的人性化和非常可喜的民主化。它虽然有时会不免泥沙俱下，也有这样或那样的缺憾和不足之处，但互联网的出现无疑给新闻的传播创造了一个前景极好的平台。

22.6.4 互动升级为共动

在传统媒体新闻传播中，受众往往会受到各种限制，比如报纸只能阅读上面既定的内容，电视广播都得按照其预定的时间收看、收听。而网络就没有那么多的限制，只要登录到互联网，就可以在任何一个网站看到想看的新闻，并根据自己的兴趣爱好自由地选择。读者不再被动地接收信息，而是自主地去选择信息。同时，大家还可以对自己感兴趣的内容加以评论，与众多网友共同交流。

网络新闻具有良好的交互性，读者可以利用网站上的“读者”、“留言簿”、“网上杂坛”等栏目，加强各方面的相互交流。在网络新闻上，可以增强读者与编辑、读者与读者的交流。读者不再被动地看，而是可以主动参与。不少读者在读完网络新闻后，随即发来电子邮件，或在新闻之后跟帖，积极参与编辑工作，有的提建议，有的无偿提供资料。而这些电子邮件只需几秒就可传到网站的电子邮箱中，编辑因此能够及时了解读者意见，解答读者疑问，信息反馈很快。读者与编辑、记者，通过电子邮件方式，可以就各种问题进行“面对面”的交流。

利用互动功能的，不仅有新闻网站，还有许许多多杀入网络新闻传播的传统媒体甚至是电视媒体。其中CCTV与其网站央视国际的互动更为突出。从2001年起，央视国际多次实

现了与电视节目的互动，其中包括中国加入世贸组织的特别报道中央视国际与《东方时空》节目进行的网上互动直播、2002 年及 2003 春节联欢晚会，央视国际与电视晚会的互动等。

然而，互动只能说明传播双方交流通道的畅通，在互动过程中，传播者仍然起着主导地位，而受众仍然是接收者与相对被动的反馈者。但是，从网络新闻发展的实践来看，在一定的场合下，网民不仅是信息的接收者与反馈者，同时也可能在一定程度上影响到网络新闻的传播者的传播意向与行为。有时，在一个新闻事件的传播过程中，网民与新闻网站的作用几乎是同等重要的，两者之间也渐渐融为一体，很难分出彼此，两者之间的沟通方式，已经不再是简单的反馈与交流，而是一种你中有我、我中有你的共同协作。

因此，网络受众观的第二次飞跃表现为将互动的关系进一步演化为“共动”的关系。这时受众参与的手段主要仍然是论坛、邮件等基本方式，但是，他们处于更积极的地位。他们可以通过新闻的转发，提升某些新闻的价值，增加某些事件的关注度，也可以通过热烈的讨论，将个人意见汇流为公共意见。“共动”意味着受众在网络新闻传播中的作用得到了更充分的体现，而同时，他们对社会生活的干预能力也增强了。近年来，一系列网络新闻事件，正是传统媒体、网络媒体与网民共动的结果。

22.6.5　网络新闻写作技巧

新闻界有句行话：“标题是新闻的眼睛”，因为新闻标题不仅是一篇完整的新闻报道的重要组成部分，更对新闻信息的传递起着至关重要的作用。对很多人来说，阅读报纸仅就是阅读一下标题，看到感兴趣的，才会去仔细看看正文。网络新闻更是如此。

网络开创了“读题时代”。一则有创意的标题能化腐朽为神奇，并且能带来极高的点击率。在这个网络容量无限、新闻信息爆炸的年代，网民如何找到自己关心的新闻和信息，新闻和信息如何才更吸引网民的“眼球”，在很大程度上取决于网络编辑的标题制作水平。为了紧跟“眼球经济”的步伐，很多网站在对一些平淡无奇的新闻进行编辑时，常常使用各种手段，制作吸引受众的新闻标题，当这种做法使用过当时就出现了“标题党”。

1．标题多样性

很多从事企业公关的媒介人员很喜欢干一件事，那就是每天给各个网络媒体群发稿件，先不看稿件的质量如何，仅看看标题就知道成败了。因为如果你不研究网站特征，而是一个通稿发到底，就算你运气不错，编辑和你关系也不错，将你的文章发布在网站新闻的重要位置，你也可能失败。为什么呢？因为你的标题都是一个模子，没有取好就没人看。

一定要弄清楚网络媒体和传统媒体的区别，网络媒体在发展中形成了自身的标题制作特点，如网络新闻标题多为描述基本事实的字数极其有限的一行标题；由于时效性的要求，制作时无法仔细斟酌，处于快速撰题实时发稿的状态；如果刊发后发现标题有问题或对标题表述不满意，可以再修改、再刊发；网站编辑对新闻标题制作的自主性相对传统媒体较高，审核机制不严格；另外，部分传统媒体图文新闻、标题本身存在问题，被网络编辑不加甄别、判断而直接转载采用。尽管存在不少问题，但网络新闻的标题依旧有着极强的特征。

毕竟对网络新闻编辑来说，消息的条数太多，展示起来不容易安排。由于网络上的新闻信息是以一种超文本的形式呈现的，读者对新闻的选择，首先是通过对一个个标题的浏览来实现的，标题是新闻发生作用的起点，是新闻信息为读者所接受的必经通道。读者总是先接触到作为阅读索引的标题，然后通过点击标题，再看到相关的正文或图片。这种阅读程序决定了标题在网络传播中的作用，大大超过了它们在传统媒体传播活动中的作用。新闻标题已经成为网络受众认识新闻内容、判断新闻价值的第一信号，成为受众决定是否索取深层新闻信息的第一选择关口，由于网络新闻的标题与正文之间客观上存在着疏离性（阅读任何一条新闻都必须从一级页面或一级页面再次点击进去）。

为什么不要发统一的标题呢？说个最简单的例子吧。打开网站新闻页，或许每个站点上都有一样标题的新闻，你在这个站点上不愿意去看，自然下一个站点你也不会打开，这是很正常的阅读心理，那么你的新闻就算登录了各大网站，如果读者不想读，一样不会读。怎么解决这个问题呢？最简单的办法就是标题不同。

根据每个网站的不同特点，拟定不同的标题，这样就有了完全不同的效果。比如，长虹出品等离子液晶显示屏，邀请奥运女孩林妙可做代言人。在新浪科技上的标题可为《国内首个等离子生产线落户长虹》、搜狐娱乐上则是《林妙可靠等离子保护眼睛》、网易科技又可以为《长虹等离子技压国外电视》，人民网的读者比较偏重于对国事关心之人，可以让标题变得正规一些，比如《中国首条等离子生产线投放生产纪实》……根据每个媒体每个频道投放的不同特点，重新拟题，读者东边不看，到了西边或许就会点击了，而且还可以深度开发科技读者和娱乐读者，乃至更多读者群落。网络新闻的受众群体在很大程度上比较分散，喜欢娱乐的未必喜欢科技，也不会去看科技，就看你如何开发利用了。

当然，一切都必须从源头做起，怎么写好一个能够吸引人去阅读的标题呢？其实并不复杂。

2．标题长度适当

网络新闻的标题不同于报纸标题，报纸标题因为版面的原因，可长可短，有的标题甚至于有一百多字，再加上有引题、正题和副题的区别，其标题写作的宽容度其实很大。而网络新闻则不同，它对标题有严格的字数限制。因为网页版面的整体布局是相对固定的，标题字数受到行宽的限制，既不宜折行，也不宜空半行。简单来说，就是一个单行标题。在标题板块中，各题长短以接近一致为宜。一般而言，网络新闻标题字数以16～20个字为宜，且最好能以空白或标点分开，并控制在7～10个字组成一段文字。

在制作标题时要特别留意，不要太短，也不要太长，一定要按照规矩来制作。哪怕是你想到了一个惊世好题目，也要遵循这个规矩。原因很简单，你的标题全部被放置在页面上以后，你会发现，要是太短，整个版面不协调；要是太长，版面上发布时放不下，结果你要表达的意思就不能被网民看见。

针对不同网站进行调查研究，进行一次分众传播，针对你要发布新闻的核心站点，多观察对方网站新闻标题的长度，比如新浪游戏频道的焦点新闻，比较偏好于10～12个字，那么你就要将你发给对方的新闻通稿标题设定在这个范围之内，而腾讯游戏频道的焦点新闻则

喜好 16～20 字，同样如此去设计。这样做可以节省编辑的时间，让他更好地推荐你发来的新闻，同时也能让你最终发布在网上的新闻标题，能够最深刻地贴近你的意图所在。

3．标题要务实

多人给标题取名字，往往特别空。报纸的新闻标题有虚、实之分，实题要交代新闻要素，虚题可以是议论或警句等。报纸新闻最大的特点是题文一体，即使是虚题，只要看一眼导语，新闻中的主要事实也就清楚了。而网络媒体不行，虚题往往使读者不得要领，也就影响了“点击率”。因此网络新闻标题一定要抓住新闻事实中的一个或几个新闻要素，通过恰当组合，抓住“新闻眼”，吸引受众点击。

应当用最简洁的文字将新闻中最有价值、最生动的内容提示给网民。主要有以下几点：

第一点：实题明义。

比如，这个标题《联想 ThinkPad 系列将首用 AMD 处理器》，很明显，你一看标题就知道文章中的内容，这则新闻本身很简短，就是告诉人们这款笔记本将第一次使用 AMD 处理器。就算读者不去点击这个新闻，对联想而言，它所要告诉读者的信息也已经说得差不多了，如图 22.29 所示。

联想ThinkPad系列将首用AMD处理器

http://www.sina.com.cn 2010年01月04日 10:58 新浪科技

新浪科技讯 北京时间1月4日上午消息，据国外媒体报道，联想新推出ThinkPad Edge系列将首次采用AMD处理器，以降低成本。

新款ThinkPad Edge系列设计更加光滑圆润，键盘更加简单化，按键稍大，预计推出三种尺寸和三个色系的产品，并以549美元的单价在美国试销。ThinkPad部门经理查尔斯·苏内(Charles Sune)表示，Edge系列产品针对中小企业开发设计，以独特的设计和美丽的外观见长。这一消息发布在本周即将开幕的拉斯维加斯CES大展之前。

据市场研究和分析公司IDC透露，7-9月，联想PC发货量环比增长18%。但该公司表示同期销售收入只有41亿美元，环比下降5%。

自1992年IBM推出ThinkPad系列笔记本以来，其一直被誉为笔记本设计的领跑者，目前已售出逾3千万台。IBM于2005年将其PC业务出售给联想。

联想声称，ThinkPad产品采用AMD Neo芯片将有助于降低成本，增强产品价格优势。但部分ThinkPad产品会依然保留采用英特尔处理器。

联想还表示，将专为商业人士推出一款新型入门级ThinkPad产品X100e，采用全键盘设计，重量不足1.36公斤，将以449美元的价格销售。苏内表示这一举措将“弥补上网本与笔记本间的产品空白”。(木木)

图 22.29

第二点：尽量使用主动句式。

这一模式主要是要求你主动地揭开你要传达的信息的盖子，不能藏着掖着，比如，有的标题乍一看很炫目，《你也可以变成强壮男人》看似很有吸引力，但太类似于广告，别人一看就觉得是药品广告而放弃点击。

第三点：语句以主谓结构为主。

例如，标题《Android 不是 Ophone 的唯一选择》，很标准的语句，主谓鲜明，而不像某些人制作的标题，看不懂，以为是火星语，比如《购买寂寞的几个本子》。

第四点：强调动感，力求动态地揭示新闻。

比如这样一个标题《诺基亚 CEO 表达很后悔选择错误》，让人一看就没有兴趣，没有冲击力；反之，这个标题《Android 手机价格急速下降 诺基亚 CEO 表达悔意》是同一则新闻，从这则新闻中提炼出来的新闻标题不一样，对于读者来说影响力也不一样。“Android 手机价格急速下降”，一看标题，读者就会明白诺基亚 CEO 为什么后悔。哪怕不点击，也会在脑海里留下一定的印象，如图 22.30 所示。

Android手机价格急速下降 诺基亚CEO表达悔意

正文 我来说两句(1344人参与)

2012年07月02日06:56 作者：cnBeta 打印 | 字号

随着iOS平台和Android平台的兴起，众多老牌手机巨人的日子都变得不太好过。芬兰手机巨头诺基亚的境况可谓是风雨飘摇，塞班系统早已没落，而其孤注一掷的WP系统也前途未卜。近日，诺基亚CEO对公司近期所做的决定表示遗憾和后悔。

美国市场研究机构Asymco的分析师Horace Dediu称，诺基亚首席执行官Stephen Elop近日在接受媒体访问时曾经表示，如果有机会的话，他会改变之前的很多决定。

Stephen Elop表示：“在过去的一年半时间里，如果我们能预料到市场的变化是如此迅速，我们所做的事情将会有很大不同。安卓手机的价格在中国市场急速下降，出乎我们的意料。市场变幻如此快速，使得诺基亚的情况在短期内变得更加糟糕，但是我们将会继续改善我们的策略。未来是难以预测的，情况非

图 22.30

第五点：尽量避免疑问句式。

有很多人写新闻标题时特别喜欢用疑问式的口吻，这种模式不是不能用，一定要用得恰到好处，一般初学者很难驾驭。在写作新闻标题的最初阶段，其实还是要尽量避免疑问句式，因为你的疑问句如果做得不太好，反而弄巧成拙，给自己的品牌添加负面效果，比如这样的标题《凡客诚品为何食言而肥卖内衣？》，别人没看内容，还以为凡客诚品这个企业出什么问题了，以为是个负面报道，而实际上内容是说凡客诚品要开拓新的蓝海，打破过去自己一贯坚持的以男士衬衣为主的生产销售模式，在内衣市场上深度发力。

第六点：由内容决定标题。

但网络新闻标题也不要过实、过细，让浏览者失去继续阅读的兴趣。这是基本原则，总体来说，就是让浏览者一眼看上去，就知道要说明什么，要介绍什么，要传递什么，如图 22.31 所示。

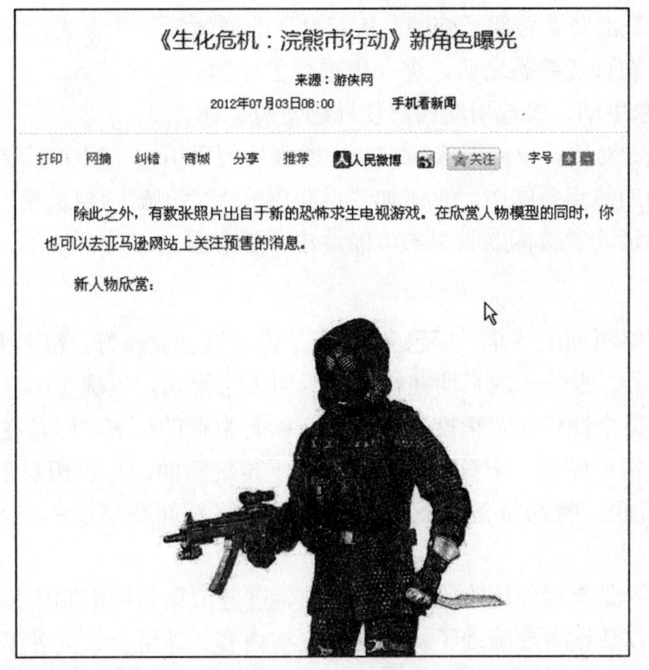
《生化危机：浣熊市行动》新角色曝光

来源：游侠网

2012年07月03日08:00　　手机看新闻

打印　网摘　纠错　商城　分享　推荐　人民微博　关注　字号

除此之外，有数张照片出自于新的恐怖求生电视游戏。在欣赏人物模型的同时，你也可以去亚马逊网站上关注预售的消息。

新人物欣赏：

图 22.31

这是人民网游戏频道有关网游的新闻的一个截图，从这个截图上不难看出，这些新闻基本上都是厂商新闻稿，一看标题，确实实在，可就是没有多大吸引力，因为标题已经把读者的浏览兴趣打击没了，毕竟全部都是产品信息介绍。

4．善于争夺眼球

网络新闻字体板式都是整齐划一的，要想像平常报纸那样，依靠醒目的字体或特大号标题来吸引读者，几乎不再可能。一整版的标题有几百个，如何让浏览者立刻注意到你的标题呢？掌握了前面介绍的语法规范，现在看看具体应该在标题里突出什么，让自己够醒目吧。

（1）点出新闻中新奇、有趣的事实

这一点很明显，对大家来说，时间都是很宝贵的，如果标题没有吸引网民的眼球，就产生不了后继点击，内容中的广告营销就无法传递出去，在标题中点出新闻中新奇有趣的事实是非常必要的。

（2）披露出读者熟悉却并不详知的事件细节或内幕

这其实类似于揭谜性质的新闻，可以作为一种拓展阅读。比如，《详讯：苏宁电器收购镭射电器正式进入香港（图）》，这个标题表面上看起来很像我之前介绍的那种一看标题就知道内容的新闻，确实也是如此，看了标题你会对文章内容有个大体了解，不过这则新闻有两个特点，一是之前说的进口新闻事件的最新进展，它显示了苏宁电器收购镭射电器之后的进一步动向和深度挖掘；二是它表现出了内幕式的特点。写作者很巧妙地用了两个字让感兴趣的读者很自然地去点击而不是只看标题，那就是“详讯”，因为是详讯，所以绝对不会只是几句话，你打开新闻，可以看到苏宁电器进入中国香港的点点滴滴，还有可能带来新的电器优惠政策。这些都是消费者希望了解的。从而对之前通过简讯的方式发布的苏宁电视进入中国香港这则消息，在读者熟悉之后，进一步进行了诠释。

（3）尽量形象生动，多选用动词，使标题富有动感

可以使用拟人、对比、设问等修饰方法，增强标题吸引力，很多标题都在全力以赴地发挥这一点。如上面的热点新闻中，有诸如“尽收眼底”、“工薪阶层最爱”、“绝对不能错过”之类的词汇，从而让读者被标题吸引的可能性进一步加强。

5．不做“标题党”

很多人认为网络新闻应该是“标题党”，越是诱惑性强就越好，很多人也是如此去做的，因为看起来，很卖弄、很夸张的东西往往能够吸引人去点击，也确实不乏成功的案例。这一点在论坛、博客这类个性化的营销推广方式中可以有生存的土壤，但是在网络新闻中，随着监管越来越严格，能免则免，毕竟网络新闻脱胎于传统新闻，尽管相对来说没有那么严谨，但依旧要注意严肃性，特别是对企业来说，通过网络新闻要塑造的是品牌形象，而不是毁掉它。

忌夸张媚俗。一是不要使用卖弄的、夸张的、过分渲染的词汇制作标题，因为在快速阅读中，这类标题难以让读者准确地了解新闻的真实内容，甚至会让读者不得其解。二是不要使用隐喻、暗喻、比喻在标题中“标新立异”，因为这样的标题可能会造成读者理解上的障碍，甚至误导读者。

下面的例子是“标题党”的典型做法。

《嫦娥奔月》=《铸成大错的逃亡爱妻啊，射击冠军的丈夫等你悔悟归来》，

《牛郎织女》=《苦命村娃高干女——一段被狠心岳母拆散的惊世恋情》，

《西游记》=《浪子回头，善良的师父指引我重返西天求学之路》，《红楼梦》=《包办婚姻，一场家破人亡的人间惨剧》，

《机器猫》=《只愿此生不再让你哭泣，让我穿越时空来拯救你》。

这样的标题或许会引起读者点击，但在网络新闻里行不通，读者一看内容，发现文不对题，就会兴致索然。特别是对想要进行营销的企业来说，“标题党”会导致自己的品牌形象受损，越是“标题党”，越吸引了读者去点击阅读，对品牌的形象损害越大。

最为有名的网络新闻标题党是 2008 年年末的网瘾精神病事件。这是北京某医院专家论证出来的结果，其背后其实是带有治疗网瘾的营利性质，为了能够更好地扩大收治网瘾的人群，某专家以多部门论证，以该医院名义发布了所谓网瘾精神病的《网络成瘾临床诊断标准》，然后模糊掉网瘾精神病并不等于神经病的概念，结果舆论哗然。网络新闻发布和转载量极高，曝光度也高得吓人。但当事实一揭穿，过度的“标题党”和内容完全不符合，这种混淆概念的方式非但没有给医院带来多大的利润，反而让医院臭名昭著，宣传的效果适得其反，如图 22.32 所示。

《网络成瘾临床诊断标准》通过专家论证

http://www.sina.com.cn 2008年11月08日 18:41 新华网

新华网北京11月8日电(刘学奎、王经国、庄海红)由北京军区总医院制订的我国首个《网络成瘾临床诊断标准》8日在京通过专家论证。这一标准的通过结束了我国医学界长期以来无科学规范网络成瘾诊断标准的历史，为今后临床医学在网络成瘾的预防、诊断、治疗及进一步研究提供了依据。

北京军区总医院医学成瘾科主任陶然介绍说，网络成瘾是指个体反复过度使用网络导致的一种精神行为障碍，其后果可导致性格内向、自卑、与家人对抗及其他精神心理问题，出现心境障碍，部分患者还会导致社交恐惧症等。据一项调查报告显示，我国13岁至17岁的青少年在网民中网瘾比例最高，大学生网络成瘾率达到9%以上。

为了更好地帮助网络成瘾患者告别网瘾、健康回归社会，2005年3月，北京军区总医院开展了青少年网络成瘾的集中住院治疗，并于2006年3月创办了国内第一家网络成瘾诊疗基地——“北京军区总医院青少年心理成长基地”。

经过几年的临床实践及研究，这个基地在来自全国的3000多例网络成瘾患者的临床资料中，抽取1300余例具有代表性的样本进行临床跟踪研究，制订了《网络成瘾临床诊断标准》。标准详细界定了网络成瘾的“症状”、“病程”及“严重程度”，被国内外专家认为领先国际水平，是目前网络成瘾临床诊断权威的诊断标准。

图 22.32

如果你看到《张曼玉突然暴瘦自言最爱梁朝伟》这样的标题，你会想到什么呢？点开正文才发现访谈内容是这样的“最默契的搭档是谁？张曼玉毫不避嫌、也毫不犹豫就脱口而出：梁朝伟。”“最爱梁朝伟”原来是“最愿意与梁朝伟合作”。显然这条娱乐新闻的标题忽悠了读者。“标题党”现象严重误导受众。万一有公司想借助这样的标题来卖瘦身药，比如张曼玉也是吃这个瘦身的，那结果将会如何？只怕被所有的读者当做娱乐看待，而公司的信誉度也会下降，如图 22.33 所示。

张曼玉突然暴瘦自言最爱梁朝伟

http://www.sina.com.cn 2007年01月06日02:06 燕赵都市报

无数影迷心中的“美丽女神”张曼玉如今大有“神龙见首不见尾”的架势，一直处于“半隐退”的状态，只偶而惊鸿一现。1月3日晚，京郊顺义一座会所内，身穿一袭红裙，脚蹬一双黑靴的她，翩然亮相。

当所有沧桑蜕变成被时光雕刻之后的美丽，张曼玉似乎已经成为“完美女性”的代名词。但近些年，她却一直疏于打理自己的演艺事业，很长时间没有新作品问世，和她同时代的女星关之琳、刘嘉玲等人，似乎也沦为同样的命运。除了从商家手中拿些代言费、出场费，我们已经很难在银幕之上欣赏到她们的绝世风采。

当晚的现场，曾黎、许还幻等女星也有到场助阵，到了上台合影环节，这些女星也成了张曼玉的“追星族”，站在她的身侧，一直亲密的说个不停，主持人索妮不得不几次“催请”，场面一时颇为热闹、也颇为温馨。

刚一亮相，张曼玉便对现场的媒体说：“最近一直在学新东西。”张曼玉表示，自己意识到电脑对世界将产生巨大改变后，便一直在潜心研究，从图片处理软件到电影的后期制作，她都有涉及，莫非，她准备朝幕后发展？

图 22.33

而且远离“标题党”也是未来网络新闻的一个趋势，随着行业自律，靠煽情的标题来吸引读者将越来越没有市场。不是说网络新闻站点不做标题党，而是真正被监管起来，做“标题党”所面临的处罚也会很大。如果你投送一个“标题党”新闻给网站，编辑一看标题就因为是“标题党”而枪毙了你的稿子，岂不是更加冤枉。所以珍惜品牌，远离“标题党”，是必要的。

6．突出重点新闻要素

做网络新闻必须以文字和图片为主原则。美国斯坦福大学和佛罗里达大学波伊特（Poynter）中心的一项研究表明，网络读者首先看的是文本。整个测试的结果是，新闻提要的注目率是 82%，文章本身是 92%。网页上出现的图片有 64%受到注意。

- 热点动态是专题的生命力：如新浪在 2009 年 1 月 4 日“全国大部遭遇寒潮袭击”的专题制作基本上体现了这一研究成果。专题将最重要的动态新闻消息和重要图片放在版面的最上部，充分吸引了受众的注意力。视频和 Flash 是动态的、转瞬即逝的，对网络新闻的受众来说，虽然他们不太喜欢读长篇大论，但还是希望通过将新闻组合在一起，引发自己对社会、对生活、对现状更多的思考，文字报道依然是引导受众思考的主角，视频和 Flash 只是对文字和图片新闻的补充和装饰。

因此，在标题很不错的前提下，做好网络新闻的正文部分，将是另一番天地。

- 短小精悍：网络新闻的体例和传统新闻并无二致，它们都是由消息、通信和深度报道组成的，只是相对网络这一快餐结构来说，你要想一次弄一个超长的文本，为你的品牌做一次全面新闻营销的话，那么你可能费力不讨好。原因很简单，上网看新闻的人，很少有人会去阅读超过 1500 字的文章。

如果你的信息确实很需要用长篇大论来完成它，也不是不可以，将它分割成几大部分，做成一个新闻专题，然后以几个不同的小标题来纽结它，如图 22.34 所示。

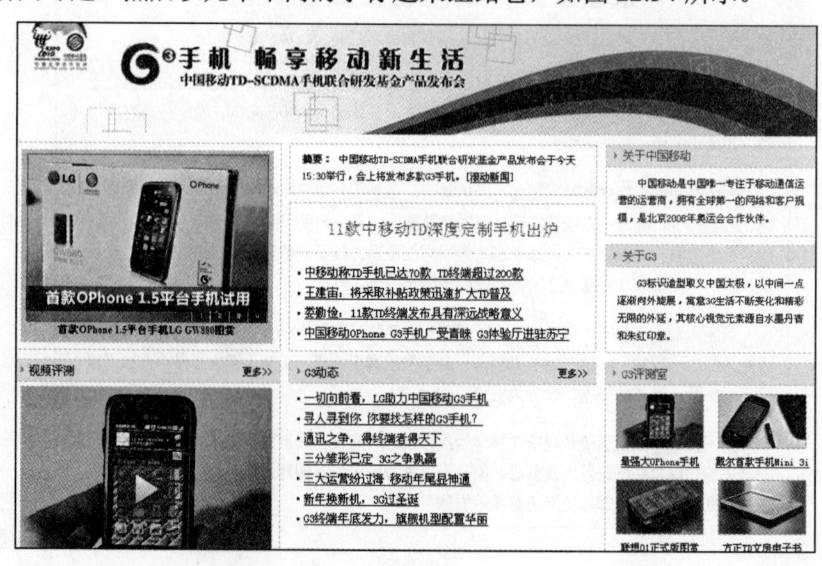

图 22.34

像中移动 G3 发布这样的大新闻，确实仅靠一篇千字左右的消息无法承载，可以切割成块，如同报纸上几个版面组成一个专题一样，用若干个篇幅在 1500 字左右的新闻组成，再辅之以视频、图片和各种相关信息，从而形成一个供读者按照个人兴趣选择的自由专题页面。在单篇新闻之后加入超链接，作为拓展阅读，这样就可以让读者更加全面地进行选择。可以说用超链接就可以对一些重要的人物、事件、背景或概念进行扩展。既可以用注释的方式出现，也可以直接链接到相关网页。这有助于读者接触新闻深层背景来获得丰富的相关信息。

当然这种模式非重大新闻不用，而且使用专题的决定权也不在你，而在于网站的新闻编辑，任何个人至多提供信息和资料，而且除了类似中移动这样的 500 强企业，中小企业和个人几乎没有机会使用这类模式。因此，本文不对此进行深度讨论，专注于最符合网络新闻、最符合中小企业营销，同时也是网络新闻中最有影响力且最难驾驭的网络新闻消息类写作。

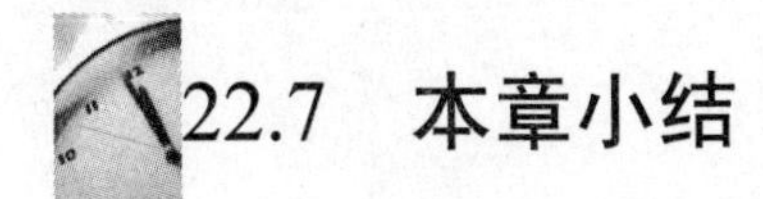

22.7　本章小结

本章主要介绍三部分内容：论坛营销和微博营销、网络新闻营销。需要重点掌握的是微博营销和网络新闻营销。

22.8　课后练习

1．网络营销有哪些方法？
2．论坛营销的步骤是什么？
3．企业做好微博的 8 个要点是什么？
4．网络新闻营销有哪些技巧？

第7天

网站建设项目实战

前面说明了网站建设过程中可能遇到问题的完整过程，那么，其他网站如何设计呢？第7天我们来参见其他类型网站的建设方法。

商业门户的实现、文章系统的发布等都让实践变得更真实，同时也满足了部分需要这部分的用户。

➡

☐商业门户类网站实战

第23小时　商业门户类网站实战

商业门户网站又称为企业宣传网站，它是把企业的各种相关信息及时发布到互联网上，通常这些信息包括企业的新闻、产品、企业介绍、联系方式。对于频繁更新的信息，如企业新闻、产品等一般使用标准化程序模式，通过后台快速维护，而联系方式不常变化的页面使用静态页。

23.1　页面构成和实现效果

可以说，大部分的网络应用系统除了具备友好的用户浏览界面外，后台的管理也是不可缺少的，一方面，管理员在后台中实现了对数据的更新、编辑和删除等操作；另一方面，具体功能的划分有利于程序的模块化设计，加速系统开发速度。

基于这样的设计思想，商业门户网站管理系统采用模块化程序设计思想，将需要重复使用的部分独立设计，然后将其嵌入到需要调用该页面的网页中。本章通过为唐龙广告公司的商业门户网站建设过程为大家介绍这类网站建设的基本情况。

23.1.1　页面构成

唐龙广告公司商业门户系统也是由前台页面和后台管理两部分构成，其构成图如图23.1所示。

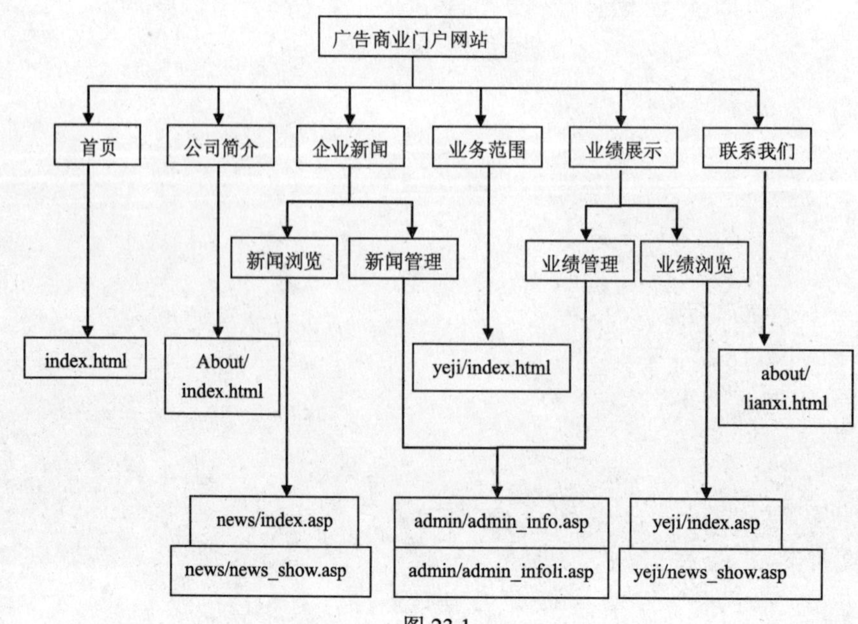

图23.1

在新闻浏览和业绩浏览中我们使用一个列表页和内容页进行展示，在后台管理中我们使用业内容添加页和内容维护页进行管理。其他页面由于基本上不具有变化性，统一使用静态页面实现。其中首页使用 Flash 进行展示。

23.1.2　实现效果

商业网站门户系统首页（index.html）主要用来展示广告企业形象和各栏目页导航，实现效果如图 23.2 所示。

图 23.2

单击首页【公司简介】超链接，进入公司介绍，效果图如图 23.3 所示。

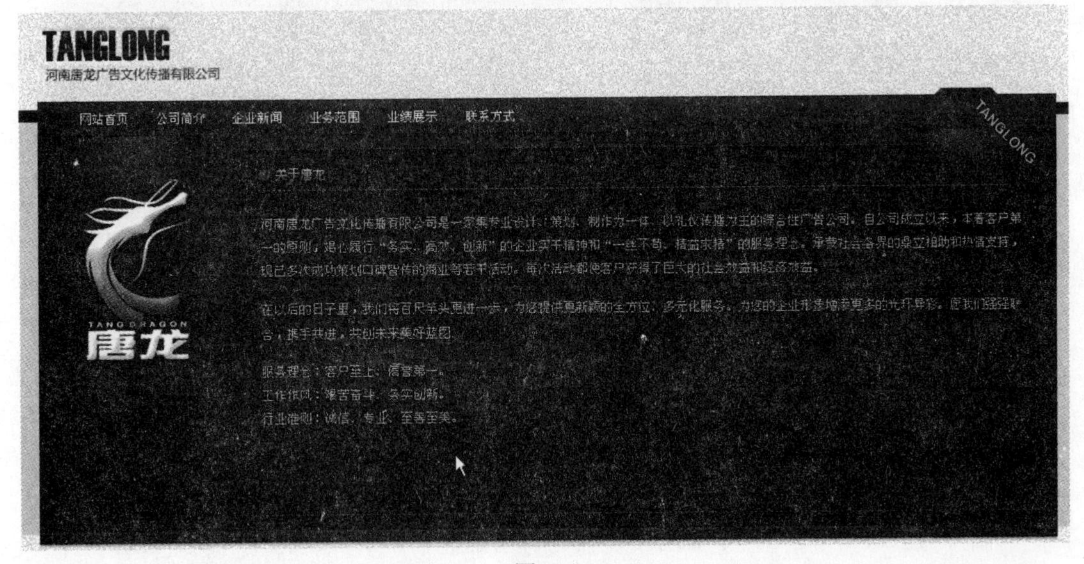

图 23.3

公司简介主要用来向访客介绍公司的发展情况、公司理念、公司荣誉等情况。单击首页的【企业新闻】超链接，进入企业新闻列表页，效果图如图 23.4 所示。

图 23.4

企业新闻主要向访客介绍企业最新经营活动资讯，方便访客更好更深入地了解你的企业。单击首页【业务范围】超链接，展示效果如图 23.5 所示。

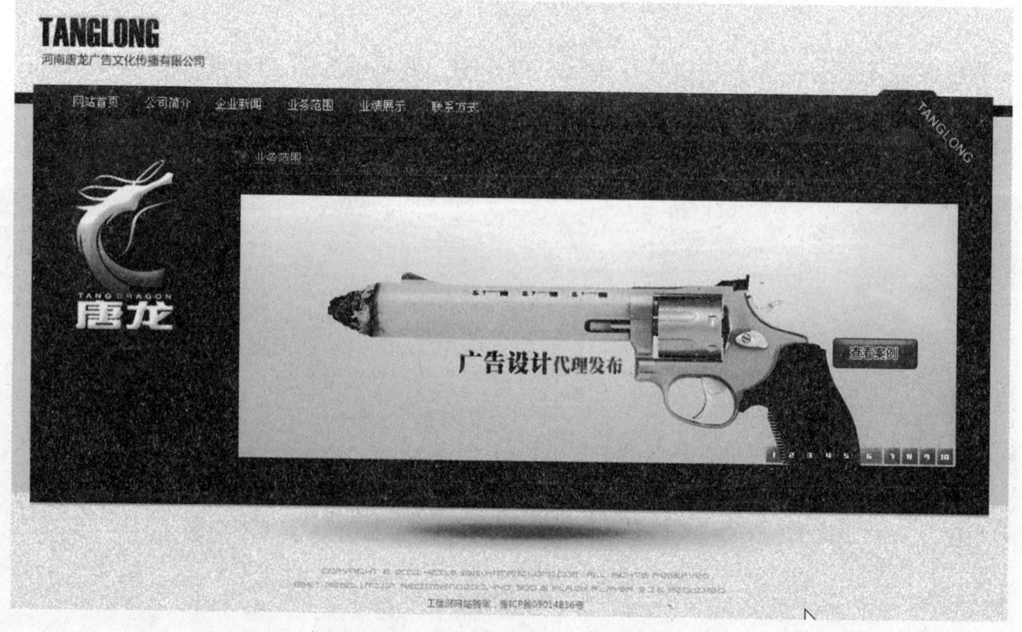

图 23.5

业务范围主要用来告诉访客公司的业务经营活动。单击首页【业绩展示】超链接，展示效果图如图 23.6 所示。

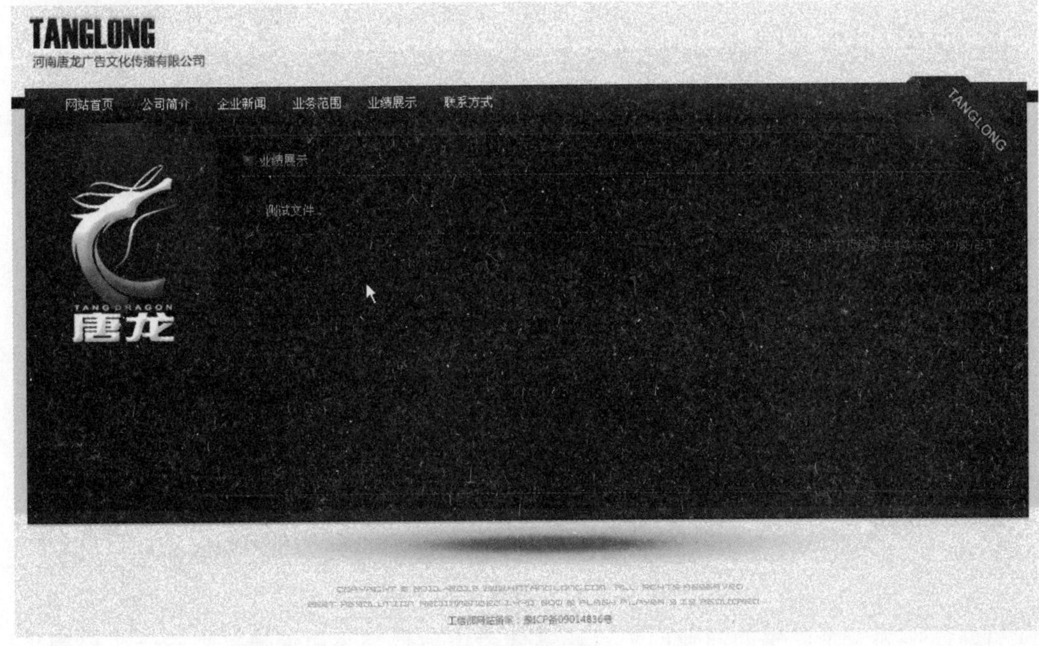

图 23.6

业绩展示主要发布企业主要完成的工作项目，让访客了解公司业务技术水平。单击首页【联系方式】超链接，展示效果如图 23.7 所示。

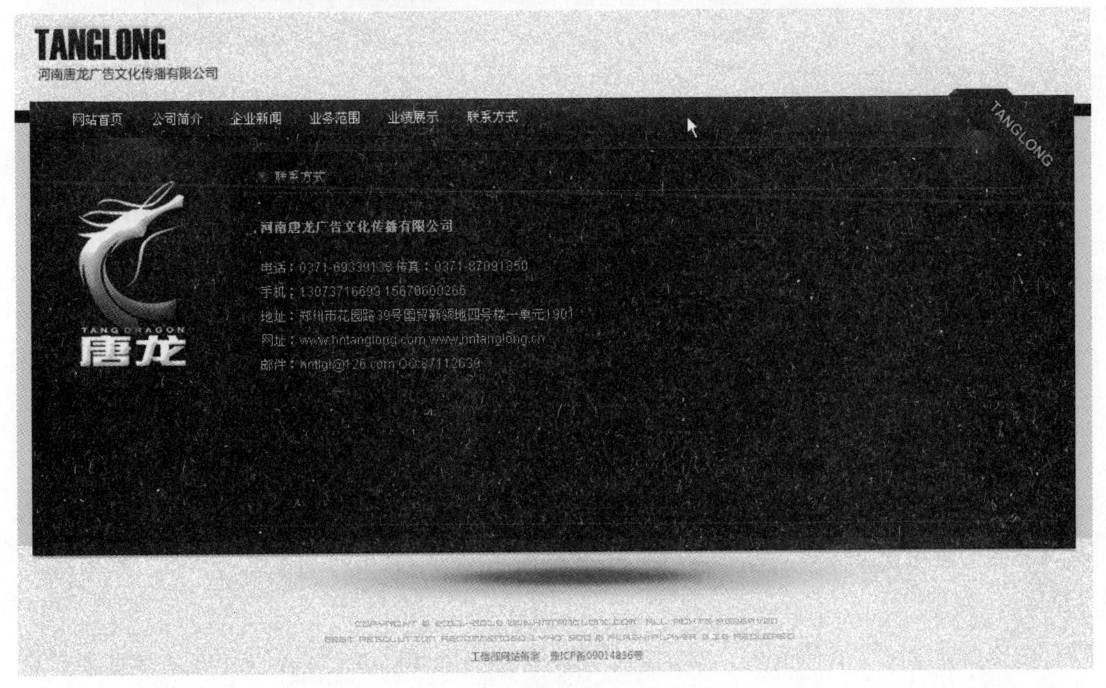

图 23.7

联系方式是商业门户必须的一个项目，用于向访客提供企业的联系方式和地址。方便客户联系找到你的企业。

在商业门户网站后台中可以实现企业新闻、业绩展示的添加和管理，如图 23.8 所示。

图 23.8

另外，作为一个完整的商业门户，还需要考虑后台登录和管理账号安全等问题，如图 23.9 所示。

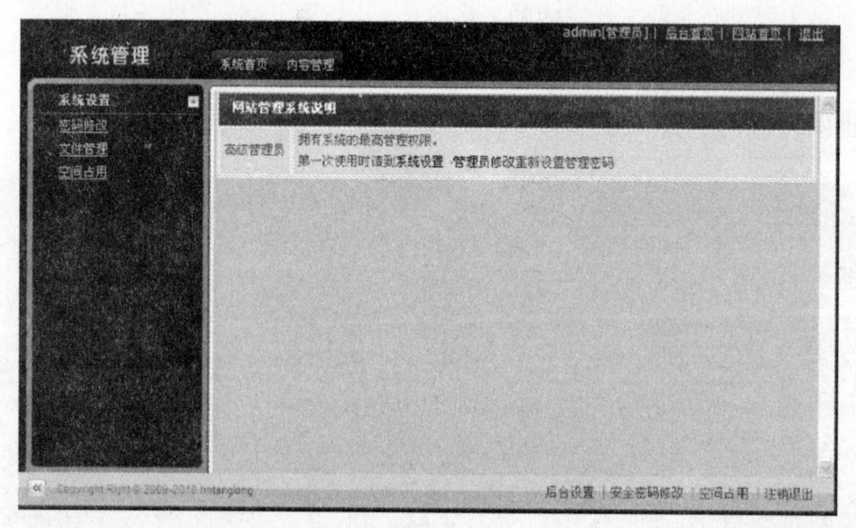

图 23.9

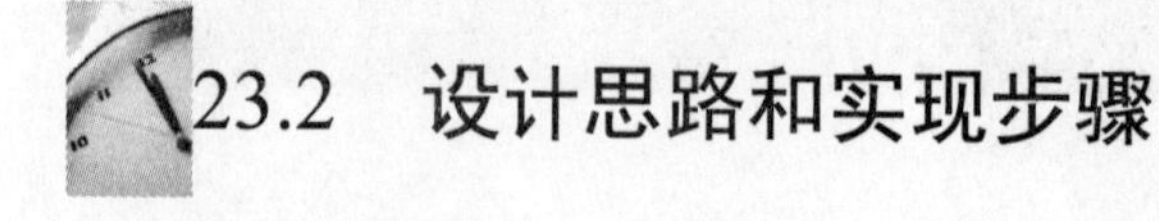

23.2 设计思路和实现步骤

模块化程序设计的优点在于各个模块功能开发的相对独立性，而且当要调用该模块时只需设置一个编程即可，这样既满足了程序重复使用的需要，又提高了工作效率。

根据这样的设计思路，我们设计和实现步骤如下。

23.2.1　设计思路

企业新闻与业绩展示的列表页和内容页工作方式非常相似，我们可以把这样的功能用同样的样式和代码进行重写，也可以把有些功能提取出来进行封装，在需要时进行调用即可。

而对于网站首页和公司简介、业务范围、联系方式，我们只是用样式表进行重写保存为静态网页，不进行动态化。这样做可以有两个好处，一是实现起来方便，二是静态页面对搜索引擎比较友好，而且静态页面访问打开速度快些。

23.2.2　实现步骤

商业门户网站系统的制作主要包括前台页面设计、新闻（业绩）数据库设计、后台新闻业绩的管理，后台登录和修改管理员密码。主要实现有以下几个方面：

- 数据库的设计，包括字段设置的定义，其中必须注意的是提交数据的类型必须与字段的属性一致，不然会出现错误。
- 前台页面样式表实现，为保障网页风格一致性，每个页面都调用同一样式表。
- 企业新闻列表页实现，它是一个常用分页功能的组合，这个分页功能通过函数实现。
- 内容页的实现，内容页通过对DIV+CSS布局页面的改写，直接嵌入ASP代码实现。
- 后台各页面的实现，包括登录、修改密码、信息管理、信息添加。

23.3　设计数据库表

一个设计合理的数据库，可以使程序的执行效率得到提高，并影响到页面最终显示效果。

通过分析，我们发现商业网站门户系统有两个基本表，管理员表和新闻信息表。特别是新闻信息表中新闻内容字段必须要足够大，才能存储大量信息。

启动Access，新建一个名为data.mdb的数据库，然后在数据库中创建两个数据表News和Admin。

表News由ID、ClassId、Topid、InfoName、KeyWord、Source、BigPic、ViewFlag、VoticeFlag、NoticeFlag、IndexFlag、Descriptions、Content、Hits、AddTime等字段组成，其属性和说明如表23.1所示。

表23.1　表News的属性和说明

字段名称	字段属性	说明
ID	自动编号	信息标号
ClassId	数字	信息类别
Topid	数字	类别主ID号
InfoName	文本	信息标题

续表

字段名称	字段属性	说明
KeyWord	文本	关键字
Source	文本	信息来源
BigPic	文本	首页图片
ViewFlag	数字	审核显示
VoticeFlag	数字	推荐显示
NoticeFlag	数字	置顶显示
IndexFlag	数字	首页显示
Descriptions	文本	简介内容
Content	备注	详细内容
Hits	数字	单击次数
AddTime	日期	添加时间

注意：由于新闻内容比较多，所以字段“content”要选择“备注”数据类型，其次，为了记录数据库插入的时间，“addtime”字段的默认值框中输入“now()”，它是 Access 默认的系统函数，用于获取当前的系统时间。

表 Admin 由 ID、AdminName、Password、AdminPurview、Working、LastLoginTime、LastLoginIP、 Explain、AddTime 等字段组成，详细字段说明如表 23.2 所示。

表 23.2　表 Admin 详细字段说明

字段名称	字段属性	说明
ID	自动编号	管理员 ID
AdminName	文本	用户名
Password	文本	管理员密码（MD5 加密）
AdminPurview	备注	管理员操作权限
Working	数字	账号状态
LastLoginTime	时间	最后一次登录时间
LastLoginIP	文本	最后一次登录 IP
Explain	文本	说明
AddTime	时间	管理员创建时间

注意：由于在登录过程中，名文密码容易在网络上被获取，所以在正式的商业环境下密码大多都是加密的，本实例使用 MD5（加密的一种不可逆算法），“LastLoginTime”、“LastLoginIP”也是为了系统安全而设置，每次管理员登录时记录管理员的登录的时间和登录 IP，如果在这个阶段管理员并没有登录或 IP 是一个非管理员本地 IP，就可以判定系统存在安全隐患，并制定相应的防范措施。

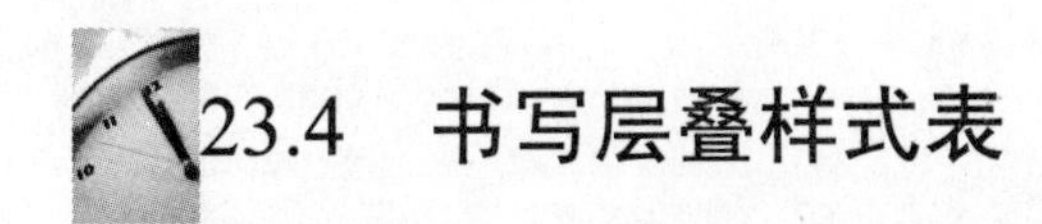

23.4 书写层叠样式表

为了保持整个网站的表现一致性，我们首先根据效果图编写出层叠样式表，代码如下：

```
@charset "utf-8";
/* 河南唐龙广告文化传播有限公司网站样式表 */
html, body, div, span,applet, object, iframe, h1, h2, h3, h4, h5, h6, p, blockquote, pre, a,
abbr, acronym, address, big, cite, code, del, dfn, em, img, ins, kbd, q, s, samp, small, strike,
strong, sub, sup, tt, var, dd, dl, dt, li, ol, ul, fieldset, form, label, legend, table, caption,
tbody, tfoot, thead, tr, th, td {margin:0;padding:0;}
img {border: 0;}
body{font:normal normal normal 12px/1.5em Simsun,Arial, "Arial Unicode MS", Mingliu,
Helvetica;text-align:center;height:100%;}
.portal_body{background-image: url(images/bg_tx.gif);    background-repeat: repeat;}
div {text-align:left;}
a{text-decoration: none;color: #FFFFFF;}
a:hover{text-decoration: underline;    color: #FFFFFF;}
a:active{outline:none;}
/* 网站首页 */
#index_html {height: 410px;  width:  980px;margin:  0px  auto  0px  auto;background-repeat:
repeat;}
html>body        #index_html        {background-repeat:        repeat;background-image:
url(images/index_bg.png);}
*  #index_html  {filter:  progid:DXImageTransform.Microsoft.AlphaImageLoader(enabled=true,
sizingMethod=scale, src="images/index_bg.png")}
#nov{height: 66px;width: 980px;margin: 90px auto 0px auto;}
#index_right{float: left;height: 360px;    width: 178px;margin: 0px auto 0px 0px;}
#index_right_img{height: 140px;    width: 119px;margin: 60px auto 0px 40px;}
#index_left_img{height: 140px;width: 119px; margin: 60px auto 0px 20px;}
#index_b{height: 44px;width: 103px;    margin:     5px     auto     0px     50px;position:
relative;/*position: relative;是解决该区域的链接和按钮无效*/}
#index_left_b{height: 44px;  width:   103px;margin:   5px   auto   0px   30px;position:
relative;/*position: relative;是解决该区域的链接和按钮无效*/}
#index_center{float: left;height: 360px;width: 624px;margin: 0px auto auto 0px;}
#index_left{float: right;height: 360px;    width: 178px;margin: 0px 0px0px auto;}
/* 公司简介 */
#about_bg{height: 472px;width: 980px;margin: 0px auto 0px auto;}
html>body        #about_bg        {background-repeat:        repeat;background-image:
url(../images/about_bg.png);}
*  #about_bg  {filter:  progid:DXImageTransform.Microsoft.AlphaImageLoader(enabled=true,
sizingMethod=scale, src="../images/about_bg.png")}
#about_logo{height: 65px;width: 980px;margin: 40px auto 0px auto;}
.about_body{background-image: url(images/bg_tx1.gif);    background-repeat: repeat;}
#about_nov{    height: 22px;width: auto;margin: 0px auto 0px auto; padding-top:
18px;padding-left: 20px;position: relative;/*position: relative;是解决该区域的链接和按钮无效*/}
#about_novul,#about_txtul{margin: 0px;padding: 0px;}
#about_novulli{padding-left: 20px;list-style-type: none; display: inline;}
#about{height: 350px;width: auto;margin: 0px auto 0px auto;}
#about_left{float: left;height: 270px;width: 180px; margin:   0px   auto   0px   0px;
 padding-top: 40px;}
#about_right{float:   right;height:   330px;width:   770px;margin:   0px   0px0px   auto;
 padding-top: 26px;}
```

```
#about_h{height: 30px;width: auto;margin: 0px auto 20px auto;}
#about_txt{    height: 280px;width: auto;margin: 0px auto 0px auto;padding: 0px 30px 0px 5px;font-family: Arial, Helvetica, sans-serif;
  font-size: 12px;color: #ACABAB; position: relative;/*position: relative;是解决该区域的链接和按钮无效*/}
#about_txt  p,#news_t  p{margin-top:   0em;margin-right:   0;margin-bottom:   1.2em;
  margin-left: 0;   line-height: 22px;}
/* 企业新闻 */
#about_txtli{font-family: Arial, Helvetica, sans-serif;list-style-type: none;}
#about_txtspan{color: #666666;    float: right;}
#about_txta{text-decoration: none;color: #ACABAB;}
#about_txt a:hover{ text-decoration: underline; color: #CCCCCC;}
h4{   font-family: Arial, Helvetica, sans-serif;font-weight: normal;   color:   #666666;
  text-align: right;padding-top: 5px;
  border-top: 1px dashed #666666;  font-size: 12px;margin-top: 10px;}
#news_long{    height: 140px;width: 980px; margin: 0px auto 0px auto;}
#news_nov{height: 30px; width:  980px;color:  #FFFFFF;margin:  0px  auto  0px  auto;
  padding-top: 10px; text-indent: 20px;}
html>body        #news_nov        {background-repeat:        repeat;background-image: url(../images/about_nov.png);}
*  #news_nov  {filter:  progid:DXImageTransform.Microsoft.AlphaImageLoader(enabled=true, sizingMethod=scale, src="../images/about_nov.png")}

#news_txt{height: auto;  width: 948px;margin: 0px auto 0px auto;   padding: 10px 15px 0px 15px;border: 1px solid #CCCCCC;  background-color: #FFFFFF;
  font-family: Arial, Helvetica, sans-serif;font-size: 12px;   color: #666666;}
h2{font-family:  Arial,  Helvetica,  sans-serif;font-size:  26px;text-align:  center;
  padding-top: 20px; padding-bottom: 10px;color: #333333;}
h5{   font-size: 12px;font-weight: normal;height: auto;width: 920px;   padding-top: 5px;padding-bottom: 20px;   border-bottom:   1px   solid   #CCCCCC;text-align:   center;
  margin-bottom: 15px;margin-right: auto;   margin-left: auto; color: #999999;}
#news_t{height: auto;width: 920px;margin: 0px auto 0px auto;padding-top: 10px;}
#news_da{height:  auto;width:  940px;margin:  0px  auto  0px  auto;padding-top:  6px;
  padding-bottom: 4px;border-top: 1px solid #CCCCCC;
  text-align: right; font-size: 12px;font-weight: bold;}
#news_daa{ text-decoration: none;  color: #666666;}
#news_da a:hover{text-decoration: underline;color: #666666;}
/* 业务范围 */
#tanglong{height: 260px;width: 730px;position: relative;/*position: relative;是解决该区域的链接和按钮无效*/
  margin: 0px 35px 0px auto;  padding: 0px;}
```

从样式表中可以看出整个商业门户网站分为 5 个区域的样式，分别是全站样式、首页样式、公司简介、企业新闻、业务范围。

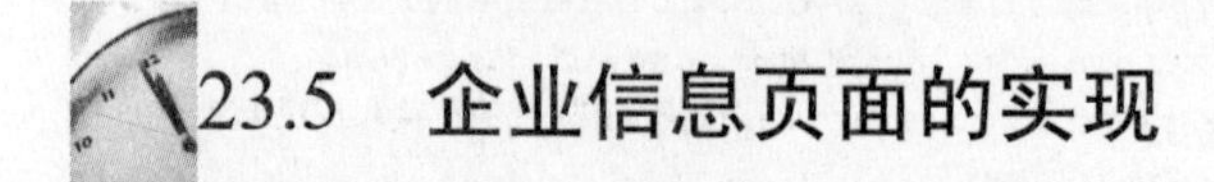

23.5 企业信息页面的实现

对于整个网站中的静态页面 DIV+CSS 布局实现，这里不再阐述，我们主要介绍企业信息列表页与内容页的实现过程，由于企业新闻和业绩展示比较相似，这里我们仅以企业新闻为例，具体介绍实现过程。

23.5.1　企业新闻列表页

首先我们打开 news 文件夹，这里有个文件名为 index.html 文件，它是企业新闻 DIV+CSS 布局之后的页面，我们把它重命名为 index.asp，这样如果 index.asp 中加入 ASP 语句后，IIS 就能按 ASP 语法去解释执行了。

用 Dreamweaver CS5 打开 index.asp，拆分界面如图 23.10 所示。

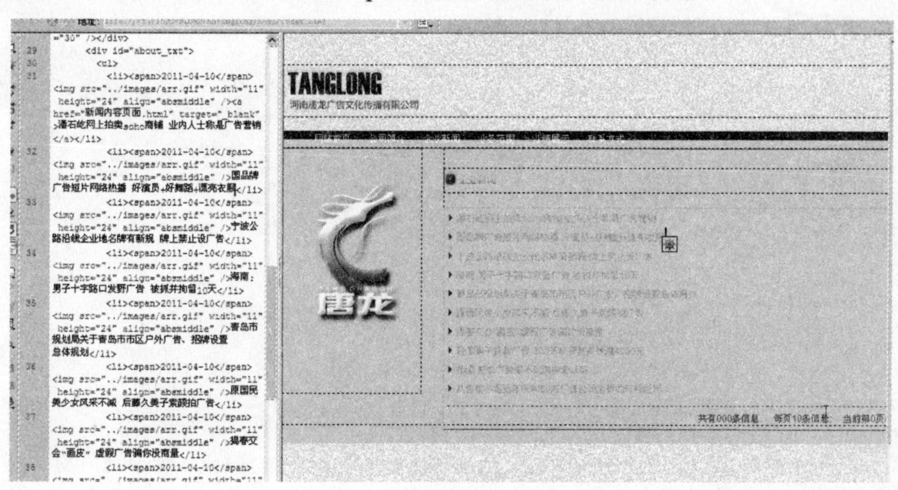

图 23.10

一个动态网页，首先最为必须的一个过程就是数据库连接，因为数据库连接的频繁使用，我们一般把它制作为单独文件，并命名为 conn.asp，为了引入数据库连接，我们在 index.asp 第一行中加入如下代码：

```
<!--#include file="../Inc/conn.asp"-->
```

通过分析我们知道，信息列表有个翻页过程，而这个过程也是我们在系统中多次用的过程，这里我们把分页过程处理专门定义成一个函数保存在页面 Function_Page.asp 中，具体函数过程这里不再做详细解释，大家可以在建站的过程中直接引用即可，引用代码如下：

```
<!--#include file="../Inc/Function_Page.asp"-->
```

同时我们知道信息列表的标题是循环对象，这样我们就可以只保留一个标题行对应的 li，通过对这个 li 的循环，产生多行数据，改写后代码如下：

```
<ul>
<%
page=request("page")        /* 定义翻页变量 */
session("pageno")=page
Set mypage=new xdownpage / **创建对象 **/
mypage.getconn=conn       / **建立数据连接 ***/
mysql="SELECT * from news"
mysql=mysql&" where 1=1 and classid=27"   / **信息检索语句 **/
if keyword<>"" then
mysql=mysql&" and infoname like '%"&keyword&"%'"
end if
```

```
    mypage.getsql=mysql
    mypage.pagesize=10        /** 设置每一个分页中记录行数为 10 **/
    setrs=mypage.getrs()
    fori=1 to mypage.pagesize
    if not rs.eof then
       %>
    <li><span><%=FormatDate(rs("addtime"),2)%></span><imgsrc="../images/arr.gif"   width="11"
height="24" align="absmiddle" />
      <a                                href="news_show.asp?id=<%=rs("id")%>"
target="_blank"><%=left(rs("infoname"),40)%></a>
    </li>
    <%
    rs.movenext
    else
    exit for
    end if
    next
    %>
    </ul>
    <h4>
    <%=mypage.showpage()%>   /** 引用分页函数 **/
    <%
     rs.close
     setrs=nothing
    %>
```

通过这样简单的改写，我们就能实现页面的动态化，通过浏览器打开，效果如图 23.11 所示。

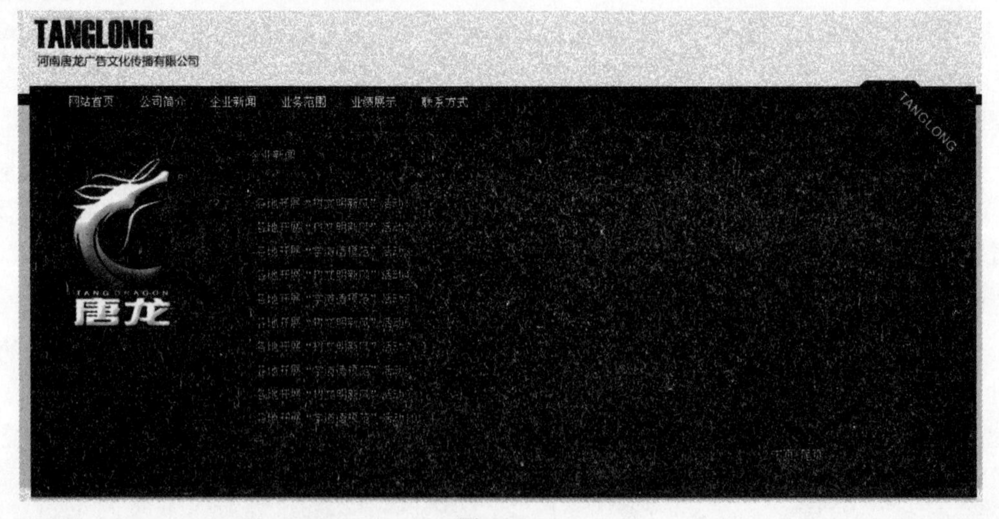

图 23.11

23.5.2　企业新闻内容页

首先在 news 文件下找到 news_show.html，把它改名为 news_show.asp，然后用 Dreamweaver CS5 打开，如图 23.12 所示。

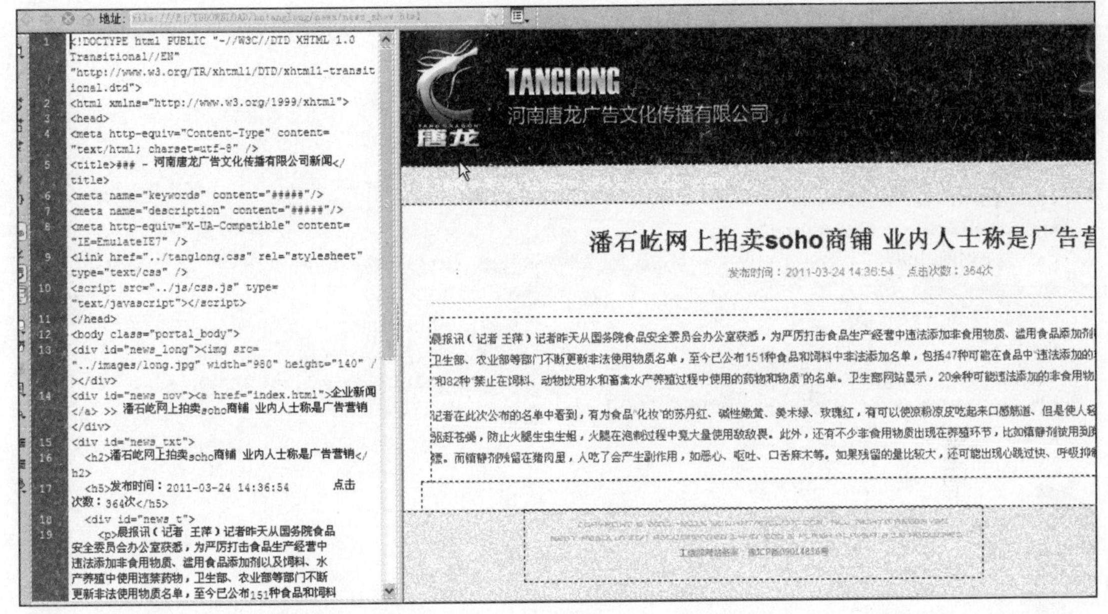

图 23.12

接着在首行增加连接数据库文件 conn.asp，通过分析我们知道，在信息列表中需要处理信息标题的显示和信息发布时间，单击次数和信息内容。而这几个字段都可以用一个语句实现。改写流程如下：

```
<%
dimNewID
NewID=request("id")获取连接传来的信息 ID
  set New_con_rs=conn.Execute("select id,addtime,infoname,content,hits from news where id="&NewID&"")        /***建立记录集进行根据 NewID 读取**/

ifNew_con_rs.eof then
      Call Alert ("文章 ID 错误","-1")      /**判定如果传过来的 NewID 无效则警告***/
else
 %>
……
信息内容
……
<%
conn.Execute("update news  set hits=hits+1 where id="&NewID&"")   /***页面点开后增加单击量***/
end if
New_con_rs.Close
 set New_con_rs=nothing   /***关闭记录集合数据连接**/
%>
```

通过代码我们看到，内容页主要有以下 3 个过程：

- 获取传来的信息 ID 并验证。
- ID 正确则继续读取该条信息。
- 更新单击量。

在信息内容获取上我们只需要把标题、日期、单击量、内容替换成相应记录字段即可，具体代码如下：

```
<div id="news_nov">
<a href="index.html">企业新闻</a>><%=New_con_rs(2)%>
</div>
<div id="news_txt">
<h2><%=New_con_rs(2)%></h2>
<h5>发布时间：<%=New_con_rs(0)%>  单击次数：<%=New_con_rs(4)%>次</h5>
<div id="news_t">
<%=New_con_rs(3)%>
</div>
<div  id="news_da"> 【 <a  href="javascript:window.print()"> 打 印 此 文 </a> 】【 <a href="Javascript:self.close()">关闭窗口</a>】</div>
</div>
```

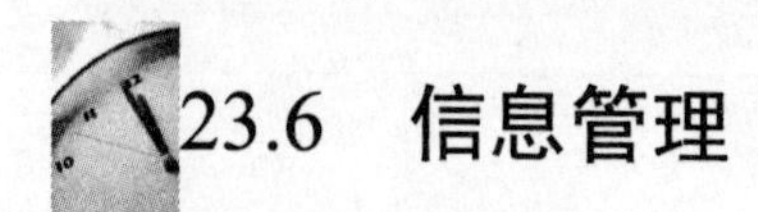

23.6 信息管理

前面我们讲解了前台页面是如果读取记录和进行记录分页的，这些记录不是自动就有的，而是要通过信息管理进行添加和维护，由于企业新闻和业绩展示信息类型是一致的，下面我们通过讲解企业新闻管理过程去阐述这个问题。

23.6.1 企业新闻添加修改的实现

使用 Dreamweaver CS5 打开 admin 文件下 admin_info.asp，拆分界面如图 23.13 所示。

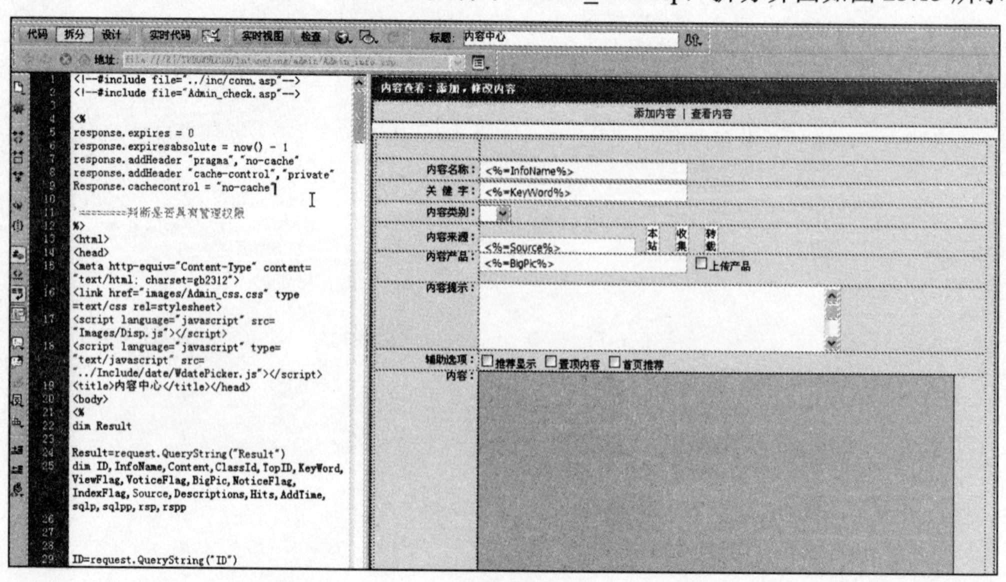

图 23.13

这里我们看到添加与修改共用一个 table 表格，而不是分为两个同样表格去分别处理添加删除，这样做的好处是使代码更精简，更好维护，仅仅通过参数去分析是进行添加操作还是进行编辑操作。

从设计好的表格上可以看到我们刚才在数据库设计过程中涉及的字段基本都要有一个表格相对应（除了时间是自动获取的）。通过代码我们看到这个过程是由 InfoEdit()的过程实现的。下面主要讲解这个过程的实现。

增加信息需要处理的只有一个问题，就是信息保存；而修改过程需要一个读取和修改信息保存动作。

首先我们需要设定两个参数，一个是 Action，用来表达前往操作的是保存还是修改，并约定当 Action 为 saveedit 时为信息保存过程，否则就是信息读取过程。另一个参数 result，用来表达信息是新增处理还是修改处理。整个过程如下描述：

```
If  Action ="saveedit"  then
   /***信息保存过程**/
If result="add"  then
/***处理新增保存***/
Elseif result="modify"  then
    /***信息修改保存过程***/
End if
Else
/***信息读取过程**/
End if
```

具体代码如下：

```
<%
subInfoEdit()
dimAction,rsRepeat,rs,sql
 Action=request.QueryString("Action")
 if Action="SaveEdit" then '保存编辑信息
setrs = server.createobject("adodb.recordset")
iflen(trim(request.Form("InfoName")))<1 then
response.write  ("<script  language=javascript>  alert(' 内 容 名 称 为 必 填 项 目 !
');history.back(-1);</script>")
response.end
end if
 iflen(trim(request.Form("ClassId")))<1 then
response.write  ("<script  language=javascript>  alert(' 内 容 类 别 为 必 填 项 目 !
');history.back(-1);</script>")
response.end
end if
 iflen(trim(request.Form("Descriptions")))<1 then
response.write  ("<script  language=javascript>  alert(' 内 容 提 示 为 必 填 项 目 !
');history.back(-1);</script>")
response.end
end if
 iflen(trim(request.Form("Content")))<1 then
response.write  ("<script  language=javascript>  alert(' 内 容 为 必 填 项 目 !
');history.back(-1);</script>")
response.end
end if
```

```
ClassId=trim(Request.Form("ClassId"))
  Set rs=server.CreateObject("adodb.recordset")
sql="Select id,TopID From news_Class where ID="&ClassId
rs.open sql,conn,1,1
if Not rs.bof and Not rs.eof then
TopID=rs("TopID")
end if
rs.close
ifTopid<>0 then
  Set rs=server.CreateObject("adodb.recordset")
sql="Select id From news_Class where id="&TopID
rs.open sql,conn,1,1
if Not rs.bof and Not rs.eof then
TopID=rs("ID")
end if
rs.close
end if

 if Result="Add" then '创建信息
sql="select * from news"
rs.open sql,conn,1,3
rs.addnew
 rs("ClassId")=trim(Request.Form("ClassId"))
 rs("TopID")=TopID
rs("InfoName")=trim(Request.Form("InfoName"))
 rs("KeyWord")=trim(Request.Form("KeyWord"))
 rs("Source")=trim(Request.Form("Source"))
 rs("BigPic")=trim(Request.Form("BigPic"))
 rs("ViewFlag")=1
 ifRequest.Form("VoticeFlag")=1 then
rs("VoticeFlag")=1
 else
rs("VoticeFlag")=0
 end if
 ifRequest.Form("NoticeFlag")=1 then
rs("NoticeFlag")=1
 else
rs("NoticeFlag")=0
 end if
 ifRequest.Form("Indexflag")=1 then
rs("Indexflag")=1
 else
rs("Indexflag")=0
 end if
 rs("Descriptions")=trim(Request.Form("Descriptions"))
 rs("Content")=trim(Request.Form("Content"))
rs("Hits")=trim(Request.Form("Hits"))
rs("AddTime")=trim(Request.Form("AddTime"))
 end if

 if Result="Modify" then '修改信息
sql="select * from news where ID="&ID
rs.open sql,conn,1,3
 rs("ClassId")=trim(Request.Form("ClassId"))
```

```
rs("TopID")=TopID
rs("InfoName")=trim(Request.Form("InfoName"))
rs("KeyWord")=trim(Request.Form("KeyWord"))
rs("Source")=trim(Request.Form("Source"))
rs("BigPic")=trim(Request.Form("BigPic"))
ifRequest.Form("VoticeFlag")=1 then
rs("VoticeFlag")=1
else
rs("VoticeFlag")=0
end if
ifRequest.Form("NoticeFlag")=1 then
rs("NoticeFlag")=1
else
rs("NoticeFlag")=0
end if
ifRequest.Form("Indexflag")=1 then
rs("Indexflag")=1
else
rs("Indexflag")=0
end if
rs("Descriptions")=trim(Request.Form("Descriptions"))
rs("Content")=trim(Request.Form("Content"))
rs("Hits")=trim(Request.Form("Hits"))
rs("AddTime")=trim(Request.Form("AddTime"))
end if
rs.update
rs.close
setrs=nothing
response.write "<script language=javascript> alert('成功编辑内容！');location.replace('Admin_infoli.asp');</script>"

else '提取信息
if Result="Modify" then
setrs = server.createobject("adodb.recordset")
sql="select * from news where ID="& ID
rs.open sql,conn,1,1
ifrs.bof and rs.eof then
response.write ("数据库读取记录出错！")
response.end
end if
ClassId=rs("ClassId")
InfoName=rs("InfoName")
KeyWord=rs("KeyWord")
ViewFlag=rs("ViewFlag")
Source=rs("Source")
NoticeFlag=rs("NoticeFlag")
BigPic=rs("BigPic")
VoticeFlag=rs("VoticeFlag")
Indexflag=rs("Indexflag")
Descriptions=rs("Descriptions")
Content=rs("Content")
Hits=rs("Hits")
AddTime=rs("AddTime")
rs.close
```

```
setrs=nothing
end if
end if
end sub
%>
```

23.6.2 企业新闻管理

在 23.6.1 节中我们实现信息的添加和修改，如果是添加我们知道，只需去增加一个按钮做过链接 Admin_info.asp?Result=Add&classid=27，这样 admin_info.asp 页面就知道这个过程是添加过程了，但是修改该如何实现呢。这里通过一个信息列表页去辅助，这个列表页用来列出所有系统信息行，如果需要修改条信息，只要单击对应修改按钮即可。

列表过程与企业新闻列表实现过程相似，这里不再阐述。

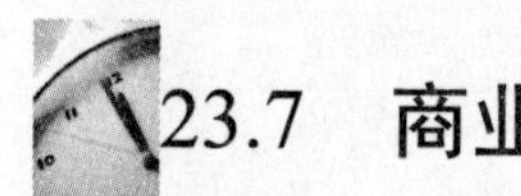

23.7 商业门户其他功能的实现

通过对商业门户网站页面实现步骤我们知道，在一个系统中，后台应该有一个登录验证过程和登录人员密码修改过程。但修改密码过程比较简单，这里不再赘述。

在登录过程中，首页需要一个页面进行处理登录用户信息的输入（admin_login.asp），接着用一个页面处理登录用户的判断（Admin_Cklogin.asp），用 Dreamweaver CS5 打开 admin_login.asp，拆分界面如图 23.14 所示。

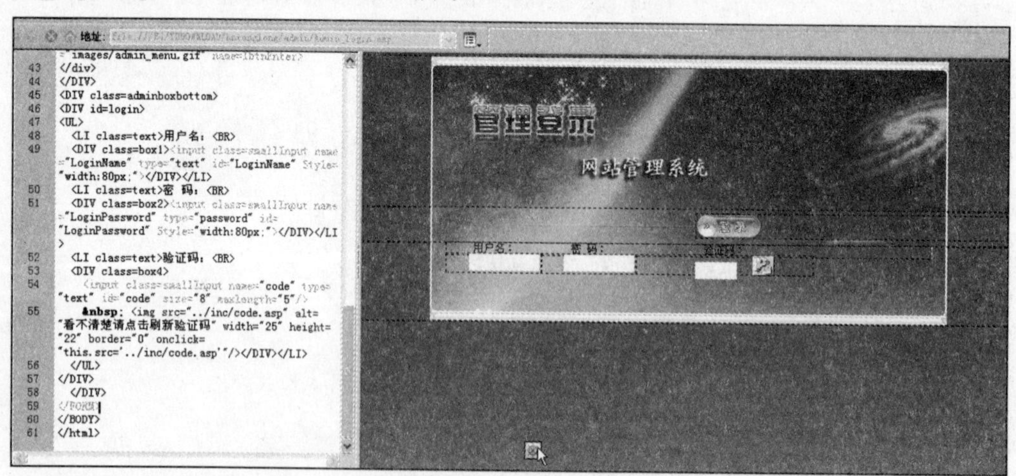

图 23.14

从上述页面框架中我们看到登录有三项内容，用户名、密码和验证码，对于用户名、密码我们比较容易理解，验证码是干什么用的呢，这个也是一项安全手段，通过随机生成的数字进行判定，防止一些黑客通过暴力破解密码进行攻击网站。

在代码中我们看到输入信息页被提交给 Admin_Cklogin.asp 进行验证，代码如下：

```
<%
```

```
dim
LoginName,LoginPassword,AdminName,Password,AdminPurview,Working,UserName,rs,sql,mycode
LoginName=trim(request.form("LoginName"))
LoginPassword=Md5(request.form("LoginPassword"))
mycode = trim(request.form("code"))
setrs = server.createobject("adodb.recordset")
sql="select * from admin where AdminName='"&LoginName&"'"
rs.open sql,conn,1,3
ifrs.eof then
response.write "<script language=javascript> alert('管理员名称不正确，请重新输入。');location.replace('Admin_Login.asp');</script>"
response.end
else
AdminName=rs("AdminName")
  Password=rs("Password")
AdminPurview=rs("AdminPurview")
  Working=rs("Working")
UserName=rs("UserName")
end if
ifLoginPassword<>Password then
response.write "<script language=javascript> alert('管理员密码不正确，请重新输入。');location.replace('Admin_Login.asp');</script>"
response.end
end if
ifmycode<>Session("getcode") then
response.write "<script language=javascript> alert('您输入的验证码错误，请返回重新登录！');location.replace('Admin_Login.asp');</script>"
response.end
end if
if Working=0 then
response.write "<script language=javascript> alert('不能登录，此管理员账号已被锁定。');location.replace('Admin_Login.asp');</script>"
response.end
end if
ifLoginName=AdminName and LoginPassword=Password then
rs("LastLoginTime")=now()
rs("LastLoginIP")=Request.ServerVariables("Remote_Addr")
rs.update
rs.close
setrs=nothing
  session("buluofan_Admin")=AdminName  /**建立登录 session***/
session("buluofan_User")=UserName
session("AdminPurview")=AdminPurview
response.cookies("buluofan")("buluofanAdmin")=AdminName  /**建立登录 Cookies***/

response.cookies("buluofan")("buluofanUser")=UserName
response.cookies("buluofan")("AdminPurview")=AdminPurview
Response.Cookies("buluofan")("Check")="buluofanSystem"
Response.Cookies("buluofan").Expires=DateAdd("n",120,now())  /**设置 Cookie 有效期**/
Session.Timeout = 120  /**设置 session 有效期***/
response.redirect "admin_index.asp"  /**成功后返回后台首页***/
response.end
end if
%>
```

23.8　本章小结

本章主要介绍唐龙广告公司网站建设情况，分为 7 部分内容：页面构成和实现效果、设计思路和实现步骤、数据库的设计、层叠样式表的书写、前台页面的实现、后台信息的管理、后台登录的实现。需要重点掌握设计思路和实现步骤、数据库的设计、新闻列表页实现、新闻管理。

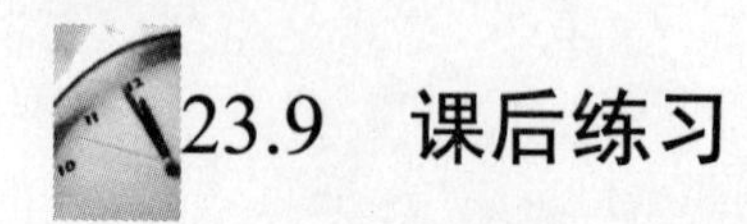

23.9　课后练习

1．企业门户网站主要包括哪些功能模块？

2．企业网站设计一般思路是什么？

3．企业网站实现主要步骤有哪些？

第 24 小时　行政企业类网站实战

对个人网站制作者来说，文章发布系统更让使用者喜欢，在利用网站创收方式上也比较简单，建站技术也比较成熟。本章通过实例讲解文章发布系统开发的主要工作点，让大家了解这类网站建设的核心。

24.1　页面构成和实现效果

软件设计思想核心是把具体功能模块化，然后通过一定的关系将其组合起来，形成一个系统。而行政企业类网站的主旨是把文章按栏目进行分类编排呈现给访客，栏目内容虽然不一样，但显示方式和界面可以是一致的，如出一辙。

首先从行政企业类网站的基本构成及其实现效果讲起。

24.1.1　页面构成

行政企业类网站也是由前台页面和后台管理两部分，其构成图如图 24.1 所示。

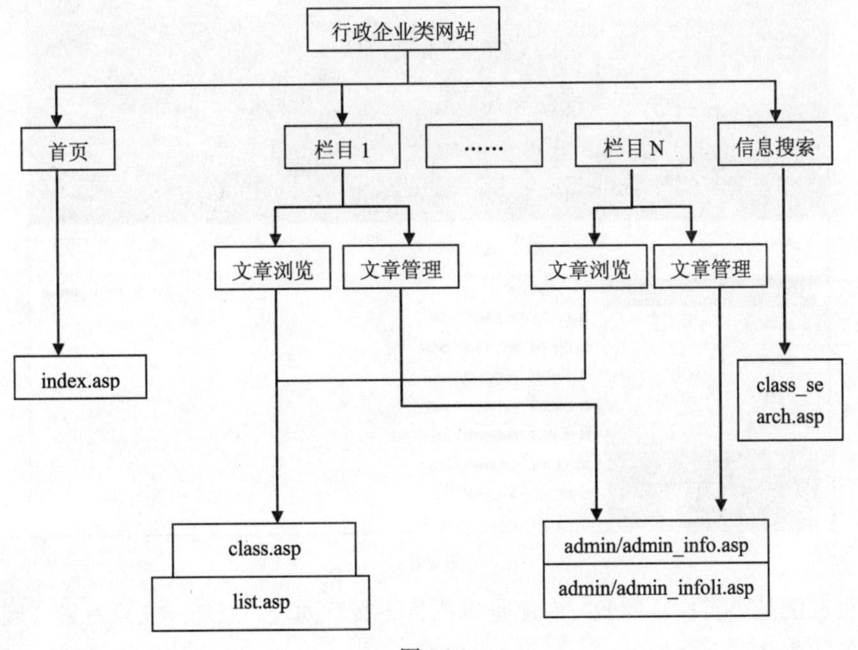

图 24.1

我们通过构成图可以看到，不管栏目名称是什么，我们都可以使用一个列表页和内容页进行表达，在后台管理中我们使用业内容添加页和内容维护页进行管理。

24.1.2 实现效果

行政企业类网站首页（index.asp）主要用来展示重点栏目内容和各栏目页导航，实现效果如图 24.2 所示。

图 24.2

单击任一栏目列表，如图 24.3 所示。

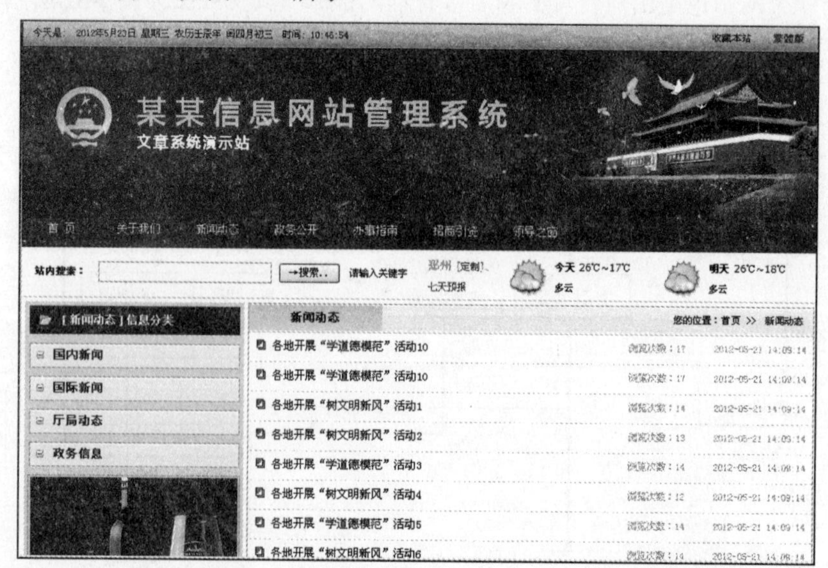

图 24.3

列表页左侧是小类栏目导航，右侧是本栏目下文章列表。点任一文章标题，展开文章内容页，效果如图 24.4 所示。

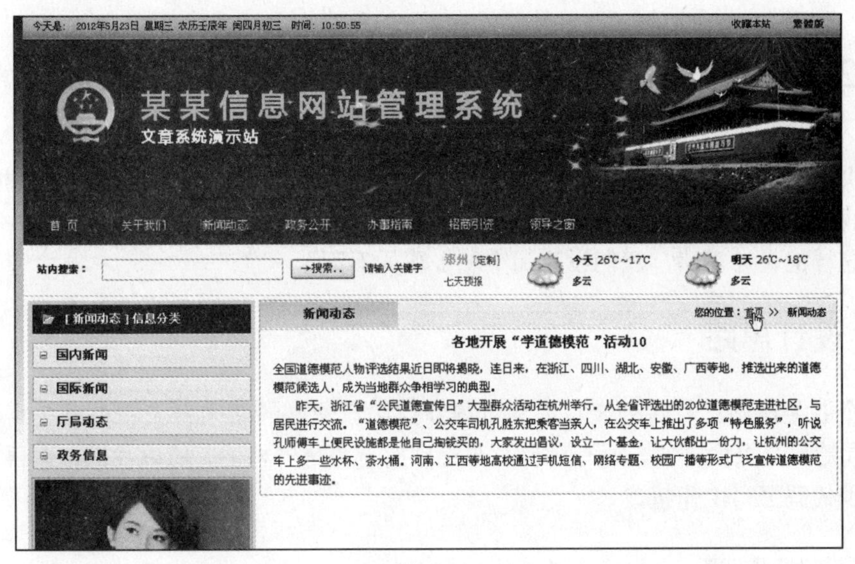

图 24.4

内容页是展示信息具体内容的地方。

在行政企业类网站后台中可以实现分类管理、内容管理和信息发布管理，如图 24.5 所示。

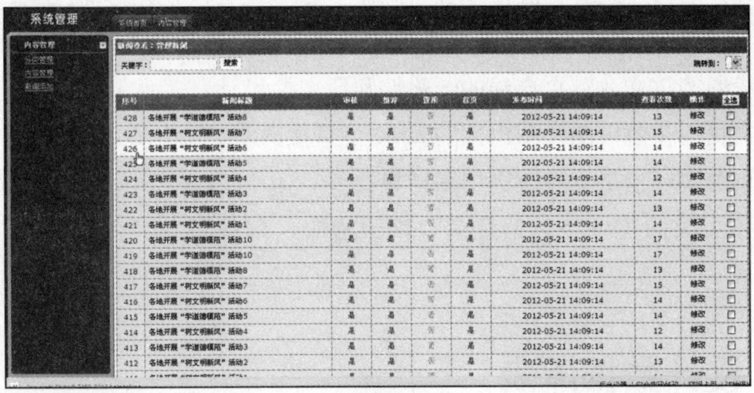

图 24.5

同样，本系统也需要考虑后台登陆和管理账号安全等问题，如图 24.6 所示。

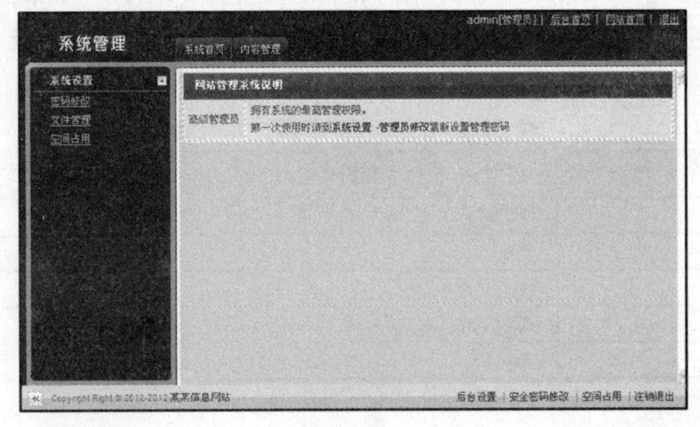

图 24.6

24.2 设计思路和实现步骤

通过页面实现效果图，我们可以看到，行政企业类网站与商业门户网站有很多相似之处，这意味着我们可以在相似的地方进行代码重用。

根据这样的设计思路，我们设计和实现步骤如下：

24.2.1 设计思路

行政企业类网站在栏目列表页内容页与商业门户网站的新闻列表和内容在实现上是一致的，不同的只是页面样式，还有后台发布管理信息也是一样的，所以我们可以再重用上下工夫，减少代码书写工作量。

24.2.2 实现步骤

行政企业类网站的制作主要包括前台页面设计、文章信息数据库设计、后台文章的分类管理和信息管理，后台登录和修改管理员密码。主要实现有以下几方面：

- 在第 23 章数据设计基础上，本章增加一个新表：信息分类表。
- 前台我们侧重文章首页布局的一般性和通用性设计。
- 列表页我们在效果图切图出来的 table 上直接改进。
- 内容页的实现也是直接改进切图结果。
- 后台各页面的实现，包括登录、修改密码、信息管理、信息添加，新增分类管理功能。

24.3 设计数据库表

启动 Access，打开 data.mdb 的数据库，然后在数据库中创建一个数据表 news_class。

表 news_class 由 ID、ClassName、Topid、Num、Readme 等字段组成，其属性和说明如表 24.1 所示。

表 24.1 news_class 属性和说明

字段名称	字段属性	说明
ID	自动编号	分类标号
ClassName	文本	分类名称
Topid	数字	类别主 ID 号
Num	数字	排序号
Readme	文本	说明

24.4　书写层叠样式表

为了保持整个网站的表现一致性，首先根据效果图编写出层叠样式表，代码如下：

```
html, body, div, span,applet, object, iframe, h1, h2, h3, h4, h5, h6, p, blockquote, pre, a, abbr, acronym, address, big, cite, code, del, dfn, em, img, ins, kbd, q, s, samp, small, strike, strong, sub, sup, tt, var, dd, dl, dt, li, ol, ul, fieldset, form, label, legend, table, caption, tbody, tfoot, thead, tr, th, td {margin:0;padding:0;}
p,ul,ol,dl,dd,h1,h2,h3,h4,h5,h6,ul,li,img,blockquote,form { margin:0; padding:0; border:0; list-style:none;}
td {
 font-family: "宋体";
 color: #000000;
 font-size: 12px;
 font-weight: normal;
}
body {
 margin-left: 0px;
 margin-top: 0px;
 margin-right: 0px;
 margin-bottom: 0px;
 background-image: url(../images/nz60.jpg);
 background-attachment: fixed;
 background-color: #FFFFFF;
 background-repeat: repeat-x;
 background-position: center top;

}

a:visited {
 color: #000000;
 text-decoration: none;

}
a:hover {
 text-decoration: underline;
 color: #FF0000;

}
a:link {
 text-decoration: none;
 color: #000000;

}

.time {
 font-family: Arial;
 font-size: 11px;
 color: #333333;
}

.white {
```

```
  color: #FFFFFF;
  font-size: 12px;
  font-family: "宋体";
  }

.white14 {
  color: #FFFFFF;
  font-size: 14px;
  font-family: "宋体";
}
.book {
  color: #009900;
}
.bg_q {
  border: 1px solid #E88346;
}
.bg_qc {
  border: 1px solid #999999;
}

/* 这里是 LEFT 链接 */
}a.left:visited {
  color: #FFFFFF;
  text-decoration: none;
  font-size: 14px;
  font-weight: bold;
  font-family: Georgia, "Times New Roman", Times, serif;
}
a.left:hover {
  color: #FFFF00;
  font-size: 14px;
  font-weight: bold;
  font-family: Georgia, "Times New Roman", Times, serif;
}
a.left:active {
  color: #FFFF00;
  font-size: 14px;
  font-weight: bold;
  font-family: Georgia, "Times New Roman", Times, serif;

}
a.left:link {
  text-decoration: none;
  color: #FFFFFF;
  font-size: 14px;
  font-weight: bold;
  font-family: Georgia, "Times New Roman", Times, serif;

  /* 这里是 LEFT 链接 */
}a.left2:visited {
  color: #FFFFFF;
  text-decoration: none;
  font-size: 12px;
  font-family: Georgia, "Times New Roman", Times, serif;
```

```
}
a.left2:hover {
 color: #FFFF00;
 font-size: 12px;
 font-family: Georgia, "Times New Roman", Times, serif;
}
a.left2:active {
 color: #FFFF00;
 font-size: 12px;
 font-family: Georgia, "Times New Roman", Times, serif;

}
a.left2:link {
 text-decoration: none;
 color: #FFFFFF;
 font-size: 12px;
 font-family: Georgia, "Times New Roman", Times, serif;
}
.menu1 {
 background-image:url(../images/newstd.gif);

}
.menu2 {
 background-image:url(../images/top02.gif);
 font-color: #FFFFFF;
}
```

从样式表中可以看出，使用 table 时所设计样式比较少，相对 DIV+CSS 来说，要简单一些。

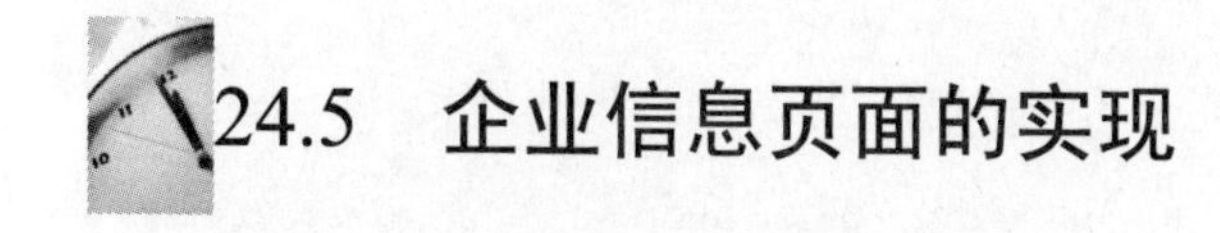

24.5　企业信息页面的实现

从效果图分析我们可以知道，整个网站前台信息页面可以用 3 个页面去展现，首页、列表页、内容页，下面对这 3 个页面进行逐一介绍。

24.5.1　首页的实现

通过对效果图的分析，我们发现这 3 个页面中也存在同样重复的信息，页面的头部、页面的导航、页面的搜索和页脚，通过重用的观点我们把这 4 部分抽出来进行实现，对应页面为 top.asp,nav.asp,search.asp,foot.asp。

用 Dreamweaver CS5 打开 index.asp，拆分实时试图如图 24.7 所示。

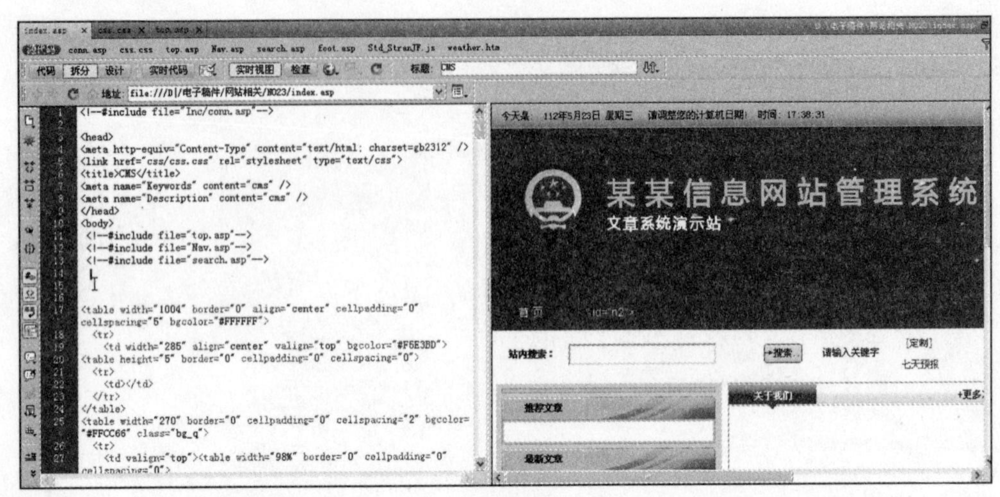

图 24.7

在代码中我们看到，第一行一如既往地放置<!--#include file="Inc/conn.asp"-->进行数据链接，代码如下：

```
<!--#include file="Inc/conn.asp"-->
<head>
<meta http-equiv="Content-Type" content="text/html; charset=gb2312" />
<link href="css/css.css" rel="stylesheet" type="text/css">
<title>CMS</title>
<meta name="Keywords" content="cms" />
<meta name="Description" content="cms" />
</head>
<body>
<!--#include file="top.asp"-->
<!--#include file="Nav.asp"-->
<!--#include file="search.asp"-->
<table   width="1004"   border="0"   align="center"   cellpadding="0"   cellspacing="5"
bgcolor="#FFFFFF">
…….
</table>
<!--#include file="foot.asp"-->
</body>
</html>
```

通过使用 include 对可重用部分进行嵌入。在 index.asp 中我们点选切换器上的 top.asp 去查看 top.asp 代码，在 top.asp 中包含两个主要信息，时间显示和 flash banner 显示，这两个功能都是通用的实现，不再详述。

切换到 Nav.asp，这个就是整站主导航的实现，我们对照具体效果进行讲解，如图 24.8 所示。

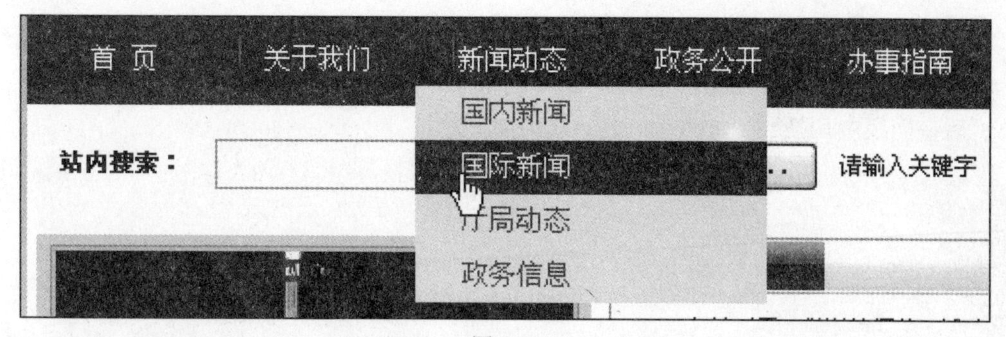

图 24.8

```
<ul id="nav" style="z-index:1">
<li><a href="/">首页</a>
<ul>
<li><a href="/">欢迎访问本站</a></li>
</ul>
</li>
<%
set rs1=server.createobject("ADODB.Recordset")
sql1="select * from news_class where  topid=0  order by numasc"
rs1.open sql1,conn,1,3
If Not rs1.Eof Then
do while not (rs1.eof or err)
%>
<li><a href="/class.asp?ID=<%=rs1("id")%>" id="n2"><%=rs1("classname")%></a>
<ul>
<%
set rs2=server.createobject("ADODB.Recordset")
sql2="select * from news_class where  topid="&rs1("id")&"  order by numasc"
rs2.open sql2,conn,1,3
If Not rs2.Eof Then
do while not (rs2.eof or err)
%>
<li><a          href="/class.asp?id=<%=rs2("id")%>"                    style="width:auto"
><%=rs2("classname")%></a></li>
<%
  rs2.movenext
loop
end if
 rs2.close
set rs2=nothing
 %>
</ul>
</li>

<%
  rs1.movenext
loop
end if
 rs1.close
set rs1=nothing
 %>
</ul>
```

在这里我们定义了两个数据集 rs1 和 rs2，分别用于获取主类和小类，形成一个嵌套循环，然后通过样式表进行规范，达到图 24.8 的效果。

然后在面板中切换到 search.asp 上，代码如下：

```
<table width="1004" height="40"  border="0" align="center" cellpadding="0" cellspacing="5"
bgcolor="#FFFFFF" class="dx">
  <tr>
  <td width="51%"><table width="98%" border="0" cellspacing="0" cellpadding="0">
  <form name="form1" method="post" action="class_search.asp" target="_blank" onSubmit="return
Validator.Validate(this,2)" >
  <tr>
  <td width="89" align="center"><strong>站内搜索：</strong></td>
  <td  width="218"><input  style="height:25px"   name="keyword"  type="text"   id="keyword"
size="30"       onMouseOver      ="this.style.backgroundColor='#FFFFCC'"       onMouseOut
="this.style.backgroundColor='#FFFFFF'" datatype="Require"  msg="关键字不能为空！"></td>
  <td width="83" align="center"><input style="height:25px" type="submit" name="Submit" value="
→搜索.."></td>
  <td width="80"> 请输入关键字</td>
  </tr>
  </form>
  </table></td>
  <td  width="49%"  align="center"><iframesrc="http://m.weather.com.cn/m/pn11/weather.htm  "
width="490" height="50" marginwidth="0" marginheight="0" hspace="0" vspace="0" frameborder="0"
scrolling="no"></iframe></td>
  </tr>
  </table>
```

上述代码分为两部分，一部分用来进行搜索提交，另一部分用做天气显示。

切换到 foot.asp 中，我们看到这里也是一段静态代码，用来显示一些友情链接和版权。

接下来是 index.asp 主体部分的实现，在浏览器中打开网站，主体效果如图 24.9 所示。

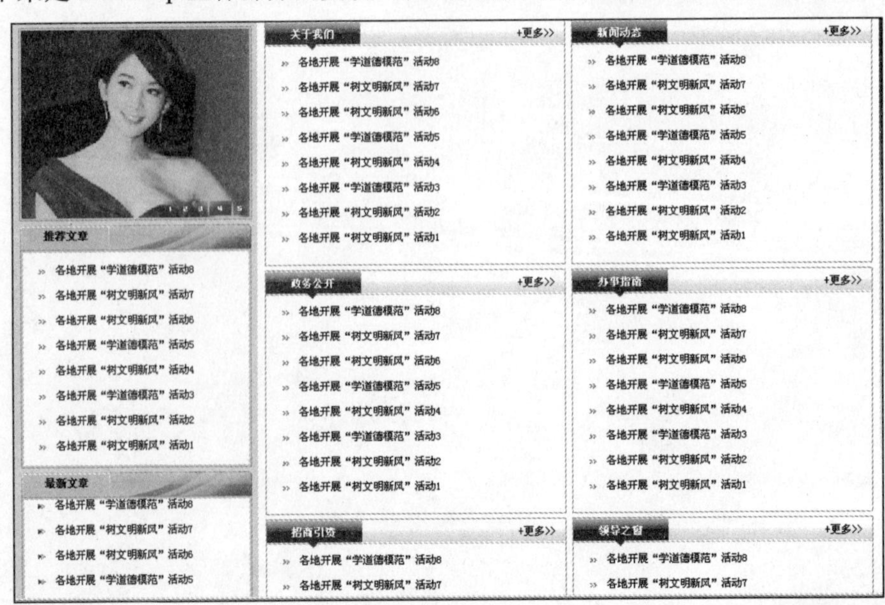

图 24.9

主体部分可以看做两个模块的实现，一个是幻灯的实现，另一个是文章列表的实现。幻灯实现代码如下：

```
<script type="text/javascript">
                varswf_width=266;
                varswf_height=210;
                varconfig='5|0xffffff|0x009900|80|0xffffff|0xff0000|0x009900';
                //-- config 参数设置 -- 自动播放时间(秒)|文字颜色|文字背景色|文字背景透明度|按键数字颜色|当前按键颜色|普通按键色彩 --
                var files='',links='', texts='';<%
set rs1=server.createobject("ADODB.Recordset")
sql1="select Top  5ID,infoname,bigpic from news where   bigpic<>''  order by ID desc"
rs1.open sql1,conn,1,3
If Not rs1.Eof Then
do while not (rs1.eof or err)
%>

 files+='|<%=rs1("bigpic")%>';links+='|"List.asp?ID="<%=rs1("ID")%>""';texts+='|<%=LoseHtml(rs1("infoname"))%>';
<%
 rs1.movenext
loop
end if
 rs1.close
set rs1=nothing
 %>

 files=files.substring(1);links=links.substring(1);texts=texts.substring(1);
                document.write('<object
classid="clsid:d27cdb6e-ae6d-11cf-96b8-444553540000"
codebase="http://fpdownload.macromedia.com/pub/shockwave/cabs/flash/swflash.cab#version=6,0,0,0" width="'+ swf_width +'" height="'+ swf_height +'">');
                document.write('<param name="movie" value="<%=SitePath%>images/swfnews.swf" />');
                document.write('<param name="quality" value="high" />');
                document.write('<param name="menu" value="false" />');
                document.write('<param name=wmode value="opaque" />');
                document.write('<param                                  name="FlashVars" value="config='+config+'&bcastr_flie='+files+'&bcastr_link='+links+'&bcastr_title='+texts+'" />');
                document.write('<embed src="<%=SitePath%>images/swfnews.swf" wmode="opaque" FlashVars="config='+config+'&bcastr_flie='+files+'&bcastr_link='+links+'&bcastr_title='+texts+'&  menu="false"  quality="high"  width="'+  swf_width  +'"  height="'+  swf_height  +'" type="application/x-shockwave-flash"
pluginspage="http://www.macromedia.com/go/getflashplayer" />');
                document.write('</object>');
                </script>
```

这与普通幻灯实现一样，不过是把一些需要的数据如标题、幻灯图片、链接地址在Script中用嵌套读取数据库把数据源从中读出来。

文章标题列表类型在首页中有8处应用，根据模块化结构编程的主要思想，我们把这个过程封装为ShowArticle过程，在使用时只需使用下面的代码调用即可：

```
<%Call              ShowArticle(31,8,0,"<imgsrc='images/nes_19.gif'              width='8'
height='5'>  ",20,"voticeflag=1","addtime desc,ID desc",0,1)%>
```

ShowArticle 的具体代码如下：

```
'文章调用
'ClassID:数值型，栏目 ID
'N:数值型,要显示文章条数
'T:数值型,显示时间,0 为不显示,否则为时间格式
'ICO:字符型,标题前图标,可以是图片也可为字符
'Z:标题字数
'msql:增强条件
'P:排序方式
'ClassName 数值型,1 为显示栏目名称,0 为不显示
'target 数值型,1 为在新窗口打开
Sub ShowArticle(ClassID,N,T,ICO,Z,msql,P,ClassName,target)
 set rs1=server.createobject("ADODB.Recordset")
 SQL1="select Top "&N&" ID,infoname,ClassID,addtime,hits from news where viewflag = 1"
 If ClassID<>0 then
      If Yao_MyID(ClassID)="0" then
           SQL1=SQL1&" and (ClassID="&ClassID&" "
      else
           MyID = Replace(""&Yao_MyID(ClassID)&"","|",",")
           SQL1=SQL1&" and ClassID in ("&MyID&")"
      End if
 End if
 If msql<>"no" then
           SQL1=SQL1&" and "&msql&""
 End if
 SQL1=SQL1&" Order by "&P&""
 rs1.open sql1,conn,1,3
 If Not rs1.Eof Then
 do while not (rs1.eof or err)
 Response.Write("<li style=""line-height:100px;"">")
 If T<>0 then
      Response.Write("<span style=""float:right;"">"&FormatDate(rs1(3),T)&"</span>")
 end if
 ifClassName<>0 then
 Response.Write("[<a
href="""&SitePath&"Class.asp?ID="&rs1(2)&""">"&Classlist(rs1(2))&"</a>]")
 end if
 Response.Write(""&ICO&"<a href=""")
 Response.Write("List.asp?ID="&rs1(0)&"""")
 Response.Write(" target=""_blank""")
 Response.Write(" >")
 Response.Write(""&left(rs1(1),Z)&"</a>")
 Response.Write("</li>") &VbCrLf
 Response.Write("<li style=""line-height:5px;""></li>") &VbCrLf
 rs1.movenext
 loop
 else
 Response.Write("<li>没有</li>")
 end if
 rs1.close
 set rs1=nothing
End Sub
```

至此，首页实现完成。

顶部是当前时间，它是由一段 Script 脚本实现，下方是 Flash 的 Banner。这两个实现方式都是固定格式，不再详述。

24.5.2　列表内容页实现

在 Dreamweaver CS5 中打开列表页 class.asp，拆分界面如图 24.10 所示。

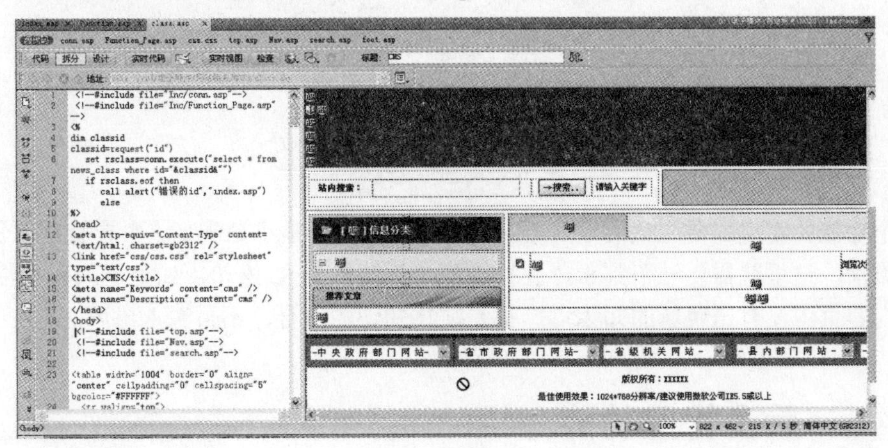

图 24.10

顶部和页脚我们已经实现，这里主要看看主题部分实现需要哪些知识点。

主题部分是左右结构，右边是信息列表，它的实现过程是第 23 章文章列表的复用，没有新的知识。左侧是本类信息导航和本类推荐文章、本类信息幻灯，本类推荐文章和本类信息幻灯显然可用首页的实现过程，只需在修改 SQL 语句和 call 过程中的参数即可。本类信息导航实现代码如下：

```
    <table width="100%" border="0" cellpadding="0" cellspacing="0">
    <%
          if rsclass("topid")=0  then '是顶级分类
     sql="select * from news_class where topid="&classid&""
     else
     sql="select * from news_class where topid="&rsclass("topid")&""'是子分类
     end if
     set rs1=server.CreateObject("ADODB.Recordset")
     rs1.open sql,conn,1,3
    If Not rs1.Eof Then
    do while not (rs1.eof or err)
          %>
    <tr>
    <td align=center>
    <table  width="96%"  height="30"  border="0"  cellpadding="5"  background="images/lbg.jpg"
bgcolor="#FDF3DA" class="bg_q" >
    <tr>
    <td  align="left"> <imgsrc="images/news_14.gif"  alt=" 图 标 "  width="9"  height="9"
border="0">  <a          href="class.asp?id=<%=rs1("id")%>"          class="p14"
><%=rs1("classname")%></a></td>
    </tr>
```

```
</table>
<table height="10" border="0" cellpadding="0" cellspacing="0">
<tr>
<td></td>
</tr>
</table>
</td>
</tr>
<%
      rs1.movenext
      loop
      end if
      rs1.close
      set rs1=nothing
      %>
</table>
```

这个功能的实现需要注意的是，无论我们点大分类还是小分类，该小导航都要保持是大分类的类别，这里就需要一个判断，去构造两个不同的 SQL 语句，如上述代码标注部分。

在内容页中没有出现新的知识点，都是前述知识的结合，不再深入讲解。

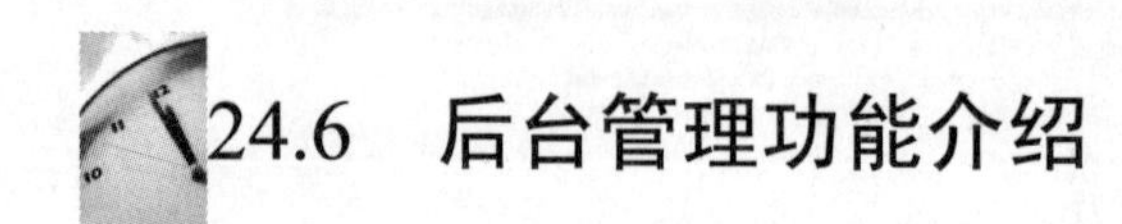

24.6 后台管理功能介绍

通过分析，我们可以发现在第 23 章中我们实现的后台功能，如登录、密码修改、信息添加、信息维护，在这里依然可用，唯一需要重新实现的是信息分类的添加维护，下面进行详细讲解。

与信息维护一样，信息的分类需要 4 个过程，分别是添加、列表、修改、删除，使用 Dreamweaver CS5 打开 admin 文件下 Admin_info_Class.asp，拆分界面如图 24.11 所示。

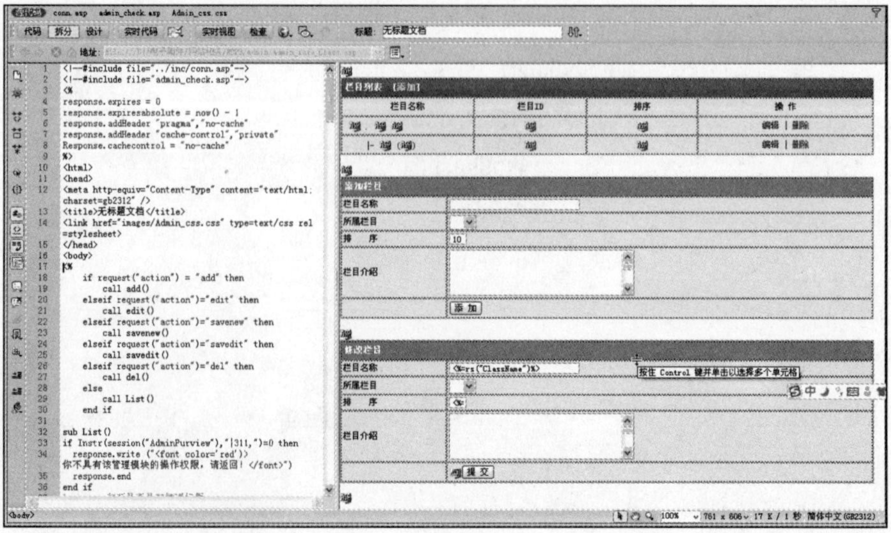

conn.asp　admin_check.asp　Admin_css.css
代码　拆分　设计　实时代码　实时视图　检查　标题：无标题文档
地址：

```
1  <!--#include file="../inc/conn.asp"-->
2  <!--#include file="admin_check.asp"-->
3  <%
4  response.expires = 0
5  response.expiresabsolute = now() - 1
6  response.addHeader "pragma","no-cache"
7  response.addHeader "cache-control","private"
8  Response.cachecontrol = "no-cache"
9  %>
10 <html>
11 <head>
12 <meta http-equiv="Content-Type" content="text/html;
   charset=gb2312" />
13 <title>无标题文档</title>
14 <link href="images/Admin_css.css" type=text/css rel
   =stylesheet>
15 </head>
16 <body>
17 <%
18     if request("action") = "add" then
19         call add()
20     elseif request("action")="edit" then
21         call edit()
22     elseif request("action")="savenew" then
23         call savenew()
24     elseif request("action")="savedit" then
25         call savedit()
26     elseif request("action")="del" then
27         call del()
28     else
29         call List()
30     end if
31
32 sub List()
33 if Instr(session("AdminPurview"),"|311,")=0 then
34   response.write ("<font color='red'>
   你不具有该管理模块的操作权限，请返回！</font>")
35   response.end
36 end if
```

栏目名称	栏目ID	排序	操 作
			编辑 | 删除
├			编辑 | 删除

栏目列表 [添加]
添加栏目：栏目名称　所属栏目　排　序 10　栏目介绍　添 加
修改栏目：栏目名称 <%=rs("ClassName")%>　所属栏目　排　序　栏目介绍　提 交
按住 Control 键并单击以选择多个单元格
<body>　100%　761 x 606　17 K / 1 秒　简体中文(GB2312)

图 24.11

在这里，我们用一个页面实现添加、列表、修改、删除，自然需要一个判断过程，代码如下：

```
if request("action") = "add" then '如果是新增，转到添加视图
     call add()
elseif request("action")="edit" then'如果是编辑，转到编辑视图
     call edit()
elseif request("action")="savenew" then'如果是新增保存，转到新增保存过程
     callsavenew()
elseif request("action")="savedit" then'如果是编辑保存，转到编辑保存过程
     callsavedit()
elseif request("action")="del" then'如果是删除，转到删除过程
     call del()
else'否则，默认转到列表页
     call List()
end if
```

由于分类一般都不多，所以在实现过程中就不需要使用分页过程，直接使用一个嵌套循环把主类小类读取出来即可。具体的添加、修改、删除代码都是举一反三的过程，这里也不再作为重点。

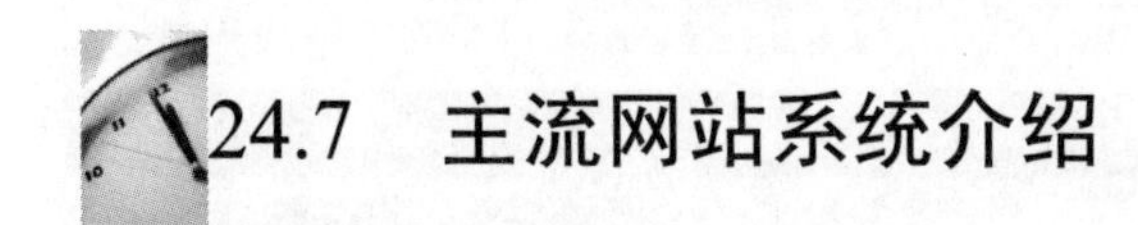

24.7　主流网站系统介绍

因为有了开源建站系统，建设网站变成了一件非常容易的事，只要是你会打字就行，可以快速建立一个功能强大、界面漂亮的网站。不管你是想建一个博客、论坛、CMS、电子商务网站。你都可以通过这些建站工具快速建立。下面对几种常见的网站系统进行介绍。

24.7.1　织梦内容管理系统（DedeCMS）

织梦内容管理系统（DedeCMS），是一个集内容发布、编辑、管理检索等于一体的网站管理系统（Web CMS），它拥有国外 CMS 众多特点之外，还结合中国用户的需要，对内容管理系统概念进行明确分析和定位。

DedeCMS 对新手来说更容易上手。模板的制作，文章的推送也相对简单，最适合只有一点 HTML 知识的新手使用，且更适合用户进行二次开发。

1．应用领域

DedeCMS 最适合应用于以下领域：

- 企业网站，无论大型还是中小型企业，利用网络传递信息在一定程度上提高了办事的效率，提高了企业的竞争力。
- 政府机关，通过建立政府门户，有利于各种信息和资源的整合，为政府和社会公众之间加强联系和沟通，从而使政府可以更快、更便捷、更有效地开展工作。
- 教育机构，通过网络信息的引入，使得教育机构之间及教育机构内部和教育者之间进行信息传递，全面提升教育类网站的层面。

- 媒体机构，互联网这种新媒体已经强有力地冲击了传统媒体，在这个演变过程中，各类媒体机构应对自己核心有一个重新认识和重新发展的过程，建立一个数字技术平台以适应数字化时代的需求。
- 行业网站，针对不同行业，强化内部的信息划分，体现行业的特色，网站含有行业的动态信息、产品、市场、技术、人才等信息，树立行业信息权威形象，为行业内产品供应链管理，提供实际的商业机会。
- 个人站长，以兴趣为主导，建立各种题材新颖，内容丰富的网站，通过共同兴趣的信息交流，可以让你形成具有自己特色的用户圈，产生个人需求，并为其服务。
- 收费网站，内容收费类型的网站，用户可以在线提供产品销售，或者内容收费，简单清晰的赢利模式，确保你以最小的投资，取得最大的回报；

2. 案例分享

下面几个图都是用织梦建站系统建立的，从中我们可以看到织梦建站的效果。

（1）模板无忧网

模板无忧网是一个专业提供各种建站模板的网站，界面如图 24.12 所示。

图 24.12

（2）懒人图库

懒人图库一直致力于网页素材的提供，是国内最大的网页素材下载站之一，如图 24.13 所示。

图 24.13

（3）中国网管联盟

中国网管联盟是一个定位于网管、IT 工程师的技术联盟网站，为网管 IT 人员提供相关资讯和学习交流的互动平台，如图 24.14 所示。

图 24.14

24.7.2 PHPCMS

1. PHPCMS 简介

PHPCMS 是盛大在线旗下的 CMS 建站程序，该软件采用模块化开发，支持多种分类方式，使用它可方便实现个性化网站的设计、开发与维护。它支持众多的程序组合，可轻松实现网站平台迁移，并可广泛满足各种规模的网站需求，可靠性高，是一款具备文章、下载、图片、分类信息、影视、商城、采集、财务等众多功能的强大、易用、可扩展的优秀网站管理软件。突出功能是数据负载能力强，但对新手来说，想要在短时间内把 PHPCMS 弄懂还是有些困难。

2. 应用领域

DedeCMS 最适合应用于以下领域：行业门户、地方门户、教育网站、政府机构、游戏门户、新闻媒体、企业网站。

3. 案例分享

（1）川和茶业

川和茶业是一家集种植、采制、研发、生产、销售经营为一体，拥有数千亩生态乌龙茶基地和现代化的生产加工厂，如图 24.15 所示。

图 24.15

（2）联合健身网

联合健身网是专业的健身交友与健康咨询网站。通过联合健身网可免费获取健身计划和健身资料，寻找健身教练，参加肌肉锻炼计划，展示健身照片，如图 24.16 所示。

图 24.16

（3）荣合集团网站

荣合集团是一家以房地产开发和不动产经营为主，集酒店、物业服务、专业市场、金融等为一体的大型民营股份制企业集团，如图 24.17 所示。

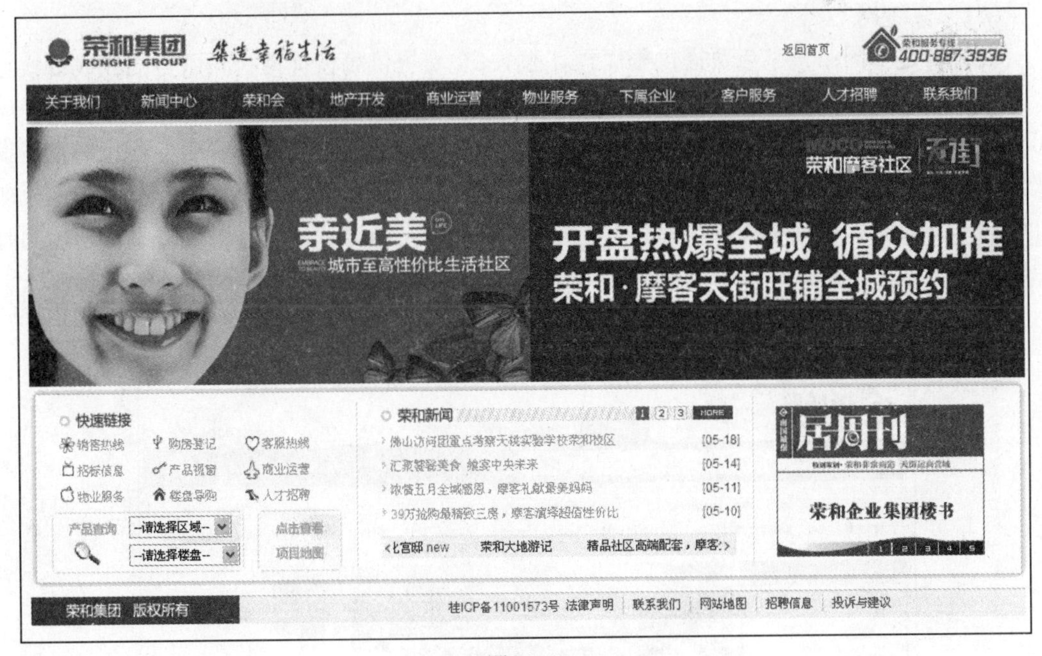

图 24.17

24.7.3 帝国 CMS

1. 帝国 CMS 简介

帝国 CMS 由帝国开发工作组独立开发，是一个经过完善设计的适用于 Linux/Windows/UNIX 等环境下高效的网站解决方案。从帝国新闻系统 1.0 版至今天的帝国网站管理系统，它的功能进行了数次飞跃性的革新，使得网站的架设与管理变得极其轻松。

帝国 CMS 采用了以下几种功能：一是采用了系统模型功能，用户通过此功能可直接在后台扩展与实现各种系统，如产品、房产、供求等系统，因此，帝国 CMS 又被誉为“万能建站工具”；二是采用了模板分离功能：把内容与界面完全分离，灵活的标签+用户自定义标签，使之能实现各式各样的网站页面与风格；栏目无限级分类；三是前台全部静态：可接受强大的访问量，强大的信息采集功能，超强广告管理功能。

2. 应用领域

帝国 CMS 不同版本可以满足从小流量到大流量，从个人到企业各方面应用的要求，为你提供一个全新、快速和优秀的网站解决方案，可以应用到行业门户、企业网站、地方门户、教育网站、政府机构、游戏门户等。

3. 案例分享

（1）饭统网

饭统网是中国第一家免费提供餐厅预订服务、免费提供餐饮优惠折扣服务的在线餐饮综合服务企业，致力于为中国亿万消费者提供优质餐饮预订服务，打造中国餐饮行业的时尚风向标。饭统网覆盖中国 60 个主流城市，每日为数万消费者提供免费订餐服务，包括在线餐饮预订服务、电话预订服务、手机短信和 WAP 平台的餐饮，搜索与预订服务和多种主流即时通信工具的餐饮预订服务，7×24 小时实时响应，满足消费者任意时刻的订餐需求，同时是国内唯一一家可以提供中英文双语餐饮预订服务的网站，如图 24.18 所示。

图 24.18

（2）本田中国

本田汽车中国官方网站，如图 24.19 所示。

图 24.19

（3）爱旅行网

爱旅行网专注于旅游服务业，向全球互联网用户提供签证、酒店、机票、保险、度假产品等信息和预订服务，如图 24.20 所示。

图 24.20

24.8　本章小结

本章主要讲解行政企业类网站的构建，主要介绍 6 部分内容：页面构成、设计思路和实现步骤、数据库设计、层叠样式表的书写、信息页面实现、后台功能。需要重点掌握行政企业类网站页面构成和设计思路、实现步骤。另外介绍了常用几款建站系统，包括织梦内容管理系统（DedeCMS）、PHPCMS 系统、帝国 CMS 系统。需要重点掌握的各种建站系统的优缺点和应用领域。

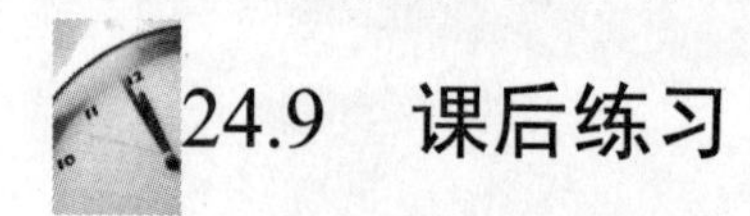

24.9　课后练习

1. 行政企业类网站页面主要有哪些构成？
2. 行政企业类网站设计的一般思路是什么？
3. 行政企业类网站实现的一般步骤是什么？
4. 织梦内容管理系统可以用来做哪些类型网站？
5. PHPCMS 系统可以应用在哪些行业？
6. 帝国 CMS 系统是采取模块化结构吗？